シリーズ これからの基礎物理学 3

鹿児島誠一・米谷民明［編集］

初歩の相対論から入る

電磁気学

米谷民明［著］

朝倉書店

まえがき

本書では「これからの基礎物理学」を目指し新たな学び方を提示するという目標に向け，従来の標準的，伝統的な初等電磁気学とは異なるアプローチで大学学部レベルの電磁気学を組み立て直す試みを行った．「相対論から入る」という意味に関しては第1章序論に背景を述べたが，予め本書の特徴を知りたい読者のためにまとめると以下のとおりである．

- 静電気，定電流の力の説明の段階から光速度の役割を強調し，特殊相対性理論への動機付けを与え，電気磁気を統一的に扱う．
- ファラデーとマックスウェルが強調した「電気活性状態」(electrotonic state) の概念に基づき，その数学的実現としてのベクトルポテンシャルを基本的場に据えて特殊相対性理論によって扱う．
- 定常電磁場の段階から，作用の有限伝達速度 c を用いて定式化し，時間変化する電磁場の法則に自然につなげる．
- ベクトルポテンシャルの役割とその現代的意義を強調するため，量子論の考え方や超伝導についても初歩的なレベルで取り入れる．
- 保存則の役割を強調し，それに基づき，電磁場の応力，（一様運動の場合の）自己力の打ち消し，電磁場の角運動量，等について詳しく解説する．
- 「局所エネルギー静止系」という，筆者が知る限り類書では通常強調されていない概念を導入し，ポインティングベクトルの意味を詳しく述べる．

さらに歴史的な位置付けについては序論で強調し，以後でも必要に応じ脚注でコメントを加えた．また，可能な限り天下り的な記述は避けた上で，学部レベルの電磁気学でスタンダードに扱うべきことは，例も含めてだいたいは盛り込むという方針をとった．

最後に，共同編集の鹿児島教授には本書の草稿に目を通す労をとっていただき，有益なコメントをいただいた．感謝申し上げたい．

2018 年 11 月

米 谷 民 明

目　次

1 序論：電磁気力と光速度

1.1 電磁場の小歴史と本書の進め方について

物理学を少しでも学んだ人は誰しも，身のまわりで起きている様々な自然現象の背後にはある基本的な法則に従う「力」の働きがあるという考えに慣れているだろう．この考え方の土台はいうまでもなく，ニュートンの力学である．それにより，重力=万有引力の法則と，力が与えられたときの物体の運動を支配する運動方程式が確立された．後の発展にとって極めて重要だったのは，運動方程式が重力には限らず他の力でも普遍的に有効であることだ．実際，自然界の現象の多くは，重力だけに支配されているわけではない．日常生活に最も関係する大気の動き，様々な気象現象は，重力に抗して空気を動かす気体自体がもつ圧力，そして，その流れに伴って生じている力により生じる．この力は結局は空気の分子の運動とそれらの間の相互作用から生じる力である．それでは空気や水のような形のない流体だけでなく，私たちの体を含め身のまわりのすべての形ある物体の構成要素である分子，そして，分子の構成要素である様々な原子を作り，さらにそれらの間の相互作用を支配する力は何か．

ニュートンは，歴史的大著『自然哲学の数学的原理』（通称，『プリンキピア』，1687年）の序文に次のように書いている．「力学の原理から自然界の他の現象も理解できると思う．様々な理由により次のように考えるからである．物体の粒子は，未知の原因により，お互いに引き合って堅固な形に集まるか，あるいは反発し合って遠ざかるかのどちらかである．これらの現象はすべて力によっているに違いない．それがどういう力かは，哲学者たちの研究をもってしてもまだ判明していない．しかし，私は本書で展開した原理が，哲学のこの方法，あるいは，より真理に近づいた方法に向けて，光明を与えると期待するものである」．ニュートンが抱いた予感は18世紀から19世紀にかけて始まった電気と磁気の力の理解の進展によって現実のものとなった．電気と磁気について，ニュートン自身もう一つの大著『光学』（1704年）で，ある程度論じてはいるが普遍的な法則性には到達できなかった．

現在，電気の応用は，それなしでは生活が考えられないほど私たちの身のまわりに浸透している．しかし，誰もが知っている自然現象のうちで，電気に直接的に関係する最も強烈な現象は雷である．日常経験する摩擦などによって発生する静電気が起こす現象と雷が実は同類のものであることは，18 世紀中頃，フランクリンの凧の実験によって明らかになった．彼は友人等とともに行った雷や静電気の性質についての詳しい実験観察に基づき避雷針を発明し，古来人々を悩ましてきた落雷の被害を軽減するのに多いに貢献した．雷雲が発生するメカニズムの詳細に関しては現在でも未解明の謎が多いが，基本的にはプラス電気（主に上部）とマイナス電気（主に下部）が雷雲中に偏って溜まることにより，それらや地表面との間に強力な電圧が発生し突発的に大規模な放電が起こり大電流が流れる．そうして恐ろしく劇的な稲妻の光（電磁波）を生じ，その結果として近くの空気を振動させ大音響が生じる．電気と光には実は切り離せない関係にあることがここに現れている．それだけではなく，雷により鉄が磁化したり，磁石の磁気が乱されたりすることがあるのも古代から知られていた．

私たち生命を含め大抵の物質は，稲妻に直撃されれば甚大な影響を被るし，それほどでなくとも部屋の壁にきている交流電線に直接触れれば大きなショックを受け危険である．これは物質の元が電気にあり物質を作る力そのものが電気の力であることの裏返しである．電気器具などによらなくても，私たちの体や身のまわりの物質には様々な原因で電気が溜まり小さな規模で類似の現象は頻繁に起きる．乾燥した季節に金属のドアノブを触る時などによく経験する静電気による小さなショックも，まさしく小規模な放電現象である．このとき暗い場所なら，よく見ると微弱な光が発生しているのに気がつく．

静電気は古代から知られていたが，制御が難しく，物理学的な法則の解明はニュートンが生きた 17 世紀から 18 世紀初頭までは停滞し進まなかった．だが，18 世紀中には電気の力に関するクーロンの法則が確立された．さらに，ガルバーニによる生体中の電気現象の発見がきっかけになり（19 世紀初め頃）実用的な電池が発明され，電気・電流を制御することが可能になり近代的な実験による研究が進んだ．それにより 19 世紀の前半に急速な進展が起こり，電気と磁気の関係，すなわち，電流が作る磁気に関するアンペールの法則（1825 年）とファラデーの電磁誘導の法則（1831 年）が確立された．これら二つの大発見により，古代ギリシャ時代から知られ，またコンパスを通じて航海術で現実に利用されていた磁気についても電気と相まって物理学的な理解が進んだ．

これらの進展を総合して，電気と磁気の基本法則を確立したのはマックスウェルである（図 1.1）．彼は 1873 年に公刊した『電気磁気論』で，アンペールを「電気におけるニュートン」と褒め称えたが，現代の公平な立場で評価するなら，むしろ，マックスウェルこそ電磁気学のニュートンである．彼の 1865 年の論文『電磁場の力学的理論』と『電気磁気論』は，電気と磁気の歴史において『プリンキピア』に相当する意義がある記念碑といえる．アンペールは，電流が作る磁気によって生じる電流の間で働く力の法則をニュートン力学における万有引力の法則と似せた仕方で，離れた位置にある物体間で直接的に働く力（以下，遠隔作用と呼ぶ）として数学的に緻密な形式で法則を定式化した．マックスウェルがアンペールをニュートンに並べて賞賛した理由もそこにある．マックスウェル自身は 1865 年にアンペールの遠隔作用の方法ではなく，ファラデーの考え方に依拠して電気と磁気を総合し，全く別の仕方でその数学的定式化を確立した．アンペールについての言及は，実は自分が拠って立ち発展させるファラデーの考え方との違いを際立たせることが目的だったのである．

図 1.1 マックスウェル

ファラデーは数学の素養は欠けていたが，類い稀な想像力と構想力により，空間時間の各点における（現在では）電場，磁場と呼ばれる強さと向きをもつ一種の潜在力を想定した（図 1.2）．この電場と磁場は，電気力線，磁力線という具体的な描像により表され，電気と磁気の法則を力線の法則として表現した．力線は単に理解のための便宜的方便として仮想されたものではない．力線自体が物理的な実在として引っ張りの張力や，互い同士を反発させる圧力のような力学的性質をもつとの考えにより，電流や磁石の相互作用を力線を媒介とする近接作用として理解できると強調した．長年にわたる彼の考察は 1852 年の論文「磁力線の物理的特性について」に集大成された．

図 1.2 ファラデー

だが，この考え方は万有引力を支配するとされた遠隔作用とは一見全く異なるため，当時の多くの物理学者にとって容易に受け入れられるものではなかった．マックスウェルは 1855 年の論文「ファラデーの力線について」で，ファラデーによって言葉だけで表されていた定性的な考え方を数学的・定量的に定式化するための基礎を与えた．それに続く 10 年ほどの研究によってファラデーの法則をさらに拡張し，電場と磁場を統一して古典物理学としての電磁場の力学をほぼ現在の形にまで築き上げた．しばしば，マックスウェル方程式を現在の形に整理したのは，彼に続く後継者たち [*1] だと

---

*1) そのうち代表的な二人は，イギリスのヘビサイドとドイツのヘルツ．特にヘビサイドはポテンシャルの概念は曖昧であり不必要で，電磁場の定式化から追放すべきであるという考えを強く表明したことがある（『ポテンシャルの伝播の形而上学的性格について』，1888 年）．マックスウェル方程式の理論的整理だけでなく，電磁波の実験的検出に初めて成功したヘルツも同様な考えであったことは著作から窺える．

強調されるが，上にあげた彼の著作をよく読めば，電磁場の力学法則は（もちろん，今から見て不完全，不徹底のところは当然あるにしても）マックスウェルによって明確に定式化されていることがわかる．一見，整理されていないように思われがちなのは，電磁場を表すのにポテンシャル（スカラーポテンシャルとベクトルポテンシャル）を用い，電場と磁場の方程式と並列的にポテンシャルの式を扱っているためである．彼自身，『電気磁気論』で次のように述べている．「これらの量のうちいくつかを消去することは可能だが，我々の目下の目的は数学的に簡潔な式を得るためではなく，知られているすべての関係を表現することである．有用な考え方を含蓄しているような量を消去するのは，現在の我々の理解の段階においては得るより失うものが大きいだろう」．彼の念頭には，ファラデーが電磁誘導の背後にある電気と磁気の統一を理解するために1831年に発表した電磁誘導に関する最初の報告以来，何度か試みたが結局は具体化を果たせずに終わった“電気活性状態”[*2)]という概念的予想があったのである．マックスウェルはすでに「ファラデーの力線について」において，そしてさらに電磁場の理論を完成させた「電磁場の力学的理論」(1865年）においても，ベクトルポテンシャルがファラデーの予想を数学的に実現したものだとして，その意義を強調している[*3)]．

本書の方針を一言でまとめるなら，相対論を拠り所としてファラデー–マックスウェルの精神に戻って現代的立場から電磁気学を組み立て直すということである．すなわち，まず，ポテンシャルとしての場が，電場，磁場の背後にあって両者を統一する，より基本的な概念であるという立場から出発する．ファラデーが予感し，マックスウェルが数学的に定式化したこの立場は，20世紀に入って（特殊および一般）相対性理論と量子力学という古典物理学の枠組みを超える新たな物理学の柱が確立するとともに，ますます有効性が明らかになったのである．電磁場の古典理論は，実は原子分子の成り立ちまで遡って適用するといくつかの根本的な困難にぶつかり破綻する．これを乗り越えて発展したのが，量子力学と特殊相対性理論に基づく電磁場の理論，すなわち量子電気力学，そしてさらに原子核よりさらに遡って自然界の（重力を除いた）基本相互作用をクォークとレプトンという素粒子のレベルから記述する標準理論と呼ばれる

---

*2) ファラデー自身の用語は “electrotonic state”．1852年の論文には電磁誘導に触れて，「電気活性状態の考えが，再三にわたり私の心を捉える．」「電線に関しては，もし運動すると電気の流れの力学的状態を作り出すような，たとえ静的な場合でも緊張を孕む前駆状態があるに違いないと私には思える．この状態が磁力線の物理的実在を構成し，磁極の周囲の曲がった磁力線に相当するその他様々な状況を生み出す．この状態は単純な遠隔作用とは両立しないが，磁気現象に実在すると考える．」とある．独特な表現ながら，まさにベクトルポテンシャルの意味と役割を言い当てている．「電気の流れの力学的状態」とは，現代の用語では起電力のこと．

*3) マックスウェルは『ファラデーの力線について』では，ベクトルポテンシャルを「電気活性関数」(“electro-tonic functions”) 名付けた．後には特にその閉回路に沿った積分を「電磁運動量」とも呼んでいる．

量子力学的な場の理論である．これらは，ベクトルポテンシャルを拡張したゲージ場と呼ばれる場に基づいており，マックスウェル理論が手本になっているのである．もちろん，この理論にも限界があり，その克服は現在の最先端の研究課題になっているが，ゲージ場の立場からの基本相互作用の理解が人類が到達した物理学の大きな成果であることには揺るぎがない．

本書で扱うのは，あくまでもマクロなスケールでの初歩の電気，磁気の法則とその代表的な応用であって，原子や分子の構造の理解までは進まない．そうではあっても，アインシュタインが 1905 年に提唱した特殊相対性理論は，マックスウェル理論の最重要な特質である，**法則そのものが真空中での電磁波の速度を基本定数として含むこと**の意味を理解するには欠かせない．若きアインシュタインが活躍した時代からも 1 世紀以上経過した現在，たとえ初歩的なレベルであろうとも，歴史的経過とは逆に，むしろ特殊相対性理論から出発して電磁場を理解し応用を学ぶ方式が一つの自然なやり方である（図 1.3）．実際，遠隔作用に基づくニュートン力学から積み重ねて物理学を学ぶ場合，電磁場の理解には飛躍が必要であり，馴染むのが難しいところがある．場の考え方は，その抽象性および偏微分方程式による数学的取り扱いのため，現在でも初学者が物理学を学び進める上で越えねばならない大きな障壁である．だが，場による近接作用の考え方がなぜ必要かは，特殊相対性理論における粒子とその相互作用の性格から自然に動機付けられる．古典物理の範囲内であっても，粒子と場の相互作用をラグランジアンに基づき特殊相対論的な立場から理解するにはベクトルポテンシャルの概念が不可欠であるだけでなく，その立場から自然に導入できる．そしてそこからファラデーが定性的に記述し，マックスウェルが数学的に特徴付けた力線の物理的性質が自然に導かれる．さらに本書では詳しく触れられないが [*4)]，ポテンシャルの場は量子力学への拡張にも欠かせない．つまり，特殊相対性理論に基づき，ファラデーとマックスウェルの精神に戻るほうが，現代的な電気磁気，そしてその物質との関係について本質的理解へ向けた王道であり，近道でもある．

図 1.3 アインシュタイン

また，マックスウェルの『電気磁気論』では，電磁場の力学の定式化においては，18 世紀から 19 世紀にかけてニュートンの力学の枠組みを拡張してラグランジュやハミルトン等によって発展させられたより一般的な力学の考え方（これこそニュートンが予感した「より真理に近づいた方法」といえよう）や数学的方法を取り入れることの重要性

*4) 本書を読み進めるのに必須ではないが，量子力学の初歩的理解があれば理解を深めるのに役立つ重要事項は，「補足」として説明する．余裕のない読者は最初は飛ばしてよい．

が強調されている．本書でも読者がその（つまり解析力学の）初歩をすでに学んでいることを想定している．電気磁気の性質についても最も初歩的ないくつかの前提は既知のものとして仮定する．だが，主要部分については初学者でも真摯に粘り強く読みさえすれば無理なく理解できるように，本書の限られた分量の範囲内で可能な限り天下り的な記述は避け，基礎的な実験事実から出発して物理法則を一歩一歩，読者とともに考えながら探求して組み立てていくという姿勢で進める．ただ，歴史的順序には従わず，上に述べた意図に適した論理構成に合わせて行うということだ．本節で電磁場の歴史について，特に，ファラデーとマックスウェルの仕事，そして現代とのつながりについてある程度詳しく述べたのは，本書の進め方と立場について，その意義や動機を理解していただく助けになると考えたからである．物理学を学ぶ上で，物理法則の内容・意味を理解し具体的問題に応用できるようになることが一番の目標であるが，歴史的な位置付けや背景を正しく把握するよう努めるのも「理解」への動機付けになり，物理学の世界のさらなる探求への一助にもなるのである．

1.2 クーロンの法則とアンペールの法則

最初に前提としなければならないのは，まず，次の事実である．

(1) 物体には電気と呼ばれる属性があり，その強さと符号，正（プラス）と負（マイナス），により力が決まる．これをゼロ（中性の場合）を含め，実数の数値で表したものを電荷という．特に，古典力学の意味での質点として扱えるような十分小さな粒子が電荷をもつ場合，点電荷と呼ぶ．N 個の点電荷に適当に番号をつけて，記号 q_a, $(a = 1, 2, \ldots, n)$ で表す．$n = 2$ で，2 個の点電荷が位置 $\boldsymbol{x}_1, \boldsymbol{x}_2$ に静止しているとき，その間に働く力のベクトルは

$$\boldsymbol{F}_{12} = k\frac{q_1 q_2(\boldsymbol{x}_1 - \boldsymbol{x}_2)}{4\pi|\boldsymbol{x}_1 - \boldsymbol{x}_2|^3} = -\boldsymbol{F}_{21} \tag{1.1}$$

と表せる．下添字 12（左辺）は電荷 q_1 に対して電荷 q_2 が及ぼす力という意味である．21（右辺）なら逆に q_1 が q_2 に及ぼす力で，一般に添字が ab なら q_b が q_a に及ぼす力である．また，k は電荷の単位の選び方によって定まる正数である．$|\boldsymbol{F}_{12}| = k|q_1 q_2|/4\pi|\boldsymbol{x}_1 - \boldsymbol{x}_2|^2$ で，力の強さは距離 $|\boldsymbol{x}_1 - \boldsymbol{x}_2|$ の 2 乗に反比例する．因子 4π は以後の便宜のため，分母が 2 電荷間の距離を半径とする球面の面積に等しいように入れた．$k > 0$ により，電荷が同符号（$q_1 q_2 > 0$）なら斥力（反発力），逆符号（$q_1 q_2 < 0$）なら引力である．これをクーロンの法則と呼ぶ（図 1.4）．もし，$n > 2$ なら，q_1 にかかる力は，他のす

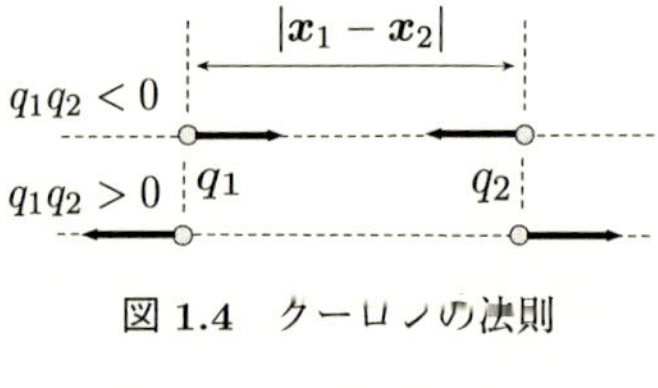

図 1.4 クーロンの法則

べての電荷からの力を合成した合力 $\sum_{a=2}^{n} \boldsymbol{F}_{1a}$ である.

クーロンの法則は，摩擦電気によって実際に点電荷とみなせるような小さな物体を絶縁体の糸に吊り下げて力を測って確かめられる．もちろん，点電荷を静止させるには，電気の力を他の力と釣り合わせるなどの工夫が必要になる．クーロン自身は点電荷を吊り下げる糸の捩れの力とのバランス（トーション・バランス）により測定した．一方，キャベンディシュはクーロンより以前に別の間接的方法で確かめている．電荷が球面上に一様に分布しているとき，力が距離の 2 乗に反比例する場合に限って内部の任意の点で力がゼロになるという性質を利用した．図 1.5 のように，球面内部の任意の点 P が頂点であるような限りなく細い立体錐の対 a, b を考える．それぞれが球面上と交差する底面（頂点からの距離 $r_{\mathrm{a}}, r_{\mathrm{b}}$）の電荷量は面積に，つまり，それぞれの距離の 2 乗 $r_{\mathrm{a}}^2, r_{\mathrm{b}}^2$ に比例する．よって，もし力が電荷量に比例し距離の 2 乗に反比例するなら，二つの底面からの力は強さが同じ $(r_{\mathrm{a}}^2/r_{\mathrm{a}}^2 = 1 = r_{\mathrm{b}}^2/r_{\mathrm{b}}^2)$ で向きが逆であるため，常に打ち消す．球面全体からの力は，この立体錐をあらゆる方向で考え球面全体を覆うように重ね合わせて求まるから，力が打ち消してゼロであることは変わらない．力が距離の 2 乗ではなく，たとえば，他の異なる冪 $1/r^{2+\eta}$ $(\eta \neq 0)$ で減少する場合は，任意の点で力が打ち消すことはない.

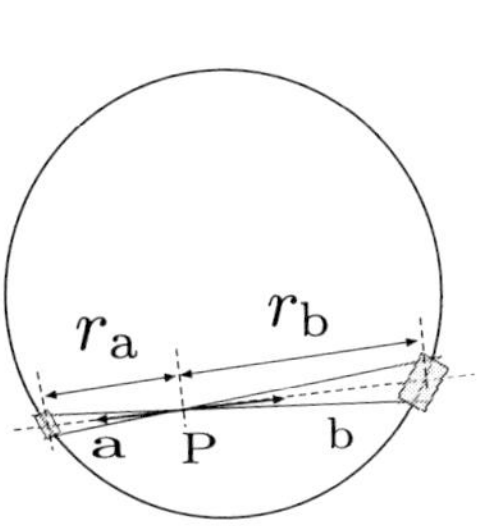

図 1.5 一様に電荷が分布した球面内部の力

クーロンの法則からは重力における質量に相当するものが q_a であることがわかる．質量は物体を構成する要素ごとに固有に定まる量であるから意味があるのと同様に，電荷は物体の構成要素に備わる固有の属性である．物体の電荷量が変化した場合，電荷をもつ構成要素の一部か全部が他に移動したか，あるいは，他から移動して電荷が加わることによって起こる．また，一つの点電荷が 2 個以上に分解したり，あるいは複数の点電荷が合体してより大きな物体ができてよい．この意味で物質はすべて原子，および原子が集まってできる分子から構成されている．原子は中心にある原子核（原子の質量の大部分を占める）とそのまわりに分布して運動している電子からなる．原子核は正電荷を，電子は負電荷をもつので，クーロンの法則により互いに引き合い，原子のようなごく小さい領域に固まることができるのだが，原子や分子が実際にどうできるかを説明するには，力の法則だけでは不十分で，ミクロの世界を支配する量子力学が必要である．本書では，基本的にはマクロの現象を扱うので，量子力学の世界に本格的に踏み込みはしない．しかし，物質の成り立ちの概要を理解しておくことは役立つ．電子の電荷を通常は $q = -e$ と表す．原子核は，電子の電荷と同じ強さの正電荷 $q = e$ をもつ陽子と電荷がゼロの中性子からなっている（これらを合わせて核子と呼ぶが，その質量は電子の 1800 倍を超える）．原子が複数個結合して実際の物質の構成要素である分子ができる．通常の状態では原子や分子は，正電荷と負電荷が同量（つまり，陽子と電子が同数個）で，全体としては中性だが，それらの相互作用によって電子の一部がやり取りされて，電荷を帯びた状態（イオンと呼ぶ）になりうる．電荷をもつ物体はそのようにしてできるのである．しかし，電子と陽子の電荷そのものは変化しない一定の定数である．物質同士で電荷がやり取りされたとしても，電荷はひとりでに消滅したり生成されたりすることはなく，あくまでも移動しただけである．これは物質の構造を理解する上で最も基本的な物理法則の一つであり，**電荷の保存則**と呼ばれる．

マクロな領域では小さい物体といっても，膨大な個数 ($\gtrsim 10^{22}$) の分子から構成されている．原子，分子のレベルから考えると，電荷の量は e の整数倍の値をとる．しかし，日常の電気の量のスケールでは e は極めて小さく，また通常は個々の原子や分子，電子，原子核を区別できないため，物質の電荷量を連続的な量として扱える．本書では「点」電荷といっても数学的な意味の点ではなく，あくまでも，日常のスケールの基準では十分小さいとして扱える電荷をもつ物体を理想化した近似と考えるので，忘れないでほしい．

さて，私たちが日常的に電気器具を利用する場合，ほとんどは電線を通した電流の働きを利用している．通常，電線に電圧がかかってなければ電流はゼロである．また，電線の電荷は普通はゼロである．電線を作る分子が全体として電気的に中性，言い換えると，正と負の電荷が同量であるためである．しかし，電線の材料として用いられる金属（銅，鉄，アルミニウム，等々）など，分子の結合の仕方によっては電子の一部が物質中を自由に動ける場合がある．その場合，電線中では，電子の一部が電気の力によって一斉に電気の力の向きによって決まる方向に動きだし，電気の流れ，つまり電流が生じる．電流に寄与する電子を伝導電子（あるいは自由電子ともいう）と呼ぶ．したがって，伝導電子を十分な量もつ物質は電流が流れやすく，導体と呼ばれる．導体では電気の力を受ければ必然的に電流が流れるか，あるいはその表面に伝導電子が溜まって平衡状態に達するかのどちらかである．上に触れたキャベンディシュの実験は，中心が一致した異なる半径の球面導体を 2 個用意したとき，外側の導体に電荷を与えても，内側の導体には影響が全くないことを確かめたのである．

一方，伝導電子をほとんどもたない物質は電気を通しにくく，絶縁体と呼ばれる *5)．電線の場合，重たい原子核は固体の場合には，強く束縛されていて電圧によっても大きくは動かず平均的な位置が変化しない．また，原子核に強く束縛された電子の平均

---

*5) 導体と絶縁体のどちらにも分類できない，半導体と呼ばれる物質もある．半導体ではおかれた条件によって電流の性質が大きく変化するのでその制御に有用である．

的位置は原子核の位置にほぼ一致する．そのため，平均すると伝導電子の流れにより負の電荷の流れが生じる．定量的には，電線において電流の方向に垂直な断面を想像したとき，この面を単位時間当たり（つまり 1s 当たり）通過する電気量で測ればよい．これを I で表そう．I の符号は電線に沿ってどちらかの向きを正と約束したとき，その方向に流れる電気量の符号で定義する．したがって，断面を通過する伝導電子の個数は $|I|/e$ ということになる．電荷の符号の定義から電流の向きと伝導電子の平均速度の向きは逆である．電荷量を連続的な量として扱う範囲では，当然，電流 I も連続量である．

さて，それでは電流間に働く力はどうであろうか．これに関する基本的事実が次の前提 (2) になる．電線は曲がっていてもよいし長さがあり，複数の電線の間の相対的な位置関係が複雑な一般的な場合の力の定義は点電荷のような単純なものではない．ここでは，簡単のため，十分に細くかつ長く直線的に伸びた電線が 2 本，互いに平行に静止させて置かれているときの力を考える（図 1.6）．もちろん，これも点電荷と同じく理想化した近似である．電線が電気的に中性だとすると，クーロンの力は無視できる代わりに次の法則が成り立つ．

(2) 平行電線間の距離を r とすると，電線間に働く力は，平行電線が横たわる平面内（点線枠）で平行電線に垂直な直線方向を向き，電流が同符号 $I_1I_2>0$ なら引力，逆符号 $I_1I_2<0$ なら斥力（反発力）で，まとめて次式で表せる（ただし，力の強さは電線の単位長さ当たりで測る）．

$$f_{12}=-k'\frac{I_1I_2}{2\pi r}=-f_{21} \tag{1.2}$$

つまり，力の強さは，平行電線間の距離に反比例する．電流の向きと強さは一定とし，符号は電線 2 から電線 1 への垂直直線の向き（図 1.6 左向きが正）に合わせて選んである．また，k' は電流の単位によって定まる正定数である（因子 2π は，(1.1) に似せ，分母を r を半径とする円周の長さとするため）．これはアンペールによって確立された法則の特別な場合である．もし，平行電線が多数あるなら，一つの電線にかかる力は，やはり他のそれぞれの電線からの力をベクトルとして合成したものである．

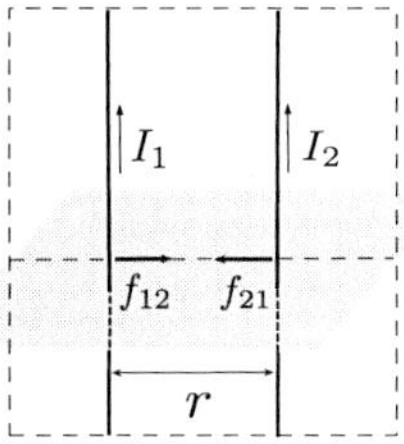

図 1.6　平行直線電流のアンペールの法則（引力の場合）

(1.1) と (1.2) に，力の合成の法則（重ね合わせの法則ともいう）を合わせたものが，電荷の間の力についての最も基本的な実験事実である．ニュートンの重力の遠隔作用では，物体がどういう運動をしていようが，物体同士に働く力は速度には全く無関係で，その瞬間における物体の位置座標だけで力が決まるとされている．クーロンの法則 (1.1) だけなら，一見，それが電荷にも成り立っているかのように思われよう．しかし，法則 (1.2) は，電荷が移動状態にあるときの力には，電荷の位置だけでなく速度に依存するクーロン力とは異なる別の寄与が存在することを表している．同符号の電荷が流れても，流れの向きが同じなら引力，逆なら反発力である．電荷が原因となる力には遠隔作用としての重力とは大きく隔たった特質がある．

通常，この新しい力の寄与は，電流のまわりに磁気が作られ，電流に作用する力は磁気の力であると解釈される．電荷が運動すると電気の作用の他に磁気の作用が現れると考えるのである．実際，2 本の電線ではなく，1 本の電線に電流を流して，永久磁石の側に置くと，電線に力が働くことが確かめられる．その性質は，電流の強さに比例するだけでなく，磁石に対する電線の相対的な向きと距離によって変わる．また，逆に電線が作り出す磁気が，磁石同士の場合と同じように磁石に力を及ぼすこともよく知られている．電流をコイル状に巻きつけて電流を流す（電磁石）とコイルの軸に沿った棒磁石と同じ作用が得られる．しかし，磁気が電荷を有限な速度で運動させるだけで生成されるのだとしたら，磁気の性格を解明するには，電荷の運動の法則の理解が必要である．これまでの議論はすべてある一つの慣性系で成り立つ法則であることに注意しよう．しかし，ある慣性系では静止している点電荷を，それに対して運動している別の慣性系から見れば，電荷は有限速度で運動しているから電流があり磁気ももつ．点電荷自体は全く同じ状態であるはずなのに見方を変えただけで磁気をもつわけだ．これは大変不思議である．何か秘密が隠れていそうである．

そこで二つの基本法則 (1.1)，(1.2) の意味についてさらに考察を続けよう．クーロンの法則とアンペールの法則のどちらも単位の選び方に依存する正定数 k, k' が含まれている．どちらも電荷の間の力を記述しているのだから，その間に何らかの関係があるはずだ．そのヒントを得るため，まず，これらの次元について調べよう．長さの次元，時間の次元，質量の次元をそれぞれ L，T，M，さらに電荷の次元を Q で表す．力の次元は $[F] = \mathrm{MLT}^{-2}$ であるから，(1.1) は次元の式としては次式に他ならない．

$$\mathrm{MLT}^{-2} = [k]\mathrm{Q}^2\mathrm{L}^{-2} \quad \to \quad [k] = \mathrm{ML}^3\mathrm{T}^{-2}\mathrm{Q}^{-2} \tag{1.3}$$

また，$[f] = [F]/\mathrm{L}$, $[I] = \mathrm{QT}^{-1}$ だから，(1.2) は次式を与える．

$$\mathrm{MLT}^{-2}\mathrm{L}^{-1} = [k']\mathrm{Q}^2\mathrm{T}^{-2}\mathrm{L}^{-1} \quad \to \quad [k'] = \mathrm{MLQ}^{-2} \tag{1.4}$$

この結果の比をとって導かれる $\frac{[k]}{[k']} = \left(\frac{\mathrm{L}}{\mathrm{T}}\right)^2$ により，二つの定数の比は電荷の次元によらず速度の 2 乗の次元 $(\mathrm{LT}^{-1})^2$ であることがわかる．したがって，$\sqrt{k/k'}$ の値は，電荷の単位とは無関係に決まる速度次元をもつ普遍的な自然定数と考えなければならない．もちろん，その値は実験で測定できる．結果は光の真空中での伝播速度

$c = 2.998 \times 10^8$ m s^{-1} により，

$$\sqrt{k/k'} = c \tag{1.5}$$

と表される．このように二つの定数の比は電荷の単位によらず定まっているが，どちらか一方は電荷の単位により自由に選ぶことができる．現在の世界標準の約束と記号は以下のとおりである *6)．

$$k \equiv \frac{1}{\epsilon_0} = \mu_0 c^2, \quad k' \equiv \mu_0 = 4\pi \times 10^{-7} = 12.566 \times 10^{-7}\,\mathrm{N\,A^{-2}}$$

このとき，電流の単位をアンペア，電荷の単位をクーロンと呼び，それぞれ，記号 A, C で表す．A は日常生活で用いている電流の単位で，C はそれから決めた電荷の単位である．この単位では電子電荷の大きさは $e = 1.602 \times 10^{-19}$ C と，極めて小さい．このため，すでに述べたように，マクロ領域では電荷や電流の強さを連続量として扱えるわけである．

光と電磁気現象とは切っても切れない関係にあることは雷や日常の摩擦電気の現象にすでに現れている．その意味では光の伝播速度が電気間の力の基本的性質 (1.5) にすでに含まれるという事実は，驚くには当たらない．だが，これはよく考えると，実は非常に不思議なことである．一般に物体の速度は，観測の仕方によって異なる．物体がある方向に一定の速さ v で運動しているとき，常識に従えば，それを同じ方向に一定の速さ u で追いかけて観察すれば速度は $v-u$ である．つまり，u によって物体の速度は任意に変わる．光速度は音速に比べてもおよそ 10^6 倍で，私たちが日常的に経験できる速度に比べれば極めて大きいから，$(c-u)/c = 1-u/c$ と 1 との差の大きさ $|u/c|$ は高々 10^{-6} 程度で，日常生活では無視してもよい位小さいが，厳密には異なる．だが，電気の間の力の法則 (1.1)，(1.2) は，地球上のどこでもいつでも同じ実験をすれば精密に同じ結果を与える．真空を伝わる光の速度 c は，真空に対応する慣性系に対して相対的な速度の値と考えるのが自然である．丸い地球は自転と公転をしているから，実は違う場所・時刻の実験では，たとえ真空の慣性系をどう決めようと，この慣性系に対して一般にゼロでない相対速度をもつ．ならば，光速度も常識に従うなら厳密にはそれぞれの実験ごとに異なっているはずである．にもかかわらず，常に同じ c で (1.5) が成り立つ．もちろん，力の測定そのものは光速度の測定とは直接には無関係と思われるから，(1.5) が常に成り立つとしても，それ自体としては直ちに矛盾するわけではない．しかし，そもそも，なぜ，光速度が力の法則に関係するかはこの段階では謎だ．電気と磁気の関係には確かに深い意味が隠されている．

---

*6) 本書では 3 重等号 $\equiv$ は定義により等しいことを表す．この用法に慣れてほしい．

2 特殊相対性原理とは何か

2.1 普遍定数としての光速度へ：マイケルソン–モーリーの実験

ニュートン力学の基本的性質として，ガリレイの相対性原理と呼ばれる法則があることを思い起こそう．つまり，どの慣性系でも力と運動の法則は同じで，物体の運動の観測からは慣性系を区別できない．電気の法則が力学と全く同じガリレイの相対性原理を満たしているなら，速度が普遍定数として現れるのは許されない．ガリレイの相対性原理によれば，何であろうと運動速度は異なる慣性系では一般に異なるからだ．19 世紀の終盤近く，物理学者の多くは電気の法則は実は厳密には慣性系によって異なり，光速度の精密な測定をすれば慣性系を区別できると予想した．当時は光が真空中でも伝播する波であることから，真空といえども光波を伝える一種の媒質が充満しているとし，それを「エーテル」と呼んでいた．それが正しいなら，エーテルに対する速度の違いにより異なる慣性系を区別できるはずだ．そこで，光速度の慣性系による違いを直接検出しようとする実験がマイケルソンとモーリーによって行われた（1887 年，図 2.1）．

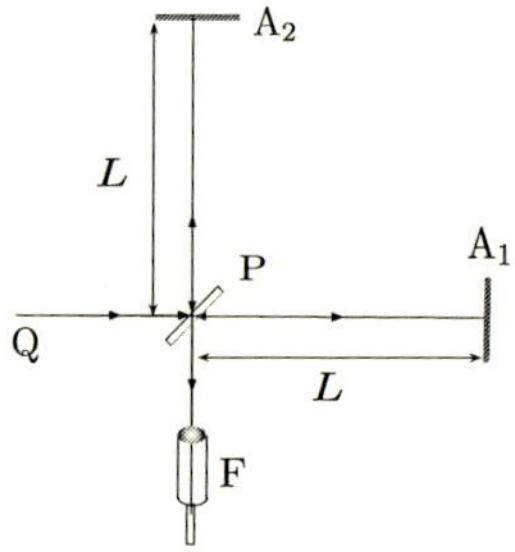

図 **2.1**　マイケルソン–モーリーの実験

Q から光線を 45 度傾けて置いた半透明の鏡 P に当てる．そこで，光線は互いに直交する二つの方向に分離され，A_1，A_2 に置いた鏡に反射され P に戻ると，そこで再び通過・反射した光線を重ね合わせて F で観測する．PA_1 と PA_2 の距離は同じで L だとする．簡単のため，この実験装置が静止エーテルに対して PA_1 の方向に速度 v で運動しているとする．静止エーテル中での光の伝播速度が c であるなら，P から A_1 に向かうときの光と装置の間の相対速度は $c-v$ であり，反射して P に到達するまでの相対速度は $c+v$ である．よって，PA_1 を往復するのに要する時間は次式に等しい．

$$t_1 = \frac{L}{c-v} + \frac{L}{c+v} = \frac{2L}{c}\frac{1}{1-\beta^2}, \quad \beta \equiv \frac{v}{c} \tag{2.1}$$

また，PA_2 方向の光線の場合，装置が PA_1 方向に速度 v で運動しているから，静止エーテルから見ると，図 2.2 に示す斜めの直線上を通る．よって，往復に要する時間を t_2 とすると，ピュタゴラスの定理により $(ct_2/2)^2 = L^2 + (vt_2/2)^2$ が成り立ち，仮定 $\beta^2 < 1$ のもとで次式が得られる．

$$t_2 = \frac{2L}{c}\frac{1}{\sqrt{1-\beta^2}} \tag{2.2}$$

したがって，F で観測されるときには 2 本の光線が時間差

$$\Delta t \equiv t_1 - t_2 = \frac{2L}{c}\Big(\frac{1}{1-\beta^2} - \frac{1}{\sqrt{1-\beta^2}}\Big) \tag{2.3}$$

で到着する．現実には β は小さいのでその 2 次までの近似 $1/(1-\beta^2) = 1 + \beta^2 + O(\beta^4), 1/\sqrt{1-\beta^2} = 1 + \beta^2/2 + O(\beta^4)$ を採用すると $\Delta t \simeq \frac{L}{c}\beta^2$ とできる．これを光波の位相差に換算すると，波長を λ として $c\Delta t/\lambda \simeq L\beta^2/\lambda$ となる．この位相差は光波の干渉によって起こる縞模様の観測により求められる．実際には装置を 90 度回転させた場合と比較して縞模様のずれを測定したので，この 2 倍の位相差が得られる．地球の自転による速度（およそ 30 km/s）だとその値は彼らの実験 *1) ではおよそ 0.4 程度と予想された．しかし，測定誤差範囲では位相差が確認されなかった．エーテルの静止系の立場から導いた Δt の結果 (2.3) は正しくなく，実際には $\Delta t = 0$ が実験事実なのだ．これは，任意の慣性系からみてその後もさらに精密な実験が繰り返し行われたが，ますますこの結果の正当性が確認された．この実験に限らず，エーテルに対する運動を検出しようとする試みはすべて失敗に終わった．

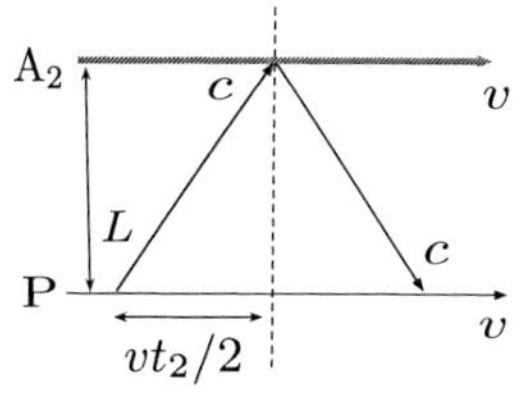

図 2.2 静止エーテル中での PA_2 間の光線

エーテルの考えの有効性を証拠立てる具体的な実験事実は何もないとすると最も素直な解釈は，光速度が任意の慣性系で常に同じ値 c であるという普遍性を認めることであるが，ガリレイの相対性原理に矛盾するため，当時の物理学者達には受け入れられなかった．一つの解決策として，フィッツジェラルドとローレンツは，エーテルに対して運動するすべての物体は速度方向の長さが元の $\sqrt{1-\beta^2}$ 倍に収縮するという奇妙な仮説（収縮仮説）を提唱した．そうだとすると，PA_1 の長さは $L\sqrt{1-\beta^2}$ となり，(2.1) の L をこれで入れ替えると，t_1 は $2L/(c\sqrt{1-\beta^2})$ に置き替わるが，PA_2 の長さはそのままで $\Delta t = 0$ となり，位相差は生じない．だが，なぜこの収縮が起こるかはエーテルの力学の詳細が知られない限り，正当化は難しい．

*1) $L = 11$ m, $\lambda = 5.9 \times 10^{-7}$ m で，β は 10^{-4} のオーダー．

2.2 光速不変の原理と時間空間

アインシュタインは 1905 年に発表した「運動物体の電気力学」という論文で，物理学の基礎法則を支える前提として次の二つを提唱した．

(1) 相対性原理：物理法則は慣性系の選び方によらず同じ形である．言い換えると，物理法則に基づき慣性系を区別することはできない．

(2) 光速不変の原理：真空中の光速度は任意の慣性系において常に同じ値 c である．言い換えると，光は光源の速度によらず，かつ，一定速度で運動する任意の観測者にとって常に定まった速度 c で伝播する．

(1) は通常の力学におけるガリレイの相対性原理と同じ表現だが，物理法則には電荷間の力の法則もその一部として含まれるという意味でガリレイの相対性原理の一般化になっている．(2) は，それまでのすべての実験結果と調和するだけでなく，(1) と (2) を合わせて，電気の力の法則が任意の慣性系で成立する実験事実であること，特に (1.5) と整合する．しかし，物体の速度についての通常の常識とは一見矛盾する．アインシュタインは大胆にもこの矛盾は時間と空間についてのこれまでの常識が間違っているためであって，(1)，(2) に基づき新しいより精密な時間と空間の概念を組み立て直すべきだと考えた．ニュートンは時間と空間に関して絶対時間，絶対空間という前提を仮定した．実際，重力の遠隔作用は，どんなに離れた空間の 2 点においても時間および距離が各瞬間ごとに絶対的に定まっているとしなければ無意味である．物体間の距離は，物体の運動状態によらず常に両者に共通の時間があり，それに関して同時刻における位置を指定して初めて明確に定まるものだからだ．アインシュタインはこの前提を (1)，(2) に置き換えるべきだと提唱したのである．二つを併せて特殊相対性原理と呼ぶ．

特殊相対性原理によれば，離れた 2 地点において同時刻という概念は，慣性系ごとに異なることが次のようにしてわかる．一つの慣性系 K において二つの位置 a, b に全く同じ時計を静止させて置いてあるとしよう．それらは x 軸上にあるとし，座標をそれぞれ $x_{\rm a}, x_{\rm b}$ $(x_{\rm a} < x_{\rm b})$，また，時計の針が示す目盛を $t_{\rm a}, t_{\rm b}$ とする．この二つの目盛が同時刻であることを保証するにはどうすればよいか．(2) によれば光の伝播速度はどの方向でも同じだから，光信号を用いて時計合わせをするのが，最も信頼できる方法である．位置 a の時刻 $t_{\rm a}$ に b に向け光線が発信する．位置 b に鏡が置いてあり，時刻 $t_{\rm b}$ にこの信号が着くと同時に反射信号が a に送られその位置の時計の時刻 $\hat{t}_{\rm a}$ に到着したとすると，時計の進みが両地点で同じであり時間が合っているなら，

$$t_{\rm b} = t_{\rm a} + \frac{x_{\rm b} - x_{\rm a}}{c}, \quad \hat{t}_{\rm a} = t_{\rm b} + \frac{x_{\rm b} - x_{\rm a}}{c} \tag{2.4}$$

が成り立つ．時計の目盛だけの関係に直すと

$$t_{\rm b} - t_{\rm a} = \hat{t}_a - t_{\rm b} \tag{2.5}$$

である．この関係が慣性系 K の任意の 2 地点で成り立つように時計を合わせることが矛盾なく可能であると仮定しよう *2)．そうすると，慣性系が定まれば任意の地点でこの方法により共通の時間が定まる．それを t とする．慣性系に静止している時計が示す時間に関するこの前提はニュートンの絶対時間の仮定に比べてはるかに弱い仮定である．

次に K に対して x 方向に一定速度 v (>0) で移動する別の慣性系 K′ 系を比較のために考えよう．K′ 系にも K 系に静止させて時間を合わせるのに用いたと同じ時計を静止させて時間合わせを実行できる．(1) により K′ でも K 系と同じ物理法則が成り立つからだ．そうして K′ 系で共通に定まった時間を t' とする．問題は t と t' がどんな関係にあるかである．K′ 系の時計は，K 系の立場では x 軸方向に速度 v で移動している．そこで x 軸に沿った直線の棒が K′ とともに移動するとしよう (図 2.3)．この棒の左端と右端をそれぞれ A, B とする．K 系の x 軸に沿って測れば，その位置は時間の関数として $x_{\rm A}(t) = vt, \quad x_{\rm B}(t) = \ell + vt$ である．ただし，時刻 $t=0$ で左端 A が x 軸原点にあるように時計の目盛を選んだ．また，ℓ は K 系の座標で表した棒の長さ，言い換えると，K 系の x 軸上にある時計の同時刻における座標の差 $\ell = x_{\rm B}(t) - x_{\rm A}(t)$ である．

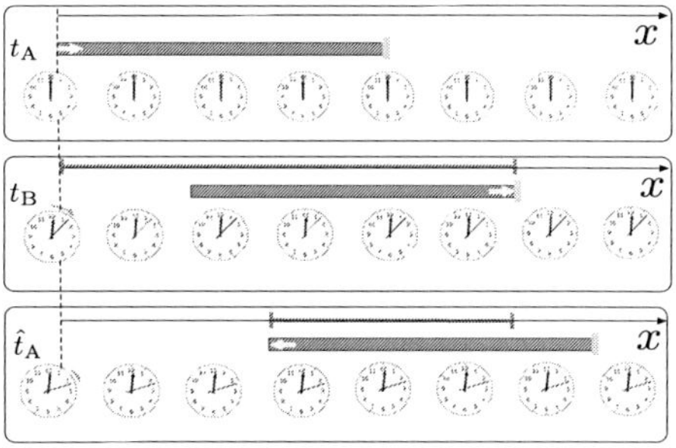

図 2.3 K 系時計による光信号の観測

ある時刻 $t_{\rm A}$ に左端から光信号を発射し，右端 B に置いた鏡で反射させて再び左端に戻るようにしよう．右端 B に信号が到着し反射した時刻を K 系静止時計で $t_{\rm B}$，左端 A に戻った時刻を $\hat{t}_{\rm A}$ とする．光信号の速度が c であるから，次の関係式が成り立つ（前章と同じく $\beta = v/c$）．

$$ct_{\rm B} = ct_{\rm A} + \ell + v(t_{\rm B} - t_{\rm A}) \quad \rightarrow \quad ct_{\rm B} - ct_{\rm A} = \frac{\ell}{1-\beta} \tag{2.6}$$

$$c\hat{t}_{\rm A} = ct_{\rm B} + \ell - v(\hat{t}_{\rm A} - t_{\rm B}) \quad \rightarrow \quad c\hat{t}_{\rm A} - t_{\rm B} = \frac{\ell}{1+\beta} \tag{2.7}$$

---

*2) 矛盾なく可能というのは，ある地点を原点にとってこの方法によって他の地点の時計を合わせた結果は，原点を別の任意の位置で置き換えて同じ方法による時計合わせを行ったときでも，時計はすべてこの関係式を満たすということである．

図 2.3 から明らかなように，信号が A から B に向かうときと B から A に向かうときでは，伝播した距離が棒が動いた距離だけ違っているから，当然

$$c(\hat{t}_{\mathrm{A}} - t_{\mathrm{B}}) < c(t_{\mathrm{B}} - t_{\mathrm{A}}) \tag{2.8}$$

である．一方，この同じ信号を K′ 系の時計で観測すれば t' について (2.4) に相当する関係が成り立つ．K′ 系の時計は棒上で静止して一緒に運動している．この時計が A で信号を発して，B で反射し，そして A に戻ったそれぞれの瞬間ごとに，K 系で静止させて配置されている時計とすれ違う瞬間に示す目盛を $t'_{\mathrm{A}}, t'_{\mathrm{B}}, \hat{t}'_{\mathrm{A}}$ とすれば，前の議論から，(2.5) に相当して次式が成り立つ．

$$ct'_{\mathrm{B}} - ct'_{\mathrm{A}} = c\hat{t}'_{\mathrm{A}} - ct'_{\mathrm{B}} \tag{2.9}$$

特殊相対性原理のもとでは，(2.8) と (2.9) はどちらもそれぞれ正しいのであるから，結論は $t \neq t'$ である．より詳しくは，K′ 時計では同時刻の同じ瞬間が K 時計では右端時計の時間に比べて左端時計の時間が後である．これは時間を縦軸にとり空間を x 軸で代表させて横軸にとって光信号の軌跡を図に表すと容易に納得できる（図 2.4）．この図のように，時間軸と空間軸によって物体の運動を示す方式をミンコフスキーのダイアグラムと呼ぶ．縦軸と横軸を同じ長さの単位で測るため，縦軸を ct の値で横軸と同じ間隔の目盛で表している．このとき，光線は横軸から 45 度の傾いた直線になる．棒の軌跡は縦軸から β に等しい傾きをもち，横軸（x 軸）の目盛で測って ℓ の幅の帯になる．K 系時計の軌跡はすべて垂直上方向に進む平行直線を描く．

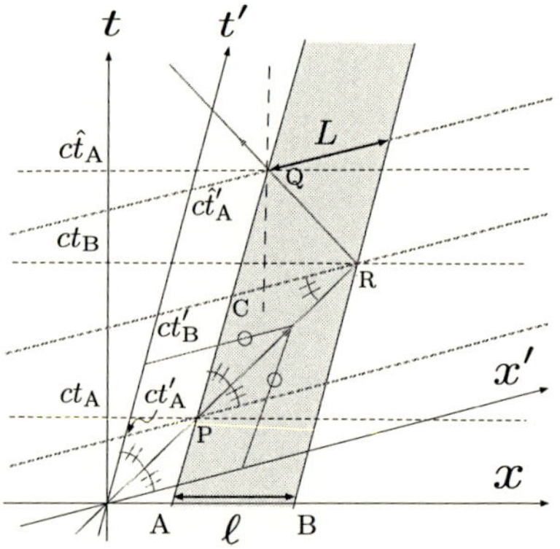

図 2.4　同時性の慣性系による違い

一方，K′ 時計の軌跡は棒の端点が描く斜め方向に伸びる直線にすべて平行な直線になる（t' 軸に平行）．K′ 時計で同時刻の位置を結ぶ直線を図の x' 軸と平行になるように選ぶ．x' 軸は次のように選ばれている．A から B への光線の軌跡と x' 軸の間の角度が光線と t' 軸との間の角度に等しい．つまり，光線は x' 軸と t' 軸の間の角度を 2 等分する．t' 軸の目盛の時間が (2.9) を満足し，斜め点線の直線上の点が t' 時計に関して同時刻であることを示す．これを K′ 系での x' 軸と定義できる．慣性系 K′ で時間と空間を新しい t' 軸と x' 軸の斜交座標により表している．ここでも光速度は確かに c だ．実際，$c(t'_B - t'_A) = c(\hat{t}'_A - t'_B)$ の値は，x' 軸に沿って測った棒の両端間の

距離 L に等しい．図では $\triangle$CPR と $\triangle$CRQ がどちらも二等辺三角形であることに対応する ($\angle$CPR=$\angle$CRP, $\angle$CRQ=$\angle$CQR)．より一般には，図の小丸 $\circ$ を付した t' 方向と x' 方向の直線が光線と交わる長さが同じである．また，L は棒と一緒に運動する K$'$ 系で測った棒の長さに他ならない．$L \neq \ell$ だから，物体の長さも K 系と K$'$ 系では異なる．

以上は，K と K$'$ の立場を逆転しても同様にいえるが，何ら矛盾ではない．全く同一の光信号を観測しても K 系に静止した時計が示す時間と，K$'$ 系に静止した時計の示す時間が異なる，すなわち，一般に時間は運動に依存して異なることを示している．どちらの時間も同じ資格で物理現象を記述するための時間として採用できるが，慣性系 K の立場では K に静止した時計の時間，K$'$ では K$'$ に静止した時間を用いるのが自然である．特殊相対性原理によれば，このとき物理法則はどちらの慣性系でも同じで区別できない．

2.3 ローレンツ変換

このように，慣性系が変わると新しい慣性系の時間軸と空間軸は，元の慣性系の軸から傾き，元の時間と空間が混じり合って新たな時間軸，空間軸ができる．この関係を具体的な式として求めよう．座標軸は直線で表されているから，(x,t) と (x',t') は互いに一次式で結ばれる．両者の原点を共通に選び，

$$x' = Ex + Fct, \quad ct' = Gx + Hct \tag{2.10}$$

と表す．$E = E(v), F = F(v), G = G(v), H = H(v)$ は速度 v によって決まる，座標 (x,t) にはよらない定数で，$E(0) = 1, F(0) = 0, G(0) = 0, H(0) = 1$ である．K$'$ 系の定義により，$x = vt$ なら $x' = 0$ でなければならないから $-F/E = v/c$ である．また，K 系，K$'$ 系どちらでも光速度は同じ定数 c であるから，$x = \pm ct$ なら，$x' = \pm ct'$ なので，$x' = E(\pm ct - vt) = E(\pm c - v)t = \pm ct' = \pm c(\pm G + H)t$ により，$E(\pm c - v) = c(G \pm H)$ から，$-2Ev = 2cG$，$\quad 2Ec = 2cH$ で，$G = -vE/c, H = E$ である．以上をまとめると，$v/c = \beta$ とおいて

$$x' = E(v)(x - \beta ct), \quad ct' = E(v)(-\beta x + ct) \tag{2.11}$$

である．さて，図 2.4 で考察した速度 v で運動する棒の両端 A, B の軌跡は K 座標では，それぞれ $x_{\mathrm{A}}(t) = x_{\mathrm{A}}(0) + vt$，$\quad x_{\mathrm{B}}(t) = x_{\mathrm{A}}(0) + \ell + vt$ である．これを K' 座標で表せば $x'_{\mathrm{A}} = E(v)x_{\mathrm{A}}(0)$，$\quad x'_{\mathrm{B}} = E(v)\bigl(x_{\mathrm{A}}(0) + \ell\bigr)$ と一定である．もちろん，棒は K$'$ 系では静止しているから，これらは時間 t' によらない．L の定義により $x'_{\mathrm{B}}(t') - x'_{\mathrm{A}}(t') = L$ で，次式を得る．

$$L = E(v)\ell \tag{2.12}$$

つまり，$E(v)$ は K 系と K′ 系の棒の長さの違いを表す．空間がどの位置から見ても等方的，すなわち，どの方向も区別はつかないと仮定すると，この違いは速度の向きに無関係で速度の大きさだけによって決まると考えてよいから，$E(v) = E(-v)$ である．一方，以上の考察を K′ 系の立場から K 系を見た場合に繰り返すと，速度を逆転 ($v \to -v$, $\beta \to -\beta$) しても全く同じ変換になるべきであることに注意しよう．つまり，上の結果と同じ資格で $x = E(-v)(x' + \beta ct'), \quad ct = E(-v)(\beta x' + ct')$ が成り立つ．(2.11) に代入すると，任意の x', t' に対して次式が恒等的に成り立つ．

$$x' = E(v)E(-v)(1-\beta^2)x', \quad ct' = E(v)E(-v)(1-\beta^2)ct'$$

よって，$E(v) = E(-v)$, $E(0) = 1$ により，以下の結論が得られる．

$$E(v)^2(1-\beta^2) = 1 \quad \to \quad E(v) = \frac{1}{\sqrt{1-\beta^2}}$$

これまでの考察は，空間方向は x 軸方向だけを取り出して行ってきた．x 軸に直交する残りの y，z 軸方向はどうか．そこで，この二つのうちどちらかの軸方向に直線的に伸びている棒を想像しよう．この棒は K 系で静止しているとすると，K′ 系の立場では棒が自分自身に垂直な方向に一定速度 $-v$ で平行移動することになる．したがって，棒の x 座標は棒の任意の位置で $x = -vt$ で，y 座標（または z 座標）は時間によらず一定である．よって，空間座標の目盛をどの方向も全く同じ物差で測り原点を一致させる限り，K′ 系の y', z' 座標は K 系と同じであるとする以外に整合的な可能性はない [*3)]．つまり，$y' = y$, $z' = z$．結局，同一の時空点を K 系と K′ 系で表したとき，空間座標および時間が

$$x' = \gamma(x - \beta t), \quad y' = y, \quad z' = z, \quad ct' = \gamma(-\beta x + ct) \tag{2.13}$$

で結ばれる．これをローレンツ変換と呼ぶ．ただし，慣用の記号に合わせるため，$\gamma \equiv E = 1/\sqrt{1-\beta^2}$ と定義し直した．ローレンツ変換により，K 系と K′ 系の時間空間の関係が具体的に定まったわけだ．

この結果から導かれる顕著な性質をいくつかここで整理しておこう．

(i) 長さの短縮：(2.12) が示すように，

$$\ell = \sqrt{1-\beta^2}L \tag{2.14}$$

---

*3) これまでの考察と同じく，空間が一様等方であること，K と K′ を入れ替えても結果は常に同じであることを前提としている．

である．L は棒がその軸方向に一定速度で移動しているときに，棒と一緒に移動する慣性系，言い換えると，棒が静止している慣性系で測った長さである．これに対し ℓ は棒が一つの慣性系で一定速度で移動しているとき，棒の両端の位置をこの慣性系に静止した時計で同時刻における座標の位置の差から測った長さである．これはまさに，エーテルの立場から提唱された収縮仮説を説明している．確かに (2.1) では，慣性系に対してアーム PA_1 が軸方向に一定速度 v で移動しているとしているから，L は正しくは ℓ を採用しなければならない．これは，エーテルという仮想的な媒質の力学ではなく，特殊相対性原理に従う時間空間自体の必然的性質である [*4]．

短縮は運動方向だけに起こるので，たとえば K′ 系で半径 R の球面があるとし，それを K 系の同時刻の位置座標で表すと，

$$R^2 = (x')^2 + (y')^2 + (z')^2 = \gamma^2(x - vt)^2 + y^2 + z^2 \qquad (2.15)$$

で，K 系では x 方向に中心が速度 v で移動し，その方向だけ長さが $1/\gamma$ に圧縮された回転楕円体（x 軸に関して回転対称）の形で運動する．もし，K′ 系の原点に静止している点光源から，光があらゆる方向に発せられると，光の先端が作る波面は $R = ct'$ の球面である．K 系でこの同じ波面の形を観察すると，このように波面はつぶれた形をしているように見える．一方，K 系の立場で光線の先端を観測すれば当然球面である．つぶれた波面は定義により K′ 系の同時刻 t' での光線の先端がなす面であり，K 系の同時刻 t での波面とは異なる．

(ii) 時間の遅れ：次に慣性系で移動している時計と静止している時計の目盛がどう関係しているか調べよう．移動している時計は K′ 系の原点 $x' = y' = z' = 0$ にあるとする．K 系から見れば x 軸方向に速度 v で移動していて，x 座標は $x(t) = vt$ である．これを (2.13) に代入すると

$$t' = \gamma(-\beta x + ct)/c = \gamma(-\beta^2 + 1)t = \sqrt{1 - \beta^2}\,t \qquad (2.16)$$

となる．これは，移動している時計の目盛を K 系で静止している時計とすれ違う各瞬間ごとに比較すると，移動している時計が静止時計に比べて因子 $\sqrt{1 - \beta^2}$ だけ少ない目盛である，言い換えると，その割合だけ遅れていることを示している．一般に，物体（= 質点）が運動しているとき，それに固定された時計が示す時間を物体の固有時間と呼ぶ．慣性系に静止した時計の目盛が示す時間と比較すれば，固有時間は一般に運動すればそれだけ遅れる．

[*4] この理由でアインシュタインは (2.13) を導く論文の前半部を「運動学の部」，これに基づく後半部を「電気力学の部」と区別した．なお，(2.13) は数式としては，以前にローレンツが得ていたものであるため，ポアンカレの命名に従い現在ではローレンツ変換と呼ばれる．しかし，両者ともエーテルの考えからは抜け出ることはできなかった．

物体の速度が変化する場合でも十分短い間隔ごとに考えれば，上の結果を各瞬間ごとに適用し物体の任意の慣性系における速度ベクトル $\boldsymbol{v}(t) = \frac{d\boldsymbol{x}(t)}{dt}$ の大きさを v とみなして運動の起点から終点まで軌跡に沿って積分した

$$\tau = \int \sqrt{1 - \frac{v(t)^2}{c^2}}\,dt \tag{2.17}$$

が，この間の固有時間に関する間隔に等しい．固有時間は定義により，慣性系の選び方によらずに質点の時間空間での軌跡ごとに一意的に定まる固有の量である．ニュートンの絶対時間とは全く反対に，時間は物体ごとに固有のものとして考えなければならないのである．

(iii) 速度 v の制限：因子 γ はもし速度 v の大きさが光速度を超える ($v^2 > c^2$) なら，虚数になり，ローレンツ変換は意味をもたない．実際，このとき K′ 系に静止した棒の両端の時計と K 系の静止時計との比較は不可能になってしまう．なぜなら，K 系から見ると，棒は光より速く動いているので，A を発した光が B に到着することはないため，t_{B} も $\hat{t}_{\mathrm{A}}$ も定義できないからである．また，時間の遅れや，長さの収縮は速度が v に近づけば (2.14) と (2.16) は限りなくゼロに近づく．ミンコフスキーのダイアグラムでいうなら，x' 軸と ct' 軸は 45 度方向に限りなく近づくが，互いを交差することはない．したがって，(i), (ii) が意味をもつ限り，c が限界であり v がそれを超えることはできない．これは例えば熱力学において絶対零度が温度の下限であるのと同様に，特殊相対性原理からの帰結としての新たな物理法則と考えるべきものなのだ．

(iv) ガリレイ変換との関係：ローレンツ変換の式で x, t を有限に固定して $c \to \infty$ の極限をとると，$x' = x - vt$, $y' = y$, $z' = z$, $t' = t$ となる．これはガリレイの相対性原理に対応する座標の変換式（ガリレイ変換）に他ならない．つまり，特殊相対性原理は $c = \infty$ でガリレイの相対性原理に帰着するという意味で，前者は後者の拡張である．その場合はどんなに離れた位置の間でも任意の慣性系で同時性が絶対的な意味で決まり，(iii) の速度制限は意味を失う．

(i), (ii) は特殊相対性理論の帰結として広く知られているが，我々が日常経験で培ってきた常識とは異なる．また，実際に体験できる速度（たとえばジェット旅客機）では，γ の 1 からのずれ $\gamma - 1 \sim \beta^2/2$ は 10^{-12} のオーダーであり無視しても差し支えない．これらの効果は様々な精密実験・観測によって直接，間接に立証されているだけではなく GPS などの技術を通じて相対論的効果は日常生活の面でも役割を果たしている．一方，現代の最先端素粒子加速器では，電子や陽子を c に限りなく近い速度まで加速し衝突させる．その γ 値は 10^4 を超えるような領域にある．そこではニュートン力学は全く無意味であり，特殊相対性原理に基づいた力学が必要になる．それは電気磁気現象の本性の正しい理解に役立つだけでなく，本質的に欠かせない．私たちはそのような力学にこれから徐々に進み，そこから電気磁気の出発点にもう一度戻って

いく．そのためにはもう少し準備が必要である．

2.4　一般ローレンツ変換と時空ベクトル，テンソル

直接代入して計算すれば確かめられるように，ローレンツ変換 (2.13) は

$$(x')^2 + (y')^2 + (z')^2 - (ct')^2 = x^2 + y^2 + z^2 - (ct)^2 \tag{2.18}$$

を満たす．特に，座標 $(x, y, z, ct), (x', y', z', ct')$ で定義される 4 次元の空間において，この 2 次形式がゼロという条件によって定義される 3 次元曲面 $\sqrt{x^2+y^2+z^2} = \pm ct, \sqrt{(x')^2+(y')^2+(z')^2} = \pm ct'$ は，原点 $x = y = z = t = 0, x' = y' = z' = t' = 0$ を通るすべての光線の軌跡の連続的集合を表す．この 3 次元曲面を光円錐と呼ぶ（空間方向 2 次元 (x, y) を取り出した図 2.5）．あるいは，光線の先端の集合を各時刻ごとで考えると，3 次元曲面の時刻 t, t' での断面を見ることになるが，それは普通の 3 次元空間 $(x, y, z), (x', y', z')$ での原点を中心とする半径 ct, ct' の球面である．また，同じく原点を通る任意の物体の軌跡を考えると速度制限 $v^2 < c^2$ を満たす限り光円錐で囲まれる領域だけに制限され，物体の軌跡はその外に出ることはできない．つまり，物体の軌跡の先端は，任意の時刻で光線の先端がなす球面の内部にある．

(2.18) を座標変換に対する条件とみなした場合，(2.13) はこれを満たす簡単な例になっている．この条件を満たす任意の線形変換（一次式による変換）を（一般）ローレンツ変換と定義する．この条件により，原点を通る光先端は任意の慣性系で半径 ct の球面上にある．一般ローレンツ変換を扱うには空間時間座標を次のように番号添字で区別すると便利だ．

$$(x^1, x^2, x^3, x^0) \equiv (x, y, z, ct) \equiv (\boldsymbol{x}, ct).$$

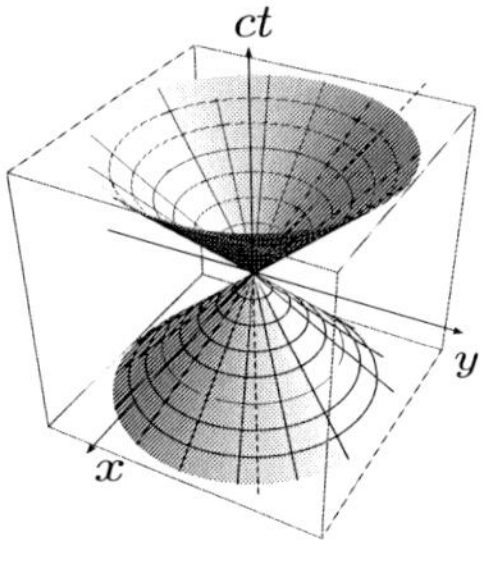

図 **2.5**　光円錐

上付きの添字は，0 乗，2 乗や 3 乗ではなくあくまでも単なる添字であるので混乱しないように注意しよう．また，$\boldsymbol{x}$ で，3 個の空間成分を通常のベクトル記号で略記している．これに加えて下付きの添字の場合を

$$(x_1, x_2, x_3, x_0) \equiv (x, y, z, -ct) \equiv (\boldsymbol{x}, -ct)$$

で定義する．つまり，添字番号が空間座標を表す場合は $x^i = x_i$ $(\mu = i = 1, 2, 3)$, 時間座標を表す $\mu = 0$ の場合は，$x^0 = -x_0$ である．時間方向を 4 番目の添字とみなすが，(2.18) での時間方向のマイナス符号が表す違いを明示するため，現在の標準的慣用に従い記号は 0 を採用する．これをまとめて

$$x_\mu = \eta_{\mu\nu} x^\nu \tag{2.19}$$

と略記する．これは本来 $x_\mu = \sum_{\nu=1}^{0} \eta_{\mu\nu} x^\nu$ だが，添字番号 $\nu = 1, 2, 3, 0$ に関して和記号 $\sum$ を省略したわけだ．一般に空間座標と時間座標を同等に扱う場合には添字をギリシャ文字 $\mu, \nu, \sigma, \lambda$ 等々で表すので慣れてほしい．$\eta_{\mu\nu}$ は添字がどちらも空間添字で等しいとき $\eta_{ii} = 1$ $(i = 1, 2, 3)$，時間添字なら $\eta_{00} = -1$ で 4×4 の行列として表せば $(\eta_{\mu\nu} = \eta_{\nu\mu})$，

$$\eta = \begin{pmatrix} 1 & 0 & 0 & 0 \\ 0 & 1 & 0 & 0 \\ 0 & 0 & 1 & 0 \\ 0 & 0 & 0 & -1 \end{pmatrix}$$

である．本節最初に出てきた 2 次形式は

$$\eta_{\mu\nu} x^\mu x^\nu = x_\mu x^\mu = x^\mu x_\mu = |\boldsymbol{x}|^2 - (ct)^2 \tag{2.20}$$

等，色々な形で同等に表せる．ただし，ここでも和記号（左辺，右辺でそれぞれ $\sum_{\mu=1,\nu=1}^{0}$, $\sum_{\mu=1}^{0}$）が省略されている．(2.19), (2.23) のどちらも和記号が省略されているのは，一つの項の中に同じギリシャ文字添字が上付きと下付きが一つずつ対になっている場合だ．そういう場合はギリシャ文字の添字対に関して 4 方向（空間 3 方向＋時間方向）の和をとると約束すれば，実は何ら曖昧さなしに理解できるので，相対性理論を扱う場合には標準的な約束（アインシュタインの約束）として採用されている．一般に上付きと下付き添字を同一にして和をとることを添字の縮約という．さらに，今後は式の簡単化のため誤解の恐れがない限り，3 次元のベクトル添字だけの和についても 2 重の添字対により $\boldsymbol{x} \cdot \boldsymbol{y} = x_i y_i$ と表し，和記号 $\sum_{i=1}^{3}$ を省略する．

行列 η は添字の上げ下げを施す役割をもつといえる．$\eta_{\mu\nu}$ 自身について座標と同じ規則で添字を上げ下げするとすれば，$\eta^{\lambda\sigma}$ は $\eta_{\mu\lambda}\eta_{\nu\sigma}\eta^{\lambda\sigma} = \eta_{\mu\nu}$ を満たす行列としなければならない．これから行列要素の関係としては，実は $\eta_{\mu\nu} = \eta^{\mu\nu}$ である．これにより，(2.19) は $x^\mu = \eta^{\mu\nu} x_\nu$ と逆に表しても全く同じことである．このとき，もし上付きと下付きが 1 個ずつの場合は，

$$\eta_{\mu\nu}\eta^{\nu\sigma} = \delta^\mu_\sigma \tag{2.21}$$

となる（δ^μ_ν はクロネッカー記号，行列としては対角成分がすべて 1 で非対角成分がゼロの単位行列 I）．言い換えれば，$\eta_{\mu\nu}$ と $\eta^{\nu\sigma}$ は互いに数値的には同じであると同時に逆行列の関係にあるとみなせる．

この約束のもとで，一般ローレンツ変換を 4×4 行列要素 ${L^\mu}_\nu$ により

$$x'^\mu = {L^\mu}_\nu x^\nu \tag{2.22}$$

と表す．ここでも右辺は添字 ν を上下一つずつ対で含むから和記号が省略されている．${L^\mu}_\nu$ の添字は上げ下げは横方向の位置はそのままで縦方向だけで行っているので $({L_\mu}^\nu \equiv \eta_{\mu\alpha}\eta^{\nu\beta}{L^\alpha}_\beta)$ 注意してほしい．条件式 (2.18) は

$$x'_\mu x'^\mu = x_\mu x^\mu \tag{2.23}$$

と表現できるから，次式が成り立たねばならない（$x'_\mu x'^\mu = \eta_{\mu\nu}x'^\nu x'^\mu$ に注意）．

$$\eta_{\mu\nu}{L^\mu}_\lambda {L^\nu}_\sigma = \eta_{\lambda\sigma} \tag{2.24}$$

添字の上げ下げによりこれは様々な表現ができる．たとえば，$\eta^{\nu\mu}{L_\nu}^\lambda {L_\mu}^\sigma = \eta^{\lambda\sigma}$，$L_{\mu\lambda}L^{\mu\sigma} = \delta^\sigma_\lambda$, 等々である．また，${L^\mu}_\nu$ を要素とする 4×4 行列（上付き添字 μ が行，下付き ν が列）を L，その転置行列を L^t として以下のように表しても同じことだ（計算にはこのほうが便利な場合が多い）．

$$L^t\eta L = \eta, \tag{2.25}$$

$$L = \begin{pmatrix} {L^1}_1 & {L^1}_2 & {L^1}_3 & {L^1}_0 \\ {L^2}_1 & {L^2}_2 & {L^2}_3 & {L^2}_0 \\ {L^3}_1 & {L^3}_2 & {L^3}_3 & {L^3}_0 \\ {L^0}_1 & {L^0}_2 & {L^0}_3 & {L^0}_0 \end{pmatrix}, \quad L^t = \begin{pmatrix} {L^1}_1 & {L^2}_1 & {L^3}_1 & {L^0}_1 \\ {L^1}_2 & {L^2}_2 & {L^3}_2 & {L^0}_2 \\ {L^1}_3 & {L^2}_3 & {L^3}_3 & {L^0}_3 \\ {L^1}_0 & {L^2}_0 & {L^3}_0 & {L^0}_0 \end{pmatrix}$$

$\eta^2 = 1$ を用いると，(2.25) は $L^{-1} = \eta L^t \eta$ とも同等である．これにより，逆変換 $x = L^{-1}x'$ は成分で表すと次式である．

$$x^\mu = {L_\nu}^\mu x'^\nu \tag{2.26}$$

実際，$x^\mu = {L_\nu}^\mu {L^\nu}_\sigma x^\sigma = \delta^\mu_\sigma x^\sigma = x^\mu$ となり整合的である．(2.13) の例では，${L^1}_1 = {L^0}_0 = \gamma = {L_1}^1 = {L_0}^0, {L^1}_0 = {L^0}_1 = -\gamma\beta = -{L_0}^1 = -{L_1}^0, {L^2}_2 = {L^3}_3 = 1 = {L_2}^2 = {L_3}^3$ である．

一般ローレンツ変換の特別な場合として無限小変換を考えてみよう．

$${L^\mu}_\nu = {\delta^\mu}_\nu + {\omega^\mu}_\nu \tag{2.27}$$

ただし，（今後とも）「無限小」とは ${\omega^\mu}_\nu$ の 1 次までを考慮し 2 次以上は無視するという意味だ．このとき条件 (2.24) は

$$\eta_{\mu\nu}({\omega^\mu}_\lambda \delta^\nu_\sigma + \delta^\mu_\lambda {\omega^\nu}_\sigma) = \omega_{\sigma\lambda} + \omega_{\lambda\sigma} = 0 \tag{2.28}$$

に帰着する．つまり，無限小変換の場合，$\omega_{\mu\nu}$ は反対称行列である．

ところで，(2.22) を

$$x'^{\mu} = \frac{\partial x'^{\mu}}{\partial x^{\nu}} x^{\nu}, \quad x^{\mu} = \frac{\partial x^{\mu}}{\partial x'^{\nu}} x'^{\nu} \tag{2.29}$$

つまり，$L^{\mu}{}_{\nu} = \frac{\partial x'^{\mu}}{\partial x^{\nu}}, L_{\nu}{}^{\mu} = \frac{\partial x^{\mu}}{\partial x'^{\nu}}$ と表すのも便利である．この方式は行列の場合の添字の位置の情報が微分係数の分子と分母の座標の違いに置き換えられている利点がある．これは微分の一般の変数変換で成り立つ関係式

$$dx'^{\mu} = \frac{\partial x'^{\mu}}{\partial x^{\nu}} dx^{\nu}, \quad dx^{\mu} = \frac{\partial x^{\mu}}{\partial x'^{\nu}} dx'^{\nu} \tag{2.30}$$

で，係数行列 $\frac{\partial x'^{\mu}}{\partial x^{\nu}}, \frac{\partial x^{\mu}}{\partial x'^{\nu}}$ が定数であるとして，両辺を積分したものに他ならない．この形はローレンツ変換を一般化した任意の座標変換（一般座標変換と呼ぶ）

$$x^{\mu} \to x'^{\mu}(x) \tag{2.31}$$

でもそのまま使えるという意味でも便利である．また，(2.24) は

$$\eta_{\mu\nu} \frac{\partial x'^{\mu}}{\partial x^{\lambda}} \frac{\partial x'^{\nu}}{\partial x^{\sigma}} = \eta_{\lambda\sigma} \tag{2.32}$$

で，微分では $\eta_{\mu\nu} dx'^{\mu} dx'^{\nu} = \eta_{\lambda\sigma} dx^{\lambda} dx^{\sigma}$ を仮定するのと同等である．ローレンツ変換は，この条件で変換 (2.31) を制限し係数行列 $L^{\mu}{}_{\nu}$ の定数性を要請したものとみなせ，次式が成り立つ．

$$dx'^{\mu} dx'_{\mu} = dx^{\lambda} dx_{\lambda},\ dx'_{\mu} = \frac{\partial x^{\lambda}}{\partial x'^{\mu}} dx_{\lambda},\ dx_{\lambda} = \frac{\partial x'^{\mu}}{\partial x^{\lambda}} dx'_{\mu} \tag{2.33}$$

元の定義に戻ろう．(2.25) 両辺の行列式を求めると，$(\det L)^2 = 1$ となる．よって，$\det L = \pm 1$ と二つ可能性がある．(2.24) の $\lambda = \sigma = 0$ の場合から

$$(L^{0}{}_{0})^2 = (L^{i}{}_{0})^2 + 1 \geqq 1 \tag{2.34}$$

が導かれるので，$L^{0}{}_{0} \geqq 1$ か $L^{0}{}_{0} \leqq -1$ に分類できる．以下では，$\det L = 1, L^{0}{}_{0} \geqq 1$ である場合に限ってローレンツ変換と呼ぶ（「順時固有ローレンツ変換」，あるいは「本義ローレンツ変換」）．この条件を満たさない変換は，$v = 0$ ($\beta = 0, \gamma = 1$) の極限を含まないから，恒等変換 $L = I$ を含まない．当然，無限小変換は本義ローレンツ変換の特別な場合である．最も一般的な意味でのローレンツ変換は，この本義ローレンツ変換と，時間反転 ($x'^0 = -x^0, x'^i = x^i$, $i = 1, 2, 3$)，空間反転 ($x'^0 = x^0, x'^i = -x^i$, $i = 1, 2, 3$) を組み合わせたものとみなせるので，これらの反転変換は必要に応じて別に考察することにすれば一般性を失わない．本義ローレンツ変換では $\det L = 1$ であるから，時空の 4 次元の体積要素はローレンツ変換で不変である．

$$d^4x' = (\det L)d^4x = d^4x \tag{2.35}$$

上の意味でのローレンツ変換は，空間原点のまわりの座標の連続的な回転も特別な場合として含む．その場合，$t' = t$ で，条件 (2.18) は次式に帰着する．

$$|\boldsymbol{x}'|^2 \equiv (x'^i)^2 = (x^i)^2 \equiv |\boldsymbol{x}|^2 \tag{2.36}$$

座標回転は，回転軸の向きとその軸まわりの回転角を指定して決まるので，前者に 2 個，後者に 1 個，合わせて 3 個のパラメーターが必要である．一方，条件 (2.24) は，$4 \times 4 = 16$ 個の行列要素に対して 10 個の独立な条件（λ と σ の入れ替えで対称）を課しているので，$16 - 10 = 6$ 個のパラメーターを一般に含む．したがって，回転の自由度を除けば 3 個のパラメーターが真の意味でのローレンツ変換の自由度の個数である．実際，一定速度で平行移動する慣性系を考える場合，その向きと速度の大きさを指定すれば決まる．前者は 2 個の自由度に対応するので，確かに合わせて 3 個のパラメーターがある．

ところで，条件 (2.36) が (2.18) に拡張されたという意味では，ローレンツ変換は 4 次元時間空間（縮めて単に「時空」，あるいは，ミンコフスキー空間ともいう）での一種の「回転」とみなせる．「一種の」としたのは，この「回転」で不変な長さの「2 乗」に当たる量が (2.18) であるためだ．時間成分の寄与がマイナス符号で入っているから，これは正とは限らない任意の値を取り得る．通常の回転との違いは，図 2.4 では時間軸と空間軸の回転方向が逆向きであることに現れている．その意味でローレンツ変換のような回転を「擬回転」と呼ぶこともある．その性格を理解するには，空間方向を $x^1(=x)$ の 1 次元だけを取り出し，次の形に表すのが便利だ．

$$\begin{pmatrix} x'^1 \\ x'^0 \end{pmatrix} = \begin{pmatrix} \cosh\alpha & -\sinh\alpha \\ -\sinh\alpha & \cosh\alpha \end{pmatrix} \begin{pmatrix} x^1 \\ x^0 \end{pmatrix} \tag{2.37}$$

ただし，$\gamma^2 - \gamma^2\beta^2 = 1$ を利用して双曲線関数 $\cosh\alpha = \gamma$，$\sinh\alpha = \gamma\beta$ により新しいパラメーター α を定義した．本義ローレンツ変換のうちこの型の変換をブースト（加速）変換，α をブースト角と呼ぶ．双曲線関数は指数関数で表すと $\cosh\alpha \equiv (e^\alpha + e^{-\alpha})/2, \sinh\alpha = (e^\alpha - e^{-\alpha})/2$ で定義される関数で，$\cosh^2\alpha - \sinh^2\alpha = 1$ を恒等的に満たす．もちろん，α は β の関数である．$\beta \to 0$ で $\alpha \to 0$，また，$\beta \to 1$ では $e^\alpha \to \lim_{\beta\to 1}\sqrt{2/(1-\beta)}$ に従い限りなく大きくなる．α は本来実数だが，もし仮に純虚数であるのを許し，形式的に $\alpha = i\theta$ を代入すると $\cosh(i\theta) = \cos\theta$，　$\sinh(i\theta) = i\sin\theta$ となる．もし同時に $x^1 = x, x^0 = iy$ により，座標を (x, y) に入れ替えると (2.37) は

$$\begin{pmatrix} x' \\ y' \end{pmatrix} = \begin{pmatrix} \cos\theta & \sin\theta \\ -\sin\theta & \cos\theta \end{pmatrix} \begin{pmatrix} x \\ y \end{pmatrix} \tag{2.38}$$

と書き直せる．これはちょうど2次元空間の角度θの座標回転に他ならない．これからわかるように，ローレンツ変換は片方の座標が虚数であるような空間回転と解釈できる．実際，(2.37) で不変な $(x^1)^2-(x^0)^2$ は上の置換により x^2+y^2 となる (図 2.6)．図の点線の曲線はこれらの不変量の値によって決まる位置を結んでできる曲線である．実際の4次元時空では，(不変) 双曲線は3次元の双曲面である．座標軸と平行な細直線は，それらが交わる位置の座標値で座標が決まることを明示している．

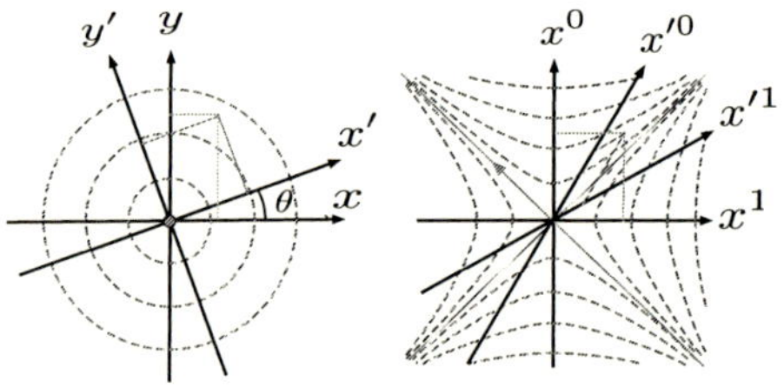

図 2.6 ローレンツ変換 (右) と通常の回転 (左)：点線はそれぞれにおける不変量の値で決まる位置を結ぶ曲線 (右：双曲線，左：円)

空間回転の場合，異なる回転を2度合成すると合成した座標変換はまた一つの回転を与える．同じことがローレンツ変換でもいえる *5)．つまり，慣性系 K から一般のローレンツ変換 L により K′ に移り，さらに K′ から別の慣性系 K″ に L' により移ったとき，K と K″ はまたローレンツ変換 $L''=L'L$ で結ばれる．実際，L'' は条件 (2.24) を満たす $((L'')^t\eta L''=L^t(L')^t\eta L'L=L^t\eta L=\eta)$．第1軸と時間の2次元のブースト変換 (2.37) の場合に L'' を求めてみよう．K′ から K″ の変換を

$$\begin{pmatrix} x''^1 \\ x''^0 \end{pmatrix}=\begin{pmatrix} \cosh\alpha' & -\sinh\alpha' \\ -\sinh\alpha' & \cosh\alpha' \end{pmatrix}\begin{pmatrix} x'^1 \\ x'^0 \end{pmatrix} \tag{2.39}$$

とすると，右辺に (2.37) を代入すると，双曲線関数の和公式 *6) を用いて

$$\begin{pmatrix} \cosh\alpha' & -\sinh\alpha' \\ -\sinh\alpha' & \cosh\alpha' \end{pmatrix}\begin{pmatrix} \cosh\alpha & -\sinh\alpha \\ -\sinh\alpha & \cosh\alpha \end{pmatrix}=\begin{pmatrix} \cosh\alpha'' & -\sinh\alpha'' \\ -\sinh\alpha'' & \cosh\alpha'' \end{pmatrix}$$

となり，合成した変換のブースト角は $\alpha''=\alpha+\alpha'$ である．$\beta=\tanh\alpha$ と公式

$$\tanh(x+y)=\frac{\tanh x+\tanh y}{1+\tanh x\tanh y}$$

により，対応する速度パラメーターは次式で与えられる (速度の合成則)．

$$v''=\frac{v'+v}{1+\frac{v'v}{c^2}} \tag{2.40}$$

v, v' の絶対値が c を超えないとき $|v''|\leq c$ である *7) から，合成した速度 v'' も光速度

*5) 数学用語では，本義ローレンツ変換の集合は「群」をなす．これをローレンツ群と呼ぶ．回転変換がなす群，すなわち回転群はローレンツ群の部分群である．本書では群の定義は必要ないので詳しくは述べない．正確な定義は適当な数学の本を参照のこと．

*6) $\sinh x\sinh y=[\cosh(x+y)-\cosh(x-y)]/2$, $\cosh x\cosh y=[\cosh(x+y)+\cosh(x-y)]/2$, $\sinh x\cosh y=[\sinh(x+y)+\sinh(x-y)]/2$.

*7) $v'=c-u', v=c-u\ (c\geqq u'\geqq 0, c\geqq u\geqq 0)$ なら，$\frac{v'+v}{1+\frac{v'v}{c^2}}=\frac{2c-u'-u}{2c-u'-u+(u'u/c)}c\leqq c$.

を超えられない．もし一方が元々 $\pm c$ ならば合成した結果も $\pm c$ だ．速度が光速より十分小さければ分母の $v'v/c^2$ はゼロに近似でき，通常の合成則 $v'' = v' + v$ に帰着する．このように，速度の合成からも光速度は限界速度である．この例ではブースト変換の方向が同じものを合成したが，異なる方向へのブースト変換を合成した結果はブースト変換だけでは書けず，空間回転とブースト変換の両方を含む一般的な本義ローレンツ変換になる．また，このとき順序によって合成結果は異なる．つまり，二つのブースト変換を行列 $B^{(1)}, B^{(2)}$ と表したとき，一般には $B^{(2)}B^{(1)} = R^{(1,2)}B^{(1,2)} \neq B^{(1)}B^{(2)}$ となる．$B^{(1,2)}$ は $B^{(1)}, B^{(2)}$ の組み合わせによって決まる新たなブースト変換，$R^{(1,2)}$ は空間回転である．$R^{(1,2)} = 1$ になるのは，$B^{(1)}, B^{(2)}$ が同一方向のブースト変換のときだけで，このときに限り $B^{(1,2)} = B^{(2,1)}$ が成り立つ．

通常の回転の場合と同様に，様々な物理量をローレンツ変換での変換性により分類できる．まず，(2.22) と同じ仕方で変換する量をベクトルと名付ける．時間方向を含むので，3 次元のベクトルと区別する場合には 4 元ベクトル（あるいは時空ベクトル）と呼ぶ．下付きと上付きを区別する場合は，前者を共変ベクトル，後者を反変ベクトルを呼ぶ．微分記号でいえば変換性 (2.33) を示す dx_μ が共変ベクトル，(2.30) を示す dx^μ が反変ベクトルだ．通常の回転の場合，ベクトルの添字を複数有する量をテンソルと呼ぶので，4 次元でもそのような量（たとえばすでに出てきたものでは $\eta_{\mu\nu}, \eta^{\mu\nu}, \delta^\mu_\nu$）を（時空）テンソルと呼ぶ．今後特に断らない限り，ベクトルやテンソルという場合，4 次元時空での意味とする．これらは，3 次元のベクトル，テンソルの拡張になっていて，添字を空間成分 $i = 1, 2, 3$ だけに制限して考えれば特別な場合として含む．空間成分だけに限れば，共変と反変は区別する必要はない．3 次元のベクトルの回転の場合，係数行列が直交行列であるから，添字の交換が自動的に逆行列を生じる．ローレンツ変換では回転の場合の直交行列の条件が (2.24) に置き換わっている．

任意の（4 元）ベクトルを複数あるとし，一つの慣性系において $a^\mu, b^\mu, \ldots$ とすると，別の慣性系でのそれら a'^μ, b'^μ への変換は

$$a'^\mu = L^\mu{}_\nu a^\nu, \quad b'^\mu = L^\mu{}_\nu b^\nu \tag{2.41}$$

である．このとき，$a'^\mu b'_\mu = a^\nu b_\nu$ が成り立つ．二つの任意のベクトルの積を縮約したものを，ベクトルの内積，あるいはスカラー積と呼ぶ．つまり，内積はローレンツ変換で不変である．4 元ベクトルの内積が通常の 3 次元のベクトルのスカラー積 $\boldsymbol{a} \cdot \boldsymbol{b}$ の拡張になっていることはいうまでもない．一つの同じベクトルの内積（簡単のため $(a)^2$ と省略して表すと便利）を考えよう．

$$(a)^2 \equiv a^\mu a_\mu = |\boldsymbol{a}|^2 - (a^0)^2 \tag{2.42}$$

これが正 ($|a^0| < |\boldsymbol{a}|$)，負 ($|a^0| > |\boldsymbol{a}|$)，ゼロ ($|a^0| = |\boldsymbol{a}|$) の場合，それぞれベクトル

a^μ は「空間的」,「時間的」,「光的」であるという．a^μ が，座標ベクトル x^μ の場合，それを原点からその位置までの矢印で表せる．この矢印は，空間的なら光円錐の外側，時間的なら，光円錐の内側，光的なら光円錐上に乗る．

ここで (2.17) で定義した固有時間について考えよう．粒子軌道 $\boldsymbol{x} = \boldsymbol{x}(t)$ の無限小の間隔だけを取り出すと

$$d\tau = \sqrt{1 - \frac{1}{c^2}\left|\frac{d\boldsymbol{x}(t)}{dt}\right|^2}dt = \frac{1}{c}\sqrt{(dx^0)^2 - |d\boldsymbol{x}|^2} = \frac{1}{c}\sqrt{-(dx)^2} \tag{2.43}$$

に等しい．4 元ベクトル $dx^\mu(t)$ は，時空に描かれた粒子軌道の（K 系時計の）時刻 t での無限小接線を表す．これは速度の大きさが c を超えない限り常に時間的で，その点を中心とする光円錐の内側方向にある．また，この形から，$d\tau$ はローレンツ変換で不変であるだけでなく，座標原点を任意にずらしても値は変わらない．そのため固有時間は慣性系の選び方に全くよらずに粒子運動を特徴付けるのに重要な役割を果たす．

次にテンソルに進もう．2 個のベクトルの積により $a^\mu b^\nu$ を作ると，2 個の添字をもっているから，テンソルである．同様にして任意個数のベクトルの積を作ればその個数に応じた添字をもつテンソルになる．一般に，テンソルの独立な添字の個数をテンソルの階数と呼ぶ．ベクトルの積とは限らない n 個の添字をもったテンソル $a^{\mu_1\mu_2\cdots\mu_n}$ を最初から考えることもできる．その変換性は

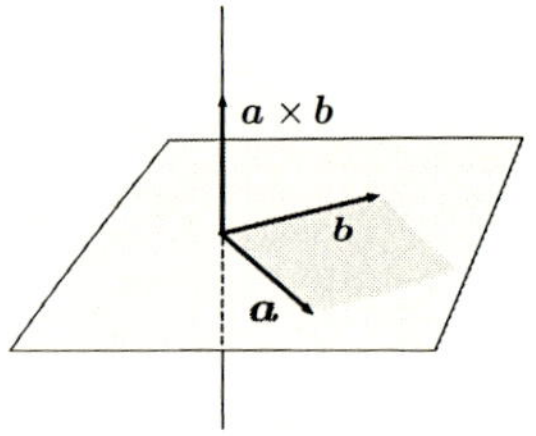

図 2.7　$\boldsymbol{a}, \boldsymbol{b}$ が作る平面と垂直な直線

$$a'^{\mu_1\mu_2\cdots\mu_n} = L^{\mu_1}{}_{\nu_1}L^{\mu_2}{}_{\nu_2}\cdots L^{\mu_n}{}_{\nu_n}a^{\nu_1\nu_2\cdots\nu_n}$$

である．2 階以上のテンソルの場合，添字 2 個からなる対を選び，その添字のどちらか一方を下付き，もう一方を上付きに選ぶと縮約ができる．その対に関しては対応するローレンツ変換行列は積が 1 になって消え，n 階のテンソルは縮約すれば $n-2$ 階のテンソルになる．これは，2 階テンソルとしての $\eta_{\mu\nu}$ が（(2.24) により），元々，ローレンツ変換で不変であるのに対応する．

最後に 3 次元のベクトルの場合，ベクトルの積としてはスカラー積の他にベクトル積があることを思い起こそう．3 次元では $\boldsymbol{a} \times \boldsymbol{b}$ を成分で表すと

$$\frac{1}{2}\epsilon_{ijk}(a_j b_k - a_k b_j) = \epsilon_{ijk}a_j b_k \tag{2.44}$$

である．このように，3 次元ではベクトルの添字を入れ替えて元との差をとると ϵ_{ijk} 記号により，再び 3 個の独立成分をもつ量が作れ，座標回転でベクトルとして変換する．幾何学的には 2 つの独立なベクトル $\boldsymbol{a}, \boldsymbol{b}$ があると，その任意の線形結合が横たわ

る平面がある．この平面に垂直方向を右ねじの規則（$\boldsymbol{a}$ を π より小さい角度で $\boldsymbol{b}$ の向きに回転したとき，ねじが進む向きを正とする）で決まる方向に向き，長さが二つのベクトルが張る平行四辺形の面積をもつベクトルがベクトル積 $\boldsymbol{a}\times\boldsymbol{b}$ である．この定義は空間の 3 次元性による．平面に垂直な直線の向きが一意的に定義できるからだ (図 2.7)．たとえば，我々が平面に住み平面に沿った 2 次元しか感ずることができない生物だと想像すると，ベクトル $\boldsymbol{a}\times\boldsymbol{b}$ は定義できない．一方，もし 4 次元のベクトルで考えると二つのベクトルがなす平面に垂直な独立な向きは 2 方向あるから，平面に垂直なベクトルの向きは連続的に無限に可能であり，積をベクトルとして定義することはできない．言い換えると，4 次元なら平面に垂直な幾何構造は，また別な平面である．

しかし，$a_ib_j - a_jb_i$ 自体は 2 次元以上の任意の次元で意味があるテンソルである．一般に 4 次元時空の意味でのベクトル 2 個の積から作った 2 階テンソルで添字の順序を交換して差をとってできるテンソル

$$a^{[\mu}b^{\nu]} \equiv \frac{1}{2}(a^\mu b^\nu - a^\nu b^\mu) = -a^{[\nu}b^{\mu]} \tag{2.45}$$

(左辺は定義である．一般に添字を交換した差の半分をとる操作を添字の前と後に付した [ ] で表す）を，ベクトル a^μ, b^ν の外積と呼ぶことにしよう．2 個の添字の入れ替えに対して符号を変える（反対称）だけなので，この 2 階テンソルの独立成分の個数は 6 である．そのうち 2 個は添字をどちらも空間成分にしたもので，(2.44) に対応する．残りの 2 個は添字が空間方向 1 個と時間方向の場合（両方とも時間方向は反対称性のため不可能）の $\frac{1}{2}(a^0b^i - a^ib^0)$ である．1 個の空間添字があるので，これも空間回転に対してはベクトルとして変換する．つまり，4 次元でのベクトルの外積は，4 次元の意味でのベクトルには帰着できないが，3 次元空間の立場から見直した場合，2 個の異なるベクトル $\boldsymbol{a}\times\boldsymbol{b}/2, (a^0\boldsymbol{b} - b^0\boldsymbol{b})/2$ から構成されると考えることができる．2 個が必要なのは，この二つの 3 次元のベクトルがローレンツ変換のもとでは互いに混じり合って 4 次元の 2 階反対称テンソルになるためだ．3 次元の場合，ベクトルの外積としてできる反対称テンソルは 3 個の成分をもち，ベクトル積はそれを読み変えたものに過ぎないが，4 次元ではベクトル積という呼び方はできない．

3 力と4元ポテンシャルの場

3.1 ラグランジュの運動方程式

特殊相対性原理に忠実に運動と力を取り扱うにはどうすればよいか．時間と空間が慣性系ごとに異なるが，運動と力の基本法則からは慣性系を区別できない構造であるべきだから，法則を定式化するための原理がローレンツ変換で不変な概念に基づく必要がある．それには第1章で触れた力学の一般的方法（解析力学）が役立つので，必要最低限な範囲で復習する．一般に時間の関数としての力学変数（一般化座標）が n 個あるとし，$u_a(t)\,(a=1,\ldots,n)$ で表す．粒子の場合，u_a を空間座標成分に選べるが，自由度数が同じであって運動が過不足なく表せるなら，それらの任意の関数でもよい．この系全体の運動方程式は u_a およびその1階微分 $\dot{u}_a \equiv \frac{du_a}{dt}$（一般化速度）の1個の関数（ラグランジアン）$L = L(u_1,\ldots,u_n,\dot{u}_1,\ldots,\dot{u}_n)$（今後，$L(u,\dot{u})$ と略す）から次の要請により一挙に導ける．

ハミルトンの原理（作用原理）

$u_a(t)$ の任意の軌道に対して，作用積分を次式で定義する．

$$S[u] \equiv \int_{t_1}^{t_2} L(u,\dot{u})dt \tag{3.1}$$

括弧記号 $[u]$ は，作用積分が軌道の関数 $u_a(t)$ を定めて決まる量であることを明示している [*1)]．実際に実現する軌道はこれから任意の無限小変化（変分と呼ぶ）

$$u_a(t) \to u_a(t) + \delta u_a(t), \quad \delta u_a(t) = \epsilon f_a(t), \tag{3.2}$$

$$f_a(t_1) = f_a(t_2) = 0 \tag{3.3}$$

に対して (3.1) が不変に保たれるような軌道である（図3.1）．これを停留条件と呼ぶ．パラメーター ϵ は無限小の定数で，ϵ^2 をゼロと扱えるものとし，$f_a(t)$ は条件 (3.3) を満たす任意関数である．

---

*1) つまり，作用積分は関数の関数である．そのような量は一般に汎関数と呼ばれる．

この要請が満たされるためには，軌道は次の微分方程式を満たさなければならない（各時刻ごとに u_a と $\dot{u}_a$ を独立変数として扱える）ことを示そう．

$$\frac{d}{dt}\frac{\partial L}{\partial \dot{u}_a} - \frac{\partial L}{\partial u_a} = 0, \quad (a = 1, \ldots, n) \tag{3.4}$$

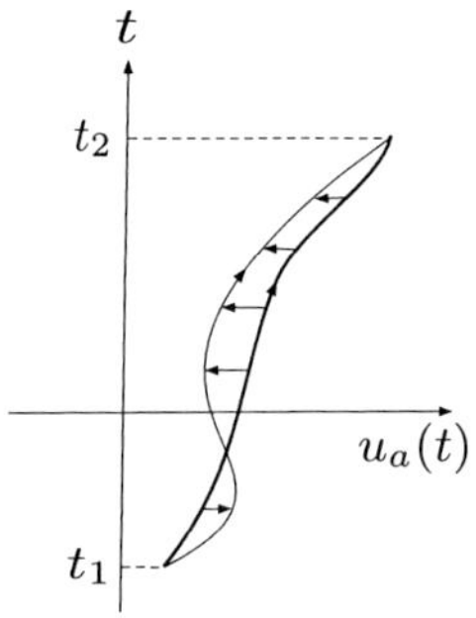

図 **3.1** 軌道の変分

これをラグランジュの運動方程式という．まず，変分による L の変化 δL は

$$\begin{aligned}\delta L &= L(u + \epsilon f, \dot{u} + \epsilon \dot{f}) - L(u, \dot{u}) \\ &= \epsilon \sum_{a=1}^{n} \Big(\frac{\partial L}{\partial \dot{u}_a}\frac{df_a}{dt} + \frac{\partial L}{\partial u_a} f_a \Big) \\ &= \epsilon \sum_{a=1}^{n} \Big[f_a \Big(-\frac{d}{dt}\frac{\partial L}{\partial \dot{u}_a} + \frac{\partial L}{\partial u_a} \Big) + \frac{d}{dt}\Big(f_a \frac{\partial L}{\partial \dot{u}_a} \Big) \Big]\end{aligned} \tag{3.5}$$

と表せる．よって作用積分の変分による変化は次式となる．

$$\begin{aligned}\delta S[u] \equiv S[u + \delta u] - S[u] = -\epsilon \sum_{a=1}^{n} \int_{t_1}^{t_2} f_a \Big(\frac{d}{dt}\frac{\partial L}{\partial \dot{u}_a} - \frac{\partial L}{\partial u_a} \Big) dt \\ + \epsilon \sum_{a=1}^{n} f_a \frac{\partial L}{\partial \dot{u}_a}\Big|_{t=t_1}^{t=t_2} = -\epsilon \sum_{a=1}^{n} \int_{t_1}^{t_2} f_a \Big(\frac{d}{dt}\frac{\partial L}{\partial \dot{u}_a} - \frac{\partial L}{\partial u_a} \Big) dt\end{aligned} \tag{3.6}$$

2 行目の左辺の寄与（表面項と呼ぶ）は，条件 (3.3) により無視できる．(3.6) がゼロであるためには，$f_a(t)$ $(t_1 < t < t_2)$ が任意関数であるから，確かに (3.4) が成立しなければならない．また，逆に (3.4) を満たす軌道から境界条件を満たさないような変分を行えば，表面項だけが残る．

$p_a \equiv \frac{\partial L}{\partial \dot{u}_a}$ を一般化運動量，$\frac{\partial L}{\partial u_a}$ を一般化力と呼ぶ．例として，1 個の質点（質量 m）が保存力 $F_i = -\frac{\partial V}{\partial x_i}$ を受けているときを考えよう．u_a を質点のデカルト座標そのもの $x_i(t)$ $(i = 1, 2, 3)$ に選び，ラグランジアンを

$$L = \frac{1}{2}m|\dot{\boldsymbol{x}}|^2 - V(\boldsymbol{x}) \tag{3.7}$$

とすると，$\frac{\partial L}{\partial \dot{x}_i} = m\dot{x}_i$，$\frac{\partial L}{\partial x_i} = -\frac{\partial V}{\partial x_i}$ で通常の運動方程式 $m\frac{d^2\boldsymbol{x}}{dt^2} = -\boldsymbol{\nabla} V$ が得られる（$\boldsymbol{\nabla} V$ は 3 次元ベクトル $\frac{\partial V}{\partial x_i}$ を表す，以下 $\boldsymbol{\nabla}$ をグレディエントと呼ぶ，日本語では勾配）．一般化運動量，一般化力と呼ぶ理由が納得できるだろう．

ラグランジアンを用いる場合，L は一意的に定まるものではなく不定性がある．たとえば，L に変数 $u_a, \dot{u}_a$ を含まない任意の時間の関数（定数も含む）を加えても運動方程式は影響を受けないことは明らかだ．より一般に，Λ を u_a の任意関数であるとし，L を

$$L' \equiv L + \frac{d\Lambda}{dt} = L + \sum_{a=1}^{n} \frac{\partial \Lambda}{\partial u_a} \dot{u}_a \tag{3.8}$$

に置き換えると，作用積分への Λ の寄与は，積分の上限と下限における差

$$\int_{t_1}^{t_2} \frac{d\Lambda}{dt} dt = \Lambda|_{t=t_1}^{t=t_2} \tag{3.9}$$

だから，変分 δu_a をとったとき，条件 (3.3) によりゼロである．つまり，L' を用いても，運動方程式の結果は元の L と同じだ．実際，Λ の一般化運動量，一般化力への寄与はそれぞれ $\frac{\partial \Lambda}{\partial u_a}$, $\sum_{b=1}^{n} \frac{\partial \Lambda}{\partial u_a \partial u_b} \dot{u}_b = \frac{d}{dt} \frac{\partial \Lambda}{\partial u_a}$ で，(3.4) の両辺で打ち消しあい，Λ は寄与しない．

運動方程式のこの定式化は，作用積分に対する停留条件の要請が力学変数の選び方に依存しない点で優れている．変分 δu_a は独立変数として可能な任意の変数によって表現できる．そのため，(3.4) は，どの力学変数を用いても常に同じ形式で成り立つ．これはまさに私たちの目的にふさわしい性質だ．作用積分が慣性系の選び方に依存しない量なら，結果として得られるラグランジュの運動方程式は，どの慣性系でも同等で変数をうまく選べば同じ形に表せる．

もう一つの利点は，ラグランジアンが力学変数 u_a を通じてしか時間を含まない場合，一般に保存するエネルギーを一般化座標と一般化運動量の関数（ハミルトン関数，あるいはハミルトニアンと呼ぶ）

$$H(u, p) \equiv \sum_{a=1}^{n} p_a \dot{u}_a(u, p) - L\big(u, \dot{u}(u, p)\big) \tag{3.10}$$

として導けることである．$\dot{u}_a(u, p)$ は，一般化速度を一般化運動量と一般化座標の関数として扱うことを明示している．このとき，次式が成り立つ．

$$\frac{\partial H}{\partial p_a} = \dot{u}_a + \sum_{b=1}^{n} \Big(p_b \frac{\partial \dot{u}_b}{\partial p_a} - \frac{\partial L}{\partial \dot{u}_b} \frac{\partial \dot{u}_b}{\partial p_a} \Big) = \frac{du_a}{dt} \tag{3.11}$$

$$\frac{\partial H}{\partial u_a} = \sum_{b=1}^{n} \Big(p_b \frac{\partial \dot{u}_b}{\partial u_a} - \frac{\partial L}{\partial \dot{u}_b} \frac{\partial \dot{u}_b}{\partial u_a} \Big) - \frac{\partial L}{\partial u_a} = -\frac{dp_a}{dt} \tag{3.12}$$

ただし，2 行目最後の等号では (3.4) を用いた．この形は運動を一般化座標と一般化座標のなす空間（相空間と呼ぶ）で表していて，ハミルトンの運動方程式と呼ぶ．ハミルトニアンが保存することはこれから直ちに帰結する．

$$\frac{dH}{dt} = \sum_{a=1}^{n} \Big(\frac{\partial H}{\partial u_a} \frac{du_a}{dt} + \frac{\partial H}{\partial p_a} \frac{dp_a}{dt} \Big) = 0 \tag{3.13}$$

通常の (3.7) の場合，$H = \frac{|\boldsymbol{p}|^2}{2m} + V$ となり確かにエネルギーを与える．

3.2　自由粒子の相対論的運動方程式

まず手始めに 1 個の粒子の自由運動をこの方法で特殊相対性原理によって扱おう．それには，前章で導入した固有時間が役立つ．無限小固有時間

$$d\tau = \frac{1}{c}\sqrt{-(dx)^2} = \sqrt{1 - \frac{1}{c^2}\left|\frac{d\boldsymbol{x}}{dt}\right|^2}dt \tag{3.14}$$

は，ローレンツ変換で不変で慣性系の選び方に依存せずに決まる量だからである．もし粒子速度の大きさが c に比べて十分小さければ $\sqrt{1 - \frac{1}{c^2}\left|\frac{d\boldsymbol{x}}{dt}\right|^2} = 1 - \frac{1}{2c^2}\left|\frac{d\boldsymbol{x}}{dt}\right|^2 + \cdots$ であるから，全体に $-mc^2$ を掛けて粒子軌道に沿って積分すると，運動方程式に寄与しない $-mc^2\int dt$ を除き，ニュートン力学の自由粒子 ($V=0$) の作用積分に帰着する．このことから，相対論的な自由粒子のラグランジアンとしては，

$$L_0 \equiv -mc^2\frac{d\tau}{dt} = -mc^2\sqrt{1 - \frac{1}{c^2}\left|\frac{d\boldsymbol{x}}{dt}\right|^2} \tag{3.15}$$

を採用できる．作用積分 $\int L_0 dt$ は

$$S_0[x] \equiv -mc\int_1^2 \sqrt{-(dx)^2} = -mc^2\int_{t_1}^{t_2}\sqrt{1 - \frac{1}{c^2}\left|\frac{d\boldsymbol{x}}{dt}\right|^2}dt \tag{3.16}$$

となる．積分の上限と下限は粒子軌道の終点と始点を時空で一意的に定めた位置 *2) として指定すれば，この積分の値は，軌道に沿った線積分として時空における軌道の形と終点，始点だけによって決まり，慣性系の選び方には依存しない．どの慣性系でも同一である．一般に，4 次元時空での粒子の運動の軌跡を表す曲線を世界線と呼ぶ．粒子の作用積分は各世界線ごとにそれに沿ったローレンツ不変な線積分である．

ラグランジュの運動方程式は $\frac{\partial L_0}{\partial \dot{x}_i} = m\frac{\dot{x}_i}{\sqrt{1-|\dot{\boldsymbol{x}}|^2/c^2}}$，$\frac{\partial L_0}{\partial x_i} = 0$ により，

$$\frac{dp_i}{dt} = 0, \quad p_i \equiv \frac{m}{\sqrt{1 - \frac{1}{c^2}\left|\frac{d\boldsymbol{x}}{dt}\right|^2}}\frac{dx_i}{dt} = \frac{dx_i}{d\tau} \tag{3.17}$$

である．一般化運動量 p_i が 3 次元ベクトルとして一定，つまり保存するから，自由運動の軌跡は $\boldsymbol{x}(\tau) = \frac{\boldsymbol{p}}{m}\tau + \boldsymbol{x}(0)$ と表せる．このとき，

$$1 - \frac{1}{c^2}\left|\frac{d\boldsymbol{x}}{dt}\right|^2 = 1 - \frac{|\boldsymbol{p}|^2}{m^2c^2 + |\boldsymbol{p}|^2} = \frac{m^2c^2}{m^2c^2 + |\boldsymbol{p}|^2} \tag{3.18}$$

が成り立つ．これから，3 次元運動量は任意の大きさになれるが，$\boldsymbol{p} \to \infty$ で $\left|\frac{d\boldsymbol{x}}{dt}\right| \to c$

---

*2) この意味で (3.16) の最初の定義式では何に関する積分であるかを意図的に明示せず，下限上限を単に数字 1,2 だけで示している．

で，運動量が増大しても速度は上限 c を超えない．速度が十分小さい場合には p_i の最初の表式の分母は 1 と近似でき，ニュートン力学の運動量と一致する．逆に速度が光速度に近づくにつれ，分母因子が限りなくゼロに近づくため，速度が c を超えなくとも，無限に大きくなれる．

一般化運動量を 4 元ベクトル $p^\mu \equiv m\frac{dx^\mu}{d\tau}$ に拡張すれば，運動方程式は

$$\frac{dp^\mu}{d\tau} = 0 \tag{3.19}$$

と，4 次元の式として表現できる．新しく加わった時間成分は

$$p^0 = m\frac{dx^0}{d\tau} = \frac{mc}{\sqrt{1 - \frac{1}{c^2}\left|\frac{d\boldsymbol{x}}{dt}\right|^2}} = mc\sqrt{1 + \frac{|\boldsymbol{p}|^2}{m^2c^2}} \tag{3.20}$$

で，もちろん保存する．当然，ローレンツ変換をすると 4 個の成分が，一般的変換規則 (2.41) により混じり合う．したがって，運動方程式は 3 次元の (3.17) よりも 4 次元の (3.19) の形でローレンツ変換で不変であることが明白になる．確かに自由粒子の運動法則が特殊相対性原理と完全に調和した形式で得られている．保存量 (3.20) の意味は，速度，および，運動量が十分小さい場合を調べると明らかになる．そのとき，$\frac{1}{\sqrt{1-\frac{1}{c^2}\left|\frac{d\boldsymbol{x}}{dt}\right|^2}} \simeq 1 + \frac{1}{2c^2}\left|\frac{d\boldsymbol{x}}{dt}\right|^2$, $\sqrt{1 + \frac{|\boldsymbol{p}|^2}{m^2c^2}} \simeq 1 + \frac{|\boldsymbol{p}|^2}{2m^2c^2}$ と近似できるから，

$$p^0 \simeq mc + \frac{m}{2c}\left|\frac{d\boldsymbol{x}}{dt}\right|^2 \simeq mc + \frac{|\boldsymbol{p}|^2}{2mc}$$

である．つまり，定数 c を掛けた cp^0 は定数部分 mc^2 を除くと，ニュートン力学の運動エネルギーと一致する．これから，速度が限界速度 c を超えない任意の値のとき，自由粒子のエネルギーは

$$E \equiv cp^0 = \frac{mc^2}{\sqrt{1 - \frac{1}{c^2}\left|\frac{d\boldsymbol{x}}{dt}\right|^2}} = mc^2\sqrt{1 + \frac{|\boldsymbol{p}|^2}{m^2c^2}} \tag{3.21}$$

であるとするのが自然である．実際，ハミルトニアン (3.10) は E と一致する．

$$H = \boldsymbol{p}\cdot\frac{d\boldsymbol{x}}{dt} - L = \frac{m\left|\frac{d\boldsymbol{x}}{dt}\right|^2}{\sqrt{1 - \frac{1}{c^2}\left|\frac{d\boldsymbol{x}}{dt}\right|^2}} + mc^2\sqrt{1 - \left|\frac{d\boldsymbol{x}}{dt}\right|^2} = E \tag{3.22}$$

速度がゼロのときのエネルギー mc^2 を静止エネルギーと呼ぶ．(3.21) の式からも，粒子速度が光速度に近づくと，エネルギーと運動量が限りなく増大する．言い換えると，保存則からも粒子速度が光速度を超えないことが保証される．この条件（質量殻条件と呼ぶ）は次のように表してもよい．

$$(p)^2 = p^\mu p_\mu = |\boldsymbol{p}|^2 - (E/c)^2 = -(mc)^2 \tag{3.23}$$

すなわち，粒子の質量は，実は4元ベクトル p^μ のローレンツ変換で不変な長さ $\sqrt{-(p)^2}$ を定める粒子ごとに固有な物理定数である．この性質はもちろん，運動方程式と調和している．(3.19) に p_μ を掛けて縮約すれば $0 = p_\mu \frac{dp^\mu}{d\tau} = \frac{1}{2}\frac{d(p)^2}{d\tau}$ だからだ．言い換えると，4次元の運動方程式 (3.19) は時間成分と空間成分の4本の式だが，そのうち独立なのは，3個の空間成分といえる．

実数の質量がゼロでない限り，ベクトル p^μ は時間的ベクトルである．もう一つ得られる新たな重要な結論は，質量がゼロの粒子という概念が成立することだ．その場合，p^μ は光的で，エネルギーと運動量の大きさは互いに比例し

$$|\boldsymbol{p}| = \frac{E}{c} \tag{3.24}$$

が成り立つ．また，それが有限の値であるためには，$\left|\frac{d\boldsymbol{x}}{dt}\right| = c$ が成り立たねばならない．つまり，質量ゼロの粒子は常に光速度で運動する．量子力学によれば，実は，光＝電磁波は波だけでなく粒子としての性質を備える．それを光子と呼ぶ [*3]．光子の質量はゼロである．したがって，光子は静止エネルギーをもたずエネルギーはすべて運動エネルギーである（$\boldsymbol{p} = 0$ で $E = 0$）．

後（第5章）に詳述するように，一般に力が働いているときの運動量，エネルギーの保存則は，粒子の3次元運動量を (3.17)，エネルギーを (3.21) としたときに，確かに任意の慣性系で成立する．この立場からは，3次元運動量は，

$$p_i = \frac{p^0}{c}\frac{dx_i}{dt} = \frac{E}{c^2}\frac{dx_i}{dt} \tag{3.25}$$

と表され，$c^2 p_i$ はエネルギーに速度を掛けたものに他ならない．相対論的な運動量はエネルギーの流れの強さを c^2 で割ったものなわけだ．この解釈は $m = 0$ でも成り立つ．粒子の運動量とエネルギーは独立な量ではなく，4元ベクトル $p^\mu = (\boldsymbol{p}, E/c)$ として統一的に扱われるべきものであることが明らかになった．

例：静止エネルギーに関するアインシュタインの思考実験

慣性系Kで静止していた質量 m の物体がある瞬間に2個の光子を放出し粒子は静止したままであったとする．運動量が保存するなら，光子は反対方向（1軸方向）に同じ強さの運動量をもつ．それを $p = E/c$ $(p > 0)$ とする．エネルギー保存を仮定するなら，光子放出後の物体の質量を $\bar{m}$ とすると

[*3] アインシュタインは特殊相対性理論の論文に先立ち，1905年の最初の論文で光の量子論を提唱した．これは当時としては極めて破天荒な考えであり，追随する学者は少なかった．

$$mc^2 = \bar{m}c^2 + 2E \tag{3.26}$$

が満たされなければならない．これを K に対して 1 軸方向に速度 v で運動する K′ 系で観測すると，光子放出後の物体の 1 軸方向運動量とエネルギーは，放出前は $-\gamma mv$, γmc^2，放出後は $-\gamma\bar{m}v, \gamma\bar{m}c^2$．また，2 個の光子については $E'^{(1)} = \gamma(E - \beta E) = p'^{(1)}c, E'^{(2)} = \gamma(E + \beta E) = -p'^{(2)}c$．よって，K′ 系でのエネルギーと運動量の保存則は，(3.26) と調和し，次式が成り立つ．

$$\gamma mc^2 = \gamma\bar{m}c^2 + E'^{(1)} + E'^{(2)} = \gamma(\bar{m}c^2 + 2E),$$
$$-\gamma mv = -\gamma\bar{m}v + p'^{(1)} + p'^{(2)} = -\gamma v(\bar{m} + 2E/c^2)$$

(3.26) は，静止エネルギーが運動エネルギーに転化できることを示している．特に $\bar{m} = 0$ なら，完全な転化である．また，静止エネルギーを含んで初めてエネルギー運動量の保存則が成立することを示している．

3.3　力学変数としてのポテンシャル場

いよいよ電気・磁気の力の問題に戻ろう．力の法則を特殊相対性原理を満たすように定式化しなければならない．まず，クーロンの法則から始めると，2 個の点電荷の同時刻における相対的位置関係により力が決まるが，一般に離れた 2 地点の同時性は慣性系によって異なるため，元の表現 (1.1) のままでは特殊相対性原理を満たさない．しかし，力の法則を無限に狭い空間領域だけの情報（局所的情報）により表すことができれば，同時性の相対性の問題はないから，この難点は乗り越えられるだろう．それには力学で親しんでいるポテンシャルの概念がヒントになる．点電荷 q をもつ 1 個の粒子（座標 $\boldsymbol{x} = \boldsymbol{x}_1$）に着目したとき，ニュートンの運動方程式の右辺の力は，粒子の位置 $\boldsymbol{x}$ でのポテンシャルエネルギー $V(\boldsymbol{x})$ のグレディエント ∇V で決まる．クーロン力 (1.1) の場合，単位電荷当たりのポテンシャルエネルギー $\phi(\boldsymbol{x})$ を定義し電位と呼ぶ（$\phi(\boldsymbol{x})$ は単位電荷を無限遠から $\boldsymbol{x}$ に運ぶのに要する仕事量に等しい）．

$$V(\boldsymbol{x}) = q\phi(\boldsymbol{x}), \quad \phi(\boldsymbol{x}) = \sum_{b=2}^{N} \frac{q_b}{|\boldsymbol{x} - \boldsymbol{x}_b|} \tag{3.27}$$

この形は後に詳しく議論するように，$\boldsymbol{x} \neq \boldsymbol{x}_b$ では微分方程式（ラプラス方程式）

$$\triangle\phi \equiv \boldsymbol{\nabla} \cdot \boldsymbol{\nabla}\phi(\boldsymbol{x}) = 0 \tag{3.28}$$

を満たす（内積微分演算 $\triangle \equiv \boldsymbol{\nabla} \cdot \boldsymbol{\nabla}$ をラプラス演算子と呼ぶ）．もちろん，$\phi(\boldsymbol{x})$ はこの粒子以外の位置 $\boldsymbol{x}_b$ の情報を含むが，ϕ そのものも時空の無限に狭い領域ごとの性質だけを用いて決まるならば，本来は特殊相対性原理の要請を満たすように拡張した法則に従っていて，(3.28) が電荷が静止している特別な場合を表していると考えられる．実際，一つの慣性系で，ある瞬間にすべての粒子が静止しているならばポテンシャル ϕ が有効だが，別の慣性系で見れば，他の粒子にとっての時間は同時ではなく一般に運動しているから電流があり，力には必然的にアンペールの法則 (1.2) に現れている ϕ では表せない別の成分がある．

この観点を追求するなら，ポテンシャル関数 ϕ そのものをも粒子の座標に加えて新たに力学変数とみなす必要がある．つまり，ある位置の粒子がその位置の局所的な情報によって近傍のポテンシャルエネルギーを決め，それが時間空間を有限の速さで徐々に伝わりポテンシャルエネルギーの関数形を決め，さらに $V(\boldsymbol{x}) = q\phi(\boldsymbol{x})$ のグレディエントという局所的な性質により任意の位置 $\boldsymbol{x}$ でその点にある粒子に働く力を決めるというわけだ．もちろん，そうなれば，もはやポテンシャルエネルギーという概念自体は意味を失い，粒子とは独立な力学的自由度として解釈されなければならない．これを納得するには少し抽象的な想像力が必要だが，イメージとしては次のようなアナロジーによれば考えやすいだろう．水面に浮かぶ 2 物体を想像しよう．その 1 個が水面で振動するとその影響により物体に近いところで水面が乱され，その乱れは次第に水面の波の動きにより遠くにも伝わり，別の位置にある物体に作用する（図 3.2）．この過程は水面の局所的な狭い領域での物理的作用が次第に他の位置に伝わり，物体がある位置でも物体と水面の間の局所的な相互作用として働く．この具体的なイメージでは水面という媒質が物体間の力を媒介している．ポテンシャルエネルギーの概念は具体的な物質としての媒質を想定してはいないが，それも媒質とのアナロジーにより真空の時空間の各点に存在する自由度と考えてみよう．そのような自由度を一般に「場」と呼ぶ．電荷間の相互作用は電気と磁気に対応する場（電磁場）を媒介とする近接作用であるというのが，ファラデーが予感・提唱し，マックスウェルが具体的に電磁場が従うべき力学的方程式を確立して定式化した考え方である．

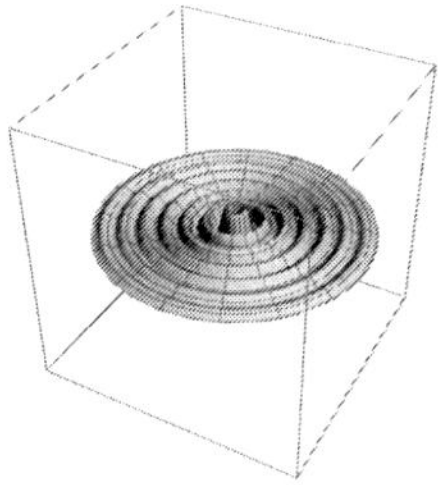

図 3.2 媒質中での振動の伝播

ファラデー，マックスウェルの時代，物理学者たちはエーテルという考えに染まっていたので，彼らも電磁場がエーテルの物質的性質を反映したものとする先入観から抜け切れてはいないが，最終的には二人ともエーテルにそれほど拘ってはいない *4)．

*4) たとえば，マックスウェルは『電磁場の力学的理論』において彼がその前の論文「物理的力線について」(1861-62 年) で用いたエーテルに対する機械的・仮説的模型は理解を助けるための補助的目的以外では一切排除するという主旨を明確に宣言している．

現代では当たり前の,「電気を担う物理的実体が電子や陽子のような物体の基本構成要素としての粒子である」という認識には至っていないにもかかわらず *5), それが彼らを成功に導いたのである. 通常の物質の意味での媒質とは異なるにしても, 粒子と場の間で局所的に起こる相互作用によって作用が遠くまで連続的に有限の時間で伝わる. 特殊相対性原理を拠り所にするなら, その速度は慣性系によらずに電荷, 電流間の力の法則を特徴付ける速度次元をもつ普遍定数 c に等しいとするのが, 最も単純で合理的な可能性である. 実際, 伝達速度が c 以外なら, 慣性系が異なれば伝達速度が異なることになり, 必然的に粒子と場の力学の基本法則が慣性系ごとに違ってしまう.

この考え方に沿って探求を開始しよう. まず, 最初に動機付けとして出発点になったポテンシャルエネルギーは, 粒子のエネルギー E に対応した概念であることに着目しよう. 特殊相対性原理によればエネルギー E は, 運動量 $\boldsymbol{p}$ と合わせて 4 元ベクトル $p^\mu = (\boldsymbol{p}, E/c)$ として物理法則に現れる. それならば, 運動量に対応するポテンシャルも存在しなければならない. そのような 3 次元ベクトルとしてのポテンシャルの場を $\boldsymbol{A}$ で表そう. この対応関係から $\boldsymbol{A}$ を空間成分, $-\phi/c$ を時間成分とする (4 元) ベクトルポテンシャルを

$$A_\mu = (\boldsymbol{A}, -\phi/c) \tag{3.29}$$

で表す. 一般に A_μ は時空位置 x^μ の関数である. これを $A_\mu = A_\mu(x)$ と略記する. 定義により, ローレンツ変換 $x'^\mu = L^\mu{}_\nu x^\nu$ に対して

$$A'^\mu(x') = L^\mu{}_\nu A^\nu(x), \quad A'_\mu(x') = L_\mu{}^\nu A_\nu(x) \tag{3.30}$$

と変換する. 微分 (2.30) を用いた表現では次式である.

$$A'_\mu(x')dx'^\mu = A_\nu(x)dx^\nu, \quad A'_\mu(x') = \frac{\partial x^\nu}{\partial x'^\mu}A_\nu(x) \tag{3.31}$$

つまり, A_μ と無限小線要素としての微分 dx^μ の 4 次元スカラー積 $A_\mu dx^\mu$ がローレンツ変換で不変である. 前章で述べたように, 変換性 (2.30) は一般座標変換 (2.31) でも成り立つので, (3.31) は一般座標変換での $A_\mu(x)$ の変換性とみなせる. また, 無限小変換 $x'^\mu = x^\mu + \epsilon^\mu(x)$ ($|\epsilon_\mu| \ll 1$) で表すと, 場の関数形の変換が次式で表される.

$$\delta A_\mu(x) \equiv A'_\mu(x) - A_\mu(x) = -\epsilon^\nu(x)\frac{\partial A_\mu(x)}{\partial x^\nu} - \frac{\partial \epsilon^\nu(x)}{\partial x^\mu}A_\nu(x) \tag{3.32}$$

これまでの議論からは, 空間成分としての 3 次元ベクトル場 $\boldsymbol{A}$ を "ポテンシャル運

*5) 電子の発見は 1897 年 (J. J. トムソン). マックスウェルの理論を荷電粒子の力学に応用し, 古典電気力学が整備されたのは 19 世紀終わりから 20 世紀初めにかけてである (中でも大きな貢献をしたのが, H. A. ローレンツの電子論).

動量" と呼ぶのがふさわしいが，一般的用語ではないので，以後 A^μ と区別する必要がある場合には単に（3 次元）ベクトルポテンシャルと呼ぶ．ただし，重要なのは，$\boldsymbol{A}$ と ϕ への分離は，慣性系ごとに異なることだ．慣性系が変わると，同時性が変わり空間座標 $\boldsymbol{x}$ と時間座標 t と同じように，$\boldsymbol{A}$ と ϕ が混じり合って変換するから，これらは本来表裏一体のものである．

3.4 点電荷の作用積分と運動方程式

ニュートン力学の場合，$V = q\phi$ の作用積分への寄与は，$-\int V dt = -q\int \phi dt$ であったから，その自然な拡張として，ベクトルポテンシャル場が存在するなら，ローレンツ変換で不変な作用積分としては，前節で強調した dx^μ と A_μ の内積を用い，次式とすればよいのは納得できるだろう．

$$q\int A_\mu dx^\mu = q\int (\boldsymbol{A}\cdot d\boldsymbol{x} - \phi dt) = q\int \Big(\boldsymbol{A}\cdot\frac{d\boldsymbol{x}}{dt} - \phi\Big)dt \tag{3.33}$$

よって，1 個の荷電粒子に着目したとき，作用積分として次式を仮定する．

$$S[x] = \int_1^2 \big[-mc\sqrt{-(dx)^2} + qA_\mu dx^\mu\big] \tag{3.34}$$

自由粒子の場合と同様に積分は粒子軌跡に沿った線積分で，ローレンツ変換で明白に不変な形をしている．一つの慣性系を選び，そこでのラグランジアン

$$L = -mc^2\sqrt{1 - \frac{1}{c^2}\Big|\frac{d\boldsymbol{x}}{dt}\Big|^2} + q\Big(\boldsymbol{A}\cdot\frac{d\boldsymbol{x}}{dt} - \phi\Big) \tag{3.35}$$

から，一般化運動量 $p_i \equiv \partial L/\partial \dot{x}_i$ と一般化力 $\partial L/\partial x_i$ を求めよう．

$$\frac{\partial}{\partial \dot{x}_i}\Big(\boldsymbol{A}\cdot\frac{d\boldsymbol{x}}{dt}\Big) = A_i, \quad \frac{\partial}{\partial x_i}\Big(\boldsymbol{A}\cdot\frac{d\boldsymbol{x}}{dt}\Big) = \frac{\partial \boldsymbol{A}}{\partial x_i}\cdot\frac{d\boldsymbol{x}}{dt} = \frac{\partial A_j}{\partial x_i}\frac{dx_j}{dt}$$

を用いると，次式が得られる（一般化運動量が A_i の寄与を含む）．

$$p_i = m\frac{dx_i}{d\tau} + qA_i, \quad \frac{\partial L}{\partial x_i} = q\frac{\partial A_j}{\partial x_i}\frac{dx_j}{dt} - q\frac{\partial \phi}{\partial x_i} \tag{3.36}$$

さらに $\frac{d}{dt}A_i = \frac{dx_j}{dt}\frac{\partial A_i}{\partial x_j} + \frac{\partial A_i}{\partial t}$ を用いると，ラグランジュ方程式は次式にまとめられる（電荷 q を含む項をすべて右辺に置いた）．

$$m\frac{d}{dt}\frac{dx_i}{d\tau} = -q\frac{\partial A_i}{\partial t} - q\frac{\partial \phi}{\partial x_i} + q\Big(\frac{\partial A_j}{\partial x_i} - \frac{\partial A_i}{\partial x_j}\Big)\frac{dx_j}{dt} \tag{3.37}$$

これを標準的な形にするため，新しく次式を定義する．

$$E_i \equiv -\frac{\partial A_i}{\partial t} - \frac{\partial \phi}{\partial x_i}, \qquad \boldsymbol{E} = -\frac{\partial \boldsymbol{A}}{\partial t} - \boldsymbol{\nabla}\phi \tag{3.38}$$

$$B_i \equiv \frac{1}{2}\epsilon_{ijk}\Big(\frac{\partial A_k}{\partial x_j} - \frac{\partial A_j}{\partial x_k}\Big), \quad \boldsymbol{B} = \boldsymbol{\nabla} \times \boldsymbol{A} \tag{3.39}$$

左に 3 次元成分による式，右に同じものを 3 次元ベクトル記号で併記した．$\boldsymbol{E}$ を電場，$\boldsymbol{B}$ を磁場と呼ぶ．運動方程式は，結局，次式の形になる．

$$m\frac{d}{dt}\frac{d\boldsymbol{x}}{d\tau} = \boldsymbol{F}, \quad \boldsymbol{F} \equiv q\Big(\boldsymbol{E} + \frac{d\boldsymbol{x}}{dt} \times \boldsymbol{B}\Big) \tag{3.40}$$

力のベクトル $\boldsymbol{F}$ をローレンツの力という．$\boldsymbol{F}$ の第 2 項は，速度ベクトルに直交するから，仕事には直接には寄与せず，次式が成り立つ．

$$\frac{d\boldsymbol{x}}{dt} \cdot \boldsymbol{F} = q\frac{d\boldsymbol{x}}{dt} \cdot \boldsymbol{E} \tag{3.41}$$

作用積分がローレンツ変換で不変であるから，運動方程式 (3.37) もローレンツ変換で明白に不変な形に書けるはずである．電場，磁場は $A_\mu(x)$ の時間，空間座標に関する微分によって定義されているので，まず，場の微分がローレンツ変換でどう変換するかを調べよう．(3.30) の両辺で，x'^σ の偏微分をとると，

$$\frac{\partial A'^\mu(x')}{\partial x'^\sigma} = L^\mu{}_\nu \frac{\partial x^\lambda}{\partial x'^\sigma}\frac{\partial A^\nu(x)}{\partial x^\lambda} = L^\mu{}_\nu L_\sigma{}^\lambda \frac{\partial A^\nu(x)}{\partial x^\lambda} \tag{3.42}$$

が得られる．ただし，第 2 等式で (2.26) を用いたことに注意．この結果により，ベクトルの場の時空座標偏微分は，2 階のテンソルの場として変換することがわかる．以下ではこのテンソルを

$$\partial_\nu A_\mu \equiv \frac{\partial A_\mu(x)}{\partial x^\nu} \tag{3.43}$$

と略記する（つまり，$\partial_\nu \equiv \frac{\partial}{\partial x^\nu}$）．同様にして，一般にテンソルの場に対する偏微分の作用自体がベクトルとして振る舞うことも明らかだろう．n 階のテンソル場に時空座標の偏微分を行うたびに，その結果は $n+1$ 階の新しいテンソル場が得られるわけだ．また，次のようにこれらのテンソルの添字の上げ下げの規則は普通のテンソルと同様である [*6)]．

$$\partial'_\nu A'_\mu = L_\nu{}^\sigma L_\mu{}^\lambda \partial_\sigma A_\lambda,\ \partial'^\nu A'_\mu = L^\nu{}_\sigma L_\mu{}^\lambda \partial^\sigma A_\lambda,\ \partial'^\nu A'^\mu = L^\nu{}_\sigma L^\mu{}_\lambda \partial^\sigma A^\lambda, \ldots$$

---

*6) 微分では $\partial_\nu x^\mu = \delta^\mu_\nu, \partial^\nu x^\mu = \eta^{\mu\nu} = \eta_{\mu\nu} = \partial_\nu x_\mu$ が成り立つ．

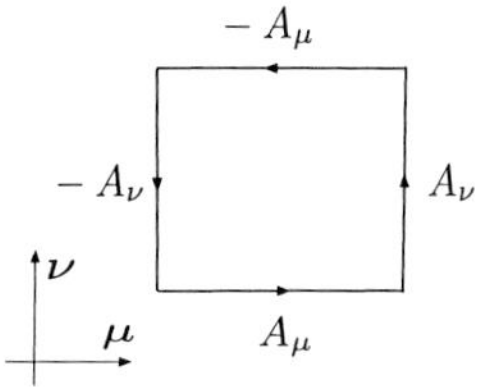

図 **3.3** $F_{\mu\nu}$ に対応する時空無限小四辺形

特殊相対性原理に基づく作用原理の立場では，ベクトルポテンシャルの場 $A_\mu(x)$ が基本的な自由度であり，電場，磁場は場 $A_\mu(x)$ から求まる 2 次的概念である．実際，電場と磁場を表裏一体のものとして統一して理解するには $A_\mu(x)$ を基礎に据えるほうが，論理的には自然である．これこそファラデーが自分の実験から予感し，マックスウェルが数学的な定式化を進めた考え方であった．一方，$\boldsymbol{E}, \boldsymbol{B}$ は力の測定によって直接決められるという意味で，測定の立場では直接的な観測量だ．そのため，多くの電磁気学の教科書では，ローレンツの力によって電場と磁場を最初に定義して議論を展開するのが通例である．その立場ではベクトルポテンシャルは，後に便宜的に導入される補助的な概念とされる傾向がある．本書はこの立場はとらないが，電場，磁場が重要な物理量であるのはいうまでもない．そこで，電場，磁場の意味をさらに追求しよう．

まず，(3.39) は，4 次元では反対称 2 階テンソル（電磁場テンソルと呼ぶ）

$$F_{\mu\nu} \equiv \partial_\mu A_\nu - \partial_\nu A_\mu = -F_{\nu\mu} \tag{3.44}$$

の空間成分 F_{ij} に対応する．

$$F_{ij} = \partial_i A_j - \partial_j A_i = \epsilon_{ijk} B_k. \tag{3.45}$$

また，$A_0 = -A^0 = -\phi/c$ により，(3.38) は

$$F_{i0} = \partial_i A_0 - \partial_0 A_i = \frac{1}{c} E_i \tag{3.46}$$

である．前章で述べた 2 階反対称テンソルを構成する 2 個の 3 次元ベクトルが，電場と磁場なわけだ．ベクトルの積から 2 階反対称テンソルを構成するのを外積と呼んだのと同じように，A_μ から $F_{\mu\nu}$ を得る操作を，外積微分と呼ぼう．微分の定義に戻って次式（Δx^μ を 4 次元無限小ベクトルとして）[*7)]

$$F_{\mu\nu}(x) = \lim_{\Delta x^\mu \to 0} \frac{A_\nu\left(x^\mu + \frac{1}{2}\Delta x^\mu\right) - A_\nu\left(x^\mu - \frac{1}{2}\Delta x^\mu\right)}{\Delta x^\mu} - \lim_{\Delta x^\nu \to 0} \frac{A_\mu\left(x^\nu + \frac{1}{2}\Delta x^\nu\right) - A_\mu\left(x^\nu - \frac{1}{2}\Delta x^\nu\right)}{\Delta x^\nu} \tag{3.47}$$

から納得できるように $F_{\mu\nu}$ は 4 次元時空では図 3.3 に示した無限小四辺形に対応させて考えることができる（つまり，4 次元の「回転」）．このとき，3 次元の電場，磁場は時空四辺形に対応させて図 3.4 のように表せる．

---

*7) 式の簡単のため，ポテンシャル場の関数の中の変数は微分の計算のため座標が無限小変化させる成分だけを指示した．

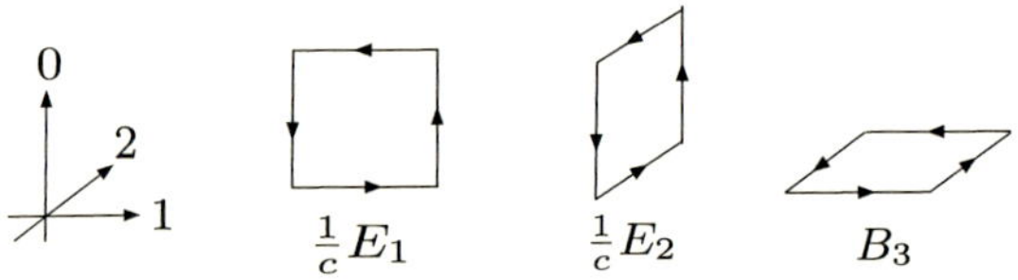

図 3.4 時空の立場からの電場と磁場（空間次元は 2 に制限）：電場は時間方向に立った（無限小）四辺形，磁場は空間方向四辺形に対応．空間 3 軸も考慮すると，E_3/c に対応するもう一つの時間方向に立つ四辺形と，空間方向の二つの平面に対応し B_1, B_2 を描ける．

$F_{\mu\nu}$ の電場と磁場への分離は慣性系ごとに異なる．つまり，ある慣性系で電場と磁場に分離しても，別の慣性系ではそれらはローレンツ変換により混じり合い別の量になる．見やすくするため，$F_{\mu\nu}$ を行列で表そう．

$$F_{\mu\nu} = \begin{pmatrix} 0 & B_3 & -B_2 & \frac{1}{c}E_1 \\ -B_3 & 0 & B_1 & \frac{1}{c}E_2 \\ B_2 & -B_1 & 0 & \frac{1}{c}E_3 \\ -\frac{1}{c}E_1 & -\frac{1}{c}E_2 & -\frac{1}{c}E_3 & 0 \end{pmatrix}$$

1 軸方向のローレンツ変換 (2.13) を考えると（下付き添字に注意）

$$\begin{pmatrix} \gamma & 0 & 0 & \gamma\beta \\ 0 & 1 & 0 & 0 \\ 0 & 0 & 1 & 0 \\ \gamma\beta & 0 & 0 & \gamma \end{pmatrix} \begin{pmatrix} 0 & B_3 & -B_2 & \frac{1}{c}E_1 \\ -B_3 & 0 & B_1 & \frac{1}{c}E_2 \\ B_2 & -B_1 & 0 & \frac{1}{c}E_3 \\ -\frac{1}{c}E_1 & -\frac{1}{c}E_2 & -\frac{1}{c}E_3 & 0 \end{pmatrix} \begin{pmatrix} \gamma & 0 & 0 & \gamma\beta \\ 0 & 1 & 0 & 0 \\ 0 & 0 & 1 & 0 \\ \gamma\beta & 0 & 0 & \gamma \end{pmatrix}$$

$$= \begin{pmatrix} 0 & \gamma\left(B_3 - \frac{\beta E_2}{c}\right) & -\gamma\left(B_2 + \frac{\beta E_3}{c}\right) & \frac{E_1}{c} \\ -\gamma\left(B_3 - \frac{\beta E_2}{c}\right) & 0 & B_1 & \gamma\left(-\beta B_3 + \frac{E_2}{c}\right) \\ \gamma\left(B_2 + \frac{\beta E_3}{c}\right) & -B_1 & 0 & \gamma\left(\beta B_2 + \frac{E_3}{c}\right) \\ -\frac{E_1}{c} & -\gamma\left(-\beta B_3 + \frac{E_2}{c}\right) & -\gamma\left(\beta B_2 + \frac{E_3}{c}\right) & 0 \end{pmatrix}$$

となる．これから，K′ 系での電場と磁場の成分は次のように読み取れる．

$$E'_1 = E_1, \quad E'_2 = \gamma(E_2 - vB_3), \quad E'_3 = \gamma(E_3 + vB_2) \tag{3.48}$$

$$B'_1 = B_1, \quad B'_2 = \gamma\left(B_2 + \frac{v}{c^2}E_3\right), \quad B'_3 = \gamma\left(B_3 - \frac{v}{c^2}E_2\right) \tag{3.49}$$

3 次元ベクトル表示では次式である．

$$\boldsymbol{E}'_{\parallel} = \boldsymbol{E}_{\parallel}, \quad \boldsymbol{E}'_{\perp} = \gamma(\boldsymbol{E}_{\perp} + \boldsymbol{v} \times \boldsymbol{B}) \tag{3.50}$$

$$\boldsymbol{B}'_{\parallel} = \boldsymbol{B}_{\parallel}, \quad \boldsymbol{B}'_{\perp} = \gamma\left(\boldsymbol{B}_{\perp} - \frac{1}{c^2}\boldsymbol{v} \times \boldsymbol{E}\right) \tag{3.51}$$

ただし，添字記号 $\parallel$ は K 系から見た K′ 系の速度ベクトル $\boldsymbol{v}$ に平行な成分（1′ 軸

成分)，⊥ は垂直方向 ($2'3'$-平面方向成分) に射影した成分である．つまり，$\boldsymbol{E}_\parallel \equiv (\boldsymbol{E}\cdot\boldsymbol{v})\frac{\boldsymbol{v}}{|\boldsymbol{v}|^2}$，　$\boldsymbol{E}_\perp \equiv \boldsymbol{E} - \boldsymbol{E}_\parallel$ (磁場についても同じ)．したがって，たとえば K 系で磁場がゼロでも，K$'$ 系で見れば $1'$ 軸に垂直な方向に磁場 $-\frac{\gamma}{c^2}\boldsymbol{v}\times\boldsymbol{E}$ が生じている．逆に K 系で電場がゼロでも，K$'$ 系ではやはり $1'$ 軸垂直方向に電場 $\gamma\boldsymbol{v}\times\boldsymbol{B}$ が生じている．点電荷で考えると，前者の場合，K 系で静止している点電荷の電場は $\boldsymbol{E} = \frac{q_2\boldsymbol{x}}{4\pi\epsilon_0|\boldsymbol{x}|^3}$ である．一方，K$'$ 系では，この点電荷は一定速度 $-\boldsymbol{v}$ で運動しているから，電流が存在することになるので，定電流のときの磁場の生じ方からすると，ねじが電流方向に進むように回転させる向きに磁場が生じているはずである．実際そうであることを図 3.5 ($q_2 > 0$ とし，一つの $2'3'$-平面を点電荷が通過する瞬間での平面内の磁場を描いた) から読み取れる．もちろん，K$'$ 系では，電場と磁場の両方が時間的に変動してるから定電流の場合と状況は異なるが，定性的な振る舞いは調和している．運動する電荷が作る場については後の章で詳しく調べることにして，本節の本題である運動方程式に戻ろう．

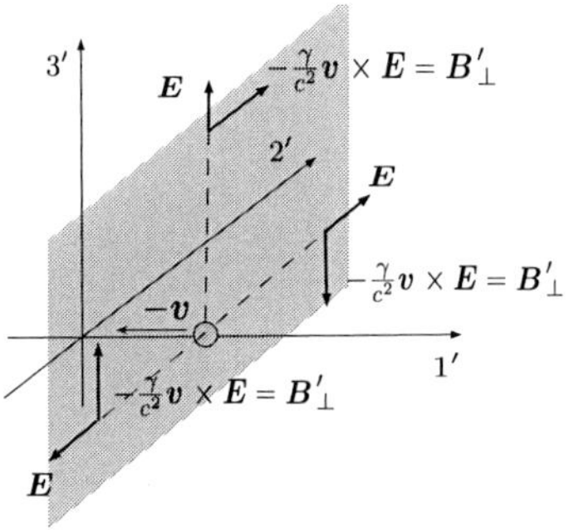

図 **3.5**　K$'$ 系での点電荷の磁場

まず，電場と磁場の変換性が運動方程式 (3.37) と調和していることを簡単な例で確かめよう．K 系のある瞬間に点電荷の速度が第 1 軸方向に v であるとする．ただし，K 系での電場はゼロで，点電荷の位置の磁場が $\boldsymbol{B} = (0, B, 0)$ であるとする．運動方程式 (3.37) によれば，この瞬間における点電荷の加速度は 3 軸方向を向き，運動方程式は次式である．

$$m\gamma\frac{d^2x_3}{dt^2} = qvB \tag{3.52}$$

加速度の向きが第 3 軸方向で第 1 軸に直交しているので，この瞬間では $\frac{d}{dt}|d\boldsymbol{x}/dt|^2 = 0$ である．これを K$'$ 系で観測すると，点電荷はこの瞬間には静止しているから，電場による力だけで $q\boldsymbol{E}'$ である．変換性 (3.48) により，$\boldsymbol{E}' = (0, 0, \gamma vB)$ である．よって，同じ瞬間の K$'$ 系での 3 軸方向の運動方程式は次式だ．

$$m\frac{d^2x'_3}{dt'^2} = qE'_3 = \gamma vB \tag{3.53}$$

$x_3 = x'_3$，$dt' = d\tau = \gamma^{-1}dt$ を代入すると，これは確かに (3.52) に帰着する．

一般的に運動方程式がローレンツ変換で正しく振る舞うことを見るため，運動方程式そのものを両辺が明白に 4 元ベクトルの形になるように書き直せるかどうかを調べよう．$F_{\mu\nu}$ を用いると，(3.37) の右辺は $q\Big(cF_{i0} + F_{ij}\frac{dx_j}{dt}\Big)$ と書ける．さらに，両辺

に γ を掛け，$\frac{dx^0}{d\tau} = c\frac{dt}{d\tau} = c\gamma$ を用いると，(3.37) は $m\frac{d^2x_i}{d\tau^2} = qF_{i\nu}\frac{dx^\nu}{d\tau}$ に帰着する．この結果は，両辺が明白に 4 元ベクトルの形をした次式と同等である．

$$m\frac{d^2x_\mu}{d\tau^2} = qF_{\mu\nu}\frac{dx^\nu}{d\tau} \tag{3.54}$$

なぜなら，違いは $\mu=0$ の時間成分 $m\frac{d^2x_0}{d\tau^2} = qF_{0\nu}\frac{dx^\nu}{d\tau}$ が加わっただけだが，これは空間成分，つまり $\mu = i$ $(i=1,2,3)$ の場合が満たされていれば自動的に成り立つことが次のようにして確かめられる．$\mu=0$ の場合の両辺に c/γ を掛けた形に直すと左辺は次式に等しい．

$$-mc^2\frac{d}{dt}\frac{1}{\sqrt{1-\frac{1}{c^2}\left|\frac{d\boldsymbol{x}}{dt}\right|^2}} = -\frac{m}{2}\left(1-\frac{1}{c^2}\left|\frac{d\boldsymbol{x}}{dt}\right|^2\right)^{-3/2}\frac{d}{dt}\left|\frac{d\boldsymbol{x}}{dt}\right|^2$$

右辺は，(3.40) と $\frac{d\boldsymbol{x}}{dt}$ との内積を用いると，(3.41) により，

$$\begin{aligned}
cqF_{0i}\frac{dx_i}{dt} &= -m\frac{dx_i}{dt}\frac{d}{dt}\left(\frac{\frac{dx_i}{dt}}{\sqrt{1-\frac{1}{c^2}\left|\frac{dx_i}{dt}\right|^2}}\right) \\
&= -\frac{m}{2}\left[\left(1-\frac{1}{c^2}\left|\frac{d\boldsymbol{x}}{dt}\right|^2\right)^{-1/2}\frac{d}{dt}\left|\frac{d\boldsymbol{x}}{dt}\right|^2 + \left|\frac{d\boldsymbol{x}}{dt}\right|^2\left(1-\frac{1}{c^2}\left|\frac{d\boldsymbol{x}}{dt}\right|^2\right)^{-3/2}\frac{1}{c^2}\frac{d}{dt}\left|\frac{d\boldsymbol{x}}{dt}\right|^2\right] \\
&= -\frac{m}{2}\left(1-\frac{1}{c^2}\left|\frac{d\boldsymbol{x}}{dt}\right|^2\right)^{-3/2}\frac{d}{dt}\left|\frac{d\boldsymbol{x}}{dt}\right|^2
\end{aligned}$$

となり，確かに満たされている．つまり，自由粒子の場合と同様に，4 次元運動方程式のうち独立なのは 3 個だけである．実際，(3.54) の右辺は，電磁場テンソルの反対称性のため，$\frac{dx_\mu}{d\tau}$ を掛けて縮約すると恒等的にゼロである．一方，左辺も同じ縮約をすると固有時間の定義により，$\frac{d}{d\tau}\left(\frac{dx^\mu}{d\tau}\frac{dx_\mu}{d\tau}\right) = -\frac{dc^2}{d\tau} = 0$ である（自由粒子でも同じ）．確かに，4 個の成分のうち 1 個は独立ではない．

さて，ここでラグランジアンにはもともと時間の全微分の形の不定性 (3.8) があることを思い起こそう．これを作用積分 (3.34) に当てはめ，不定性を含めた形に書き直すと，$\frac{d\Lambda}{dt}dt = q\partial_\mu\lambda\frac{dx^\mu}{dt}dt = q\partial_\mu\lambda dx^\mu$ により

$$\int_1^2[-mc\sqrt{-(dx)^2} + q(A_\mu + \partial_\mu\lambda)dx^\mu] \tag{3.55}$$

である．ただし，$\Lambda(x) = q\lambda(x)$ でスカラー関数 $\lambda(x)$ を定義した．つまり，この不定性はベクトルポテンシャル場の不定性

$$\hat{A}_\mu(x) \equiv A_\mu(x) + \partial_\mu\lambda(x) \tag{3.56}$$

と解釈し直すことができる．運動方程式は不定性によらず常に同じであるから，A_μ を $\hat{A}_\mu$ に置き換えても不変である．実際，代入して確かめられるように $(\partial_\mu\partial_\nu\lambda = \partial_\nu\partial_\mu\lambda$

に注意），次式が成り立つ．

$$F_{\mu\nu} = \partial_\mu A_\nu - \partial_\nu A_\mu = \partial_\mu \hat{A}_\nu - \partial_\nu \hat{A}_\mu \tag{3.57}$$

これをゲージ不変性，変換 (3.56) をゲージ変換と呼ぶ．運動方程式が $F_{\mu\nu}$ だけで表現できたのは，このゲージ不変性を満たすためといえる．一般化運動量 $\boldsymbol{p} = m\frac{d\boldsymbol{x}}{d\tau} + q\boldsymbol{A}$ はゲージ不変ではないことに注意しなければならない．直接観測で決められるものには，こうした不定性は存在できないはずであるから当然の結果なのである．

直接観測できないものが，基本的な役割を果たすのは不自然と感じる読者もいるかもしれない．しかし，物理現象の背後にそうした一種の隠れた自由度があることを見抜くのも，自然法則を探求する上で重要なことだ．そもそも，電気や磁気の現象自体が，私たちの日常世界からみれば，ある意味で隠れた世界である．ファラデーは，彼の実験結果を電場と磁場を力線（次節参照）という具体的なイメージで理解し説明した．だが，第 1 章で強調したように，彼は実験事実の背後にある法則や自由度についての鋭い直観から電気活性状態という直接には測定できないが電場と磁場を統一しそれに導く，より基本的な概念の有効性をも予感した．これこそ 4 元ポテンシャルの場 A_μ である．

科学が深まりより広い適用性をもつにつれ，隠れた世界が広がりその理解に直接観測できない概念がますます必要になるのは必然ともいえる．複雑で多様な現象の背後にあるべき基本法則をできるだけ統一的，普遍的な仕方で理解するのに，隠れた世界の自由度が必要になる．あるいは，こう言ってもよい．A_μ は基本的な場であるが，ゲージ変換で変換しても物理法則が不変であるという高い対称性が満たされていなければならない．物理法則がローレンツ変換で不変であるというのも，一つの対称性であるが，電磁場の理論のゲージ不変性も別の意味での対称性なのだ．たとえば，第 4 章で「補足」として簡単に触れるように，相対性理論と並んでミクロの世界の物理法則の枠組みである量子力学では，波動関数（あるいは状態関数）と呼ばれる量からすべての観測量を計算・予言できる構造になっている．しかし，波動関数そのものはやはり直接観測で決められるものではない．ポテンシャルの場 $A_\mu(x)$ は，実はこの波動関数（特にその位相）とその力学の対称性に密接に関係する概念である．また，量子力学の立場では，A_μ そのものも，電磁場に付随する粒子である光子 1 個の波動関数を，光子が多数ある状態に対応して拡張して得られる場なのである．

3.5 静止電荷が作る電場，定電流が作る磁場

ポテンシャルの場が与えられれば，それが点電荷に電場・磁場を通じて力としてどう作用するかが決まった．前節で述べた近接作用の考え方に従うなら，次の問題は，

逆に，電荷がポテンシャル場にどう作用するかである．この問題に本格的に取り組む準備として，まず，最も簡単な場合であるクーロンの法則 (1.1)，アンペールの法則 (1.2) を与える場はどのようなものかを調べる．

クーロンの法則から始めよう．この力だけを取り出すことができるのは，点電荷が静止しているときだから，磁場がゼロの場合を考えれば十分だ．よって，$A_i = 0$ と仮定でき，電場は ϕ だけで表せる．

$$E_i = -\partial_i \phi, \quad \boldsymbol{E} = -\boldsymbol{\nabla}\phi \tag{3.58}$$

着目する点電荷を $q = q_1$ $(a = 1, \boldsymbol{x} = \boldsymbol{x}_1)$，また，もう 1 個の点電荷 q_2 は原点に静止しているとすると次のように書ける．

$$(E_1, E_2, E_3) = \frac{q_2}{4\pi\epsilon_0}\frac{1}{|\boldsymbol{x}|^2}\left(\frac{x_1}{|\boldsymbol{x}|}, \frac{x_2}{|\boldsymbol{x}|}, \frac{x_3}{|\boldsymbol{x}|}\right), \quad \boldsymbol{E} = \frac{q_2}{4\pi\epsilon_0|\boldsymbol{x}|^3}\boldsymbol{x} \tag{3.59}$$

この場は図 3.6 のように，電場のベクトルは原点を中心として放射状の矢印の集合で表せる．その長さは原点からの距離の 2 乗に反比例し，向きは q が正か負に応じて，外向きか内向きで，対応する ϕ は次式だ $(\partial_i \frac{1}{|\boldsymbol{x}|} = -\frac{x_i}{|\boldsymbol{x}|^3})$.

$$\phi(x) = \frac{q_2}{4\pi\epsilon_0|\boldsymbol{x}|} \tag{3.60}$$

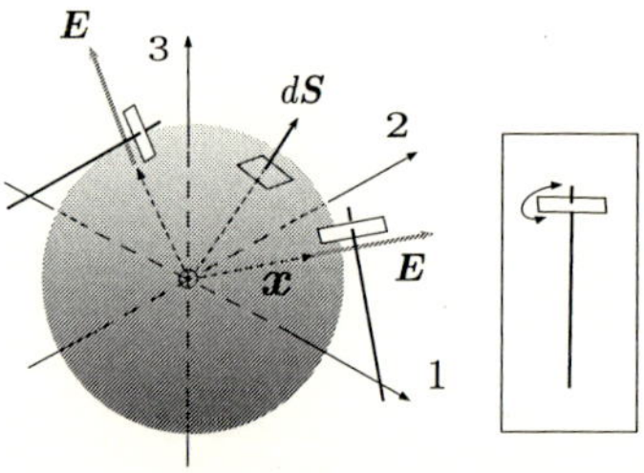

図 3.6　点電荷の電場と等電位面：$d\boldsymbol{S}$ は，等電位面（= 球面）に接する面積要素ベクトル，右枠内は紙検電器.

一般に電場がその接線に一致するように描いた曲線を電気力線，また，ポテンシャル (電位) ϕ が同じ値をとる位置をつないでできる曲面を等電位面と呼ぶ．定義により，電気力線は等電位面と直交する．静止点電荷の場合，電気力線は電荷から放射状に伸びる直線，等電位面は電荷を中心とする球面である．等電位面を ϕ の値の変化 $\Delta\phi$ が同じ微小量になるように緻密に描くと，地図の等高線の間隔が地面の勾配を表すのと同じく，等電位面の間隔が電場の強さに反比例する．電気力線の定性的な様子は，簡単に観察できる．ごく軽く細い長方形の紙片の中心にピンを刺し，微弱な力でも紙片がピンの回りを自由に回転できるように工夫したもの（紙検電器）を作る．これを静電気で強く帯電した物体の近くの様々な位置に置くと，紙片は電気力線に接する方向を向く．

次にアンペールの法則に進もう．電線に働く力は伝導電子に働く外力としての磁場からの力の合成であると考えられるから，ローレンツの力との比較により，磁場 $\boldsymbol{B}$ を読み取るには，点電荷（今の場合は，伝導電子）1 個当たりの力に直さなければならない．電線の単位長さ当たりに伝導電子が n 個流れているとする．電線に沿った伝導電子の平均速度の大きさが一定で v であるとすると，電流の強さは $I = nqv = -nev$ である（マイナスは電子電荷が負であるため）．ただし，着目する電流を $I = I_1$ とし，符号は I_2 と同じ向きを正と選ぶ．(1.2) は単位長さ当たりの力であったから，I_1 を $qv = -ev$ で置き換えると点電荷 1 個に作用する力に等しい．力の向きは電線を最短距離で結ぶ直線上，電子の速度の向きは電線方向と逆である．電線は中性だから，電場はゼロとでき，ローレンツ力の第 2 項の寄与だけがある．これをベクトルポテンシャルで実現する最も単純な可能性は，$A_0 = -\phi/c = 0$ で A_i が時間に依存せず位置座標だけの関数の場合である ($\boldsymbol{E} = 0$)．さらに $\boldsymbol{B}$ が電線 I_2 を中心軸として，2 本の平行電線に垂直な平面上（図 3.7 では 12-平面）で同心円に沿った向きをもつとすれば力の向きが説明できる．ベクトルとしての長さは電線間の距離 r に反比例し，次式で表せる（I_2 を第 3 軸（z 軸）方向に選んだ，$r = \sqrt{x_1^2 + x_2^2}$）．

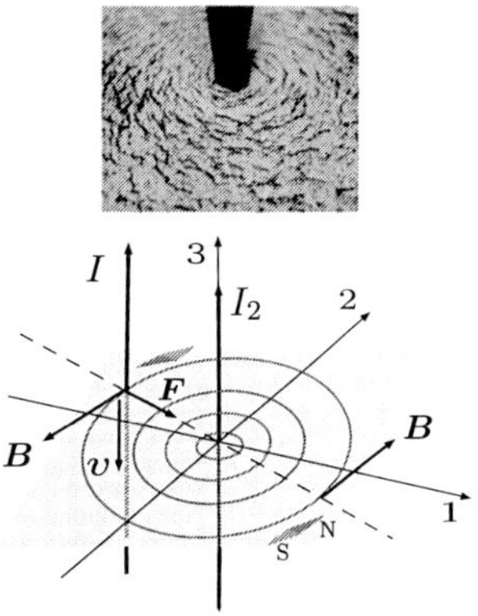

図 3.7　直線定電流のまわりの磁場（上写真:鉄粉による磁力線の観察）

$$(B_1, B_2, B_3) = \frac{\mu_0 I_2}{2\pi r}\Big(-\frac{x_2}{r}, \frac{x_1}{r}, 0\Big) \tag{3.61}$$

3 軸方向に全体を平行移動しても同じ結果でなければならないから，磁場は x_3 には依存しない．そして，磁場を作る電流（今の場合 I_2）の向きに進むようにねじを回したときに，ねじが回転する向きだ（右ねじの規則）．電気力線と同じ考え方で，磁場が常に接線方向を向くように描いた曲線を磁力線という．磁力線は小さな磁針を電流のそばに置いて観察できる．S 極から N 極へ向かう方向が，磁場の向きと一致する．また，強い（直流）電流が流れている電線が垂直に貫く紙面に鉄粉を薄く蒔くと，鉄粉は磁化（つまり，鉄粉の粒子が微小な磁石になる）され，電線を中心として同心円に沿って並ぶ．

そこで，(3.61) を (3.39) に当てはめると，$\boldsymbol{A}$ 場を次式のように選べばよい．

$$(A_1, A_2, A_3) = \frac{\mu_0 I_2}{2\pi}(0, 0, -\log r) \tag{3.62}$$

$(\partial_1 \log r, \partial_2 \log r, \partial_3 \log r) = \frac{1}{r^2}(x_1, x_2, 0)$ で確かに磁場を与える．

$$B_1 = \partial_2 A_3 - \partial_3 A_2 = -\frac{\mu_0 I_2 x_2}{2\pi r^2},\ B_2 = \partial_3 A_1 - \partial_1 A_3 = \frac{\mu_0 I_2 x_1}{2\pi r^2}$$

もちろん，ゲージ変換の自由度があるから，結果 (3.60), (3.62) はどちらも一意的ではない．最も一般的な形は，λ を時空座標の x^μ の任意関数として，点電荷と定電流でそれぞれ次式である．

$$A_i = \partial_i \lambda \quad (i=1,2,3), \quad A_0 = -\frac{\phi}{c} = -\frac{q_2}{4\pi c\epsilon_0 |\boldsymbol{x}|} + \partial_0 \lambda \tag{3.63}$$

$$A_i = \partial_i \lambda \quad (i=1,2), \quad A_3 = -\frac{\mu_0 I_2}{2\pi} \log r + \partial_3 \lambda, \quad A_0 = \partial_0 \lambda \tag{3.64}$$

たとえば，点電荷の場合，$\lambda = t\frac{q_2}{4\pi\epsilon_0|\boldsymbol{x}|}$ と選ぶと，

$$A_i = -t\frac{q_2 x_i}{4\pi\epsilon_0 |\boldsymbol{x}|^3} \quad (i=1,2,3), \quad A_0 = 0 \tag{3.65}$$

となり，A_0 がゼロでも A_i が時間に比例して増大すれば同じ電場 (3.59) を表せる（この場合を $A_0 = 0$ ゲージと呼ぶ．もちろん，$\boldsymbol{B} = 0$ は保たれる）．

次章への準備のため，以上の電場と磁場，そしてポテンシャルの場の特徴をもう少し追求しておこう．電場ベクトル (3.59) を等電位面 S 上で積分すると

$$\int_{\mathrm{S}} \boldsymbol{E} \cdot d\boldsymbol{S} = \int_{\mathrm{S}} \frac{q_2}{4\pi\epsilon_0 |\boldsymbol{x}|^3} \boldsymbol{x} \cdot d\boldsymbol{S} = \int_{\mathrm{S}} \frac{q_2 |d\boldsymbol{S}|}{4\pi\epsilon_0 |\boldsymbol{x}|^2} = \frac{q_2}{\epsilon_0} \tag{3.66}$$

が成り立つ．ただし，$d\boldsymbol{S}$ は等電位面に接する面積要素に対応するベクトル（つまり，大きさが面積要素の面積に等しく，方向が面積要素から外向き法線方向のベクトル）である．今の場合，面積要素ベクトルは常に等電位面の法線方向の外向きだから，$d\boldsymbol{S} = |d\boldsymbol{S}|\boldsymbol{x}/|\boldsymbol{x}|, \boldsymbol{x} \cdot d\boldsymbol{S} = |\boldsymbol{x}||d\boldsymbol{S}|$ が成り立つ．この式から元のクーロンの法則を表すのに，分母になぜ因子 4π を入れて球面の面積に選んだかが納得できるだろう．(3.66) に π が現れないようにするためである．積分の結果が等電位面の半径 $|\boldsymbol{x}|$ によらず，常に電荷の値で決まることに注目してほしい．

さらに実は (3.66) の積分が等電位面上である必要はなく，任意の閉じた曲面 $\partial\mathrm{V}$ に次のように拡張できること（ガウスの法則と呼ぶ）を示そう．

$$\int_{\partial\mathrm{V}} \boldsymbol{E} \cdot d\boldsymbol{S} = \frac{Q(\mathrm{V})}{\epsilon_0}, \quad Q(\mathrm{V}) \equiv \sum_{i \in \mathrm{V}} q_i \tag{3.67}$$

V は閉じた面で囲まれる 3 次元領域で，記号 $\partial\mathrm{V}$ は，V の境界面（表面）としての閉じた面を表す（任意の閉じた曲面には必ずそれにより囲まれる V がある）．また，右辺の $Q(\mathrm{V})$ は V 内の電荷の総和である．

[証明]　球面から任意の形をした閉じた曲面 $\partial\mathrm{V}$ へは，面の微小変形を繰り返していけば可能である．そこで，球面のある点に着目してその点の微小面積要素を動径方向にずらして（図 3.8）変形した面で (3.67) の左辺を計算してみよう．このとき，点電

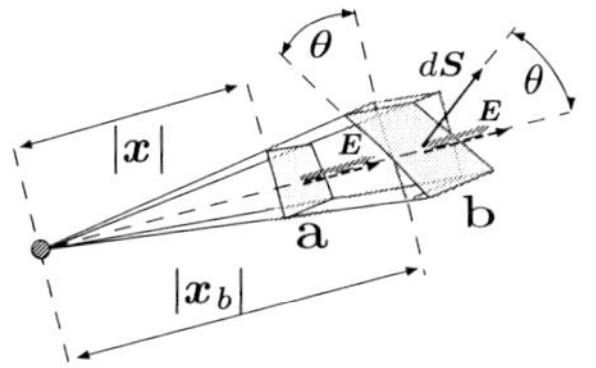

図 3.8　面の微小変形 (a→b)：a と b は同じ寄与

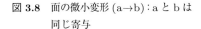

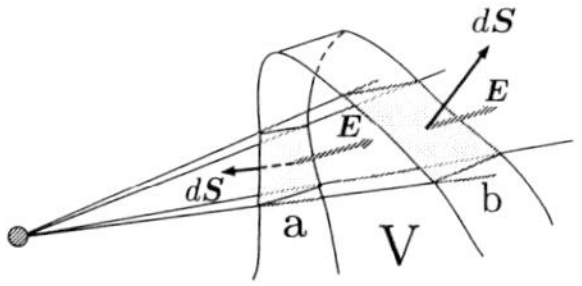

図 3.9　点電荷が領域 V の外側の場合：a と b の寄与は符号が逆

荷を頂点とし元の等電位面の面積要素を底面（a で指示）とする微小四角錐が等電位面内部の球体から切り取られる．この底面が変形して新しい面要素 b と，変形に伴いできる新たな 4 個の側面からなる突起の表面の寄与が左辺へ新たな寄与として加わる．面積要素ベクトル $d\boldsymbol{S}$ は常にそれぞれの面要素で面と垂直に外側方向を向いていることに注意すると，側面では $\boldsymbol{E}$ と直交しているので，$\boldsymbol{E}\cdot d\boldsymbol{S}=0$ で積分に寄与しない．よって，面要素 b の寄与だけを考慮すればよい．点電荷からの動径方向と $d\boldsymbol{S}$ の間の角度を θ とすると，

$$(\boldsymbol{E}\cdot d\boldsymbol{S})_b=\frac{q_2}{4\pi\epsilon_0|\boldsymbol{x}_b|^2}|d\boldsymbol{S}|_b\cos\theta$$

がその寄与である．ただし，添字 b で微小面積要素 b の位置での量を表した．内積の定義から出てきた因子 $|d\boldsymbol{S}|_b\cos\theta$ は，b の位置での等電位面がこの四角錐が切り取る面積要素の大きさに等しいことに注意しよう．四角錐が球面で切り取る面積は，球面の半径の 2 乗に比例するので，因子 $\frac{|d\boldsymbol{S}|_b\cos\theta}{|\boldsymbol{x}_b|^2}$ は四角錐の頂点角度だけで決まり半径によらず一定だ．よって，この値は等電位面 a での値と同じで，変形によっては (3.66) 左辺の値は変化しない．任意の曲面とそれで囲まれる領域は点電荷を中心とする無数の四角錐の集合に分解できることから，変形した後の (3.67) の値はその領域中にある点電荷まわりの十分に微小な等電位球面で計算したものと常に一致する．簡単にいえば，電場ベクトルは常に点電荷からの動径方向を向いているので，内積による積分では，点電荷の位置である中心に向かって ∂V を投影した結果だけで積分が求まる．もし，考えている領域 V 中に点電荷が存在しない場合には，四角錐が曲面 ∂V を偶数回切り取り，V の内側から外側に向く $d\boldsymbol{S}$ の向きは，点電荷には相対的に必ず内向きと外向きの対で現れ打ち消しあうため，積分への寄与はゼロである（図 3.9）．また，点電荷が複数あると，左辺では電場は個々の電場の寄与のベクトルとしての合成である．右辺はそれぞれごとに領域内部にある電荷が寄与し，その和に等しい．以上をまとめて，(3.67) の積分は任意の領域で考えたとき，常に領域内部の電荷 q_i の総和 $Q(\mathrm{V})$ に等しい．　［証明終］

同様にして，磁場 (3.61) については，電流 I_2 を中心軸とする円（C で表す）を一

周する線積分をすると次式となる．

$$\oint_{\mathrm{C}} \boldsymbol{B} \cdot d\boldsymbol{x} = \mu_0 I_2 \tag{3.68}$$

ただし，円周に沿う線要素ベクトルは円周上の位置を円筒座標 $(x_1, x_2, x_3) = (r\cos\theta, r\sin\theta, x_3)$ で表したとき，円周に沿って $d(r\cos\theta, r\sin\theta, x_3) = (-x_2, x_1, 0)d\theta$ であることを用いた（積分の向きは，電流 I_2 に対して右ねじの規則で決まる向き）．これも，右辺は円の半径によらない．

この結果も，C を任意の閉曲線に一般化できる．ガウスの法則の場合と同様に，電流を中心とする円を微小変形してみよう（図 3.10）．まず，円上の注目する位置での微小線要素 a を平面上で b にずらす場合を考えよう．a を底辺として円の中心を頂点とする二等辺三角形が b を底辺とする三角形に変形する．頂点につながった線要素ベクトルは，磁場に垂直で $\boldsymbol{B} \cdot d\boldsymbol{x}$ がゼロで，変形した後の積分の寄与は底辺のみで

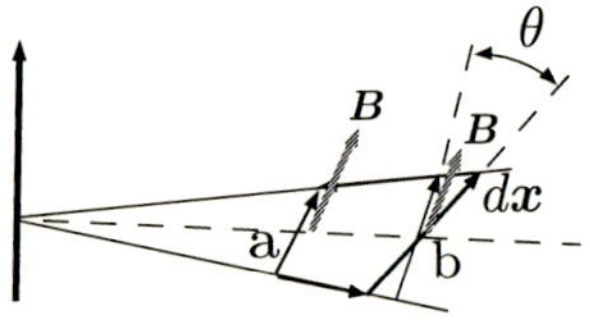

図 3.10　積分路の微小変形

$$(\boldsymbol{B} \cdot d\boldsymbol{x})_b = \mu_0 I_2 \frac{|d\boldsymbol{x}|_b \cos\theta}{2\pi r_b}$$

となる．内積から出てきた $|d\boldsymbol{x}|_b \cos\theta$ は b と同じ位置で円上にある微小線要素の長さと一致する．頂点から微小角度の 2 辺が同じであれば半径に比例する．よって，この値は変形しない前の a からの寄与と同じである．これから，ガウスの法則で行ったのと同様な議論を繰り返すと，電流に垂直な平面上の任意の曲線 C で (3.68) が，変形で電流と交差しない限り，同じ値をとることがわかる．もし，電線が曲線で囲まれる平面内の領域の外に出るなら，この微小頂角三角形の底辺での寄与が対で打ち消し合い，積分の結果はゼロである．残る変形としては曲線が電流に垂直な平面から自由に外に出る場合であるが，磁場は常にこの平面内の同心円上にあるので，積分（左辺の内積の定義により）は，曲線を平面上に投影して得られる曲線の寄与と同じである．さらに，任意の閉曲線は，それによって囲まれる 1 枚の有限な曲面領域 S の境界 ∂S とみなせることに注意しよう．また，電流が複数あれば，磁場は個々の電流からの寄与のベクトル和である．以上から，(3.68) は次式に一般化できる．

$$\oint_{\partial \mathrm{S}} \boldsymbol{B} \cdot d\boldsymbol{x} = \mu_0 I(\mathrm{S}) \tag{3.69}$$

ただし，右辺の I(S) は S を貫く電流の総和である．電流の符号は，境界の閉曲線上の積分の向きにねじを回転したとき，ねじが進む方向を正とする．今の議論では，電流は直線電流としたが，この結果は一定の電流であるなら，次章で示すように実は任意の形の電流分布で成り立つ．

4 ポテンシャル場の運動方程式

4.1 流れとしての 3 次元ベクトル場：発散と回転

任意の 3 次元ベクトル場 $\boldsymbol{U}(\boldsymbol{x})$ を考える．ある時刻 t, 位置 $\boldsymbol{x}$ に適当な単位で定めた長さ $|\boldsymbol{U}(\boldsymbol{x},t)|$ の矢印を付与すれば，この場を 3 次元空間に表現できる．この矢印 $\boldsymbol{U}(\boldsymbol{x},t)$ の方向に沿って微小距離 $(|\Delta^u\boldsymbol{x}|)$ だけ隔たった位置 $\boldsymbol{x}+\Delta^u\boldsymbol{x}$ でわずかに異なる矢印 $\boldsymbol{U}(\boldsymbol{x}+\Delta^u\boldsymbol{x},t)$ がある（$\Delta^u\boldsymbol{x}$ は $\boldsymbol{U}(\boldsymbol{x},t)$ に平行な微小ベクトル）．そこでまた $\boldsymbol{U}(\boldsymbol{x}+\Delta^u\boldsymbol{x},t)$ の方向に微小距離ずれた位置に移動できる．これを繰り返し，$|\Delta^u\boldsymbol{x}|$ が限りなく小さい極限をとれば，ベクトル場の矢印が常に接線方向に乗るような曲線を描ける（図 4.1）．この曲線全体の集合をベクトル場の「流れ」と呼ぼう．各点で一意的に方向が定まっているから，ベクトル場がゼロか無限大の位置以外では，流れの曲線（流線）が交わることはない．電気力線，磁力線はそれぞれ電場，磁場の流れである．

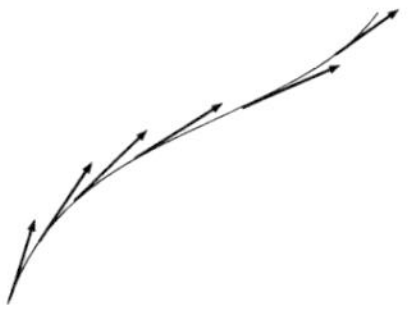

図 4.1　ベクトル場の流線

積分 $\int_{\partial\mathrm{V}}\boldsymbol{U}\cdot d\boldsymbol{S}$，$\oint_{\partial\mathrm{S}}\boldsymbol{U}\cdot d\boldsymbol{x}$ を流れという観点から調べよう．この種の積分は，V や S を細かく細胞に分割 $(\mathrm{V}=\sum_{a=1}^{N}\mathrm{V}_a, \mathrm{S}=\sum_{a=1}^{N}\mathrm{S}_a)$ すると，

$$\int_{\partial\mathrm{V}}\boldsymbol{U}\cdot d\boldsymbol{S}=\sum_{a=1}^{N}\int_{\partial\mathrm{V}_a}\boldsymbol{U}\cdot d\boldsymbol{S}, \tag{4.1}$$

$$\oint_{\partial\mathrm{S}}\boldsymbol{U}\cdot d\boldsymbol{x}=\sum_{a=1}^{N}\oint_{\partial\mathrm{S}_a}\boldsymbol{U}\cdot d\boldsymbol{x} \tag{4.2}$$

を満たす．なぜなら，V，S の内部にあり，その表面あるいは境界を含まない細胞では，常に細胞の表面，あるいは境界からの寄与が，向かい合う面積要素ベクトル，あるいは線要素ベクトルが逆向きで和をとると打ち消し合う（図 4.2, 図 4.3 参照）．そのため，最終的には一番外側表面・境界の寄与だけが残るからである．

まず，∂V の面積積分 (4.1) の場合を十分小さい細胞で考えよう．一つの微小細胞 ∂V の面積積分は，それぞれの面積要素の中心の位置での値で代表して表せる．

簡単のため，細胞を各座標軸 (1,2,3) 方向に辺が伸びた直方体に選んであり，それぞれの辺の長さが $(\Delta_1, \Delta_2, \Delta_3)$，また細胞の中心の位置は (x_1, x_2, x_3) とする．第 1 軸に垂直な 2 個の面積要素（面積要素ベクトル $\boldsymbol{dS} = (\pm\Delta_2\Delta_3, 0, 0)$，中心の位置 $(x_1 \pm \frac{1}{2}\Delta_1, x_2, x_3)$）からの寄与は，細胞の体積を $\Delta^3 V \equiv \Delta_1\Delta_2\Delta_3$ で表すと次式である．

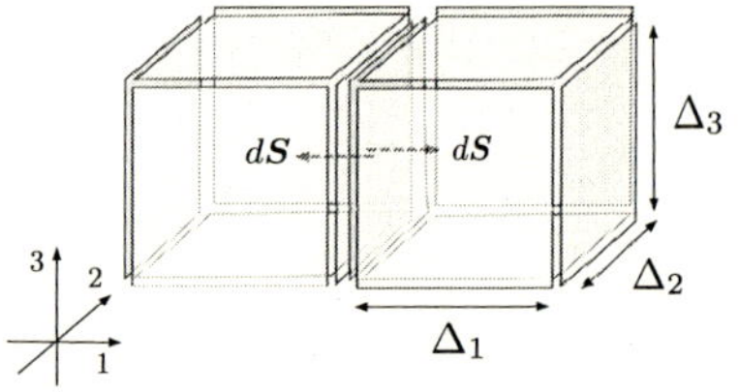

図 **4.2** 隣り合う微小 (直方体) 細胞：向かい合う面積要素ベクトルは同じ長さで逆向きで，積分の寄与が打ち消す．

$$\Big[U_1\Big(x_1 + \frac{1}{2}\Delta_1, x_2, x_3\Big) - U_1\Big(x_1 - \frac{1}{2}\Delta_1, x_2, x_3\Big)\Big]\Delta_2\Delta_3 = \partial_1 U_1(x_1, x_2, x_3)\Delta^3 V$$

同様にして，第 2 軸に垂直な面積要素，第 3 軸に垂直な面積要素の寄与は $\partial_2 U_2(x_1, x_2, x_3)\Delta^3 V$, $\partial_2 U_3(x_1, x_2, x_3)\Delta^3 V$ で，微小細胞からの寄与は

$$\int_{\partial \mathrm{V}_a} \boldsymbol{U} \cdot \boldsymbol{dS} = \partial_i U_i \Delta V = \boldsymbol{\nabla} \cdot \boldsymbol{U} \Delta^3 V \tag{4.3}$$

と書ける．もちろん，右辺はそれぞれの細胞の中心位置での値だ．これを (4.1) に代入し，$\Delta^3 V \to 0, N \to \infty$ の極限をとると，右辺は領域 V での 3 次元体積積分 ($\int_{\mathrm{V}} d^3x$) の定義に一致し，次の公式

$$\int_{\partial \mathrm{V}} \boldsymbol{U} \cdot \boldsymbol{dS} = \int_{\mathrm{V}} \boldsymbol{\nabla} \cdot \boldsymbol{U} d^3x \tag{4.4}$$

が一般のベクトル場について成り立つ（ガウスの定理）．$\boldsymbol{U} \cdot \boldsymbol{dS}$ は，場の流れが面積要素 $\boldsymbol{dS}$ を通してその方向に出ていく量と解釈できる．よって，左辺は領域 V から外側への流量を符号を含めて表したものだ．右辺はそれが V 中の各点で定義された微分 $\boldsymbol{\nabla} \cdot \boldsymbol{U}$ を積分して表せることを示す．その意味でベクトル場の内積微分 $\boldsymbol{\nabla} \cdot \boldsymbol{U}$ は各位置での外向き流量の密度を表す．これを発散（ダイバージェンス，$\boldsymbol{\nabla} \cdot \boldsymbol{U} = \mathrm{div}\, \boldsymbol{U}$）と記すこともある．

同じようにして微小閉路線積分を扱える．微小閉路が 12-平面に平行な面上にあり，2 辺の長さが (Δ_1, Δ_2)，中心位置が (x_1, x_2, x_3) の長方形であるとすると（図 4.3），第 2 軸に平行な 2 辺からの寄与は，

$$\Big[U_2\Big(x_1 + \frac{1}{2}\Delta_1, x_2, x_3\Big) - U_2\Big(x_1 - \frac{1}{2}\Delta_1, x_2, x_3\Big)\Big]\Delta_2 = \partial_1 U_2(x_1, x_2, x_3)\Delta_1\Delta_2$$

第 1 軸に平行な 2 辺からの寄与は次式である．

$$\left[-U_1\left(x_1, x_2+\frac{1}{2}\Delta_2, x_3\right)+U_1\left(x_1, x_2-\frac{1}{2}\Delta_2, x_3\right)\right]\Delta_1 = -\partial_2 U_1(x_1,x_2,x_3)\Delta_1\Delta_2$$

一般的には微小閉路線積分は微小長方形の面積を $\Delta S_{12} \equiv \Delta_1\Delta_2$ として

$$\oint_{\partial \mathrm{S}_a} \boldsymbol{U}\cdot d\boldsymbol{x} = (\partial_1 U_2 - \partial_2 U_1)\Delta S_{12} \tag{4.5}$$

である．右辺は考えている微小細胞の面積要素ベクトル $d\boldsymbol{S} = (0,0,\Delta S_{12})$ を用いると $(\boldsymbol{\nabla}\times\boldsymbol{U})\cdot d\boldsymbol{S}$ を細胞の中心位置で計算したものと一致する．よって，元の任意の形をした閉曲線で考えると，細胞が無限に小さい $N\to\infty$ 極限で，(4.2) は面積積分に帰着し次式が成り立つ（ストークスの定理）．

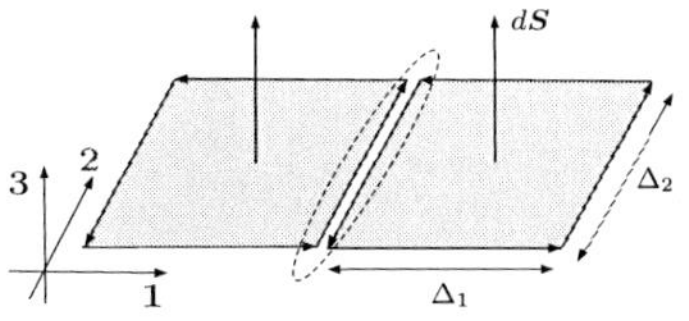

図 **4.3**　隣り合う微小長方形細胞：共有する辺の線積分の寄与は打ち消す．

$$\oint_{\partial \mathrm{S}} \boldsymbol{U}\cdot d\boldsymbol{x} = \int_{\mathrm{S}} (\boldsymbol{\nabla}\times\boldsymbol{U})\cdot d\boldsymbol{S} \tag{4.6}$$

左辺の線積分の向きと，右辺の面積要素の向きは右ねじの規則に従う．右辺の S は境界が ∂S に等しい任意の 2 次元曲面を選べる．なぜなら，(4.2) の右辺の微小細胞の集合 $\{S_a : a=1,\ldots,N\}$ は，合成したとき，隣り合う細胞の辺で結合して打ち消し合い，最も外側の境界が左辺に与えられた閉曲線に一致する任意の集合を選べるからだ．左辺は閉曲線 ∂S に沿った流れ量を表しているが，右辺はこの同じ量を閉曲線で囲まれる任意の曲面上で定義されたベクトル微分 $\boldsymbol{\nabla}\times\boldsymbol{U}$ と面積要素ベクトルとの内積の積分で表している [*1]．

C $= \partial$S としたとき (4.6) の右辺が S の選び方によらないことは，次のようにして直接示すこともできる．同じ閉曲線 C を境界としてもつ二つの異なる曲面 S_1，S_2 があるとして，$\int_{\mathrm{S}_1}(\boldsymbol{\nabla}\times\boldsymbol{U})\cdot d\boldsymbol{S} - \int_{\mathrm{S}_2}(\boldsymbol{\nabla}\times\boldsymbol{U})\cdot d\boldsymbol{S}$ を考えよう．S_1 と S_2 は異なり境界が一致しているのだから，それらで囲まれる 3 次元領域 V_{12} が定義できる．もし，S_1 の面積要素ベクトルが V_{12} の外側向きに選んであるとすると，S_2 の面積要素ベクトルは内側向きである．したがって，

$$\int_{\mathrm{S}_1}(\boldsymbol{\nabla}\times\boldsymbol{U})\cdot d\boldsymbol{S} - \int_{\mathrm{S}_2}(\boldsymbol{\nabla}\times\boldsymbol{U})\cdot d\boldsymbol{S} = \int_{\partial \mathrm{V}_{12}}(\boldsymbol{\nabla}\times\boldsymbol{U})\cdot d\boldsymbol{S} \tag{4.7}$$

と書ける．ガウスの定理により次式

$$\int_{\partial \mathrm{V}_{12}}(\boldsymbol{\nabla}\times\boldsymbol{U})\cdot d\boldsymbol{S} = \int_{\mathrm{V}_{12}} \boldsymbol{\nabla}\cdot(\boldsymbol{\nabla}\times\boldsymbol{U})d^3x \tag{4.8}$$

[*1] 細胞を長方形に選んで計算を示したが，細胞が十分小さいとき，線積分の寄与は細胞の形によらない．線要素の中心の位置が同じなら，内積の定義により内積 $\boldsymbol{U}\cdot d\boldsymbol{x}$ は，常に線要素ベクトルを $\boldsymbol{U}$ の方向の直線上に投影した結果に等しいからである．ガウスの定理の場合も同様．

が成り立つが，この右辺は任意のベクトル場 $\boldsymbol{U}$ に対して恒等的にゼロである．

$$\boldsymbol{\nabla}\cdot(\boldsymbol{\nabla}\times\boldsymbol{U}) = \frac{1}{2}\epsilon_{ijk}(\partial_i\partial_j - \partial_j\partial_i)U_k = 0 \tag{4.9}$$

言い換えると，ベクトル場のベクトル微分の発散は常にゼロである．また，それがストークスの定理の曲面 S の任意性と対応している．

$\boldsymbol{\nabla}\times\boldsymbol{U}$ をベクトル場 $\boldsymbol{U}$ の回転と呼ぶ (rot $\boldsymbol{U}$，あるいは curl $\boldsymbol{U}$ と記すこともある)．もし，$\boldsymbol{U}$ を実際の流体の各点における速度ベクトルだとするなら，回転は，流体の流れに存在する渦の度合いを渦の回転の軸方向に向き，長さが回転速度に対応するベクトル（渦ベクトル）によって表している（図 4.4）．

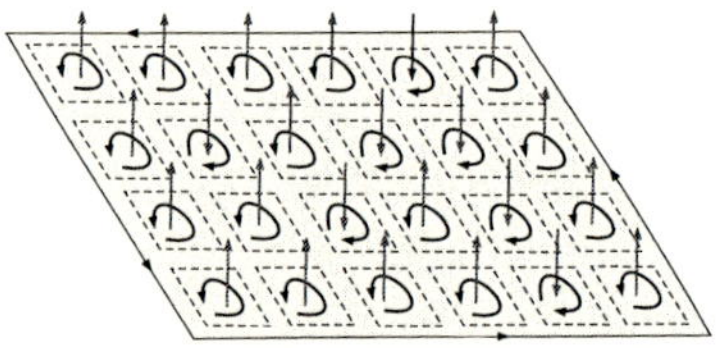

図 4.4　流れの渦と回転ベクトル（縦向き矢印）：外側の線積分の方向を枠線に沿った矢印方向に決めると，上向きと下向きの回転ベクトルは，(4.6) 右辺にそれぞれ正と負で寄与する．

4.2　静的場の微分方程式

さて，そこで上の二つの定理を前章で求めた静止電荷についてのガウスの法則 (3.67) と，定電流についてのアンペールの法則 (3.69) に応用しよう．(3.67) の右辺は位置 $\boldsymbol{x}$ における時刻 t の単位体積当たりの電荷量を表す電荷密度 $\rho(\boldsymbol{x},t)$ により

$$Q(\mathrm{V}) \equiv \int_{\mathrm{V}} \rho(\boldsymbol{x},t)d^3x \tag{4.10}$$

と表せる．つまり，3 次元領域 V を微小細胞に分けたとき Q_a を細胞 a に含まれる電荷量として $Q(\mathrm{V}) = \sum_{a=1}^{N} Q_a$ となるが，$Q_a = \rho(\boldsymbol{x}_a)\Delta_a^3 V$（$a$ 番目細胞の位置における $\rho\Delta^3 V$ の値）と定義して細胞が小さい極限をとれば積分 (4.10) に等しい．もちろん，電荷が静止しているなら，電荷密度は時間によらないが，定義 (4.10) は電荷が運動していても，各瞬間 t ごとに成り立つ一般式として電荷密度を定義している．よって，(3.67) の左辺にガウスの定理を適用すれば，

$$\int_{\mathrm{V}} \boldsymbol{\nabla}\cdot\boldsymbol{E}d^3x = \frac{1}{\epsilon_0}\int_{\mathrm{V}} \rho d^3x$$

が任意の 3 次元領域 V で成り立つ．よって結局ガウスの法則は

$$\boldsymbol{\nabla}\cdot\boldsymbol{E} = \frac{1}{\epsilon_0}\rho \tag{4.11}$$

と同等である．ポテンシャルの場 ϕ で表せば次式である $(\triangle = \boldsymbol{\nabla} \cdot \boldsymbol{\nabla})$.

$$\triangle\phi = -\frac{1}{\epsilon_0}\rho \tag{4.12}$$

$\rho = 0$ の位置では右辺はゼロで，これがラプラス方程式 (3.28) に他ならない．

同じ考え方で，(3.69) の右辺の電流 $I(\mathrm{S})$ は

$$I(\mathrm{S}) = \int_{\mathrm{S}} \boldsymbol{J} \cdot d\boldsymbol{S} \tag{4.13}$$

と表せる．ただし，$\boldsymbol{J}$ は各時刻ごとにおける位置 $\boldsymbol{x}$ で，電流方向に向き，長さが，電流方向に垂直な面を単位面積当たり，単位時間 (1 s) に通過する電流の量としての，電流密度ベクトルである．つまり，(4.13) は，右ねじの規則で決まる方向に面 S を通過する電流の総量を，面積要素ごとの寄与により積分で表したものである．時間的に変化しない定電流では，途中で途切れたり，電線に沿って電流が滞って時間的に変動しない限り，電線に沿っての流量はどこでも同じだから，実はこの積分も (3.69) の左辺と同様に境界の閉曲線 $\mathrm{C} = \partial\mathrm{S}$ が同じでありさえすれば，S の選び方によらない．すなわち，$\partial\mathrm{S}_1 = \partial\mathrm{S}_2$ なら

$$\int_{\mathrm{S}_1} \boldsymbol{J} \cdot d\boldsymbol{S} = \int_{\mathrm{S}_2} \boldsymbol{J} \cdot d\boldsymbol{S} \tag{4.14}$$

が成り立つ (図 4.5)．言い換えると，任意の領域に入る電流の量と出ていく電流の量は同じだ．(4.7)～(4.9) の議論と同じやり方でガウスの定理を適用すると，(4.15) から，任意の 3 領域 V_{12} で

$$0 = \int_{\partial\mathrm{V}_{12}} \boldsymbol{J} \cdot d\boldsymbol{S} = \int_{\mathrm{V}_{12}} \boldsymbol{\nabla} \cdot \boldsymbol{J} d^3x$$

が導かれるから，これは電流密度ベクトルが

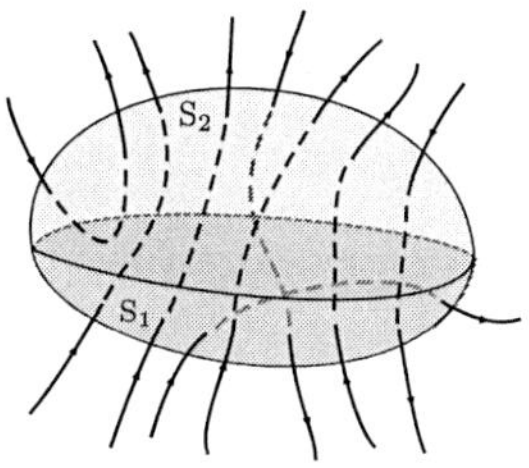

図 **4.5**　定電流の保存則

$$\boldsymbol{\nabla} \cdot \boldsymbol{J} = 0 \tag{4.15}$$

を満たすという要請と同等である．つまり，定電流の場合，電流密度ベクトルの発散はゼロである．(4.15) を定電流の保存則と呼ぶ．

以上により，(3.69) の左辺にストークスの定理を適用して，

$$\int_{\mathrm{S}} (\boldsymbol{\nabla} \times \boldsymbol{B}) \cdot d\boldsymbol{S} = \mu_0 \int_{\mathrm{S}} \boldsymbol{J} \cdot d\boldsymbol{S}$$

が任意の S で成り立つ．したがって，アンペールの法則は微分方程式

$$\boldsymbol{\nabla} \times \boldsymbol{B} = \boldsymbol{\nabla} \times (\boldsymbol{\nabla} \times \boldsymbol{A}) = \mu_0 \boldsymbol{J} \tag{4.16}$$

と同等である．第 2 等式の右辺に公式 $\nabla \times (\nabla \times \boldsymbol{A}) = -(\nabla \cdot \nabla)\boldsymbol{A} + \nabla(\nabla \cdot \boldsymbol{A})$ を用い，さらに $\boldsymbol{A}$ を $\nabla \cdot \boldsymbol{A} = 0$ であるように選べば，

$$\triangle \boldsymbol{A} = -\mu_0 \boldsymbol{J} \tag{4.17}$$

となり，ϕ と同じ型の式が成り立つ．後に詳しく論ずるように，条件 $\nabla \cdot \boldsymbol{A} = 0$ はポテンシャル場のゲージ変換の自由度を用いれば常に可能である．第 3 章での議論では，電流は細い直線電流を仮定したが，(4.16) はそれに限らず電流が時間変化しない条件のもとで任意の定電流の分布で意味をもち，一般的に成り立つ法則である．恒等式 (4.9) により，定電流の保存則 (4.15) は (4.16) と調和することに着目してほしい（両辺の発散をとるとゼロ）．

(4.12)，(4.17) の型の式をポアソン方程式と呼ぶ．この方程式には，適当な条件のもとで解が一意的に定まる（一意性定理）という重要な性質がある．そのためポテンシャル場を特徴付ける局所的な法則として採用できる．ϕ の場合で説明しよう．仮に同じ電荷密度 ρ に対して (4.12) に異なる解があるとし，$\phi^{(1)}$, $\phi^{(2)}$ で表す．定義により，その差で定義される場 $\phi^{(3)} \equiv \phi^{(1)} - \phi^{(2)}$ は任意の位置で $\triangle\phi^{(3)} = 0$ を満たし，次の積分が正であるような V が存在する．

$$\begin{aligned} W(V) &\equiv \int_{\mathrm{V}} |\nabla\phi^{(3)}|^2 d^3x = \int_{\mathrm{V}} \big[\nabla \cdot (\phi^{(3)}\nabla\phi^{(3)}) - \phi^{(3)}\triangle\phi^{(3)}\big] d^3x \\ &= \int_{\partial\mathrm{V}} \phi^{(3)}\nabla\phi^{(3)} \cdot d\boldsymbol{S} \end{aligned} \tag{4.18}$$

よって，もし二つの解 $\phi^{(1)}, \phi^{(2)}$ がさらに V の境界で (a) 同じ値か，あるいは，(b) 法線方向微分 $\boldsymbol{n} \cdot \nabla\phi^{(1)}, \boldsymbol{n} \cdot \nabla\phi^{(2)}$（$\boldsymbol{n}$ は ∂V の法線向き単位ベクトル）が一致するか，どちらかの条件を満たすなら，$\phi^{(3)}$ あるいは $\boldsymbol{n} \cdot \nabla\phi^{(3)}$ が ∂V でゼロで，正であるべき $W(\mathrm{V})$ がゼロになり，最初の仮定に矛盾する．つまり，同じ電荷密度で条件 (a)，あるいは (b) を満たすなら異なる解は存在できず，解は一意的である．特に，V$\to \infty$ とし，無限遠で場がゼロになるとするとこれらの条件を満たすから，解の一意性が保証される．

そこで，(4.11) と (4.16) が，それぞれ出発点になった点電荷の作る電場，定電流が作る磁場の場合に満たされていることを直接確かめよう．静止点電荷の電場 $\boldsymbol{E} = q_2\boldsymbol{x}/4\pi\epsilon_0|\boldsymbol{x}|^3$ を (4.11) の左辺に代入すると次の結果になる．

$$\begin{aligned} \nabla \cdot \boldsymbol{E} &= \frac{q_2}{4\pi\epsilon_0}\partial_i\Big(\frac{x_i}{(x_1^2 + x_2^2 + x_3^2)^{3/2}}\Big) \\ &= \frac{q_2}{4\pi\epsilon_0}\Big(\frac{\delta_{ii}}{(x_1^2 + x_2^2 + x_3^2)^{3/2}} - 3\frac{x_i x_i}{(x_1^2 + x_2^2 + x_3^2)^{5/2}}\Big) \end{aligned} \tag{4.19}$$

これは $\boldsymbol{x} \neq 0$ ではゼロ $(\delta_{ii} = 3)$ だが，$\boldsymbol{x} = 0$ のときは，分母と分子がどちらもゼロ

で不定である．しかし，両辺を原点を含む任意の有限領域で積分すると q_2/ϵ_0 に等しいから，原点以外ではゼロで，原点を含んで積分するとゼロでない有限な値をとる関数に等しいことになる．そのような関数を（ディラックの）デルタ関数と呼ぶ．1 次元積分で考えると，次式を満たす関数である．

$$\int_{\mathrm{V}_0} \delta(x)dx = 1, \quad \delta(x) = 0 \quad (x \neq 0) \tag{4.20}$$

ただし，V_0 で原点 $x=0$ を含む任意の区間を表す．幅が ε で長さが $1/\varepsilon$ の帯の面積は 1 である．これを縦に置いてできるグラフで $\varepsilon \to 0$ の極限をとると帯の中心の位置では限りなく大きいが，その外ではゼロという関数を想像できるだろう．これは不連続関数からの極限の例だが，滑らかなガウス関数（図 4.6）$\delta_\varepsilon(x) \equiv \frac{1}{\sqrt{\pi}\varepsilon} e^{-x^2/\varepsilon^2} = \delta_\varepsilon(-x)$ も $\varepsilon \to 0$ の極限 $\delta(x) = \lim_{\varepsilon\to 0} \delta_\varepsilon(x)$ でデルタ関数を与える．連続的に分布した電荷から，ごく小さな領域だけに電荷が集中した場合への極限操作によって点電荷を表したことになっているわけだ．

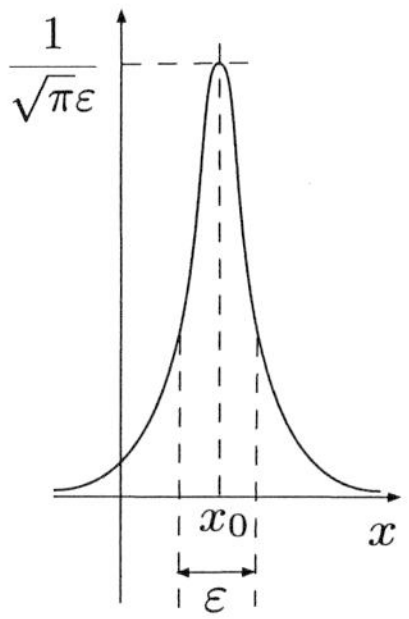

図 4.6 $\delta_\varepsilon(x-x_0)$

ガウス関数はフーリエ積分を用いると

$$\frac{1}{\sqrt{\pi}\varepsilon} e^{-x^2/\varepsilon^2} = \frac{1}{2\pi} \int_{-\infty}^{\infty} e^{-\frac{1}{4}p^2\varepsilon^2 + ipx} dp \tag{4.21}$$

と表せるので，次の表式もよく用いられる．

$$\delta(x) = \frac{1}{2\pi} \int_{-\infty}^{\infty} e^{ipx} dp \tag{4.22}$$

また，一般にデルタ関数には定義から任意関数 $f(x)$ を掛けて積分したとき

$$\int_{-\infty}^{\infty} f(x)\delta(x-y)dx = f(y) \tag{4.23}$$

という性質がある．つまり，任意関数 $f(x)$ のある 1 点 $x=y$ の値を取り出す役割を果たす．部分積分により次式が成り立つ．

$$\int_{-\infty}^{\infty} f(x)\frac{d}{dx}\delta(x-y)dx = -\int_{-\infty}^{\infty} \frac{df(x)}{dx}\delta(x-y)dx = -f'(y) \tag{4.24}$$

また，デルタ関数の変数 x そのものを関数 $g(x)$ に置き換え $\delta(g(x)-y)$ で考えると，$g(x)$ が単調関数で $g(x)=x'$ が一意的に $x=g^{-1}(x')$ と解けるなら，

$$\int_{-\infty}^{\infty} f(x)\delta(g(x)-y)dx = \int_{-\infty}^{\infty} f(x)\delta(x'-y)\left|\frac{dx}{dx'}\right|dx' = \left[f(x)\left|\frac{dx}{dx'}\right|\right]_{x'=y}$$

であるから，次の関係が成り立つ．

$$\delta(g(x)-y)=\left|\frac{dx}{dx'}\right|_{x=g^{-1}(y)}\delta\bigl(x-g^{-1}(y)\bigr)=\left|\frac{dg}{dx}\right|^{-1}_{x=g^{-1}(y)}\delta\bigl(x-g^{-1}(y)\bigr)$$

$g(x)=x'$ の逆が一意的ではなく複数の離散的な解 $x=x_a(y)$ $(a=1,\ldots,\ell)$ があるなら，それぞれの解の無限小近傍で上式を適用でき次式が成り立つ．

$$\delta(g(x)-y)=\sum_{a=1}^{\ell}\left|\frac{dg}{dx}\right|^{-1}_{x=x_a(y)}\delta\bigl(x-x_a(y)\bigr) \tag{4.25}$$

3 次元の体積積分に関するデルタ関数は各軸方向のデルタ関数をかけて

$$\delta^3(\boldsymbol{x})\equiv\delta(x_1)\delta(x_2)\delta(x_3)=\delta^3(-\boldsymbol{x}),\qquad\int f(\boldsymbol{x})\delta^3(\boldsymbol{x}-\boldsymbol{y})d^3x=f(\boldsymbol{y})$$

と定義できる．また，変数変換の公式は，3 次元積分の体積要素の変換公式 $d^3x=\left|\frac{\partial(x)}{\partial(x')}\right|d^3x'$ （$\frac{\partial(x)}{\partial(x')}=\det\left(\frac{\partial x'_i}{\partial x_j}\right)$ はヤコビ行列式）により

$$\delta^3(\boldsymbol{x}')=\left|\frac{\partial(x')}{\partial(x)}\right|^{-1}\delta^3(\boldsymbol{x}) \tag{4.26}$$

である．4 次元時空でのデルタ関数も同様に，さらに時間方向のデルタ関数を掛けたものとすればよいのは容易に納得できるだろう．

本論に戻ろう．結局，点電荷 q_2 が原点に静止しているとすると，電荷密度はデルタ関数を用いて $\rho(\boldsymbol{x})=q_2\delta^3(\boldsymbol{x})$ と表せる．したがって，次式が成り立つ．

$$\triangle\frac{1}{4\pi|\boldsymbol{x}|}=-\delta^3(\boldsymbol{x}) \tag{4.27}$$

連続的な電荷分布は，多数の点電荷が密に分布したものとみなせる．3 次元デルタ関数により任意関数としての電荷密度 $\rho(\boldsymbol{x})$ を

$$\rho(\boldsymbol{x})=\int\rho(\boldsymbol{y})\delta^3(\boldsymbol{y}-\boldsymbol{x})d^3y \tag{4.28}$$

と表現すると，位置 $\boldsymbol{y}$ に存在する点電荷 $\rho(\boldsymbol{y})d^3y$ をすべての位置に渡って重ね合わせた結果と解釈できる．3 次元スカラーポテンシャル，および電場はクーロン力の合成の規則により，それぞれの点電荷からの寄与

$$\frac{\rho(\boldsymbol{y})d^3y}{|\boldsymbol{x}-\boldsymbol{y}|},\qquad\frac{\rho(\boldsymbol{y})d^3y}{4\pi\epsilon_0}\frac{\boldsymbol{x}-\boldsymbol{y}}{|\boldsymbol{x}-\boldsymbol{y}|^3}$$

を合成した次式である（積分は全空間）．

$$\phi(\boldsymbol{x})=\frac{1}{4\pi\epsilon_0}\int\frac{\rho(\boldsymbol{y})}{|\boldsymbol{x}-\boldsymbol{y}|}d^3y, \tag{4.29}$$

$$\boldsymbol{E}(\boldsymbol{x})=\frac{1}{4\pi\epsilon_0}\int\frac{\rho(\boldsymbol{y})(\boldsymbol{x}-\boldsymbol{y})}{|\boldsymbol{x}-\boldsymbol{y}|^3}d^3y \tag{4.30}$$

つまり，(4.29), (4.30) は微分方程式 (4.12) と (4.11) の解になっている．電荷分布が有限なら，$\boldsymbol{x} \to \infty$ で ϕ はゼロになり，電位が無限遠でゼロとする限り，一意性定理によりこれが唯一の解である．

同様に，直線定電流の磁場 $\boldsymbol{B} = \frac{\mu_0 I_2}{2\pi r^2}(-x_2, x_1, 0)$ の回転を計算すると

$$\partial_1 B_2 - \partial_2 B_1 = \frac{\mu_0}{2\pi}\Big(\frac{2}{x_1^2 + x_2^2} - \frac{2x_1^2 + 2x_2^2}{(x_1^2 + x_2^2)^2}\Big) = 0$$

が原点を除いて成り立つ．一方，$\partial_2 B_3 - \partial_3 B_2 = 0$，$\partial_3 B_1 - \partial_1 B_3 = 0$ は原点を含む任意の位置で成り立つ．だが，(4.16) は，電線が貫く任意の曲面で積分するとゼロではなく有限で $\mu_0 I_2$ に等しい．よって，デルタ関数を電流に垂直な 2 次元空間 (x_1, x_2) で用いると，電流密度ベクトルを

$$\boldsymbol{J} = I_2(0, 0, \delta(x_1)\delta(x_2)) \tag{4.31}$$

と表せる．これにより (4.16) が任意の位置で成り立つ．

(4.17) と (4.12) を比較すると，前者は後者から置き換え $\phi \to \boldsymbol{A}$, $\rho/\epsilon_0 \to \mu_0 \boldsymbol{J}$ によって得られる．ϕ と ρ/ϵ_0 の関係と全く同じ関係がベクトル $\boldsymbol{A}$，$\mu_0 \boldsymbol{J}$ の各成分ごとに成立し，次式が一意的な解である（場が無限遠でゼロとして）．

$$\boldsymbol{A}(\boldsymbol{x}) = \frac{\mu_0}{4\pi}\int \frac{\boldsymbol{J}(\boldsymbol{y})}{|\boldsymbol{x} - \boldsymbol{y}|} d^3y \tag{4.32}$$

ただし，(4.17) が成り立つには，ゲージ条件 $\boldsymbol{\nabla} \cdot \boldsymbol{A} = 0$ が満たされている必要があるが，次式のように部分積分により確かに (4.32) は満足している．

$$\begin{aligned}\boldsymbol{\nabla} \cdot \boldsymbol{A} &= \frac{\mu_0}{4\pi}\int \boldsymbol{J}(\boldsymbol{y}) \cdot \boldsymbol{\nabla}_x \frac{1}{|\boldsymbol{x} - \boldsymbol{y}|} d^3y = -\frac{\mu_0}{4\pi}\int \boldsymbol{J}(\boldsymbol{y}) \cdot \boldsymbol{\nabla}_y \frac{1}{|\boldsymbol{x} - \boldsymbol{y}|} d^3y \\ &= \frac{\mu_0}{4\pi}\int \frac{\boldsymbol{\nabla}_y \cdot \boldsymbol{J}(\boldsymbol{y})}{|\boldsymbol{x} - \boldsymbol{y}|} d^3y = 0\end{aligned} \tag{4.33}$$

ただし，$\boldsymbol{\nabla}_x, \boldsymbol{\nabla}_y$ でどの位置ベクトルに関する微分操作かを区別し，最後の等式では，定電流の保存則 (4.15) を用いた．磁場は次式である．

$$\boldsymbol{B}(\boldsymbol{x}) = \frac{\mu_0}{4\pi}\int \frac{\boldsymbol{J}(\boldsymbol{y}) \times (\boldsymbol{x} - \boldsymbol{y})}{|\boldsymbol{x} - \boldsymbol{y}|^3} d^3y \tag{4.34}$$

$\boldsymbol{\nabla}_x \frac{1}{|\boldsymbol{x} - \boldsymbol{y}|} = -(\boldsymbol{x} - \boldsymbol{y})/|\boldsymbol{x} - \boldsymbol{y}|^3$ を用いた．ローレンツの力によれば電流に掛かる力は単位体積当たり $\boldsymbol{J}(\boldsymbol{x}) \times \boldsymbol{B}(\boldsymbol{x})$ である．これに結果 (4.34) を代入すれば，位置 $\boldsymbol{y}$ との間で，それぞれの位置の単位体積当たりにして力

$$\begin{aligned}&\frac{\mu_0}{4\pi}\frac{\boldsymbol{J}(\boldsymbol{x}) \times \big(\boldsymbol{J}(\boldsymbol{y}) \times (\boldsymbol{x} - \boldsymbol{y})\big)}{|\boldsymbol{x} - \boldsymbol{y}|^3} \\ &\quad = \frac{\mu_0}{4\pi|\boldsymbol{x} - \boldsymbol{y}|^3}\big[\boldsymbol{J}(\boldsymbol{y})\big(\boldsymbol{J}(\boldsymbol{x}) \cdot (\boldsymbol{x} - \boldsymbol{y})\big) - (\boldsymbol{x} - \boldsymbol{y})\big(\boldsymbol{J}(\boldsymbol{x}) \cdot \boldsymbol{J}(\boldsymbol{y})\big)\big]\end{aligned} \tag{4.35}$$

が働くと解釈できる．ただし，$\boldsymbol{x}$ の電流要素に掛かる真の力は $\boldsymbol{y}$ に関して全空間で積分して合成したものだ（ビオ–サバールの法則 *2)）．

(4.29), (4.32) により，時間によらない任意の電荷分布，電流分布に対応するポテンシャル場を原理的に積分で求められる．典型的応用例を挙げよう．

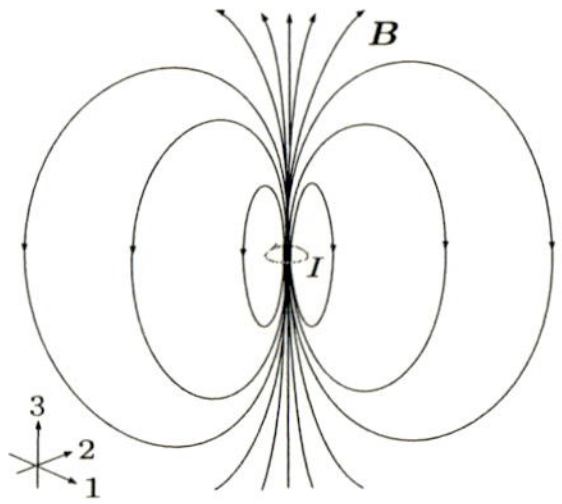

図 **4.7** 円電流の磁場

例：円電流（強さ I, 半径 a）のまわりの磁場

電線を 12-平面上にあるとし円周上の位置を角度 ψ で表すと，電線の座標は $a(\cos\psi, \sin\psi, 0)$ である．よって，(4.32) は円周に沿った積分

$$\boldsymbol{A}(\boldsymbol{x}) = \frac{\mu_0 I}{4\pi}\int_0^{2\pi}\frac{(-\sin\psi, \cos\psi, 0)ad\psi}{\sqrt{(x_1 - a\cos\psi)^2 + (x_2 - a\sin\psi)^2 + x_3^2}} \tag{4.36}$$

に等しい（線電流だから 3 次元積分が 1 次元積分に帰着する）．これから，磁場の第 3 軸成分を求めると次式になる（ただし，$(x_1, x_2) = \rho(\cos\theta, \sin\theta)$）．

$$B_3 = -\frac{\mu_0 I}{4\pi}\int_0^{2\pi}\frac{(x_1 - a\cos\psi)\cos\psi + (x_2 - a\sin\psi)\sin\psi}{(\rho^2 + x_3^2 + a^2 - 2a\rho\cos(\theta - \psi))^{3/2}}ad\psi \tag{4.37}$$

これらの積分を任意の位置 $\boldsymbol{x}$ で正確に実行するには楕円関数を用いる必要があるが，たとえば第 3 軸上 $(\rho = 0)$ だけに限るなら初等積分により $B_3 = \frac{\mu_0 a^2 I}{2(x_3^2 + a^2)^{3/2}}$ が得られる．第 3 軸上では対称性から磁場の他の成分はゼロである．また，電線から十分遠方 $r \equiv \sqrt{\rho^2 + x_3^2} \gg a$ なら，a に関するテイラー展開により

$$\begin{aligned}(A_1, A_2) &= \frac{\mu_0 a I}{4\pi}\int_0^{2\pi}(-\sin\psi, \cos\psi)\Big(\frac{1}{r} + \frac{a\rho\cos(\theta - \psi)}{r^3} + \cdots\Big)d\psi \\ &= \frac{\mu_0 a^2 I}{4r^3}(-x_2, x_1) + O(a^3)\end{aligned} \tag{4.38}$$

と近似できる．磁場を計算すると結果は次式になる．

$$\boldsymbol{B}(\boldsymbol{x}) \simeq -\frac{1}{4\pi r^3}\Big(\boldsymbol{m} - 3\frac{(\boldsymbol{m}\cdot\boldsymbol{x})\boldsymbol{x}}{r^2}\Big) = -\mu_0\boldsymbol{\nabla}\phi_{\mathrm{m}}, \quad \phi_{\mathrm{m}} \equiv \frac{\boldsymbol{m}\cdot\boldsymbol{x}}{4\pi\mu_0 r^3} \tag{4.39}$$

$\boldsymbol{m} = \mu_0 IS(0,0,1)$ $(S = \pi a^2)$ を円電流の磁気能率，ϕ_{m} を磁気スカラーポテンシャル（あるいは略して「磁気ポテンシャル」）と呼ぶ．これらの意味については 6.5 節で詳しく述べる．

---

*2) 合成する前の (4.35) は $\boldsymbol{x}$ と $\boldsymbol{y}$ の交換をしたとき符号を除いても元の形と異なる．言い換えると，この形では作用反作用の法則が成り立たない．

4.3　有限伝達速度による場の表現

静止電荷や直線の定電流同士の間の力から出発して，電磁場が空間の任意の位置で局所的に満たす法則を微分方程式の形に書き直すことができた．ただし，まだ電磁場が時間的に変動していない場合に制限された段階のものである．場の力学で予想される作用伝達速度は時間変動がない限り，あからさまには現れない．だが，この結果の背後にも実は伝達速度が光速であることと調和する性質がすでに隠れていることが以下の考察でわかる．

時空の位置 $y^\mu = (\boldsymbol{y}, ct_y)$ から $x^\mu = (\boldsymbol{x}, ct)$ へ場の作用が光速で伝わると考えてみよう．このとき，x^μ は y^μ を中心とする光円錐上になければならない．すなわち，場の作用が伝わる 2 点は次式を満たす．

$$(x-y)^2 \equiv (x_\mu - y_\mu)(x^\mu - y^\mu) = 0 \tag{4.40}$$

デルタ関数で表現すれば $\delta\big((x-y)^2\big)$ である．これを y^μ の時間 t_y の積分に関するデルタ関数とみなし，(4.25) において $y \to 0$ として $g(t_y) \equiv (x-y)^2$ とおけば $\frac{dg(t_y)}{dt_y} = 2c^2(t-t_y)$ により次式が成り立つ．

$$\begin{aligned}
\delta\big((x-y)^2\big) &= \delta_+\big((x-y)^2\big) + \delta_-\big((x-y)^2\big) \\
\delta_\pm\big((x-y)^2\big) &\equiv \frac{1}{2c|\boldsymbol{x}-\boldsymbol{y}|}\delta\Big(t_y - t \pm \frac{|\boldsymbol{x}-\boldsymbol{y}|}{c}\Big)
\end{aligned} \tag{4.41}$$

添字記号 $\pm$ はそれぞれ $t_y = t \mp \frac{|\boldsymbol{x}-\boldsymbol{y}|}{c}$ の解を選んだのを指示するためのものだ．$+$ 解 $(t_y < t)$ を遅延解，$-$ 解を先進解 $(t_y > t)$ と呼ぶ．時間の符号はローレンツ変換（もちろん本義のローレンツ変換）では不変なので，$\delta_\pm\big((x-y)^2\big)$ はどちらもローレンツ変換で不変である．つまり，2 点間の距離の逆数 $1/|\boldsymbol{x}-\boldsymbol{y}|$ が，有限速度の作用伝達を表すローレンツ不変なデルタ関数 $\delta\big((x-y)^2\big)$ から時間を特別扱いし時間に関するデルタ関数として表すと，その係数，つまり，時間のデルタ関数の現れ方の強さとして自然に現れる．

これを用いると，(4.29) と (4.32) は 4 次元の体積積分の形 $(d^4y = d^3y d(ct_y))$

$$\frac{1}{c}\phi(\boldsymbol{x}) = \frac{\mu_0}{2\pi}\int \delta_\pm\big((x-y)^2\big) c\rho(\boldsymbol{y}) d^4y, \tag{4.42}$$

$$\boldsymbol{A}(\boldsymbol{x}) = \frac{\mu_0}{2\pi}\int \delta_\pm\big((x-y)^2\big) \boldsymbol{J}(\boldsymbol{y}) d^4y \tag{4.43}$$

に書ける．t_y の積分により (4.41) のデルタ関数を消去したわけだ $(\epsilon_0\mu_0 = 1/c^2)$．このとき $\rho, \boldsymbol{J}$ が時間によらないため，時間のデルタ関数因子は 1 を与えるだけである．もし，それらが時間に依存する場合には，$\rho, \boldsymbol{J}$ が場を作る原因でその結果として左辺が得られるのだと解釈すると，時間に関して原因が先で結果が後でなければならないから（因果律），$t_y < t$ すなわち遅延解を選ぶべきである．しかし，数学的には先進解も全く同等の結果を与える．いずれにしても，左辺は本来 4 元ベクトルの場であり，右辺のデルタ関数，および体積要素 d^4y がローレンツ不変である．これから電流密度と電荷密度を合わせた $(J^0 = -J_0 = c\rho)$，

$$J^\mu \equiv (\boldsymbol{J}, J^0) \tag{4.44}$$

を 4 元ベクトルとして扱うのが自然である．

この点についての理解を深めるため，積分式 (4.42), (4.43) の形の場合，ラプラス演算子が実際にどのように作用して (4.29) や (4.32) が成り立つのかを確かめてみよう（$\boldsymbol{\nabla}$ の作用はすべて $\boldsymbol{x}$ に対するもの）．

$$\begin{aligned}
\triangle\delta_\pm\big((x-y)^2\big) &= \boldsymbol{\nabla}\cdot\boldsymbol{\nabla}\Big[\frac{1}{2c|\boldsymbol{x}-\boldsymbol{y}|}\delta\Big(t_y - t \pm \frac{|\boldsymbol{x}-\boldsymbol{y}|}{c}\Big)\Big] \\
&= \Big(\triangle\frac{1}{2c|\boldsymbol{x}-\boldsymbol{y}|}\Big)\delta\Big(t_y - t \pm \frac{|\boldsymbol{x}-\boldsymbol{y}|}{c}\Big) \\
&\quad - \frac{1}{c}\boldsymbol{\nabla}\delta\Big(t_y - t \pm \frac{|\boldsymbol{x}-\boldsymbol{y}|}{c}\Big)\cdot\frac{(\boldsymbol{x}-\boldsymbol{y})}{|\boldsymbol{x}-\boldsymbol{y}|^3} + \frac{1}{2c|\boldsymbol{x}-\boldsymbol{y}|}\triangle\delta\Big(t_y - t \pm \frac{|\boldsymbol{x}-\boldsymbol{y}|}{c}\Big)
\end{aligned}$$

となるが，デルタ関数に対する作用は次のように時間微分に書き直せる．

$$\boldsymbol{\nabla}\delta\Big(t_y - t \pm \frac{|\boldsymbol{x}-\boldsymbol{y}|}{c}\Big) = \mp\frac{(\boldsymbol{x}-\boldsymbol{y})}{|\boldsymbol{x}-\boldsymbol{y}|}\frac{1}{c}\frac{\partial}{\partial t}\delta\Big(t_y - t \pm \frac{|\boldsymbol{x}-\boldsymbol{y}|}{c}\Big)$$

$$\begin{aligned}
\triangle\delta\Big(t_y - t \pm \frac{|\boldsymbol{x}-\boldsymbol{y}|}{c}\Big) &= \mp\boldsymbol{\nabla}\cdot\Big[\frac{(\boldsymbol{x}-\boldsymbol{y})}{|\boldsymbol{x}-\boldsymbol{y}|}\frac{1}{c}\frac{\partial}{\partial t}\delta\Big(t_y - t \pm \frac{|\boldsymbol{x}-\boldsymbol{y}|}{c}\Big)\Big] \\
&= \mp\frac{2}{|\boldsymbol{x}-\boldsymbol{y}|}\frac{1}{c}\frac{\partial}{\partial t}\delta\Big(t_y - t \pm \frac{|\boldsymbol{x}-\boldsymbol{y}|}{c}\Big) + \frac{1}{c^2}\frac{\partial^2}{\partial t^2}\delta\Big(t_y - t \pm \frac{|\boldsymbol{x}-\boldsymbol{y}|}{c}\Big)
\end{aligned}$$

以上をまとめると，時間の 1 階微分の寄与は打ち消し，

$$\Big(\triangle - \frac{1}{c^2}\frac{\partial^2}{\partial t^2}\Big)\delta_\pm\big((x-y)^2\big) = -2\pi\delta^4(x-y) \tag{4.45}$$

が成り立つ．ただし，(4.27) および $\delta^3(\boldsymbol{x}-\boldsymbol{y})\delta\Big(t_y - t \pm \frac{|\boldsymbol{x}-\boldsymbol{y}|}{c}\Big) = \delta^3(\boldsymbol{x}-\boldsymbol{y})\delta(t - t_y)$ を用いた．したがって，たとえば (4.42) にラプラス演算子が作用すると，ϕ, ρ が時間に依存しないため，微分方程式としては次式と一致する．

$$\triangle\phi(\boldsymbol{x}) = \Big(\triangle - \frac{1}{c^2}\frac{\partial^2}{\partial t^2}\Big)\phi(\boldsymbol{x}) = -\mu_0 c^2\int\delta^4(x-y)\rho(\boldsymbol{y})d^4y = -\frac{1}{\epsilon_0}\rho(\boldsymbol{x})$$

(4.43) についても同様である．この結果から，時間の任意関数として $J_\mu(y)$ が与えら

れた場合には，$A_\mu(x)$ を（遅延解を選ぶ）

$$A_\mu(x) = \frac{\mu_0}{2\pi}\int \delta_+\big((x-y)^2\big)J_\mu(y)d^4y \tag{4.46}$$

とすると，次式が成り立つ．

$$\Box A_\mu(x) = -\mu_0 J_\mu(x), \quad \Box \equiv \triangle - \frac{1}{c^2}\frac{\partial^2}{\partial t^2} = \partial_\mu\partial^\mu \tag{4.47}$$

演算子 $\Box$ をダランベール演算子と呼ぶ．時間依存性がない場合には $\Box$ は $\triangle$ に帰着する．時間依存性がないとき電流の保存と電荷が一定であるため $\partial_\mu J^\mu = 0$ が成り立つが，それにより $\partial_\mu A^\mu = 0$（ローレンツ条件と呼ぶ *3)）であることがわかる．これらの式は明白にローレンツ変換で不変な形をしているから，時間依存性があるような任意の電荷と電流の分布に対して 4 元ベクトルとしてのポテンシャル場を定める法則とみなすとすべてが整合する．結局，基本法則が特殊相対性原理と調和すべきだという観点からすると，A_μ と J_μ の関係が (4.29),(4.32) であり，さらに (4.46) に一般化されるのは，有限伝達速度 c で互いに関係し合うことからの直接的な帰結と解釈できそうだ．これを確かめるため，さらに考察を進めよう．

4.4 ファラデーの電磁誘導の法則と電気活性状態

ここで，ポテンシャルの場 A_μ から電磁場テンソル $F_{\mu\nu}$ を一般的に定義した意味をもう一度考えてみよう．$F_{\mu\nu}$ は，2 個の 3 次元ベクトル $\boldsymbol{E}, \boldsymbol{B}$ からなり，成分を数えると $(3+3=)$ 6 個の関数である．しかし，元の A_μ は 4 個の関数であり，かつゲージ変換の自由度があるから，関数の自由度としては $(4-1=)$ 3 個からなる．この事実を反映して，定義だけから関係式

$$\partial_i F_{j0} - \partial_j F_{i0} = \partial_i(\partial_j A_0 - \partial_0 A_j) - \partial_j(\partial_i A_0 - \partial_0 A_i) = \partial_0 F_{ij} \tag{4.48}$$

$$\begin{aligned}&\partial_k F_{ij} + \partial_i F_{jk} + \partial_j F_{ki}\\ &\quad = \partial_k(\partial_i A_j - \partial_j A_i) + \partial_i(\partial_j A_k - \partial_k A_j) + \partial_j(\partial_k A_i - \partial_i A_k) = 0\end{aligned} \tag{4.49}$$

が成り立つ．つまり，電場と磁場は互いに独立ではない．(4.49) の左辺は 3 個の添字 (i,j,k) の任意の対で交換した場合でも符号を変える（完全反対称性）ので，添字はすべて異なる場合だけ意味がある．言い換えれば，$i=1, j=2, k=3$ とおいて一般性を失わないので，実は 1 本の式である．3 次元ベクトルの表示では，これらはそれぞれ次式に他ならない．

---

*3) L. V. Lorenz，ローレンツ変換のローレンツ (H. A. Lorentz) とは別人.

$$\nabla \times \boldsymbol{E} = -\frac{\partial \boldsymbol{B}}{\partial t}, \quad \nabla \cdot \boldsymbol{B} = 0 \tag{4.50}$$

結局，電場と磁場がポテンシャル場 A_μ から導かれる量であることの必然的結果として，以下の二つの性質が成り立つ．

(i) 磁場の時間変化が電場の回転を引き起こす，逆も真

(ii) 磁場の発散は常にゼロである

(i) はファラデーが発見した電磁誘導の法則である．一方，(ii) は磁力線は始点も終点も存在しない常に閉じた曲線であることを表している．これらこそ，彼が電気力線と磁力線の考え方をさらに進めてその背後に「電気活性状態」を予想する根拠になったものだ．彼は，(ii) により，磁場は，電流つまり電荷の流れから生じているため電場の場合の電荷に相当するもの（磁荷と呼ぶ）をもたない代わりに，電荷が流れるとそのまわりに生じる一種の電気的緊張状態に対応すると考えた．そして，この緊張状態 [= 電気活性状態] の時間変化が電場の回転 [= 起電力] を引き起こす，つまり，(i) が成り立つというのである．マックスウェルは，$\boldsymbol{A}$ がまさしく電気活性状態を表し，その時間変化率 $-\frac{\partial \boldsymbol{A}}{\partial t}$ の寄与が電場の回転を与えることを示した．私たちは歴史的な順序とは逆に，特殊相対性原理を拠り所にして電荷の運動と力を理解しようという現代的な立場からこの法則に自然に到達したわけだ．

(4.50) の第 1 式の両辺を境界 ∂S をもつ面 S で面積積分をしてみよう．

$$\int_{\mathrm{S}} (\nabla \times \boldsymbol{E}) \cdot d\boldsymbol{S} = -\int_{\mathrm{S}} \frac{\partial \boldsymbol{B}}{\partial t} \cdot d\boldsymbol{S} = -\frac{d}{dt}\int_{\mathrm{S}} \boldsymbol{B} \cdot d\boldsymbol{S}$$

左辺はストークスの定理により ∂S に沿った線積分 $\oint_{\partial \mathrm{S}} \boldsymbol{E} \cdot d\boldsymbol{x}$ に等しいから，

$$\mathcal{E}(\partial \mathrm{S}) = -\frac{d}{dt}\Phi(\mathrm{S}) \tag{4.51}$$

に書き換えられる．$\Phi(S) \equiv \int_{\mathrm{S}} \boldsymbol{B} \cdot d\boldsymbol{S}$ は面 S を垂直方向に貫く磁場の強さを表し磁束（その意味で $\boldsymbol{B}$ を磁束密度ベクトルと呼ぶこともある）と呼び，また

$$\mathcal{E}(\partial \mathrm{S}) \equiv \oint_{\partial \mathrm{S}} \boldsymbol{E} \cdot d\boldsymbol{x} \tag{4.52}$$

を ∂S に沿った起電力と呼ぶ．この表現は，もし，この閉曲線に沿って細い電線を置いたとすると電流を起こす力を表すことから納得できるだろう．磁場の発散がゼロであることからガウスの定理により任意の閉じた面 ∂V で常に

$$\int_{\partial \mathrm{V}} \boldsymbol{B} \cdot d\boldsymbol{S} = 0 \tag{4.53}$$

（磁場のガウスの法則）であるから，$\Phi(\boldsymbol{S})$ は境界 ∂S が同じ任意の面で同じ値である（定電流のときの (4.14) と (4.15) の関係と同じ）．

例：細い磁束のまわりの電磁誘導

磁場がある直線方向に向いた細く十分長い円筒内だけにある場合を考えてみよう．実際にこれに近い磁場を作るにはこの円筒に細い導線を密に巻いたコイルに電流を流せばよい．この円筒と垂直に交差し中心が円筒軸上にある円盤面を想像し，それを S に選ぼう．そこで磁場の強さが変化したとすると，(4.51) によれば円盤の半径 r がどんなに大きくても，起電力が生じる．磁場の変化が電場を生じるにしても，一見元々磁場の強さが十分弱いとみなしてよさそうに思える離れた場所でも同じ起電力が生じるとは不思議に思えないだろうか．ファラデーの考えによれば，電流が円筒に巻きつくように流れることにより，その周りの遠くにもその方向に電気活性状態が生じる．もしそれが時間的に一定の定常状態にあれば起電力はないが，時間変化すると電場がもたらされる．起電力の向きは，それによって生じる電流（誘導電流）が作る磁場が元の磁場の変化を妨げる方向である．それが (4.51) 右辺のマイナス符号の意味である．

たとえば，$\boldsymbol{A} = \frac{b}{2\pi r^2}(-x_2, x_1, 0)$ とすると磁場が第 3 軸だけに集中している状況が表せる．実際，12-平面に横たわる半径 r の円盤面を S とする [*4] と，

$$\Phi(\mathrm{S}) = \int_{\mathrm{S}} (\boldsymbol{\nabla} \times \boldsymbol{A}) \cdot d\boldsymbol{S} = \oint_{\partial\mathrm{S}} \boldsymbol{A} \cdot d\boldsymbol{x} = \frac{b}{2\pi r^2} \int_0^{2\pi} d\theta\, \boldsymbol{x} \cdot d\boldsymbol{x} = b$$

となり，$r \neq 0$ の任意の円周が囲む磁束が定数で $\Phi(\mathrm{S}) = b$ であるから，磁場は $r = 0$ 以外でゼロで，確かに第 3 軸上に集中している．つまり，第 3 軸を中心とする微小断面面積 ΔS の太さで磁場 $\boldsymbol{B} = (0, 0, b/\Delta S)$ ができている．対応して第 3 軸に巻きつく電流（以下，源電流と呼ぶ）の円筒の単位長さ当たりの強さは $i = b/(\mu_0 \Delta S)$ である．図の点線の長方形 R（縦の長さ ℓ_2, 横の長さ ℓ_1）の周囲の辺 $\partial\mathrm{R}$ に定電流と磁場の間に成り立つ (3.69) を適用すれば，左辺 $\oint_{\partial\mathrm{R}} \boldsymbol{B} \cdot d\boldsymbol{x} = \ell b/\Delta S$，そして右辺は $\mu_0 I(R) = \mu_0 i \ell = b\ell/\Delta S$ となり，(3.69) が任意の ℓ_1 で満たされる．

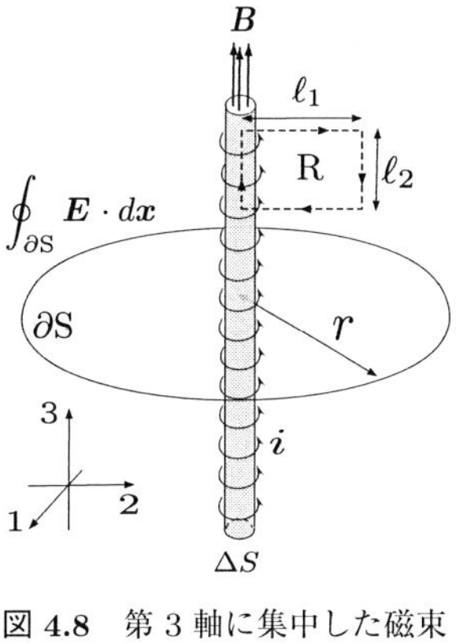

図 4.8　第 3 軸に集中した磁束

これは，もちろん，無限に長い平行電線と同様な意味で理想的極限の近似ではあるが，磁場が狭い領域だけに集中していても $\boldsymbol{A}$ は距

*4)　平面極座標 $((x_1, x_2) = r(\cos\theta, \sin\theta), d\boldsymbol{x} = r d\theta(-\sin\theta, \cos\theta))$ を用いる．この例のベクトルポテンシャルは (4.38) を x_3 で積分して得られる ($\int_{-\infty}^{\infty} \frac{dx_3}{(\rho^2 + x_3^2)^{3/2}} = 2\rho \int_0^{\pi/2} \frac{d \tan\theta}{(\rho^2 + \rho^2 \tan^2\theta)^{3/2}} = \frac{2}{\rho^2} \int_0^{\pi/2} \cos\theta d\theta = \frac{2}{\rho^2}, \pi a^2 I \to b, \rho \to r$)．円筒コイルが円電流を第 3 軸方向に連続的に重ね合わせたのと同等であるためだ．

離 r に反比例する強さで外側に広がることを明確に示している．円筒に巻きついた電流を変化させて磁場が変動すると当然 $\boldsymbol{A}$ もそれに応じて変化するので，$\boldsymbol{E} = -\frac{\partial \boldsymbol{A}}{\partial t}$ により（電荷密度がゼロで $\phi = 0$），どんなに遠くでも起電力が生じ得る．この意味で，$\boldsymbol{A}$ は電気活性状態の考えを確かに実現している．もし，時間変動がない場合に $\oint_{\partial \mathrm{S}} \boldsymbol{A} \cdot d\boldsymbol{x}$（マックスウェルの電磁運動量）を直接検出できれば，この考えを支持する証拠になる．それは 20 世紀に入って量子力学によって実際に可能になり，$\oint_{\partial \mathrm{S}} \boldsymbol{A} \cdot d\boldsymbol{x}$ の物理的実在性が実証された（ABES 効果 *5)）．ただし，実際に電流が変動するときには，(4.46) によれば作用伝達速度が有限であるから源電流の時間変化が外に伝わるのに遠くほど時間が掛かるため，電磁誘導によって時間変動する電場と磁場がコイルの外でも生み出され，$\boldsymbol{A}$ や磁場の具体的な関数形はより複雑になる（4.6 節例参照）が，コイルから遠い位置で起電力が生じる現象がベクトルポテンシャルによって最も明確な仕方で表されることに変わりはない．

○補足：**ABES 効果**

量子力学の最も基礎的で初歩的な事実さえ認めるとこの効果の本質は理解できるので，最低限の概要を説明しておこう．3.2 節で触れたように，量子力学によれば光（= 電磁波）は波であると同時に質量がゼロの粒子としての性質を兼ね備える．光の粒子である光子のエネルギー E は対応する光波の振動数に比例し $E = h\nu = \hbar\omega$ と書ける（$h = 6.626 \times 10^{-34}$ Js はプランク定数，$\hbar \equiv h/2\pi, \omega = 2\pi\nu$）．質量ゼロ粒子のエネルギーと運動量の関係 (3.24) により，光子の運動量は $\boldsymbol{p} = h\boldsymbol{n}/\lambda$（$\boldsymbol{n}$ は光子の運動方向を表す単位ベクトル）となり，波長に反比例する．したがって，振動数が確定した光（単色光）の状態を複素数の波で表せば

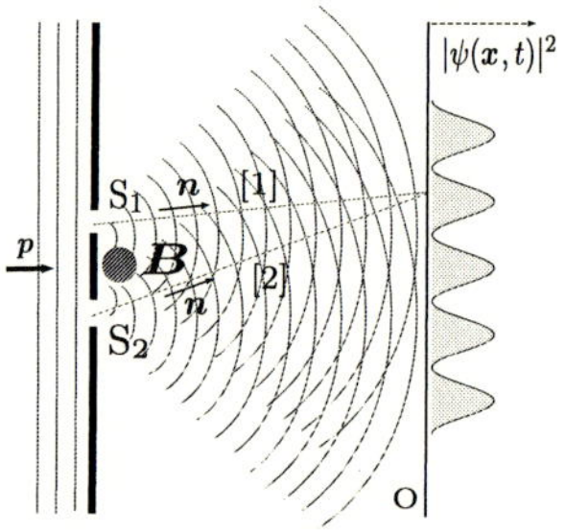

図 **4.9** ABES 効果

$$e^{i2\pi(\boldsymbol{n}\cdot\boldsymbol{x}/\lambda - \nu t)} = e^{i(\boldsymbol{p}\cdot\boldsymbol{x} - Et)/\hbar} \tag{4.54}$$

である．これは運動量とエネルギーが確定した光子の状態を波の立場で表している．量子力学は，この右辺の形が光子に限らないすべての粒子にも適用されるという法則が基礎になっている．すなわち，電子や陽子などの粒子も，ミクロスケールでは波の性質を兼ね備えており，その立場から粒子の運動量とエネルギーが確定した状態が (4.54) の右辺で表される．このとき，粒子の立場から見れば，位相は

*5) 通常，アハロノフ–ボーム (AB) 効果と呼ばれることが多いが，本書では AB（1959 年）より前にこれを指摘した（1949 年）エーレンベルク–サイディの名も含め ABES 効果と呼ぶ．

$$\frac{1}{\hbar}(\boldsymbol{p}\cdot\boldsymbol{x}-Et)=\frac{1}{\hbar}\int dt\Big(\boldsymbol{p}\cdot\frac{\boldsymbol{dx}}{dt}-H\Big)=\frac{1}{\hbar}\int dt\,L\Big(\boldsymbol{x},\frac{d\boldsymbol{x}}{dt}\Big)=\frac{1}{\hbar}S[\boldsymbol{x}(t)]$$

と解釈できる．つまり，粒子軌道 $\boldsymbol{x}(t)$ に沿った粒子の作用積分が，量子力学的な粒子波動状態の位相を決める（式の簡単のため，軌道の初期条件を $t=0, \boldsymbol{x}=0$ に選んだ）．一般の状態は，この位相をもつ複素波の寄与を古典運動方程式を満たすとは限らないあらゆる軌道について重ね合わせて決まる．$\hbar$ が十分小さい極限を考えると，重ね合う波の位相は作用積分の微小変化で激しく振動し打ち消し合うため，実際に寄与する粒子の軌道は作用積分が軌道の微小変化＝変分で変化しないようなもの，すなわち，作用原理を満たす軌道（古典運動方程式を満たす軌道）だけが寄与する．つまり，量子力学の法則は，$h\to 0$ では，第 3 章の出発点になったハミルトンの原理とうまく調和する．一般の状態を表す波の関数 $\psi(\boldsymbol{x},t)$ を状態関数（または波動関数）と呼ぶ．状態関数はシュレディンガー方程式と呼ばれる量子力学の基礎方程式を満たす．一般の状態において $|\psi(\boldsymbol{x},t)|^2 d^3x$ は粒子の位置を観測したとき，微小体積 d^3x に粒子を見出す確率を表す．その意味で $|\psi(\boldsymbol{x},t)|^2$ は確率密度と呼ばれる．

ABES 効果の理解には，シュレディンガー方程式によらなくても状態関数が可能な軌道の重ね合わせとして表されるという事実だけで十分である．電子を確定した運動量で衝立に向けて打ち出したとする（図 4.9）．衝立には互いに平行な細いスリット $\mathrm{S}_1,\mathrm{S}_2$ があり，それを通過した電子をスクリーン O で観測するとしよう．位相が揃った光波が 2 本の細いスリットを通ったのちにスクリーンに干渉縞が生じるのと同じ理由で，この場合もスリットを通過する際に運動量の方向 $\boldsymbol{n}$ が曲げられた電子波の重ね合わせによる干渉が起こり，スクリーンでの電子の確率密度には干渉項が生じる．状態関数はよい近似で二つのスリットを通る軌道 [1], [2] からの寄与の重ね合わせ $\psi\simeq e^{iS[1]/\hbar}+e^{iS[2]/\hbar}$ で表せる．干渉縞は経路の違いにより作用積分が異なり位相差 $\Delta\phi\equiv(S[1]-S[2])/\hbar$ がスクリーンの観測位置に依存し変化して生じる．そこで，スリットに挟まれた狭い領域だけに磁場 $\boldsymbol{B}$ がスリットに平行な方向（紙面垂直方向）にあるとする．作用積分の形 (3.34) からベクトルポテンシャルは位相差に

$$\Delta\phi_A=-\frac{e}{\hbar}\Big(\int_{[1]}\boldsymbol{A}\cdot d\boldsymbol{x}-\int_{[2]}\boldsymbol{A}\cdot\boldsymbol{x}\Big)=-\frac{e}{\hbar}\oint\boldsymbol{A}\cdot d\boldsymbol{x}=-\frac{e}{\hbar}\Phi(S) \qquad (4.55)$$

の形で寄与する．ただし，$\int_{[i]}$ により，スリット S_i $(i=1,2)$ を通る軌道 [1],[2] に沿った積分を表す．また，$\oint$ は二つの軌道が囲む面領域 S の境界 ∂S の閉路積分である．よって，$\boldsymbol{B}=0=\boldsymbol{A}$ のときの位相差 $\Delta\phi_0\equiv|\boldsymbol{p}|\oint\boldsymbol{n}\cdot d\boldsymbol{x}/\hbar$ と合わせて，

$$|\psi|^2\simeq|e^{iS[1]/\hbar}+e^{iS[2]/\hbar}|^2=4\cos^2\frac{\Delta\phi_0+\Delta\phi_A}{2} \qquad (4.56)$$

が成り立つ．これによりスクリーン上で電子の観測の分布に現れる干渉縞の変化から，磁場がゼロの位置での積分 $\oint \boldsymbol{A}\cdot d\boldsymbol{x}$ が実際に検出できる．電気活性状態の概念の有効性は，このように量子力学に基づく現代物理学でこそますます発揮される．状態関数と作用積分の関係からわかるように，状態関数はゲージ変換（(3.55) 参照）すると位相因子 $e^{i\Lambda/\hbar}$ だけ変化する．しかし，粒子の確率密度 $|\psi|^2$ はゲージ変換で不変である．これに対応し状態関数の基本方程式であるシュレディンガー方程式もゲージ変換で不変であるという対称性を有する（3.4 節最後を参照）．

4.5　マックスウェル方程式：ポテンシャル場の外積微分と集約

(4.50) は，$F_{\mu\nu}$ を用いればローレンツ不変性が明白な次の形に書ける．

$$\partial_\sigma F_{\mu\nu} + \partial_\mu F_{\nu\sigma} + \partial_\nu F_{\sigma\mu} = 0 \tag{4.57}$$

左辺は添字 (σ,μ,ν) に関して完全反対称であるから，4 つの可能性 $(\sigma,\mu,\nu) = (0,1,2),(0,2,3),(0,3,1),(1,2,3)$ がある．最初の 3 個が前節 (i) に，最後が (ii) に対応する．これは 2 階反対称テンソルの外積微分と呼ぶのがふさわしい．偏微分記号 ∂_σ を 2 階反対称テンソルに作用して 3 階完全反対称テンソルを作る操作だ．A_μ から外積微分によって $F_{\mu\nu}$ を作ったが，(4.57) は，さらにもう一度外積微分を作用すると結果は恒等的にゼロであることを示す．図 4.10 に，第 3 章で強調した電磁場テンソルの時空の図式的解釈を用いてイメージを示した．矢印で向きを示した（無限小）四辺形が外積微分 $F_{\mu\nu}$，さらなる外積微分は，これらの四辺形を図のように配置するのに対応する．四辺形の隣り合う辺の向きは互いに逆符号で，これらの寄与の和をとるとすべて打ち消す．4 元ベクトルやテンソルは抽象的だが，代数的な性質や計算に慣れるのに加えて，このような図形的なイメージで補うと理解が深まる．電気と磁気の統一が，時間を含めた空間における場の流れの幾何学的な性質と関係している．3 次元のガウスの定理やストークスの定理に現れたと同じ考え方が 4 次元に拡張されて用いられている．

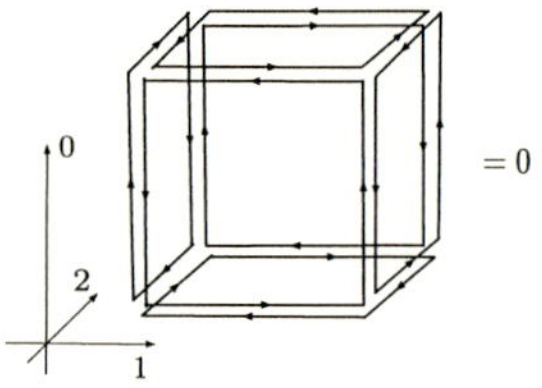

図 4.10　(外積微分)^2 = 0: (0,1,2) の場合．

3 次元のベクトル積やベクトル微分の定義に用いた ϵ_{ijk} と同じ方法で，

$$\epsilon^{\lambda\sigma\mu\nu} = \begin{cases} 1 & (\lambda,\sigma,\mu,\nu) = \text{添字の組み } (1,2,3,0) \text{ の偶置換} \\ -1 & (\lambda,\sigma,\mu,\nu) = \text{添字の組み } (1,2,3,0) \text{ の奇置換} \\ 0 & \text{それ以外の場合} \end{cases} \tag{4.58}$$

により4次元 ϵ-記号（レビ–チビタ記号ともいう）を定義する *6)．これは4階完全反対称なテンソルで，ローレンツ変換で不変である．

$$\epsilon'^{\lambda\sigma\mu\nu} = (\mathrm{det}L)\,\epsilon^{\lambda\sigma\mu\nu} = \epsilon^{\lambda\sigma\mu\nu} \tag{4.59}$$

これを用いて，$F_{\mu\nu}$ からもう一つの2階反対称テンソル $\tilde{F}^{\lambda\sigma}$

$$\tilde{F}^{\lambda\sigma} \equiv \frac{1}{2}\epsilon^{\lambda\sigma\mu\nu}F_{\mu\nu} \tag{4.60}$$

を定義し，双対電磁場テンソルと呼ぶ．もとの電磁場テンソルで電場と磁場を入れ替えたことに相当する．$F_{\mu\nu}$ の外積微分は $\tilde{F}^{\lambda\sigma}$ の内積微分（すなわち，偏微分の添字と元のテンソルの添字の一つを縮約して階数が1減ったベクトルにする操作）

$$\partial_\lambda \tilde{F}^{\lambda\sigma} = 0 \tag{4.61}$$

と同等である．つまり，3次元の電場，磁場が常に満たす法則 (i), (ii) が，4元ベクトルの式として明白にローレンツ変換で不変な法則として理解できる．

さて，本節の主目的は時間によらない電場と磁場の法則 (4.11), (4.16) を時間依存性をもつ一般的な電場と磁場の法則に拡張し，それにより (4.47) の意味を確かめることである．(4.11) は電場の発散，(4.16) は磁場の回転に関する性質である．左辺で比較するなら，電場と磁場の役割を交換するとそれぞれ (4.50) の二つの式に相当すると考えることができる．このアナロジーによれば，$\tilde{F}^{\lambda\sigma}$ ではなく元の $F^{\mu\nu}$ の内積微分，すなわち，ポテンシャル場の外積微分の内積微分 $\partial_\mu F^{\mu\nu}$ を考察すればよい．確かに $\nu = 0$ なら，$\partial_\mu F^{\mu\,0} = -\partial_i F_{i0} = -\frac{1}{c}\boldsymbol{\nabla}\cdot\boldsymbol{E}$ と電場の発散である．また，$\nu = i$ なら $\partial_j F_{ji} - \partial_0 F_{0i} = -\epsilon_{ijk}\partial_j B_k + \frac{1}{c^2}\frac{\partial}{\partial t}E_i$ となり，時間依存性がないとするなら，第1項だけになり磁場の回転に他ならない．よって，(4.11) と (4.16) は，もしも4次元で一般に

$$\partial_\mu F^{\mu\nu} = -\mu_0 J^\nu \tag{4.62}$$

が成り立つとすれば，その特別な場合として理解できる．ただし，右辺は静止電荷の場合 $\partial_0\rho = 0$ には $1/(\epsilon_0\mu_0) = c^2$ により $J^0 = c\rho,\quad J^i = 0$ を与え，中性の電線を流れる定電流の場合には，電流密度が J^i，電荷密度がゼロ ($J^0 = 0$) に等しいような，4元ベクトルであればよい．これはまさに，場の作用の伝達速度が c であるという考えとローレンツ変換不変性から導いた (4.44) と一致している．また，(4.62) が矛盾なく成り立つには，左辺が $F_{\mu\nu}$ の反対称性のため恒等的に $\partial_\nu\partial_\mu F^{\mu\nu} = 0$ が成り立つので，次式が満たされねばならない．

---

*6) 偶（奇）置換は添字の対の交換を偶（奇）数回行うこと．$\epsilon^{\lambda\sigma\mu\nu} = -\epsilon_{\lambda\sigma\mu\nu}$ に注意．(4.59) の最初の等式は，行列式の定義そのものである．適当な線形代数の教科書を参照．

$$\partial_\mu J^\mu = 0 \tag{4.63}$$

これは確かに静止電荷の場合も，定電流の場合もどちらも満たされている．特に，後者の場合，3 次元の定電流の保存則 (4.15) と一致する．

この結果を直接ポテンシャル場で表すなら次式である．

$$\Box A_\mu - \partial_\mu(\partial_\nu A^\nu) = -\mu_0 J_\mu \tag{4.64}$$

これを (4.47) と比較すると，$\partial_\nu A^\nu = 0$ なら一致する．A_μ には任意のスカラー関数 $\lambda = \lambda(x)$ によるゲージ変換 (3.56)，$A_\mu \to A_\mu + \partial_\mu \lambda$（3 次元記号では $\boldsymbol{A} \to \boldsymbol{A} + \boldsymbol{\nabla}\lambda, \phi \to \phi - \frac{\partial\lambda}{\partial t}$）の自由度があることを思い起こそう．これを使えば，A_μ の 4 個の独立成分のうち 1 個は適当な条件を課して除くことができる．そのような条件をゲージ条件という．結局，ゲージ条件としてローレンツ条件

$$0 = \partial_\nu A^\nu = \boldsymbol{\nabla} \cdot \boldsymbol{A} + \epsilon_0 \mu_0 \frac{\partial \phi}{\partial t} = 0 \tag{4.65}$$

を選べば，確かに (4.47)，$\Box A_\mu = -\mu_0 J_\mu$，が成り立つ．実際，この式の積分表示の解である (4.46) が $\partial_\mu A^\mu(x) = 0$ を満たすことはすでにそこで述べた．一般に (4.47) の形を波動方程式と呼ぶ．電磁場の基本自由度としての場 A_μ の時間に関する 2 階微分の方程式であるから，これは**電磁場の運動方程式**と呼ぶべきものである．結局，4.3 節の考察から得られた，任意の時間依存性がある場合の微分方程式 (4.47) は，ゲージ条件の選び方によらないような一般的な形では (4.62) であると結論できる．

ゲージ条件に関しては 4.2 節でも簡単に触れたように，放射条件と呼ばれる（クーロン条件ともいう）$\boldsymbol{\nabla} \cdot \boldsymbol{A} = 0$ を仮定するほうが便利な場合もある．もちろん，このとき $A_0 = 0$ が成り立つ状況にあるなら，$\partial_\mu A^\mu = 0$ と同じである．他にも A_μ の成分のうち 1 個を直接にゼロとおく $A_3 = 0$（軸性条件），あるいは，$A_3 + A_0 = 0$（光性条件），などがゲージ条件として目的によっては便利な場合がある．ゲージ条件はあくまでも取り扱いの便利のために選ぶもので，基礎法則ではないことに注意しよう．

本書では，(4.61) の左辺で行っている，4 次元でポテンシャル場の外積微分をとってからさらに内積微分を作用する操作（図 4.11, 4.12）を「集約」と呼ぶことにする [*7]．電荷，電流のまわりに広がって形成されるポテンシャルの場から，逆にこの操作によってその源として粒子が担っている電荷，電流分布が（通常は）より狭い領域（図では点線で囲まれた領域）に集約されて求まる．電荷，電流がゼロの位置（つまり，真空）では，ポテンシャル場の集約がゼロであるように電場と磁場が一般に時間変動しながら関係し合っているわけだ．前節の最後に行った静止電荷のまわり，定電流のまわりでの電場の発散と磁場の回転の計算は，時間に依存しない特別な場合に集約を調べたことになっている．

[*7] マックスウェルは『電気磁気論』で，定電場の場合にこの操作を “concentration” と呼んだ．

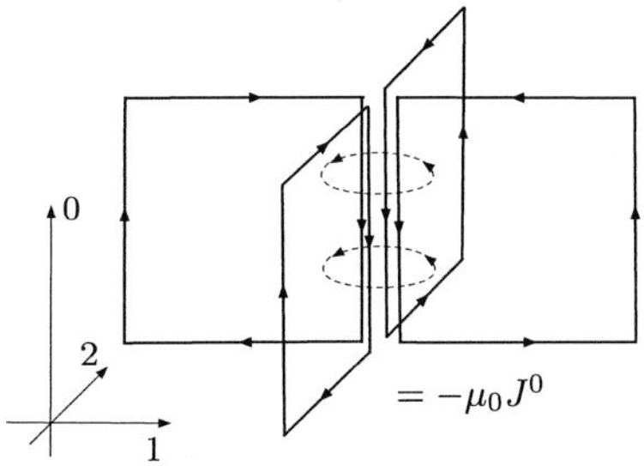

図 4.11 ポテンシャル場の集約 (1) (空間は 2 次元に単純化)：(4.62) の $\nu = 0$ 成分．電場のガウスの法則を 4 次元時空の立場で表す．01-平面，02-平面に並んだ 2 個ずつの（無限小）四辺形が電場の発散に対応．空間 3 次元では，これに 03-平面が加わる．図 4.12 も合わせて，矢印の向きに注意して図 4.10 と比較せよ．

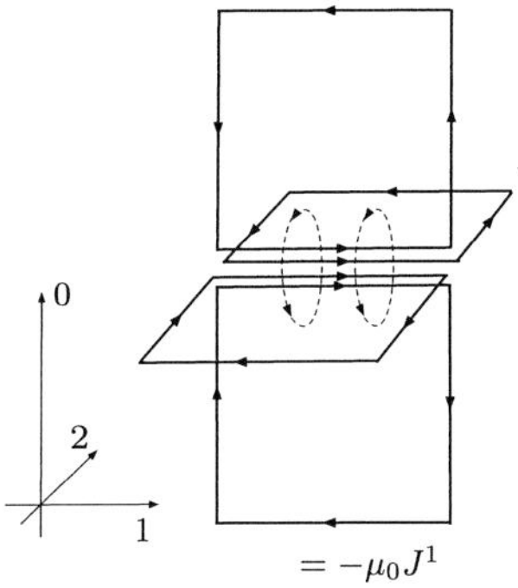

図 4.12 ポテンシャル場の集約 (2)：(4.62) の $\nu = 1$ 成分．01-平面の縦に並んだ 2 個の（無限小）四辺形が変位電流に，12-平面の四辺形の組は磁場の回転に対応．

(4.61) と (4.62) を合わせて，マックスウェル方程式と呼ぶのが現代の標準である．3 次元のベクトル表示では，(4.50) が前者，後者は

$$\boldsymbol{\nabla} \cdot \boldsymbol{E} = \frac{1}{\epsilon_0}\rho, \quad \boldsymbol{\nabla} \times \boldsymbol{B} = \mu_0 \boldsymbol{J} + \epsilon_0 \mu_0 \frac{\partial \boldsymbol{E}}{\partial t} \tag{4.66}$$

の 2 式だ．つまり，電場の発散の法則 (3.67)，(4.11) は時間変動がある場合でもそのまま成立する．一方，磁場の回転の法則 (4.16) は，時間変動があるとき，そのままでは正しくなく，(4.66) 第 2 式のように右辺に第 2 項が加わる．この第 2 項は習慣的に変位電流と呼ばれることが多い．変位電流は真の電流ではなく，電場と磁場の局所的な関係を，電場の変化が磁場の回転に寄与するという法則として表している．この項の存在によって，電荷保存則 (4.63) と (4.66) が全体として整合することは，(4.66) 第 2 式の両辺の発散を調べると納得できる．また，遅延（あるいは先進）効果もこの項に起因している．

例：完全球対称な電磁場

マックスウェル方程式の応用として原点のまわりの回転で完全に不変な電磁場について考える．このとき $\boldsymbol{E}, \boldsymbol{B}$ は $\boldsymbol{E} = \boldsymbol{x}f(r,t), \boldsymbol{B} = \boldsymbol{x}g(r,t)$ の形でなければならない ($r = |\boldsymbol{x}|$)．しかし，磁場の発散は常にゼロだから $g = 0$ しかありえない．電荷，電流の分布が有限な領域 V 内にあると仮定すれば，V の外側では $\rho = 0, \boldsymbol{J} = 0$ であ

る．よって (4.66) により，電場の時間微分がゼロであるから，f は r だけの関数で，V の外側ではガウスの法則により一意的に $f(r) = Q(\mathrm{V})/\epsilon_0 r^3$ と定まる．V 中の電荷量 $Q(\mathrm{V}) = \int_{\mathrm{V}} \rho d^3x$ は一定である．このように，電荷と電流の分布が有限領域に限られる条件のもとで完全球対称な電磁場は静電場でのみ可能である．

ここまでで論じてきた基礎方程式，すなわち，粒子と電磁場を併せた系の運動方程式は，ローレンツ変換に対して両辺が同じく 4 元ベクトルとして変換し，どの慣性系でも明白に同じ形をとる（ローレンツ不変性）．電磁場と粒子の運動法則を特殊相対性原理を満たす仕方で定式化するという目標が達成されたわけだ．

最後に，恒等変換とはつながらない離散的なローレンツ変換について触れよう．2.4 節で述べたように，離散的な変換は時間反転 (T) $(\boldsymbol{x}, x^0) \to (\boldsymbol{x}, -x^0)$ と空間反転 (P) $(\boldsymbol{x}, x^0) \to (-\boldsymbol{x}, x^0)$ に帰着できる．これらに対しては，A_μ, J_μ が次式のように変換すれば，マックスウェル方程式と電荷保存の連続の方程式，つまり局所的な電磁場の基本法則はどちらも不変である．

$$\mathrm{T} : A^0(\boldsymbol{x}, x^0) \to A^0(\boldsymbol{x}, -x^0), \quad \boldsymbol{A}(\boldsymbol{x}, x^0) \to -\boldsymbol{A}(\boldsymbol{x}, -x^0) \tag{4.67}$$

$$\mathrm{T} : J^0(\boldsymbol{x}, x^0) \to J^0(\boldsymbol{x}, -x^0), \quad \boldsymbol{J}(\boldsymbol{x}, x^0) \to -\boldsymbol{J}(\boldsymbol{x}, -x^0) \tag{4.68}$$

$$\mathrm{P} : A^0(\boldsymbol{x}, x^0) \to A^0(-\boldsymbol{x}, x^0), \quad \boldsymbol{A}(\boldsymbol{x}, x^0) \to -\boldsymbol{A}(-\boldsymbol{x}, x^0) \tag{4.69}$$

$$\mathrm{P} : J^0(\boldsymbol{x}, x^0) \to J^0(-\boldsymbol{x}, x^0), \quad \boldsymbol{J}(\boldsymbol{x}, x^0) \to -\boldsymbol{J}(-\boldsymbol{x}, x^0) \tag{4.70}$$

よって，電場 $\boldsymbol{E}$ は T 変換で符号を変えないが，P 変換で符号が反転する．磁場 $\boldsymbol{B}$ は T 変換で符号が反転，P 変換では符号を変えない．この二つの変換に加えて，さらにすべての電荷の符号を逆転させる変換（$q \to -q$，荷電共役変換と呼ぶ）

$$\mathrm{C} : A_\mu(x) \to -A_\mu(x), \quad J_\mu(x) \to -J_\mu(x) \tag{4.71}$$

も有用である．これに対しても基礎方程式は不変である．T, P, C 変換を同時に行うと，4 元ベクトルがすべて符号を反転 (PCT：$A_\mu(x) \to -A_\mu(-x), J_\mu(x) \to -J_\mu(-x)$) させることに注意しておこう（これは電磁気以外の他の基本相互作用を特徴付ける上で重要な役割を果たす）．

4.6　ローレンツ変換と時間変動する場

時間変動する場の最も簡単な具体例として，点電荷 q が第 1 軸方向に一定速度 v で運動する場合を調べてみよう．それは静止電荷の場 $A_\mu(x) = (0, 0, 0, -\phi/c)$ を第 1 軸負方向にローレンツ変換すれば得られる．まずポテンシャル場で表すなら $A_1 \to A'_1(x') = \gamma(A_1(x) - \beta A_0(x)), A_0 \to A'_0(x') = \gamma(-\beta A_1(x) + A_0(x))$,

$x_1 = \gamma(x_1' - vt')$ が変換後の場だが，それを改めて K 系と定義し場も座標も $'$ を削除して表すことにすると，K 系において第 1 軸方向に一定速度 v で運動する点電荷の場は次式である $(A_2 = A_3 = 0)$.

$$A_1 = \frac{q}{4\pi\epsilon_0 c}\frac{\beta}{\sqrt{(x_1 - vt)^2 + (1-\beta^2)(x_2^2 + x_3^2)}}, \tag{4.72}$$

$$A_0 = -\frac{q}{4\pi\epsilon_0 c}\frac{1}{\sqrt{(x_1 - vt)^2 + (1-\beta^2)(x_2^2 + x_3^2)}} \tag{4.73}$$

これから電場と磁場を計算すると，結果は 3 次元ベクトル記号で次式である.

$$\boldsymbol{E} = \frac{q}{4\pi\epsilon_0\gamma^2}\frac{\boldsymbol{x} - \boldsymbol{v}t}{\left(|\boldsymbol{x} - \boldsymbol{v}t|^2 - |\boldsymbol{v}\times\boldsymbol{x}|^2/c^2\right)^{3/2}}, \quad \boldsymbol{B} = \frac{1}{c^2}\boldsymbol{v}\times\boldsymbol{E} \tag{4.74}$$

静止系でのクーロン場 $\boldsymbol{E} = q\boldsymbol{x}/4\pi\epsilon_0|\boldsymbol{x}|^3, \boldsymbol{B} = 0$ からローレンツ変換により得られるのと一致する $(\boldsymbol{v} = (v, 0, 0))$. 同様にして電流密度ベクトルは次式である.

$$\boldsymbol{J} = q\boldsymbol{v}\delta^3(\boldsymbol{x} - \boldsymbol{v}t), \qquad J_0 = -cq\delta^3(\boldsymbol{x} - \boldsymbol{v}t) \tag{4.75}$$

(4.74) の電場は，分母因子のため電荷を中心とする球面上で軌道を軸として考えると赤道付近（$\boldsymbol{v}$ と直交する方向）に集中して強い．高速の荷電粒子が物質中に進入して分子の近くを通る場合，速度が大きいほどこの強さは増し，分子が衝撃により強く電離する現象がこれにより説明できる.

さて，A_μ は自動的にローレンツ条件を満たす.

$$\partial_1 A_1 = -\frac{q}{4\pi\epsilon_0 c}\beta(x_1 - vt)\big((x_1 - vt)^2 + (1-\beta^2)(x_2^2 + x_3^2)\big)^{-3/2} = \partial_0 A_0$$

これは変換前の場が時間によらず，$\partial_0 A_0 = 0$ を満たしていたためである．また，直接微分演算子 $\Box$ を作用させると $\Box A_1 = 0 = \Box A_0$ が粒子の直上 $x_1(t) = 0, x_2 = x_3 = 0$ 以外で確かに成り立つ.

ポテンシャル場 (4.73) の強さはすでに第 2 章でも触れた一定速度 v で移動する回転楕円体 (2.15) の大きさ

$$R(x) = \gamma\sqrt{(x_1 - vt)^2 + (1-\beta^2)(x_2^2 + x_3^2)} \tag{4.76}$$

に反比例している．これは点電荷の静止系でのポテンシャルの強さがこの回転楕円体に対応する球面の半径 $R = \sqrt{x_1'^2 + x_2'^2 + x_3'^2}$ で決まるのに対応する（x_i' は静止系座標）．作用が速度 c で伝達するなら，位置 y^μ にある点電荷からの作用が $x^\mu = (\boldsymbol{x}, ct)$ に到達するとき，x^μ は y^μ を中心とする光円錐上にあり $\big(x - y(t_y)\big)^2 = 0$ が成り立つ. t_y は x^μ に到達する場の作用が点電荷から発した K 系の時刻である．この状況を図

4.13 に示した．下図の楕円は太実線方向に運動する点電荷から発する場の作用が静止系で示す波面（つまり，R が一定）に対応する回転楕円体の 12-平面断面図だ．この上で $A_\mu(x)$ は一定の値をとる．また，点線は矢印方向に進む K 系での波面を示す．一方，上図は，時空の 01-平面での作用伝達の様子を示した（原点を第 1 軸上の位置 p と $\bar{\mathrm{p}}$ に対応する $y^\mu(t_y) \equiv (vt_y, 0, 0, ct_y)$ に選んだ）．作用が発するのは t より以前であるから，$t_y < t$ が成り立つ．R は点電荷の世界線の方向を時間軸としたとき（すなわち，点電荷が静止している慣性系の時間）に場の作用が伝達する距離であるから，内積 $\big(x_\mu - y_\mu(t_y)\big)\frac{dy^\mu(t_y)}{dt_y}$ に比例するはずだ．実際，まず直接計算すると次式の形に書ける．

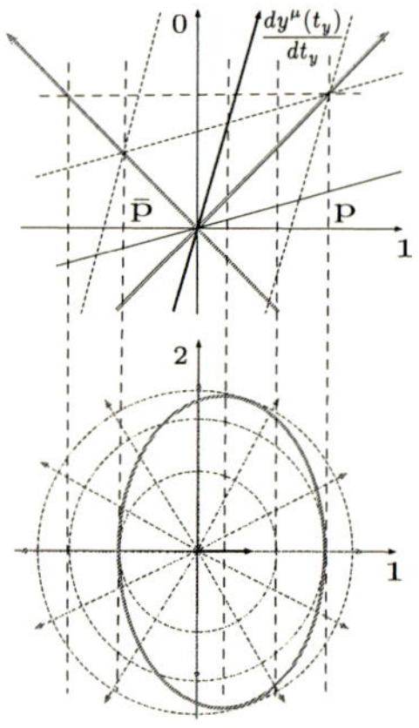

図 **4.13**　一定速度の点電荷の場

$$\big(x_\mu - y_\mu(t_y)\big)\frac{dy^\mu(t_y)}{dt_y} = c^2\gamma^{-1}\big(\tau_y - t'_x(x_1, t)\big)$$

$\tau_y \equiv \gamma^{-1}t_y$, $t'_x(x_1,t) = \gamma(t - c^{-1}\beta x_1)$ とおいた．τ_y は点電荷の固有時間, $t'_x(x_1,t)$ は点電荷の静止系の時間が時空位置 x^μ で示す値である．一方，t_y についての 2 次方程式の条件 $(x - y(t_y))^2 = 0$ から $t_y < t$ を満たす解（遅延解）を求めると次式を得る．

$$t_y = t - \frac{v(x_1 - vt)}{c^2 - v^2} - \frac{\gamma}{c}R \equiv T(t) \tag{4.77}$$

これは $R = c(t'_x(x_1,t) - \tau_y)$ と書き直せる．以上をまとめると次式が成り立つ．

$$\left|\big(x_\mu - y_\mu(t_y)\big)\frac{dy^\mu(t_y)}{dt_y}\right| = \frac{cR}{\gamma},\ \delta_+\Big(\big(x - y(t_y)\big)^2\Big) = \frac{\gamma\delta\big(t_y - T(t)\big)}{2cR} \tag{4.78}$$

さらに (4.75) を用いると (4.73), (4.72) は確かに次式に等しい．

$$A_\mu(x) = \frac{\mu_0}{2\pi}\int \delta_+\big((x-y)^2\big)J_\mu(y)d^4y \tag{4.79}$$

一般の電荷電流分布に戻ろう．(4.41) により，時間積分を先に行えば，

$$A_\mu(x) = \frac{\mu_0}{4\pi}\int \frac{J_\mu\Big(\boldsymbol{y}, t - \frac{|\boldsymbol{x}-\boldsymbol{y}|}{c}\Big)}{|\boldsymbol{x}-\boldsymbol{y}|}d^3y \tag{4.80}$$

と書ける．以前にも強調したように，数学的には $\delta_+\big((x-y)^2\big)$ の代わりに $\delta_-\big((x-y)^2\big)$ を用いた先進解（$t_y = t - \frac{|\boldsymbol{x}-\boldsymbol{y}|}{c}$ が $t + \frac{|\boldsymbol{x}-\boldsymbol{y}|}{c}$ に置き換わる）も同じ資格で可能な解だが，通常の因果律と調和させるため，遅延解を採用する．これにより，$A_\mu(x)$ を積分

の形で $J_\mu(x)$ で直接表す法則は，時間反転 T で不変ではない形になる．つまり，局所的な法則は T 不変だが，「原因」(J_μ) により「結果」(A_μ) を表す「大局的」な法則は，一般にこのように局所的法則だけでは定まらない現実の状態についての境界条件の選択によって T 不変性が破れる．こうした例は今後もしばしば起こる．

例：4.4 節の例で遅延効果を取り入れる

(4.80) の簡単な応用として，4.4 節の例で遅延効果を取り入れた式を与えておこう．3 次元ベクトルポテンシャル $\boldsymbol{A} = \frac{b}{2\pi r^2}(-x_2, x_1, 0)$ に対応する微小円筒の電流密度は b が一定のとき $\boldsymbol{J} = (b/\mu_0)(-\delta(x_1)\delta'(x_2), \delta'(x_1)\delta(x_2), 0)$ である $(\delta'(x) = \partial_x\delta(x))$ から，時間依存する電流の場合は b を時間の関数 $b = b(t)$ とすればよい．このとき，電流保存 $\boldsymbol{\nabla}\cdot\boldsymbol{J} = 0$ は自動的に満たされ，

$$
\begin{aligned}
\boldsymbol{A}(\boldsymbol{x}, t) &= \frac{\mu_0}{4\pi}\int \frac{\boldsymbol{J}(\boldsymbol{y}, t - |\boldsymbol{x}-\boldsymbol{y}|/c)}{|\boldsymbol{x}-\boldsymbol{y}|}d^3y \\
&= \frac{1}{4\pi}\int \frac{b(t - |\boldsymbol{x}-\boldsymbol{y}|/c)}{|\boldsymbol{x}-\boldsymbol{y}|}(-\delta(y_1)\delta'(y_2), \delta'(y_1)\delta(y_2), 0)d^3y \\
&= \frac{1}{4\pi}\int \delta(y_1)\delta(y_2)\Big(\frac{\partial}{\partial y_2}\frac{b(t_y)}{|\boldsymbol{x}-\boldsymbol{y}|}, -\frac{\partial}{\partial y_1}\frac{b(t_y)}{|\boldsymbol{x}-\boldsymbol{y}|}, 0\Big)d^3y \\
&= \frac{1}{2\pi}f(r,t)(-x_2, x_1, 0),
\end{aligned}
$$

$$
f(r,t) \equiv \int_0^\infty \Big[\frac{b\big(t - \sqrt{r^2+y_3^2}/c\big)}{(r^2+y_3^2)^{3/2}} + \frac{b'\big(t - \sqrt{r^2+y_3^2}/c\big)}{c(r^2+y_3^2)}\Big]dy_3 \tag{4.81}
$$

となる．$c \to \infty$ の極限では $(y_3/r = \tan\theta)$，定電流のときの結果と一致する．

$$
f(r,t) \to b(t)\int_0^\infty \frac{1}{(r^2+y_3^2)^{3/2}}dy_3 = \frac{b(t)}{r^2}\int_0^{\pi/2}\cos\theta d\theta = \frac{b(t)}{r^2}
$$

一般には $(\frac{\partial \boldsymbol{A}}{\partial t} \neq 0)$，$r > 0$ で磁場が有限な値 $\boldsymbol{B} = \left(0, 0, \frac{1}{2\pi r}\frac{\partial(r^2 f)}{\partial r}\right)$ である．時間変化により電場の回転と磁場の時間変動が $r > 0$ で誘起され，コイルの外側にも磁場が染み出す．染み出した磁場は時間とともに減衰し，最後は一定電流の場合の $\boldsymbol{A}$ に再び落ち着く．図 4.14 に $b(t) = b\tanh(t/t_0)$ の場合の $r^2 f(r,t)/b$ の（固定した r における）定性的振る舞いを示した（b, t_0 は定数，点線が $c = \infty$ の場合）．

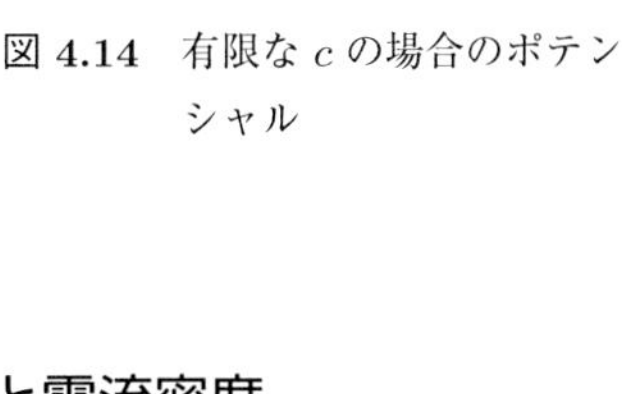

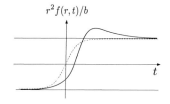

図 **4.14**　有限な c の場合のポテンシャル

4.7　4 元ベクトルとしての電荷密度と電流密度

(4.63) の意味を考えてみよう．時間変動がある一般の場合で，

$$\frac{\partial}{\partial t}\rho + \boldsymbol{\nabla}\cdot\boldsymbol{J} = 0 \tag{4.82}$$

と 3 次元記号により表せる．これを任意の固定した空間領域 V で積分して第 1 項を右辺に移項し，さらにガウスの定理を用いると

$$\int_{\partial \mathrm{V}} \boldsymbol{J}\cdot d\boldsymbol{S} = -\int \frac{\partial\rho}{\partial t} d^3x = -\frac{d}{dt}Q(\mathrm{V},t),\ Q(\mathrm{V},t) \equiv \int \rho(\boldsymbol{x},t)d^3x \tag{4.83}$$

と同等である．左辺は電流ベクトルの面積積分であるから，時刻 t において領域の外側に単位時間当たり流出する電気量を表す．一方，右辺はその瞬間に領域 V に含まれる電荷の総量 $Q(\mathrm{V},t)$ の変化率のマイナスだ．マイナス符号は，左辺は出ていく電荷量を正として測っていることになり，それにより $Q(V,t)$ の変化率が負で両辺が調和するためである．これは電流による電荷量の変化が表面を通過する電気量だけで決まることを要請している．電流が淀んだり，どこかで途切れると，それに対応して必ず電荷が溜まっている場所がある．電流によって運ばれる以外に局所的にも電荷量が変化することはない．これを電荷の保存則と呼ぶ．第 3 章の定電流の保存則は，電荷の保存則の特別な場合である．

例：途切れた定電流とビオ−サバールの法則

定電流だが $\boldsymbol{\nabla}\cdot\boldsymbol{J}\neq 0$ の場合でも (4.34)，$\boldsymbol{B}(\boldsymbol{x}) = \frac{\mu_0}{4\pi}\int \frac{\boldsymbol{J}(\boldsymbol{y})\times(\boldsymbol{x}-\boldsymbol{y})}{|\boldsymbol{x}-\boldsymbol{y}|^3}d^3y$，が成り立つと仮定してみよう．これは，(4.32) の回転であるから，$\boldsymbol{\nabla}\cdot\boldsymbol{B}=0$ は任意の $\boldsymbol{J}$ で自動的に満たされる．回転 $\boldsymbol{\nabla}\times\boldsymbol{B}$ を計算しよう．成分で表すと部分積分を用い [*8)]，

$$\begin{aligned}
&\epsilon_{ik\ell}\partial_{xk}\int \frac{\epsilon_{\ell pq}J_p(\boldsymbol{y})(x_q-y_q)}{|\boldsymbol{x}-\boldsymbol{y}|^3}d^3y = -\epsilon_{ik\ell}\epsilon_{\ell pq}\int J_p(\boldsymbol{y})\partial_{yk}\partial_{yq}\frac{1}{|\boldsymbol{x}-\boldsymbol{y}|}d^3y\\
&= -(\delta_{ip}\delta_{kq}-\delta_{iq}\delta_{kp})\int J_p(\boldsymbol{y})\partial_{yk}\partial_{yq}\frac{1}{|\boldsymbol{x}-\boldsymbol{y}|}d^3y\\
&= -\int\left[J_i(\boldsymbol{y})\triangle_y + (\boldsymbol{\nabla}\cdot\boldsymbol{J}(\boldsymbol{y}))\partial_{yi}\right]\frac{1}{|\boldsymbol{x}-\boldsymbol{y}|}d^3y
\end{aligned}$$

となるが，さらに $\triangle_y \frac{1}{4\pi|\boldsymbol{x}-\boldsymbol{y}|} = -\delta^3(\boldsymbol{x}-\boldsymbol{y})$ と電荷保存 (4.82) を用いると，

$$\boldsymbol{\nabla}\times\boldsymbol{B}(\boldsymbol{x}) = \mu_0\boldsymbol{J}(\boldsymbol{x}) - \mu_0\boldsymbol{\nabla}_x\int\frac{\frac{\partial\rho(\boldsymbol{y},t)}{\partial t}}{4\pi|\boldsymbol{x}-\boldsymbol{y}|}d^3y \tag{4.84}$$

を得る．この第 2 項は $\rho(\boldsymbol{y},t) = -t\boldsymbol{\nabla}\cdot\boldsymbol{J}(\boldsymbol{y})$ による時間に依存する電位

$$\phi(\boldsymbol{x},t) = \int\frac{\rho(\boldsymbol{y},t)}{4\pi\epsilon_0|\boldsymbol{x}-\boldsymbol{y}|}d^3y \tag{4.85}$$

---

*8) 公式 $\epsilon_{ik\ell}\epsilon_{\ell pq} = \delta_{ip}\delta_{kq}-\delta_{iq}\delta_{kp}$ に注意．今後もしばしば使う．

の電場 $\boldsymbol{E}=-\boldsymbol{\nabla}\phi$ により $\epsilon_0\mu_0\frac{\partial \boldsymbol{E}}{\partial t}$ と書ける．よって，変位電流の寄与を含めた正しい磁場の回転の式 (4.66) を満たす．ρ, ϕ が時間の 1 次式であること ($\frac{\partial^2\rho}{\partial t^2}=\frac{\partial^2\phi}{\partial t^2}=0$) と，電流が時間によらないため，ポアソンの式を満たす電位により電場が静電場と同じく電位だけで（ベクトルポテンシャルなしで）表される．一見，変位電流を無視してビオ–サバールの法則を用いたように見えるが，そうではなく，上の計算は電流保存の破れを，電荷密度の時間変化で補う効果が自動的に働くことを示す．細い電線の電流では，磁場の回転は電流保存が成り立つなら電流の位置だけでゼロでないが，電流保存が破れると，それにより溜まる電荷分布が作り出す電場による変位電流の寄与が電線から離れた位置にも回転を生み出す（図 4.15）．この効果により磁場の回転に関する局所的法則が任意の位置で満たされる．一方，ビオ–サバールの法則の段階で変位電流の寄与を含めると，

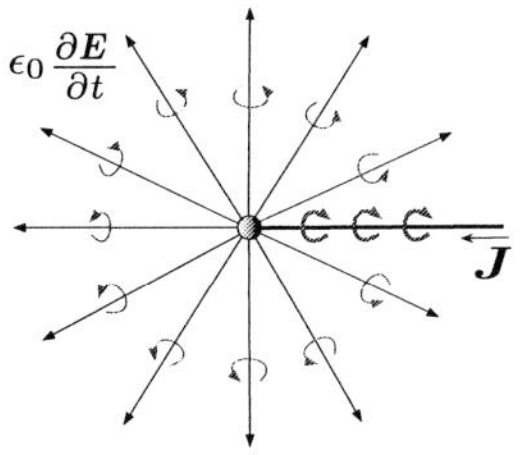

図 **4.15**　途切れた定電流

$$\boldsymbol{B}(\boldsymbol{x})=\frac{\mu_0}{4\pi}\int\frac{\left(\boldsymbol{J}(\boldsymbol{y})-\epsilon_0\boldsymbol{\nabla}_y\frac{\partial}{\partial t}\phi(\boldsymbol{y},t)\right)\times(\boldsymbol{x}-\boldsymbol{y})}{|\boldsymbol{x}-\boldsymbol{y}|^3}d^3y \tag{4.86}$$

となるが，変位電流の寄与は次のように打ち消す．

$$\int\frac{\boldsymbol{\nabla}_y\phi(\boldsymbol{y},t)\times(\boldsymbol{x}-\boldsymbol{y})}{|\boldsymbol{x}-\boldsymbol{y}|^3}d^3y=-\int\phi(\boldsymbol{y},t)\boldsymbol{\nabla}_y\times\frac{\boldsymbol{x}-\boldsymbol{y}}{|\boldsymbol{x}-\boldsymbol{y}|^3}d^3y=0$$

つまり，変位電流は積分には寄与しなくても局所的には無視できない．ただし，電荷密度が任意の仕方で時間変化しているときには電場は電位だけでは表せないから，遅延効果を取り入れた正確な式 (4.80) によらなければならない．

一般に (4.82), (4.83) の型の方程式が現れたら，何らかの物理量の保存則に対応している．このように密度量と対応する流れの関係式を一般に連続の方程式と呼ぶ．J^μ が 4 元ベクトルであることから，慣性系が変換すると，時間空間と同様に，電荷密度と電流密度も変換されて互いに混じり合う．特にある慣性系 K で電荷密度がゼロで定電流だけがある場合でも，別の慣性系 K′ ではゼロと異なる電荷密度が現れる．実際，K 系では時間によらない磁場があり電場がゼロだが，K′ 系では電場はゼロではない．電場が生じるには確かにゼロでない電荷密度が

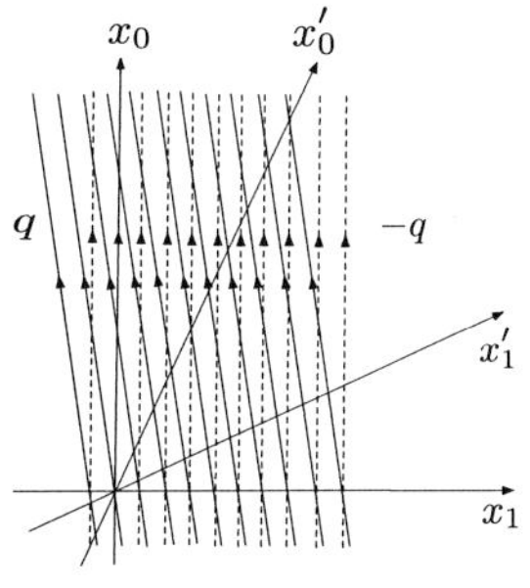

図 **4.16**　中性電線のローレンツ変換

対応するはずだ.

このメカニズムを簡単のため 1 本の直線電流の場合に調べよう（図 4.16）. K 系 (x_1, x_0) で静止した電線が 1 軸方向に伸び，定電流 I が正方向に流れているとする. 電線が中性だから，電流に寄与する平均速度 $-u$ で電荷 $q(=-e)$ をもつ粒子（伝導電子）と同じ密度 n で電荷が逆 $-q=e$ の粒子（伝導電子以外の電子をまとった原子核）が平均的に静止して電線に沿って分布している. このとき電荷密度はゼロ，電流密度は $I=neu$ である. 斜め実線矢印が電子の平均軌跡 $x_1^{(-)}(t) \equiv -ut+a$，垂直点線矢印が原子核の軌跡 $x_1^{(+)}(t) \equiv a$ だ. ただし，パラメーター a は初期時刻 $(t=0)$ における第 1 軸上での位置を表す.

第 1 章で強調したように，本書ではマクロな電磁気現象を扱うので，電流は連続的な電荷の流れとみなす. 今説明した伝導電子の軌跡は，計算を単純にし考えやすくするための便宜的な手段である. 実際の電子は，このように規則正しく運動しているのではない. ミクロに見れば電子はすべて原子核や他の電子と力を及ぼし合い複雑な運動をしているし，本来は量子力学で扱わなければならないが，マクロの立場からは，乱雑さを平均した古典的な軌道によって電流を理解できる.

さて，この同じ電線を第 1 軸方向に速度 v で移動する K′ 系 (x_1', x_0') の立場から観測する. 双方はローレンツ変換 $x_1' = \gamma(x_1 - \beta x_0)$, $x_0' = \gamma(-\beta x_1 + x_0)$ で結ばれている $(x_2' = x_2, x_3' = x_3, r' = r = \sqrt{x_2^2 + x_3^2})$. よって，K′ 系での電子の平均軌跡に沿って $x_1'^{(-)} \equiv \gamma(a-(u+v)t)$, $t' = \gamma\Big(t - \frac{v}{c^2}(a-ut)\Big)$ が成り立ち，t を消去すれば K′ 系で表した同じ軌跡が求まる.

$$x_1'^{(-)}(t') = \gamma a - \frac{u+v}{1+\frac{uv}{c^2}}\Big(t' + \frac{\gamma v a}{c^2}\Big) \tag{4.87}$$

右辺第 2 項の係数は前の章で議論した速度の合成則と一致する速度を与えている. 原子核の平均軌跡は次式である（(4.87) で $u=0$ とした結果）.

$$x'^{(+)}(t') = \gamma a - v\Big(t' + \frac{\gamma v a}{c^2}\Big) \tag{4.88}$$

K 系で電子が n 個詰まっている区間 $a \in [0,1]$ を $t'=0$ で K′ 系の区間に翻訳すると次式になる.

$$x_1'^{(-)} \in \Big[0, \gamma - \gamma\frac{u+v}{1+\frac{uv}{c^2}}\frac{v}{c^2}\Big] = \Big[0, \gamma^{-1}\frac{1}{1+\frac{uv}{c^2}}\Big] \tag{4.89}$$

$$x_1'^{(+)} \in \Big[0, \gamma - \gamma\frac{v^2}{c^2}\Big] = [0, \gamma^{-1}] \tag{4.90}$$

これから，K′ 系での電子の密度を n'_-，原子核の密度を n'_+ とすると，

$$n'_- = \gamma\Big(1 + \frac{uv}{c^2}\Big)n, \quad n'_+ = \gamma n \tag{4.91}$$

つまり，K 系では電子と原子核の平均的分布密度は各瞬間ごとに同じであっても，K′ 系では差が生じる．もちろん，非相対論的極限 $c \to \infty$ では $n'_\pm = n$ である．これも K 系と K′ 系での同時性の違いによるわけだ．K′ 系での電流密度と電荷密度は，単位長さ当たりで次式になる．

$$I' = -en'_+ v + en'_- \frac{u+v}{1+\frac{uv}{c^2}} = e\gamma nu = \gamma I,$$
$$\rho' = -en'_- + en'_+ = -e\gamma \frac{uv}{c^2} n = -\gamma \frac{v}{c^2} I$$

一方，J^μ が 4 元ベクトルなら，K 系 $(J^1 = I, J^0 = c\rho = 0)$ から K′ 系へのローレンツ変換を施すと，次式で確かに一致する．

$$J'^1 = \gamma(J^1 - \beta J^0) = \gamma I,\ J'^0 = \gamma(-\beta J^1 + J^0) = -\gamma \frac{v}{c} I$$

これから磁場を計算して次式が得られる．

$$\boldsymbol{B}' = \gamma \frac{\mu_0 I}{2\pi r^2}(0, -x'_3, x'_2) = \gamma \boldsymbol{B} \tag{4.92}$$

また，第 1 軸上に密度 ρ' で電荷が一様に分布しているから，電場はそれらからの寄与（図 4.17 の破線の方向）を合成して求まる *9)．

$$\boldsymbol{E}' = -\boldsymbol{\nabla}'\phi' = \frac{\rho'}{2\pi\epsilon_0 r'^2}(0, x'_2, x'_3) = -\gamma \frac{\mu_0 v I}{2\pi r'^2}(0, x'_2, x'_3) = \gamma \boldsymbol{v} \times \boldsymbol{B}, \tag{4.93}$$
$$\phi' = \frac{\rho'}{4\pi\epsilon_0}\int_{-\infty}^{\infty} \frac{da}{\sqrt{(x_1'^2 - a)^2 + x_2'^2 + x_3'^2}} = \frac{\rho'}{2\pi\epsilon_0} \log[2(a + \sqrt{a^2 + r'^2})]\Big|_{a=0}^{a=\infty}$$

確かに K 系の磁場 $\boldsymbol{B} = \frac{\mu_0 I}{2\pi r^2}(0, -x_3, x_2)$ からローレンツ変換 (3.48) によって得られる結果と一致している．

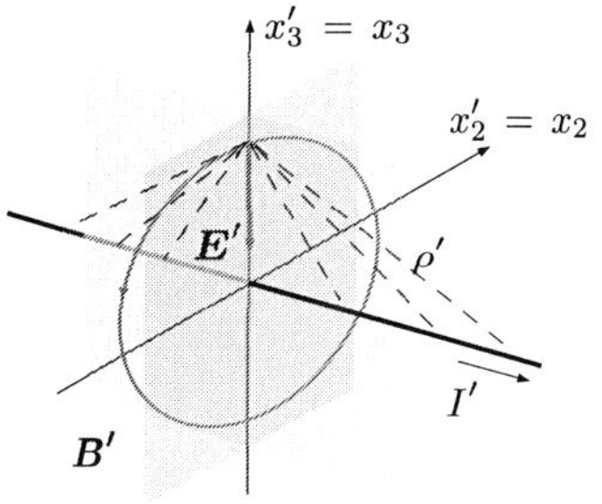

図 4.17　第 1 軸方向に運動する電線の電磁場

さて，マクロな電荷，電流分布は多数の点電荷とその運動から合成できるから，点電荷の電荷・電流密度を 4 次元時空の記号で表せば自動的に 4 元ベクトルになると期待できる．それにもデルタ関数が役立つ．点電荷の軌跡を粒子に番号を振って $x^\mu_a(t)$ $(a = 1, \ldots, N)$ とすると，次のように書ける．

---

*9)　ϕ' の積分の上限の寄与は無限大だが，位置座標に依存しない定数であるため，電場には寄与しないことに注意．この無限大は電線が無限に長いという現実には存在できないような極限をとったために生じている．ϕ' が $r' \to \infty$ で無限大になるのと関係している．

$$\frac{J^0(x)}{c} = \sum_{a=1}^{N} q_a \delta^3\bigl(\boldsymbol{x} - \boldsymbol{x}_a(t)\bigr), \ \boldsymbol{J}(x) = \sum_{a=1}^{N} q_a \frac{d\boldsymbol{x}_a(t)}{dt} \delta^3\bigl(\boldsymbol{x} - \boldsymbol{x}_a(t)\bigr) \tag{4.94}$$

たとえば，第 3 軸に沿って伸びている直線電流の場合は，点電荷の分布を単位長さ当たりの伝導電子数を n として，電荷分布を連続的に扱う．伝導電子 $(q = -e)$ の平均速度 v とおくと（このとき a は番号ではなく，伝導電子の初期座標）$\boldsymbol{x}_a(\tau) = (0, 0, a - vt)$ で，第 3 軸に沿って積分した次式

$$ne(0, 0, v) \int_{-\infty}^{\infty} \delta(x_1)\delta(x_2)\delta(x_3 - a + vt) da = I\bigl(0, 0, \delta(x_1)\delta(x_2)\bigr)$$

が電流密度になり，確かに (4.31) と一致する．以下では，式を簡単にするため，1 個の点電荷に着目して議論するが，多数ある場合にはこのように粒子についての和，あるいは積分の形で扱えばよい．

電流ベクトルのローレンツ変換での振る舞いを調べるには 4 次元のデルタ関数 $\delta^4(x) \equiv \prod_{\mu=1}^{0} \delta(x^\mu)$ を用いるのが便利である．まず，ローレンツ変換の行列 L の行列式は 1 に等しいので，4 次元デルタ関数はローレンツ不変だ．

$$\delta^4(Lx - y) = \frac{1}{|\mathrm{det} L|} \delta^4(x - L^{-1}y) = \delta^4(x - L^{-1}y) \tag{4.95}$$

また，(4.94) は空間 3 次元のデルタ関数で表されているが，4 次元デルタ関数に置き換え，さらに粒子の軌跡に沿って積分した次式と同等である．

$$J^\mu(x) = cq \int_{-\infty}^{\infty} \frac{dx^\mu(\tau)}{d\tau} \delta^4\bigl(x - x(\tau)\bigr) d\tau \tag{4.96}$$

(4.25) により

$$\delta(x^0 - x^0(\tau)) = \delta(x^0(\tau) - x^0) = \left|\frac{dx^0(\tau)}{d\tau}\right|^{-1} \delta(\tau - \tau(x^0)) \tag{4.97}$$

で $\left(\frac{dx^0(\tau)}{d\tau} > 0\right)$，次式が成り立つからだ．

$$\int_{-\infty}^{\infty} \frac{dx^\mu(\tau)}{d\tau} \delta^4\bigl(x - x(\tau)\bigr) d\tau = \frac{1}{c} \frac{dx^\mu(\tau)}{dt} \delta^3\bigl(\boldsymbol{x} - \boldsymbol{x}(\tau)\bigr)$$

τ がローレンツ不変だから，表示 (4.96) は明白に 4 元ベクトルの形になっている．また，$\frac{dx^\mu(\tau)}{d\tau} d\tau = dx^\mu(\tau)$ は，積分変数の任意の変換で不変なので，τ の代わりに軌道に沿って定義された任意の単調増加パラメーターに置き換えても形は同じである（慣性系を定めたときの時間変数 t そのものでもよい）．

(4.96) の表示では，マックスウェル方程式 (4.62) が矛盾なく成立するために必要不可欠な電荷の保存則 (4.63) が明白である．実際，∂_μ を作用させると次式が自動的に

成り立つ.

$$\partial_\mu J^\mu = cq\int_{-\infty}^{\infty}\frac{dx^\mu(\tau)}{d\tau}\partial_\mu\delta^4\big(x-x(\tau)\big) = -qc\int_{-\infty}^{\infty}\frac{d}{d\tau}\delta^4\big(x-x(\tau)\big) = 0$$

ただし, 次の公式を用いた.

$$\frac{d}{d\tau}\delta^4\big(x-x(\tau)\big) = \frac{dx^\mu(\tau)}{d\tau}\frac{\partial}{\partial x^\mu(\tau)}\delta^4\big(x-x(\tau)\big) = -\frac{dx^\mu(\tau)}{d\tau}\partial_\mu\delta^4\big(x-x(\tau)\big)$$

さらに, 粒子の作用積分への寄与 (3.33) と比較すると, 作用積分 (3.34) の第 2 項は次のように変形し, 時空全体の積分として表せる.

$$\begin{aligned} q\int_1^2 A_\mu dx^\mu &= q\int A_\mu(x)\Big[\int_{-\infty}^{\infty}\delta^4\big(x-x(\tau)\big)\frac{dx^\mu(\tau)}{d\tau}d\tau\Big]d^4x \\ &= \frac{1}{c}\int A_\mu(x)J^\mu(x)d^4x \end{aligned} \tag{4.98}$$

粒子の軌跡に沿った作用積分 (3.34) のうちポテンシャル場と結合した部分は, 4 元電流密度 $J^\mu(x)$ を一種の場と見立てると, 作用が時空間の局所的な位置におけローレンツ不変な寄与 $A_\mu(x)J^\mu(x)$ の積分として書ける. (4.98) に対してゲージ変換 $A_\mu \to A_\mu + \partial_\mu\lambda$ を施すと次式になるが,

$$\int A_\mu J^\mu d^4x \to \int A_\mu J^\mu d^4x + \int \partial_\mu\lambda J^\mu d^4x \tag{4.99}$$

右辺の第 2 項は, 電荷の保存則 $\partial_\mu J^\mu = 0$ により $\int\partial_\mu(\lambda J^\mu)d^4x$ と, 全微分である. 粒子の作用積分は時間の全微分の分だけ元々不定であるが, 今の場合, 時空全体にわたっての積分であるから, 空間無限遠の寄与もあることになる. 電荷が有限な領域にあるとすれば $J^\mu(x)$ は空間無限遠では常にゼロで無視できる. このように作用積分を 4 次元時空の積分の形に表したとき, ゲージ変換に対する物理法則の不変性は, 電荷の保存則と表裏一体の関係にある. 一方, 粒子軌跡による J^μ の表示は自動的に電荷保存則を満たしているから, 電荷保存則のことを意識しなくても粒子作用積分 (3.34) はゲージ変換で不変である.

5 電磁場の保存則

5.1 エネルギー運動量応力テンソル

ポテンシャル場 A_μ の法則は，粒子の場合と同様に，2 階時間微分を含む運動方程式により支配されている．これは，場 A_μ の自由度についても，ある種の慣性に相当するものが時空の各点で存在することを意味する．したがって，電磁場にも，粒子の場合のエネルギー，運動量，角運動量，そして対応して場の自由度自身の間で作用する力に相当するような物理量があるはずである．力を受けないで自由に運動する粒子の場合，4 元ベクトル（4 元運動量）$m\frac{dx^\mu}{d\tau}$ は，粒子の運動量（空間成分）とエネルギー（時間成分 $\times c$）を統一して表している．そこで，電磁場による力を受けて運動する点電荷の運動方程式 $m\frac{d^2x_\mu}{d\tau^2} = qF_{\mu\nu}\frac{dx^\nu}{d\tau}$ を思い起こそう．左辺は粒子の 4 元運動量の固有時間に関する変化率であるから，これは電磁場の作用によって起こる粒子と電磁場の間の運動量とエネルギーのやり取りを表す式とみなせる．それならば，運動量とエネルギーが保存される限り，右辺も電磁場の運動量やエネルギーの変化率に対応する 4 元ベクトルとして表せるはずだ．場と時空の立場で見れば，それは粒子の位置 $x^\mu = x^\mu(\tau)$ で局所的に起こっている現象である．これを明確にするため，4 元電流 (4.96) の表し方に倣い，4 次元デルタ関数を掛け固有時間で積分した形にすると

$$\int_{-\infty}^{\infty} m\frac{d^2x_\mu(\tau)}{d\tau^2}\delta^4\big(x - x(\tau)\big)d\tau = q\int_{-\infty}^{\infty} F_{\mu\nu}(x)\frac{dx^\nu(\tau)}{d\tau}\delta^4\big(x - x(\tau)\big)d\tau$$
$$= \frac{1}{c}F_{\mu\nu}(x)J^\nu(x) \qquad (5.1)$$

となる．簡単のため，1 個の点電荷で表したが，多数の場合は，両辺で各粒子の寄与の和をとればよい．τ 積分を行えば，時間のデルタ関数が落ちて，x^μ に対応する時刻で，粒子の運動方程式の両辺に 3 次元デルタ関数を掛けたものと同じであるから，(5.1) は元の運動方程式と同等である．複数の粒子が全く同じ位置であるとき以外では，このデルタ関数のため，1 粒子だけが寄与する．いずれにしても，(5.1) の右辺では J^μ に粒子側の情報が集約されている．

そこで，右辺をマックスウェル方程式 (4.62) を用いて電磁場のみを含む形

$$\frac{1}{c}F_{\mu\nu}J^{\nu} = -\frac{1}{c\mu_0}F_{\mu\nu}\partial_\sigma F^{\sigma\nu} = -\frac{1}{c\mu_0}\left[\partial_\sigma(F_{\mu\nu}F^{\sigma\nu}) - F^{\sigma\nu}\partial_\sigma F_{\mu\nu}\right] \tag{5.2}$$

に表そう．さらに (4.57) により $\partial_\sigma F_{\mu\nu} = -\partial_\nu F_{\sigma\mu} - \partial_\mu F_{\nu\sigma}$ が恒等的に成り立つことを用いると，(5.2) の最右辺の括弧内第 2 項は，次のように書き直せる．

$$-F^{\sigma\nu}\partial_\sigma F_{\mu\nu} = F^{\sigma\nu}\partial_\nu F_{\sigma\mu} + F^{\sigma\nu}\partial_\mu F_{\nu\sigma} = F^{\nu\sigma}\partial_\nu F_{\mu\sigma} - \frac{1}{2}\partial_\mu(F^{\nu\sigma}F_{\nu\sigma})$$

ただし，電磁場テンソルの反対称性を用いた．この第 1 項目は二組の縮約に注目すると，左辺と符号を除き同じもので，移項して次式を得る．

$$-F^{\sigma\nu}\partial_\sigma F_{\mu\nu} = -\frac{1}{4}\partial_\mu(F^2), \quad F^2 \equiv F^{\nu\sigma}F_{\nu\sigma} = 2\Big(|\boldsymbol{B}|^2 - \frac{1}{c^2}|\boldsymbol{E}|^2\Big) \tag{5.3}$$

後に論ずるように，ローレンツ不変量 F^2 は重要な役割を果たす．以上をまとめると，(5.2) の右辺は次式に等しい．

$$-\frac{1}{c\mu_0}\Big[\partial_\sigma(F_{\mu\nu}F^{\sigma\nu}) - \frac{1}{4}\partial_\mu(F)^2\Big] \equiv -\frac{1}{c}\partial_\sigma \hat{T}_\mu{}^\sigma,$$
$$\hat{T}^{\mu\sigma} \equiv \frac{1}{\mu_0}\Big[F^\mu{}_\nu F^{\sigma\nu} - \frac{1}{4}\eta^{\mu\sigma}F^2\Big] = \hat{T}^{\sigma\mu} \tag{5.4}$$

$\hat{T}^{\sigma\mu}$ を電磁場のエネルギー運動量応力テンソル，略してエネルギー運動量テンソルと呼ぶ．結局，マックスウェル方程式，つまり，A_μ の運動方程式が成り立つとき，次式が満たされている．

$$F^{\mu\nu}J_\nu = -\partial_\nu \hat{T}^{\mu\nu} \tag{5.5}$$

上に述べたように，$\hat{T}^{\mu\nu}$ こそポテンシャル場 A_μ のエネルギーと運動量等の情報をすべて含んでいるはずである．それを具体的に確かめるため，まず，左辺を 3 次元記号で書き直そう．

$$F^{i\nu}J_\nu = (F_{ij}J_j - F_{i0}J_0) = E_i\rho + (\boldsymbol{J}\times\boldsymbol{B})_i, \tag{5.6}$$
$$F^{0\nu}J_\nu = \frac{1}{c}E_iJ_i = \frac{1}{c}\boldsymbol{E}\cdot\boldsymbol{J} \tag{5.7}$$

(5.6) は電荷・電流に電場と磁場が及ぼす力を単位体積当たりで表している．一方，(5.7) は電場が電荷に対して行う単位体積当たりの仕事率を c で割ったものだ．(5.5) の空間成分を任意の 3 次元領域 V で積分しガウスの定理を用いると次式になる（dS_j は ∂V 上の外向き面積要素ベクトル）．

$$-\int_{\mathrm{V}}(E_i\rho + (\boldsymbol{J}\times\boldsymbol{B})_i)d^3x = \int_{\mathrm{V}}\Big(\partial_j\hat{T}^{ij} + \frac{1}{c}\frac{\partial}{\partial t}\hat{T}^{i0}\Big)d^3x$$
$$= \int_{\partial\mathrm{V}}\hat{T}^{ij}dS_j + \frac{1}{c}\frac{d}{dt}\int_{\mathrm{V}}\hat{T}^{i0}d^3x \tag{5.8}$$

また，時間成分は両辺に c を掛けて次式である．

$$\int_{\mathrm{V}} \boldsymbol{E}\cdot\boldsymbol{J}d^3x = -\int_{\mathrm{V}}\Big(c\partial_j\hat{T}^{0j} + \frac{\partial}{\partial t}\hat{T}^{00}\Big)d^3x$$
$$= -\int_{\partial\mathrm{V}} c\hat{T}^{0j}dS_j - \frac{d}{dt}\int_{\mathrm{V}}\hat{T}^{00}d^3x \tag{5.9}$$

これらの結果の意味を考えよう．どちらも右辺は電荷の保存則と似た連続の方程式の型をしていることから保存則として解釈できる．(5.9) の左辺は場が領域 V 中の荷電粒子に対してなす仕事率だ．電磁場の立場からすると，場のエネルギーの損失率に相当する．右辺第 1 項が ∂V の表面積分であることから，$c\hat{T}^{0j}$ は，j 方向外向きに単位面積当たり，かつ，単位時間当たりに流出するエネルギー量（エネルギー流密度）である．第 2 項は，体積積分した結果の変化率に負号がついているので，$\hat{T}^{00}$ は，単位体積当たり蓄えられている場のエネルギーであるとすれば辻褄が合う．あるいは，右辺第 1 項を左辺に移項して考えれば，領域 V 中の場のエネルギーの損失率が，表面を通して外に流れ出ていく流出率と V 中で場が荷電粒子に対してなす仕事率の和に等しいと表現できる．荷電粒子への仕事は，粒子の運動方程式で見る限りは直接的には電場だけが寄与するのに対し，エネルギー密度 $\hat{T}^{00}$ には，電場と磁場の寄与が $|\sqrt{\epsilon_0}\boldsymbol{E}|^2/2$ と $|\boldsymbol{B}/\sqrt{\mu_0}|^2/2$ の形で対等に現れる（(5.10) 参照）．これは磁場の変化によって電場が誘導され，結果的に電場を通じて荷電粒子に仕事がなされるためである．

一方，(5.8) の左辺は電磁場が領域 V 中の荷電粒子に及ぼす力に負号がついているから，V 中で粒子から場に及ぼされる反作用の力に等しい．したがって，右辺はそれによる電磁場そのものの運動量の増加率でなければならないので，$\hat{T}^{i0}/c$ は場の運動量密度とみなせる．しかし，右辺第 1 項は時間微分にはなっていない．これは場に掛かる力には，場が荷電粒子に対してなす力の反作用だけではなくさらに別の寄与があることを示す．そこで第 1 項も左辺に移項すると，領域 V に対して力 $-\int_{\partial\mathrm{V}}\hat{T}^{ij}dS_j$ が表面 ∂V を通して掛かると考えられる（ずり応力）．面積積分で表されているから（dS_j は ∂V の外側に向く面積要素ベクトル），$-\hat{T}^{ij}$ は，「j 軸に垂直な面を通し，正（外）側から負（内）側に作用する力の密度の i 軸成分」とみなせる．対称性 $\hat{T}^{ij}=\hat{T}^{ji}$ により，これは同時に「i 軸に垂直な面を通し外側から内側に作用する力の密度の j 軸成分」に等しい．この意味については後に触れる．$\hat{T}^{ij}$ を電磁場の応力（ストレス）密度と呼ぶ．

上記の積分の式は任意の 3 次元領域 V で成り立つ．場の局所的作用は常に有限の速度 c で伝達するが，その帰結として，このように局所的な近接作用が集積し積分された物理量に関して保存則が成り立つ．たとえば，考えている瞬間に V 中に粒子が存在していなければ左辺はゼロである．したがって，その場合は上に述べた電磁場そのもののエネルギーとその流れ，そして運動量が電荷の保存則と同じ意味で電磁場自身で局所的に保存する．つまり，領域 V でエネルギーの増減があれば，それは必ずその表面 ∂V を通してエネルギーが流入，流出している．エネルギーの流れは常に運動量密度に比例している．

最後に，$\hat{T}^{\mu\nu}$ の成分を 3 次元ベクトル記号で表した式を与えておく．

$$\hat{T}^{00} = \frac{1}{\mu_0}F_{0i}F_{0i} + \frac{1}{2\mu_0}\left(|\boldsymbol{B}|^2 - \frac{1}{c^2}|\boldsymbol{E}|^2\right) = \frac{\epsilon_0}{2}|\boldsymbol{E}|^2 + \frac{1}{2\mu_0}|\boldsymbol{B}|^2, \tag{5.10}$$

$$\hat{T}^{0i} = \hat{T}^{i0} = \frac{1}{\mu_0}F^{0j}F_{ij} = \sqrt{\frac{\epsilon_0}{\mu_0}}(\boldsymbol{E}\times\boldsymbol{B})_i, \tag{5.11}$$

$$\begin{aligned}\hat{T}^{ij} = \hat{T}^{ji} &= \frac{1}{\mu_0}F_{ik}F_{jk} - \frac{1}{2\mu_0}\delta_{ij}\left(|\boldsymbol{B}|^2 - \frac{1}{c^2}|\boldsymbol{E}|^2\right) - \frac{1}{\mu_0}F_{i0}F_{j0} \\ &= -\epsilon_0\left(E_iE_j - \frac{1}{2}\delta_{ij}|\boldsymbol{E}|^2\right) - \frac{1}{\mu_0}\left(B_iB_j - \frac{1}{2}\delta_{ij}|\boldsymbol{B}|^2\right)\end{aligned} \tag{5.12}$$

エネルギー流密度の 3 次元ベクトル $c\hat{T}^{0i}$，3 次元記号で

$$\hat{\boldsymbol{W}} \equiv \frac{1}{\mu_0}\boldsymbol{E}\times\boldsymbol{B} \tag{5.13}$$

をポインティングベクトルと呼ぶ．これはエネルギーの流れの密度を表すが，c^2 で割った運動量密度は次式で表される．

$$\hat{\boldsymbol{P}} \equiv \frac{1}{c^2}\hat{\boldsymbol{W}} = \epsilon_0\boldsymbol{E}\times\boldsymbol{B} \tag{5.14}$$

これらの表式に現れているように，電場と磁場はエネルギーと運動量に対等な仕方で寄与する．それは電場と磁場がその時間空間変動に関して対称的に役割を果たす（電磁誘導と変位電流）ことによっている．

5.2 力 線 と 応 力

ここで，電気力線，磁力線の観点から見たときの応力密度 (5.12) の意味を見ておこう．応力を電場によるもの $\hat{T}_{\mathrm{E}}^{ij}$ と磁場によるもの $\hat{T}_{B}^{ij}$ の合力 $\hat{T}^{ij} = \hat{T}_{\mathrm{E}}^{ij} + \hat{T}_{\mathrm{B}}^{ij}$

$$\hat{T}_{\mathrm{E}}^{ij} \equiv -\epsilon_0\left(E_iE_j - \frac{1}{2}\delta_{ij}|\boldsymbol{E}|^2\right),\ \hat{T}_{\mathrm{B}}^{ij} \equiv -\frac{1}{\mu_0}\left(B_iB_j - \frac{1}{2}\delta_{ij}|\boldsymbol{B}|^2\right) \tag{5.15}$$

と考えることができる．ある時空位置 x^μ の電気力線に注目しその接線方向を 1 軸に選ぼう（すなわち，$\boldsymbol{E}(x) = (E_1(x), 0, 0)$）．この座標系では $\hat{T}_E^{ij}$ の非対角成分はすべてゼロで，対角成分は次式に等しい．

$$\hat{T}_{\mathrm{E}}^{11} = -\frac{\epsilon_0}{2}(E_1)^2 = -\frac{\epsilon_0}{2}|\boldsymbol{E}|^2, \quad \hat{T}_{\mathrm{E}}^{22} = \hat{T}_{\mathrm{E}}^{33} = \frac{\epsilon_0}{2}(E_1)^2 = \frac{\epsilon_0}{2}|\boldsymbol{E}|^2 \tag{5.16}$$

これから電気力線で囲まれ電気力線に沿って伸びる微小な管で符号に注意して考えると，管の外側から力線方向に引っ張る張力と，力線垂直方向の側面外側から押す圧力（電気力線同士で反発し合う力）が，単位面積当たり強さ $\frac{\epsilon_0}{2}|\boldsymbol{E}|^2$ で働いていることがわかる（図 5.1）．(5.15) から明らかなように，磁力線に沿っても張力と圧力が，単位面積当たり $\frac{1}{2\mu_0}|\boldsymbol{B}|^2$ の強さで働く．本書の出発点として述べた点電荷の間や，直線電流の間に働く力はすべて応力の性質から説明できる．実際，電磁場が時間によらないときや，時間的に変化していても，右辺の時間微分がゼロであるとき，(5.8) は次式の形になる．

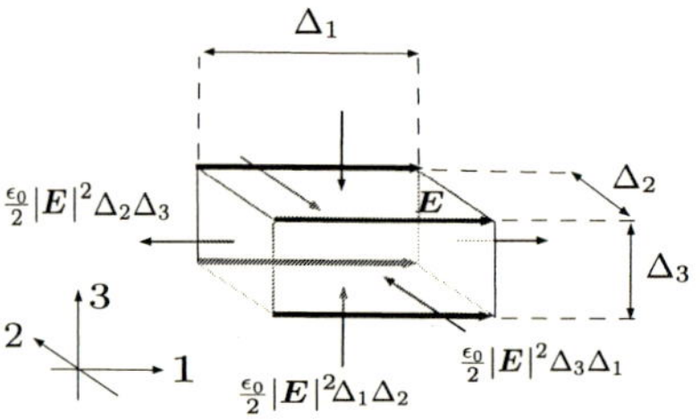

図 5.1 電気力線に沿って伸び，電気力線で囲まれる微小な管に外側から働く応力

$$\int_{\mathrm{V}} \big(E_i\rho + (\boldsymbol{J}\times\boldsymbol{B})_i\big) d^3x = -\int_{\partial\mathrm{V}} \hat{T}^{ji} dS_j \tag{5.17}$$

つまり，領域 V の全運動量の変化が無視できるときには，表面から働く応力は電荷や電流に働くローレンツ力と釣り合い，後者は表面 ∂V を通して外側から内側の電磁場に働く応力密度の積分に等しい．このように，電荷に働く力が電気力線や磁力線同士で局所的に働く応力に帰着できる．そして，この釣り合いが破れると V の電磁的全運動量が変化するわけだ．

例：クーロン力と応力

2 個の静止した点電荷 $q_1 = q$, $q_2 = \pm q$ の力を電気力線の応力から導いてみよう．点電荷は 1 軸上 $\boldsymbol{x}_1 = (-\frac{r}{2}, 0, 0), \boldsymbol{x}_2 = (\frac{r}{2}, 0, 0)$ にあるとすると，任意の位置 $\boldsymbol{x} = (x_1, x_2, x_3)$ の電場は，それぞれの点電荷が作る場を合成した

$$E_i = \frac{q}{4\pi\epsilon_0}\left[\frac{x_i + \frac{r\delta_{i1}}{2}}{\left((x_1+\frac{r}{2})^2 + x_2^2 + x_3^2\right)^{3/2}} \pm \frac{x_i - \frac{r\delta_{i1}}{2}}{\left((x_1-\frac{r}{2})^2 + x_2^2 + x_3^2\right)^{3/2}}\right] \tag{5.18}$$

である．V として，電荷 $q_1 = q$ だけを含む $x_1 < 0$ の半無限領域を選ぶとその境界 $x_1 = 0$ で電気力線は，$q_2 = q$ のとき（図 5.2）$x_1 = 0$ 平面内を向き ($E_1 = 0$)，$q_2 = -q$ なら（図 5.3），$E_2 = 0 = E_3$ で電気力線は $x_1 = 0$ 平面に垂直である．また，電場の強さは無限に遠くでは電荷からの距離の 2 乗 ($q_1 = q$) か 3 乗 ($q_1 = -q$) に反比例してゼロに近づくので，無限遠での応力は距離の 4 乗か 6 乗に反比例してゼロになり，たとえ積分しても無限遠では無視できる．つまり，この場合 (5.17) の右辺の表面積分は $x_1 = 0$ 平面だけが寄与する．よって，$q_1 = q$ では，$x_1 = 0$ 面を通し

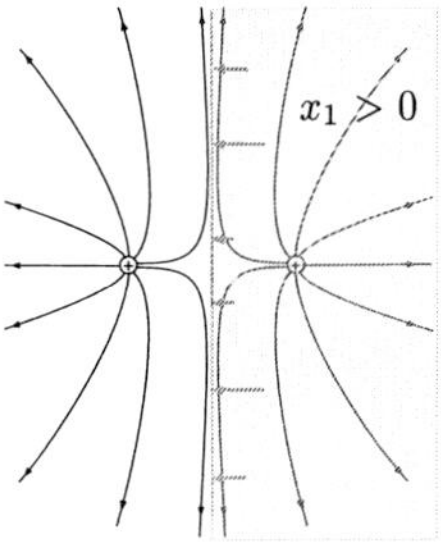

図 **5.2** 電気力線と応力 $q_1 = q = q_2$

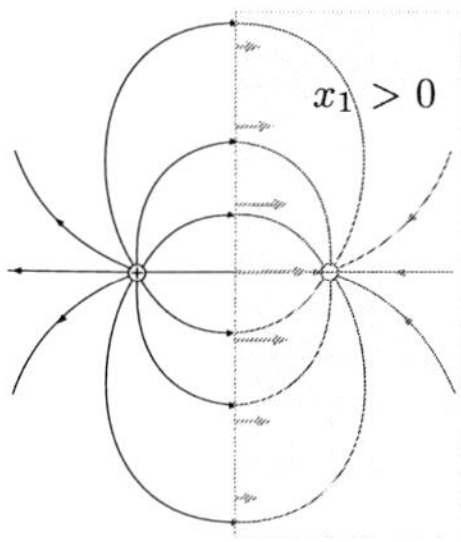

図 **5.3** 電気力線と応力 $q_1 = q = -q_2$

て $x_1 > 0$ 側から V には圧力が単位面積当たり強さ $\frac{\epsilon_0|\boldsymbol{E}|^2}{2} = \frac{q^2}{8\pi^2\epsilon_0}\frac{\ell^2}{[\ell^2+(r/2)^2]^3}$ で働く（ただし，$\ell^2 = x_2^2 + x_3^2$）．これを積分し [*1] クーロンの法則と一致する斥力が確かに得られる．

$$\int_{\partial \mathrm{V}} \frac{\epsilon_0|\boldsymbol{E}|^2}{2} d|\boldsymbol{S}| = \int_0^{2\pi} \Big[\int_0^\infty \frac{q^2}{8\pi^2\epsilon_0}\frac{\ell^2}{[\ell^2+(r/2)^2]^3}\ell d\ell\Big] d\phi$$
$$= \frac{q^2}{4\pi\epsilon_0}\int_0^\infty \frac{s}{2(s+(r/2)^2)^3} ds = \frac{q^2}{4\pi\epsilon_0 r^2} \tag{5.19}$$

このとき，中間平面に接する方向に働いている電気力線の張力は平面全体としては釣り合い，打ち消す（電荷を結ぶ中心線まわりの対称性から明らか）．

一方，$q_2 = -q$ のときは，$E_1 = \frac{qr}{4\pi\epsilon_0[\ell^2+(r/2)^2]^{3/2}}$ で張力の積分は

$$\frac{q^2 r^2}{16\pi\epsilon_0}\int_0^\infty \frac{1}{[\ell^2+(r/2)^2]^3}\ell d\ell = \frac{q^2}{4\pi\epsilon_0 r^2}$$

で，同じ強さの引力が得られる．この場合も，中間平面に接した方向に働く電気力線の圧力は釣り合って打ち消す．

直線電流の場合も同様な計算でアンペールの法則と一致する力が導ける．磁力線を描くと電流が同方向（図 5.4）なら 2 本の電流と平行な中間位置での平面上で磁力線を見ると，垂直に磁力線が分布して張力が働き引力，また，逆方向（図 5.5）なら中間平面に接する向きに磁力線ができて圧力が働き斥力を与えることが納得できる．

このように，力線に張力と反発力の両方があり同じ強さであることから，同符号電荷間の斥力と異符号電荷間の引力，また，同方向平行直線電流間の引力，反対方向直線電流間の斥力をすべて統一的に説明できる．力線そのものがもつ応力という考え方の有効性を示している．比較のために重力の場合を考えてみよう．クーロンの法則は，電荷を質量に置き換え，かつ全体の符号を逆にすると重力と同じ形をしている．もち

---

*1) 変数変換 $\ell^2 = s$ をして部分積分を行う．

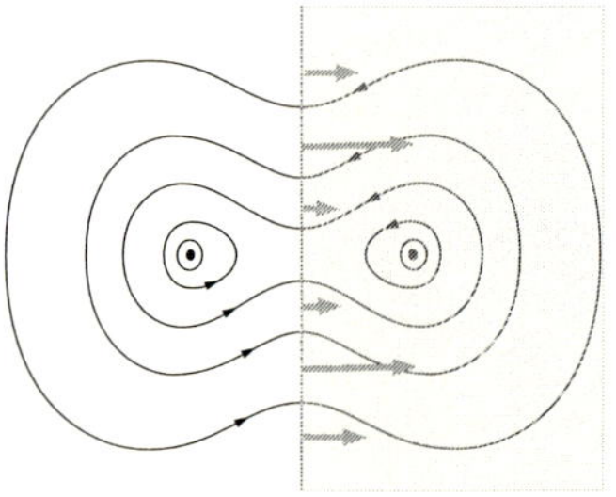

図 **5.4** 磁力線と応力（同方向平行電流）

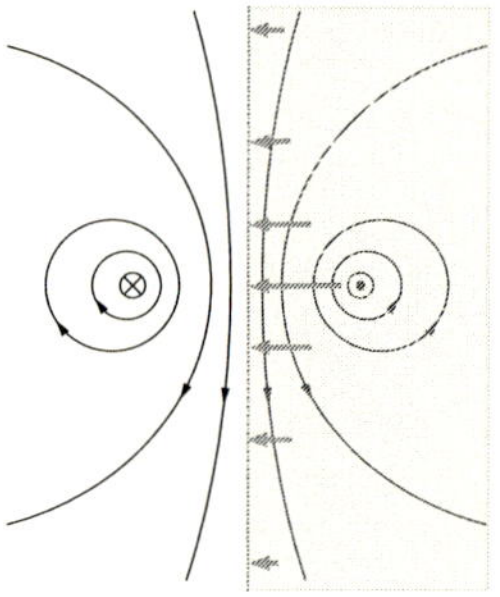

図 **5.5** 磁力線と応力（反対向平行電流）

ろん，逆符号は質量が常に正で引力であるためだ．もしこの場合も力線の考えを当てはめるなら，2 個の粒子の場合の重力の力線は図 5.2 で力線につけた矢印を逆向きにしたものになる．したがって，引力を力線の応力によって説明するには力線の側面に負の圧力，つまり，平行な力線同士が反発する代わりに引き合うとしなければならない．しかし，力線同士が平行で引き合うなら物体から放射状に伸びるより，すべて引き合って太さのない限りなく細い線にまとまり縮まってしまう．結局，重力の力線は安定に存在できないという結論になる．このように重力を単純に電場と同じようなベクトル場とみなしたのではうまくいかない．距離の 2 乗に反比例する点だけを比較すれば，重力と電磁力は一見似ているが，実は根本的な違いがある [*2)]．

電磁場の応力の性質としてもう一つ重要事項に触れておこう．上のように時間によらない静的場では，電荷が自分自身で作る力線（自己場という）からの応力は打ち消して効かないことである．たとえば，2 個の電荷の電場 (5.18) は電荷 q_1 の電場（括弧内第 1 項）と q_2 の電場（括弧内第 2 項）の合成である．2 個の電荷同士の力を与えるのは，二つの電荷が作る電場を合成して得られる電場の電気力線である．より詳しくは，応力密度は電場，磁場の強さの 2 乗であるが，実際の積分を与えているのは，それぞれの電荷（あるいは磁場）が作る場の積の形をした項である．

---

*2) 重力の力線に付随するエネルギーが負であるといってもよい．マックスウェルは『電磁場の力学理論』(1865 年）でこの困難に触れ，「重力の原因の探求にはこれ以上進めない」と述べた．ファラデーも重力と電磁力の統一に向けた実験的証拠を求めて苦闘したがすべて失敗に終わっている．重力の場の理論の構築は，50 年後のアインシュタインによる一般相対性理論で成し遂げられた．重力が局所的には座標変換で消去できるという等価原理，および，一般座標不変性という対称性の原理に基づく一般相対性理論では，重力場のエネルギーは座標系を適当に選べば局所的にはゼロになり，重力の起源の説明は電磁場とは基本的に異なる．物質のエネルギー運動量によって時空そのものが歪み，その伝播により重力が働く．本書でも重力は除外して考える．電子と陽子の間に働くクーロン力と重力を比較すると，$Gm_\mathrm{e}m_\mathrm{p}/\alpha\hbar c \sim 10^{-42}$ $(\alpha \equiv e^2/4\pi\epsilon_0\hbar c \simeq 1/137)$ のオーダーで，ミクロレベルでは重力は無視できるほど弱い．

もし，片方の場だけの 2 乗の寄与なら，図 5.2, 5.3 の平面で応力を積分すると，打ち消してゼロになる．たとえば，この積分は，点電荷を中心とする球面で行っても同じで，その場合は対称性から力が打ち消すことは図 5.6 から明白である．一般式 (5.17) から，同じ電荷を囲むなら任意の ∂V での応力が同じ結果になることが保証されている．図 5.6 に描いてあるように，電荷を中心とする球面の外側からの張力は，対角線上で反対側の位置同士で打ち消し合う．球面の接線方向の圧力は常に隣の位置同士で打ち消す．一方，図 5.2，5.3 と同じ平面に垂直な方向の応力成分は第 1 軸近くでは張力が勝り 1 軸正方向向きだが，軸から遠ざかるにつれ圧力が勝り 1 軸負方向向きになり，積分すればやはり打ち消し合う．平面に接した方向は張力と圧力の効き方が垂直方向とは逆になるが，積分すればやはり打ち消し合う．一般に複数個の電荷があってもそれらすべてを囲む任意の領域 V の表面 ∂V の積分でゼロである．電荷分布から無限遠に ∂V をとれば，$|\boldsymbol{E}|^2$ は距離の 4 乗以上に反比例して減少するからである．

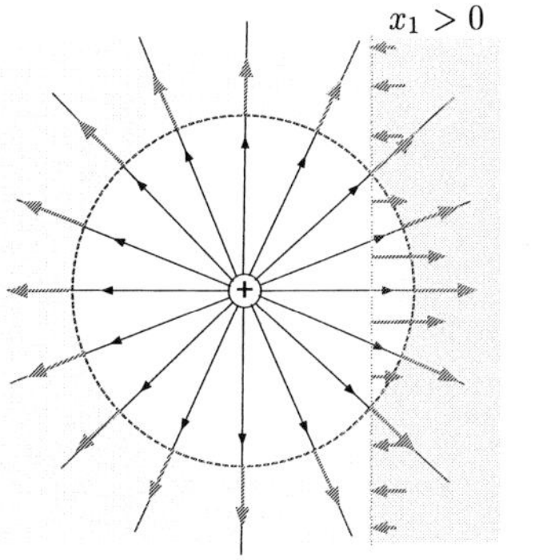

図 5.6　自己場の打ち消し合い

電荷分布の間の力を直接調べてみよう．任意の連続的な電荷密度の分布 $\rho(\boldsymbol{x})$ で自分自身に働く力のベクトルを全空間で合成すると次式になり，

$$\begin{aligned}\int_\infty \rho(\boldsymbol{x})\boldsymbol{E}(\boldsymbol{x})d^3x &= \frac{1}{4\pi\epsilon_0}\iint_\infty \rho(\boldsymbol{x})\rho(\boldsymbol{y})\frac{(\boldsymbol{x}-\boldsymbol{y})}{|\boldsymbol{x}-\boldsymbol{y}|^3}d^3xd^3y \\ &= \frac{1}{8\pi\epsilon_0}\iint_\infty \rho(\boldsymbol{x})\rho(\boldsymbol{y})\frac{(\boldsymbol{x}-\boldsymbol{y})+(\boldsymbol{y}-\boldsymbol{x})}{|\boldsymbol{x}-\boldsymbol{y}|^3}d^3xd^3y = 0 \end{aligned} \tag{5.20}$$

(2 行目は積分変数の入れ替え $\boldsymbol{x} \leftrightarrow \boldsymbol{y}$ を行ったものを足して 2 で割った) 確かに打ち消しゼロだ．今後も含めて無限体積の積分や，無限遠での表面積分を簡単のため積分記号 $\int_\infty, \int_{\partial\infty}$ 等で示す．点電荷の場合も ρ がデルタ関数で近似できるような理想的極限としてこの結果に含まれる．

直線電流の場合に自己力がゼロであることも，静止電荷の場合と同様にして示せる．しかし，無限に伸びた直線電流は現実には存在しない．そこで，一般に定電流の分布が有限な領域に限られている場合を考えよう．電荷分布が有限の場合と同様に，この領域全体を完全に覆うように (5.17) の V を選べる．このとき，V は無限に大きい極限をとることが許される．定電流の磁場の一般式 (4.34) を思い起こすと納得できるように，磁場も電流分布から遠くでは距離の 2 乗に反比例するより早く減少し，この場合も右辺の ∂V での応力の積分はゼロになり，確かに定電流の系の自己力はゼロであ

る．一方，全空間で電流のローレンツ自己力を合成すると (4.35) により

$$\int_\infty \boldsymbol{J}(\boldsymbol{x})\times\boldsymbol{B}(\boldsymbol{x})d^3x=\frac{\mu_0}{4\pi}\iint_\infty \frac{\boldsymbol{J}(\boldsymbol{x})\times\big(\boldsymbol{J}(\boldsymbol{y})\times(\boldsymbol{x}-\boldsymbol{y})\big)}{|\boldsymbol{x}-\boldsymbol{y}|^3}d^3xd^3y \tag{5.21}$$

となる．この積分は次の恒等式

$$\boldsymbol{J}(\boldsymbol{x})\times\big(\boldsymbol{J}(\boldsymbol{y})\times(\boldsymbol{x}-\boldsymbol{y})\big)=-\big(\boldsymbol{J}(\boldsymbol{x})\cdot\boldsymbol{J}(\boldsymbol{y})\big)(\boldsymbol{x}-\boldsymbol{y})+\big(\boldsymbol{J}(\boldsymbol{x})\cdot(\boldsymbol{x}-\boldsymbol{y})\big)\boldsymbol{J}(\boldsymbol{y})$$

により，二つの項に分解できる．

$$-\iint_\infty \frac{\big(\boldsymbol{J}(\boldsymbol{x})\cdot\boldsymbol{J}(\boldsymbol{y})\big)(\boldsymbol{x}-\boldsymbol{y})}{|\boldsymbol{x}-\boldsymbol{y}|^3}d^3xd^3y+\iint_\infty \frac{\big(\boldsymbol{J}(\boldsymbol{x})\cdot(\boldsymbol{x}-\boldsymbol{y})\big)\boldsymbol{J}(\boldsymbol{y})}{|\boldsymbol{x}-\boldsymbol{y}|^3}d^3xd^3y$$

第 1 項は (5.20) と同様に $\boldsymbol{x}$ と $\boldsymbol{y}$ を交換したものを足して 2 で割った形にするとゼロである．第 2 項はさらに次のように変形でき，ゼロとなる．

$$\iint_\infty \left[\boldsymbol{J}(\boldsymbol{x})\cdot\boldsymbol{\nabla}_x\frac{-1}{|\boldsymbol{x}-\boldsymbol{y}|}\right]\boldsymbol{J}(\boldsymbol{y})d^3xd^3y=\iint_\infty \frac{\big(\boldsymbol{\nabla}_x\cdot\boldsymbol{J}(\boldsymbol{x})\big)}{|\boldsymbol{x}-\boldsymbol{y}|}\boldsymbol{J}(\boldsymbol{y})d^3xd^3y=0$$

ただし，$\boldsymbol{x}$ 積分について無限遠では電流密度がゼロであること，ガウスの定理 *3) と定電流の保存則を用いた．

仮に静止した電荷分布や定電流の自己力が合力としてゼロではないなら，電荷分布や定電流の重心が外力なしにひとりでに並進の加速運動を起こす．運動量が保存するならそれはありえない．その意味で今の場合に自己力がゼロなのは，ニュートン力学の作用反作用の法則に相当する一般的性質である．ただし，電荷や電流の分布の内部で見れば，当然，それぞれ互い同士で複雑に力を及ぼし合っている．にもかかわらず，定常的な電荷や電流の分布を仮定した．これは，電磁気的な内力を打ち消してマクロな系を安定な定常状態に保つ力の存在を暗黙のうちに仮定していることになる．上で扱った自己力は，定常状態が実現しているとしたとき，電磁気的な力だけを取り出して議論しているわけだ．マクロな電磁気の法則を適用するときには，多くの場合に同様な性格の暗黙の仮定が必要である．もともと本書の出発点で述べた静止電荷のクーロンの法則，平行定電流のアンペールの法則の議論が，実はこの前提に基づいている．定常状態に保ったままで力を測定するにはどうしてもマクロな電磁気以外の力との釣り合いが必要だからだ．物理法則が特殊相対性原理を満たすことを前提とする限り，この仮定は任意の慣性系で矛盾なく採用できるはずだ．ここでは，この基本仮定の正当化はミクロレベルでの物理法則，すなわち（相対論的）量子論によって可能になることだけ注意しておこう．

---

*3) $\boldsymbol{J}(\boldsymbol{x})\cdot\boldsymbol{\nabla}_x\frac{1}{|\boldsymbol{x}-\boldsymbol{y}|}=\boldsymbol{\nabla}_x\cdot\frac{\boldsymbol{J}(\boldsymbol{x})}{|\boldsymbol{x}-\boldsymbol{y}|}-\frac{\big(\boldsymbol{\nabla}_x\cdot\boldsymbol{J}(\boldsymbol{x})\big)}{|\boldsymbol{x}-\boldsymbol{y}|}$ に注意．

次に，時間変化があるが一様な変化の場合に自己力がどうかを調べてみよう．「一様な時間変化」とは，別の慣性系で見ると，定常分布になるような電磁場という意味だ(つまり，電荷・電流分布が一定速度で運動する場合)．電磁場が一様時間変化している慣性系 K′ での量をすべて ′ 記号をつけて表し，時間変化がない慣性系 K での量を ′ なしで表す．まず，K′ 系でのローレンツ力の積分を K 系の量で書き直すと次式になる．

$$\int_{\mathrm{V}'}(\rho'\boldsymbol{E}'+\boldsymbol{J}'\times\boldsymbol{B}')_i d^3x' = \int_{\mathrm{V}'}F'^{i\nu}J'_\nu d^3x' = \int_{\mathrm{V}'}L^i{}_\mu F^{\mu\nu}J_\nu d^3x'$$
$$= L^i{}_j\int_{\mathrm{V}'}F^{j\nu}J_\nu d^3x' + L^i{}_0\int_{\mathrm{V}'}F^{0j}J_j d^3x' \qquad (5.22)$$

右辺の K 系の量は K 系座標 $x^\mu=(\boldsymbol{x},ct)$ の関数であるが，積分は t' を固定して $\boldsymbol{x}'$ についてである．1 軸方向 (速度 v) のローレンツ変換とすると，$\boldsymbol{x}=\gamma(x'_1+vt',x'_2,x'_3)$ により，積分変数としての座標を $\boldsymbol{x}'$ から $\boldsymbol{x}$ に変換できる．V′ が無限に大きい極限では積分領域は無限に広がり V の積分と同じとみなせ，$d^3x'=d^3x/\gamma$ により，第 1 項は $\gamma^{-1}L^i{}_j\int_\infty F^{j\nu}J_\nu d^3x$ に等しく，K 系での自己力に帰着し前の結果によりゼロである．第 2 項は比例因子 $\gamma^{-1}L^i{}_0$ を除き次式に帰着しゼロとなる．

$$\int_\infty F^{0j}J_j d^3x = \frac{1}{c}\int_\infty \boldsymbol{E}\cdot\boldsymbol{J}d^3x = \frac{1}{c}\int_\infty \phi\boldsymbol{\nabla}\cdot\boldsymbol{J}d^3x = 0 \qquad (5.23)$$

ただし，$\boldsymbol{E}$ が定常的電場であるため $\boldsymbol{E}=-\boldsymbol{\nabla}\phi$ とおけることと部分積分，および電流保存を用いた (V が無限大の極限で表面項はゼロ)．

一方，K′ 系での (5.8) の右辺の立場からは，まず，第 1 項の表面項は $\mathrm{V}'\to\infty$ でゼロであるのは，場が無限遠で $1/r^2$，または，それ以上の早さで減少することから明らかだ．第 2 項は同じ極限で次のように，やはりゼロである．

$$\frac{1}{c}\frac{d}{dt'}\int_\infty \hat{T}'^{i0}d^3x' = \gamma^{-1}L^i{}_\mu L^0{}_\nu\frac{1}{c}\frac{d}{dt'}\int_\infty \hat{T}^{\mu\nu}d^3x = 0 \qquad (5.24)$$

K 系の電磁場は時間によらず，$\int_\infty \hat{T}^{\mu\nu}d^3x$ は定数である．

このように，一様な時間変化の場合も自己力はゼロである．前節で電磁場自身も運動量をもつことがわかったが，電磁場の全運動量は一様な時間変化では不変に保たれることを示している．だが，電荷分布や電流分布がゼロでない加速度で運動するような時間変化の場合には，自己力は一般には打ち消す理由はない．このとき系は電磁波を発生し (第 7 章参照)，無限遠にエネルギーや運動量が流れるため，(5.8) の右辺は V が大きい極限でもゼロにはならない．また，左辺の立場では遅延効果があり，本節の自己力の計算は一般には適用できない．

5.3　場のエネルギー運動量と粒子のエネルギー運動量

エネルギーと運動量についてさらに調べよう．まず，第 3 章で議論した粒子の運動量とエネルギーの流れとの関係 (3.25) と同様に，電磁場の運動量密度 (5.14) も，電磁場のエネルギーの流れの密度 (5.13) を c^2 で割ったものに等しい ($\hat{\boldsymbol{P}} = \hat{\boldsymbol{W}}/c^2$) ことに注目しよう．この意味をさらに明確にするには，粒子側でもエネルギーや運動量を密度量として理解し比較するのが役立つ．それには，荷電粒子に掛かる力が電場と磁場のみだと仮定し，出発点の運動方程式 (5.1) に戻り，左辺を局所的に定義されたテンソル量の内積微分に書けるかどうかを調べればよい．τ 微分の一つを部分積分すれば次式が恒等的に成り立つ．

$$m\int_{-\infty}^{\infty}\frac{d^2x^\mu(\tau)}{d\tau^2}\delta^4\bigl(x-x(\tau)\bigr)d\tau = -m\int_{-\infty}^{\infty}\frac{dx^\mu(\tau)}{d\tau}\frac{d}{d\tau}\delta^4\bigl(x-x(\tau)\bigr)d\tau$$

$$= m\int_{-\infty}^{\infty}\frac{dx^\mu(\tau)}{d\tau}\frac{dx^\nu(\tau)}{d\tau}\partial_\nu\delta^4\bigl(x-x(\tau)\bigr)d\tau \equiv \frac{1}{c}\partial_\nu\check{T}^{\mu\nu}(x) \tag{5.25}$$

最後の等式では粒子のエネルギー運動量テンソル $\check{T}^{\mu\nu} = \check{T}^{\nu\mu}$ を

$$\check{T}^{\mu\nu}(x) = mc\int_{-\infty}^{\infty}\frac{dx^\mu(\tau)}{d\tau}\frac{dx^\nu(\tau)}{d\tau}\delta^4\bigl(x-x(\tau)\bigr)d\tau \tag{5.26}$$

で定義した（電磁場の $\hat{T}^{\mu\nu}$ と区別するため $\check{T}^{\mu\nu}$ とチェック記号ˇを上に添えたのに注意）．もちろん，粒子が多数の場合は，4 次元電流密度ベクトル $J^\mu(x)$ の場合と同様に，(5.26) の定義は右辺をすべての粒子についての和（あるいは連続的な分布として扱う場合は積分）とする．この結果と (5.1)，(5.5) を合わせると

$$\partial_\nu\check{T}^{\mu\nu} = F^{\mu\nu}J_\nu = -\partial_\nu\hat{T}^{\mu\nu} \tag{5.27}$$

が成り立つ．よって次の連続の方程式が得られる．

$$\partial_\nu T^{\mu\nu} = 0, \quad T^{\mu\nu} \equiv \check{T}^{\mu\nu} + \hat{T}^{\mu\nu} \tag{5.28}$$

粒子系と電磁場のエネルギー運動量テンソルの和 $T^{\mu\nu}$ を全エネルギー運動量テンソルと呼ぶ．$\check{T}^{\mu\nu}$ は粒子の力学変数 $x^\mu(\tau)$ と質量だけで表せ，$\hat{T}^{\mu\nu}$ は電磁場の力学変数 A_μ だけで表されている．つまり，粒子の電荷は電流ベクトル J^μ に含まれているが，J^μ そのものは，直接的には $\check{T}^{\mu\nu}, \hat{T}^{\mu\nu}$ のどちらにもあからさまには含まれず，力学変数が満たす運動方程式（すなわち (5.1) とマックスウェル方程式 (4.62)）を通してのみ現れる．電磁場を力学変数としてではなく単に外から与えられた外場として扱う場合には，粒子のエネルギーに電場の影響を表すポテンシャルエネルギー $V(x) = q\phi(x)$ を粒子のエネルギーに加えなければならない．また，特殊相対性原理により，これに対応して，ポテンシャル運動量と呼ぶべき $q\boldsymbol{A}(x)$ が一般化運動量の定義 (3.36) に加わる．しかし，電磁場が，粒子とは別にマックスウェル方程式に従う独立な力学的自由度として扱われると，そのエネルギーと運動量も，粒子に付随したポテンシャルエネ

ルギーやポテンシャル運動量としてではなく，エネルギー運動量テンソル $\hat{T}^{\mu\nu}$ で表される粒子とは独立な電磁場のエネルギー運動量として振る舞う．

一方，粒子側でも，エネルギーや運動量，運動量が密度量としてテンソル $\check{T}^{\mu\nu}$ で表されたわけだが，これは電流密度ベクトルで電荷と電流の分布を連続的な量として表現したのと同様に，物質のエネルギー運動量をマクロの立場から連続的な量として取り扱うのに都合がよい．質点の場合の $\check{T}^{\mu\nu}$ を固有時間の積分により 4 次元デルタ関数を 3 次元に帰着させて，3 次元の記号で粒子のエネルギー運動量テンソルを表すと以下のとおりである．

$$\check{T}^{00} = \frac{mc^2}{\sqrt{1-\frac{1}{c^2}\left|\frac{d\boldsymbol{x}}{dt}\right|^2}}\delta^3\big(\boldsymbol{x}-\boldsymbol{x}(\tau)\big) = E(\tau)\delta^3\big(\boldsymbol{x}-\boldsymbol{x}(\tau)\big), \tag{5.29}$$

$$\check{T}^{0i} = \check{T}^{i0} = mc\frac{dx^i(\tau)}{d\tau}\delta^3\big(\boldsymbol{x}-\boldsymbol{x}(\tau)\big) = \frac{E(\tau)}{c}\frac{dx^i(\tau)}{dt}\delta^3\big(\boldsymbol{x}-\boldsymbol{x}(\tau)\big), \tag{5.30}$$

$$\check{T}^{ij} = \check{T}^{ji} = m\frac{dx^i(\tau)}{d\tau}\frac{dx^j(\tau)}{dt}\delta^3\big(\boldsymbol{x}-\boldsymbol{x}(\tau)\big) \tag{5.31}$$

簡単のため粒子 1 個の場合を示したが，複数あればそれぞれの寄与の和をとる．$E(\tau) = \frac{mc^2}{\sqrt{1-\frac{1}{c^2}\left|\frac{d\boldsymbol{x}}{dt}\right|^2}}$ は，時刻 $t = x^0(\tau)/c$ で決まる固有時間での粒子エネルギーである．これから粒子についても，$\check{T}^{00}$ がエネルギー密度，$c\check{T}^{0i}$ がエネルギー流密度，そしてそれを c^2 で割った $\check{T}^{0i}/c$ が運動量密度である．また，$\check{T}^{ij}$ は [運動量の i 成分]·[速度の j 成分] = [運動量の j 成分]·[速度の i 成分] という形をしていることに注意しよう．したがって，[j 軸方向に垂直な面を通す単位面積当たりの運動量の i 成分の流出率] = [i に垂直な面を通す単位面積当たりの運動量の i 成分の流出率] である．これは，運動量の変化を時空で局所的に起こる過程として表面積分で表したという意味で，電磁場側の応力密度と関係することを表している．

マクロな物質のエネルギー運動量テンソルは，電流ベクトルの場合と同様に，多数の粒子の寄与を平均して連続的な量として表す．また，前節で注意したマクロな電磁場では表されない（重力以外の）物質粒子間で作用する力にも対応するエネルギー，運動量があるはずである．その場合，$\check{T}^{\mu\nu}$ はその寄与も含むものと仮定する．これは特殊相対性原理に依拠する電磁力学の基本的前提である．実際，素粒子レベルまで遡った（量子力学に基づく）基本的な物理法則は，すべての自由度を含めて連続の方程式 (5.28) を満たすエネルギー運動量テンソルが存在することを保証している．

粒子系と電磁場の違いにも注意を向けよう．1 粒子だけで考えると $\check{T}^{0i} = (\check{T}^{00}/c)\frac{dx^i}{dt}$ であるが，一般の電磁場ではこれに相当する局所的な関係は存在しない．それは (5.10) は電場の寄与と磁場の寄与の和であるのに，(5.13) は電場と磁場のベクトル積に比例していることから納得できるだろう．A_μ は時空の各点で独立に存在する力学的自由度であるため，エネルギーの流れとエネルギー密度との関係は単純ではない．たとえば，エネルギー密度を重みとする座標の全空間積分 $\int_\infty x_i\hat{T}^{00}(\boldsymbol{x},t)d^3x$ を考えると，(5.5) により部分積分を用いると次式が成り立つ．

$$\frac{1}{c^2}\frac{d}{dt}\int_\infty x_i\hat{T}^{00}(\boldsymbol{x},t)d^3x = \frac{1}{c}\int_\infty x_i\partial_0\hat{T}^{00}d^3x = -\frac{1}{c}\int_\infty x_i(\partial_j\hat{T}^{j0}+J_jF^{0j})d^3x$$
$$= \int_\infty \hat{P}^i d^3x - \frac{1}{c^2}\int_\infty x_i\boldsymbol{J}\cdot\boldsymbol{E}d^3x \tag{5.32}$$

つまり，場については，運動量，エネルギー，速度の関係は積分による平均の意味でしか成り立たない．もちろん，粒子系でも積分平均に関しては，(5.27) により，同様に次式が成り立つ．

$$\frac{1}{c^2}\frac{d}{dt}\int_\infty x_i\check{T}^{00}(\boldsymbol{x},t)d^3x = \int_\infty \check{P}^i d^3x + \frac{1}{c^2}\int_\infty x_i\boldsymbol{J}\cdot\boldsymbol{E}d^3x \tag{5.33}$$

ただし，粒子系の運動量密度を $\check{P}_i = \check{T}^{0i}/c$ と表した．よって，粒子系と電磁場を合わせた全系の運動量密度 $P_i = \hat{P}_i + \check{P}_i$ は，全エネルギー密度 T^{00} との間で次の関係を満たす．

$$\frac{1}{c^2}\frac{d}{dt}\int_\infty x_iT^{00}d^3x = \int_\infty P_id^3x \tag{5.34}$$

このとき電磁場ベクトルが無限遠でゼロ ($\int_{\partial\infty}\boldsymbol{P}\cdot d\boldsymbol{S}=0$) であれば，全エネルギー $E\equiv\int_\infty T^{00}d^3x$ は連続の方程式により保存し，

$$\frac{d}{dt}E = -c^2\int_{\partial\infty}\boldsymbol{P}\cdot d\boldsymbol{S} = 0 \tag{5.35}$$

系全体の重心座標と運動量の間で次式が成り立つ．

$$\frac{d}{dt}\boldsymbol{X} = \frac{c^2}{E}\int_\infty \boldsymbol{P}d^3x, \quad \boldsymbol{X}(t)\equiv E^{-1}\int_\infty \boldsymbol{x}T^{00}(\boldsymbol{x},t)d^3x \tag{5.36}$$

これが，1 粒子のときに局所的に成り立つエネルギー，運動量，速度の関係を，場と粒子系が相互作用している場合に拡張したものになっている．また，電磁場ベクトルが無限遠で十分早くゼロになるなら，全運動量も保存する．

$$\frac{d}{dt}\int_\infty P_id^3x = -\int_{\partial\infty}\partial_jT^{ji}dS^j = 0 \tag{5.37}$$

当然期待されるように，重心座標は任意の慣性系で一定速度で運動する．前節で強調したように，自己力の打ち消しは運動量保存に対応するが，この結果が最も一般的な仕方でそれを表している．

特に，定常的な電磁場が実現している慣性系 K があると，そこでは (5.32), (5.33)

の左辺はゼロで，電磁場の運動量，粒子系の運動量は次式を満たす．

$$\int_{\infty} \hat{P}_i d^3x = -\int_{\infty} \check{P}_i d^3x = \frac{1}{c^2}\int_{\infty} x_i \boldsymbol{J}\cdot\boldsymbol{E} d^3x \tag{5.38}$$

電磁場は定常的でも電流と電場の共存により運動量が存在するのである．$\boldsymbol{E} = -\boldsymbol{\nabla}\phi, \boldsymbol{\nabla}\cdot\boldsymbol{J} = 0$，$\triangle\phi = -\rho/\epsilon_0$，$\triangle\boldsymbol{A} = -\mu_0\boldsymbol{J}$ を用いて右辺は次のように変形できる（クーロン条件 $\boldsymbol{\nabla}\cdot\boldsymbol{A} = 0$ を仮定，また部分積分を用いた）．

$$\frac{1}{c^2}\int_{\infty} x_i \boldsymbol{J}\cdot\boldsymbol{E} d^3x = \frac{1}{c^2}\int_{\infty} \phi J_i d^3x = \int_{\infty} \rho A_i d^3x = \sum_{a=1}^{n} q_a A_i(\boldsymbol{x}_a) \tag{5.39}$$

もちろん，最後の等式は粒子系を点電荷 n 個の q_a $(a = 1, \ldots, n)$ の集合とした場合に成り立つ．実際にはミクロな立場からは電流も荷電粒子の流れから構成されているわけだが，中性の電線ではそれは寄与しないから，最後の等式の立場では，一見，電流の外側にある電荷の位置だけの寄与であるかのように見える．これは第 3 章で最初に導入したように，粒子の一般化運動量 (3.36) へのベクトルポテンシャルの寄与を足したものだ．ベクトルポテンシャルの「ポテンシャル運動量」としての役割がここにも表れている．一方，第 1 等式の立場では，電流と ϕ の積の形であり，電流がゼロでない位置からのみの寄与に見える．これは，荷電粒子が担う定常電流がポテンシャルエネルギー $q\phi$ を運んで電磁場のエネルギー流を与えると解釈できる．いずれにしても，電場と磁場が共存して初めて寄与があり，空間全体での積分をしてのみ意味がある量である [*4]．どちらの見方でも積分結果は同じで，電気活性状態の効果としてファラデーの予想と調和する．また，(5.32), (5.33) の右辺への現れ方が示しているように，電磁場と粒子系で常に逆符号で寄与し，互いに打ち消し合う．全系の運動量保存は両方を考慮しなければ成立しない．また，結果 (5.39) は，4.3 節の例で論じたように，$q\oint \boldsymbol{A}\cdot d\boldsymbol{x}$（特に「補足：ABES 効果」）が，荷電粒子が閉路に沿って運動するときの電磁場からの運動量への寄与（あるいは 2 点間の異なる経路の間での違い）に相当することとも調和している．

応力についても同様にして次式が成り立つ．

$$\int_{\infty} \hat{T}^{ij} d^3x = -\int_{\infty} x_i \partial_k \hat{T}^{kj} d^3x = \int_{\infty} x_i \partial_k \check{T}^{kj} d^3x = -\int_{\infty} \check{T}^{ij} d^3x$$
$$= \int_{\infty} x_i (\rho E_i + \boldsymbol{J}\times\boldsymbol{B})_j d^3x \tag{5.40}$$

つまり，定常的な電磁場では運動量だけでなく，一般に応力についても全空間で合成すると電磁場側と粒子側の寄与が打ち消す（ラウエの定理）．

---

*4) 言い換えると，ϕJ_i や ρA_i をそのまま運動量密度とみなすのは，一般的には正しくない．

例：コイルと点電荷の系の電磁的運動量

4.2 節で扱った円電流の場合で，さらに位置 $\boldsymbol{x} = (x_1, 0, x_3)$ に点電荷 q があると運動量 $\int_\infty \hat{P}_i d^3x$ は (4.36) により次式になる．

$$q\boldsymbol{A}(\boldsymbol{x}) = \frac{\mu_0 I q}{4\pi}\int_0^{2\pi}\frac{(-\sin\psi, \cos\psi, 0)ad\psi}{\sqrt{(x_1 - a\cos\psi)^2 + a\sin^2\psi + x_3^2}}$$

第 1 成分は角度積分がゼロ，第 3 成分は元々ゼロで第 2 成分が

$$\int_\infty \hat{P}_2 d^3x = \frac{\mu_0 I q a}{4\pi}\int_0^{2\pi}\frac{\cos\psi d\psi}{\sqrt{(x_1 - a\cos\psi)^2 + a\sin^2\psi + x_3^2}} \simeq \frac{\mu_0 a^2 I q x_1}{4r^3}$$

となる（最右辺は $r \gg a$ のときの近似）．このように電磁場の運動量は円電流の中心軸と点電荷が作る 13-平面に垂直な方向を向く．上の一般論により，粒子系はこれと逆符号の運動量をもつ．図 5.7 ($q > 0, I > 0$) では点電荷が第 1 軸の負側 ($x_1 < 0, x_3 = 0$) にあり，運動量密度 $\hat{P}_2$ はコイルの外側では主に 2 軸正方向に寄与するが，コイルの中心軸に沿っては 2 軸負方向に強く寄与し，それにより積分全体としては上の結果になる．

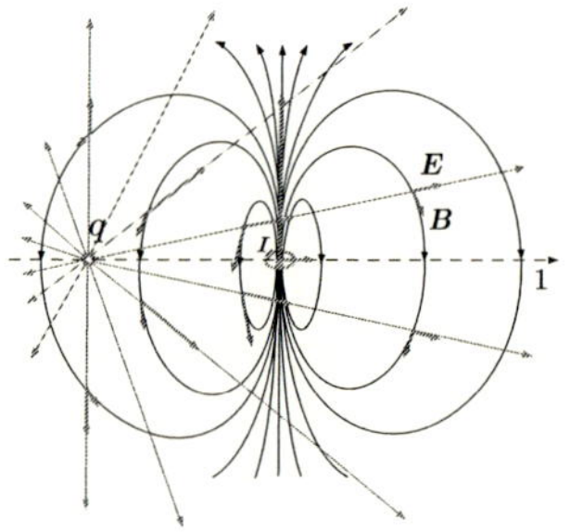

図 5.7 コイルと点電荷の電磁的電磁場

電磁場のエネルギー運動量テンソルの特徴についてもう一つ述べよう．それは，次式が常に満たされていることだ．

$$\hat{T} \equiv \hat{T}^{\mu\nu}\eta_{\mu\nu} = \hat{T}^{\mu}_{\mu} = 0 \tag{5.41}$$

$\hat{T}$ は行列ではトレース（跡）と呼ばれる．一方，粒子では同じくトレースをとると，ゼロではなく常に負の値だ．

$$\check{T}^{\mu}_{\mu} = -mc^3\int_{-\infty}^{\infty}\delta^4\big(x - x(\tau)\big)d\tau = -mc^2\sqrt{1 - \frac{1}{c^2}\left|\frac{d\boldsymbol{x}}{dt}\right|^2}\,\delta^3\big(\boldsymbol{x} - \boldsymbol{x}(\tau)\big)$$

(5.41) は電磁場のエネルギー密度 $\hat{T}^{00}$ と応力密度の対角成分の和 $\hat{T}_{ii}$ が任意の時空位置で常に等しく，バランスがとれていることを表す．粒子の場合はそうではなく，静止エネルギーが存在するため（粒子が静止していれば $\check{T}_{ii} = 0$），一般にエネルギー密度が運動量の効果を上回っている．例外は質量がゼロのときだけである（このとき $\check{T}^{\mu}_{\mu} = 0$）．その意味では，電磁場のエネルギーと運動量は質量ゼロの粒子と似た側面がある．実際，前にも触れたように，電磁波=光は量子力学では，質量ゼロの粒子（光子）からなるものとして扱える．しかし，(5.41) は時間に依存しない静電場や定常電流の磁場でも成り立つ．たとえば，(5.15) のように力線に接する向きを第 1 軸にとれ

ば対角成分だけになる ($\hat{T}_{\mathrm{E}}^{00} = \hat{T}_{\mathrm{E}}^{22} = \hat{T}_{\mathrm{E}}^{33} = \frac{\epsilon_0}{2}|\boldsymbol{E}|^2 = -\hat{T}_{\mathrm{E}}^{11}$). もちろん，同じことが磁場の寄与でも成り立つ．つまり，静電場や静磁場では，エネルギー密度と応力の密度が同じ強さであること，そして，張力は力線に接する空間 1 方向，圧力は力線の垂直な 2 方向に働くことが，(5.41) に対応している．もし，電磁場が一様で等方的な熱平衡状態にあるとして，$\hat{T}^{\mu\nu}$ の平均値 $\langle\hat{T}^{\mu\nu}\rangle$ を考えると，その値は空間回転で不変でなければならないので，ゼロでない成分は対角成分だけで，2 個の定数 $\hat{w}$, $\hat{w}'$ により $\langle\hat{T}^{00}\rangle = \hat{w}$, $\langle\hat{T}^{ij}\rangle = \hat{w}'\delta^{ij}$ と書ける．このとき，(5.41) により $\hat{w}' = \frac{1}{3}\hat{w} = 0$ である．つまり，電磁場の熱平衡状態では平均エネルギー密度が $\hat{w}$ のとき，等方的に圧力 $\hat{p} \equiv \hat{w}/3$ が働く（放射圧）．以下の「補足」で説明するように，この性質は電磁場の背後に量子論が隠れていることを示唆する．

○補足：シュテファン–ボルツマンの法則とプランク定数

熱平衡状態では電磁場のエネルギー密度は空洞の形状，体積，材質によらず決まるから，温度だけの関数である．そこで，関係式 $\hat{p} = \frac{1}{3}\hat{w}$ に基づき，$\hat{w} = \hat{w}(T)$ の温度依存性について調べよう．熱力学第 1 法則と第 2 法則により体積 V の真空容器中で熱平衡状態にある電磁場（空洞放射，あるいは黒体放射と呼ぶ）のエントロピー S の微小変化は次式の形に書ける．

$$dS = \frac{dU + \hat{p}dV}{T} = \frac{V\frac{d\hat{w}}{dT}dT + (\hat{p}+\hat{w})dV}{T} = \frac{V}{T}\frac{d\hat{w}}{dT}dT + \frac{4\hat{w}}{3T}dV \qquad (5.42)$$

ただし，内部エネルギーが $U = \hat{w}V$ であることを用いた．$\frac{\partial}{\partial V}\frac{\partial S}{\partial T} = \frac{\partial}{\partial T}\frac{\partial S}{\partial V}$（マックスウェルの関係式）により，

$$\frac{d\hat{w}}{dT} = \frac{4T}{3}\frac{d}{dT}\left(\frac{\hat{w}}{T}\right) \quad \to \quad \frac{d\hat{w}}{dT} = 4\frac{\hat{w}}{T} \qquad (5.43)$$

となり，1 個の定数 a により $\hat{w} = aT^4$ が成り立つ．つまり，エネルギー密度は絶対温度の 4 乗に比例する（シュテファン–ボルツマンの法則）．比例係数 a の次元は絶対温度をエネルギーの次元で測る単位を採用する（$[T] = [E]$，ボルツマン定数を k_{B} を 1 とする単位）ことにすると，$[a] = [E]L^{-3}[E]^{-4} = (L[E])^{-3}$ であるから，長さとエネルギーの積の次元をもつ定数が必要になる．あるいは，ac^3 で考えると $[ac^3] = ([t][E])^{-3}$ で，時間 $[t]$ とエネルギーの積の次元，つまり古典力学での「作用」の次元をもつ定数と言い換えても同じである．古典物理学での自然定数で電磁場に関係するものは，c しか存在しないから，これを理解するには新たな普遍定数が必要だ．プランク定数こそまさにそのような新たな自然定数である（4.4 節で触れた光子のエネルギー $E = h\nu$ を思い起こすこと）．このように，電磁場の熱平衡状態を理解するには，量子力学が必要となる．熱平衡状態では電磁場のあらゆる自由度を考慮しなければならないため，振動数が限りなく

大きな電磁波の寄与が必然的に関与する．言い換えると波長が限りなく小さな寄与である．そのようなミクロ領域では電磁場のエネルギーを光子という離散的なエネルギーの粒の集合として扱うことが必要になる（関連事項について 7.2 節参照）．ここに古典的電磁場理論の限界が露呈している．

粒子側のエネルギー運動量テンソルをマクロスケールで連続的に扱う場合には，(5.29)〜(5.31) を多数の粒子について和をとったのちにマクロスケールで平均化しなければならない．局所的な意味で粒子の重心が静止した慣性系で考えるなら運動量密度の平均値 $\langle \check{T}^{0i} \rangle$ はゼロとおける．また，この系での粒子のミクロな速度分布が方向によらないとすると $\check{T}^{ij}$ は座標の空間回転で不変でなければならないから，$\check{T}^{ij} = \check{p}\delta^{ij}$ とおける．(5.31) により $\check{p} > 0$ である．このとき，$\check{T}^{\mu}_{\mu} < 0$ により $\check{w} - 3\check{p} > 0$ と，物質の平均エネルギー密度は圧力の 3 倍より必ず大きい．当然，物質と平衡状態にある電磁場を合わせた平均全エネルギー密度 $w = \check{w} + \hat{w}$，圧力 $p = \hat{p} + \check{p}$ についても $w - 3p > 0$ である．

関連する性質についてもう一つ触れておこう．真空中の電磁場を考えると，物質粒子のエネルギー運動量はゼロとおけるから，電磁場だけの寄与で連続の方程式 $\partial_\mu \hat{T}^{\mu\nu} = 0$ が成り立つ．このとき，(5.41) は膨張流と呼ばれるベクトル場 $\hat{D}^\mu \equiv x_\nu \hat{T}^{\mu\nu}$，すなわち，$\hat{D}^0 = c(\boldsymbol{x} \cdot \hat{\boldsymbol{P}} - t\hat{T}^{00})$，$\hat{D}_i = -c^2 t\hat{P}_i + x_j \hat{T}_{ij}$ が連続の方程式を満たすという性質に置き換えられる．

$$\partial_\mu \hat{D}^\mu = \partial_\mu (x_\nu \hat{T}^{\mu\nu}) = \hat{T} + x_\nu \partial_\mu \hat{T}^{\mu\nu} = 0 \tag{5.44}$$

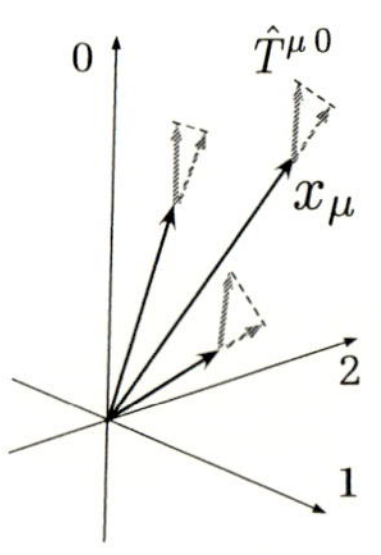

図 5.8 膨張流

「膨張流」という呼び方[*5)]は，$\hat{D}^0$ が運動量エネルギー密度 $\hat{T}^{\mu 0}$ と時空位置ベクトル x_μ との 4 次元内積であるため，時空原点から 4 次元の意味で放射状方向に伸びたベクトル x_μ の方向にエネルギー運動量密度ベクトルを投影した長さ（図 5.8 の点線ベクトル）と，その位置の原点からの 4 次元距離を掛けてエネルギー運動量の流れを測る量と解釈できるからだ．真空中の電磁場は，このように通常とは異なった特別な仕方で測ったエネルギー運動量も保存するという特徴がある．

連続の方程式 (5.28) は，電磁場の力だけで運動する荷電粒子のエネルギーと運動量の保存則を最も一般的な仕方で表している．電磁場の運動量を考慮すると，厳密に運動量が保存される．このとき，電磁場のエネルギーや運動量には荷電粒子の作る自己場の寄与も含まれているから，一般的な荷電粒子の運動では，自己場のエネルギー（自己エネルギー）や運動量のやりとりも含ま

*5) 英語では dilatation current.

れる．ただし，厳密な点電荷では自己場の電場の強さは点電荷からの距離が r のとき $1/r^2$ に比例するためエネルギー密度が $1/r^4$ となり積分 $\int \frac{\epsilon_0}{2}|\boldsymbol{E}|^2 d^3x \simeq \frac{\epsilon_0}{2}4\pi\int_0^\infty \frac{dr}{r^2}$ は無限大となる．たとえば電荷が半径 $= a$ の球面上に一定密度で広がっているなら，$r \geq a$ だけの積分になるから有限で $1/a$ に比例する．自己エネルギーのやりとりも取り入れた議論をする場合はマクロな電荷分布には必ず広がりがあることを考慮する必要がある．

5.4　電磁場の角運動量

粒子の力学では，力が中心力ならば，保存する物理量としてさらに角運動量がある．角運動量の相対論的な拡張について考えてみよう．点電荷に働くローレンツの力は速度に依存しており，かつ電場と磁場はマックスウェル方程式により局所的な情報だけにより表されているから，中心力という遠隔作用の考えに基づく概念は，特殊相対性原理の立場では明確な意味をもち得ない．角運動量保存についても，当然，局所的に成立する連続の方程式によって定式化しなければならない．まず，粒子の相対論的運動量から角運動量を定義するなら，4 次元への一般化を念頭に置き，外積の形 $\check{\ell}_{ij} \equiv m\Big(x_i \frac{dx_j}{d\tau} - x_j \frac{dx_i}{d\tau}\Big)$ で考えたほうがよい．速度が小さければ τ を t に置き換えられるから，$\check{\ell}_i = \frac{1}{2}\epsilon_{ijk}\check{\ell}_{jk}$ はニュートン力学での粒子の角運動量と一致する．そこで運動量 $m\frac{dx_i}{d\tau}$ を運動量密度 $\check{T}^{i0}/c = \check{T}^{0i}/c$ で置き換えて，粒子の 4 次元の軌跡 $x^\mu(\tau)$ に対して

$$\check{L}^{ij0}(x) \equiv \frac{1}{c}(x^i\check{T}^{j0} - x^j\check{T}^{i0}) = -\check{L}^{ji0}(x) \tag{5.45}$$

により粒子の角運動量密度を定義する．3 次元空間領域 V の積分をすれば領域 V に存在している粒子の角運動量の総和 $\check{\ell}_{ij}(\mathrm{V},t) = \int_{\mathrm{V}} \check{L}^{ij0}(x)d^3x$ を与える．ローレンツ変換による時間空間の変換を考慮するなら，さらに 3 階テンソル

$$\check{L}^{\mu\nu\sigma} \equiv \frac{1}{c}(x^\mu\check{T}^{\nu\sigma} - x^\nu\check{T}^{\mu\sigma}) = -\check{L}^{\nu\mu\sigma} \tag{5.46}$$

（角運動量密度テンソル）に一般化するのが自然だ．一つ慣性系を固定し，$\check{L}^{\mu\nu 0}$ を 3 次元空間全体で積分すれば，粒子の相対論的角運動量テンソル

$$\check{\ell}^{\mu\nu} = m\Big(x^\mu\frac{dx^\nu}{d\tau} - x^\nu\frac{dx^\mu}{d\tau}\Big) \tag{5.47}$$

について，定めた一つの慣性系の同時刻において和をとったものに等しい．自由粒子ならこれが保存することは運動方程式から明らかである．

$$\frac{d}{d\tau}\check{\ell}^{\mu\nu} = m\Big(x^\mu\frac{d^2x^\nu}{d\tau^2} - x^\nu\frac{d^2x^\mu}{d\tau^2}\Big) + m\Big(\frac{dx^\mu}{d\tau}\frac{dx^\nu}{d\tau} - \frac{dx^\nu}{d\tau}\frac{dx^\mu}{d\tau}\Big) = 0$$

このように，3 次元の角運動量ベクトルは相対論的には 4 次元の外積として定義される角運動量テンソルに拡張される．たとえば，自由粒子 1 個の場合，3 個の 3 次元角運動量 $\check{\ell}^{ij}$ に加えて，さらに 3 個の一般化された角運動量

$$\check{\ell}^{i0} = m\Big(x^i \frac{dx^0}{d\tau} - x^0 \frac{dx^i}{d\tau}\Big)$$

が自動的に保存する．通常の角運動量は，空間原点を中心として見たときの粒子の回転運動の強さと向きを測る物理量であるが，4 次元時空の観点からは，時空の原点のまわりでの「擬」回転を測る量に拡張されるべきことは納得できるだろう．運動方程式を満たす自由粒子の世界線は，二つの定数 4 元ベクトル v^μ, u^μ により $x^\mu(\tau) = v^\mu\tau + u^\mu$, $p^\mu = mv^\mu$ と書けるが，このとき $\check{\ell}^{\mu\nu} = m(u^\mu v^\nu - u^\nu v^\mu)$ である．質量殻条件 $(v^2 = -c^2)$ のため，1 粒子の独立な運動の定数の個数は v^μ から 3，u^μ から 4 の合計 7 であることに注目しよう．質量がゼロでなければ，適当にローレンツ変換して粒子が静止している慣性系を選べる．これによりこれらの定数のうち 3 個 v^i はゼロにでき $(v^0 \neq 0)$，このとき 3 次元角運動量は $\check{\ell}^{ij}$ はゼロで，一般化された 4 次元角運動量は $\check{\ell}^{i0} = mu^i v^0$ となり，残る自由度のうち 3 個は u^i，すなわち，空間原点の選び方の任意性に対応する．さらに残る 1 個 u^0 は時間の原点の選び方に吸収される．

粒子が複数個の場合（n 粒子を添字 $a = 1, \ldots, n$ で区別），全角運動量テンソル

$$\check{\ell}^{\mu\nu} = \sum_{a=1}^{n} m_a\Big(x_a^\mu(\tau_a)\frac{dx_a^\nu(\tau_a)}{d\tau_a} - x_a^\nu(\tau_a)\frac{dx_a^\mu(\tau_a)}{d\tau_a}\Big)$$

の $\mu = i, \nu = 0$ 成分は，$x_a^0(\tau_a) = ct$ を用い，$\check{\ell}^{i0} = \sum_{a=1}^{n} x_a^i p_a^0 - ct\sum_{a=1}^{n} p_a^i$ と書ける．全 3 次元運動量がゼロ $(\boldsymbol{p} \equiv \sum_{a=1}^{n} \boldsymbol{p}_a = 0)$ の重心座標系ではこの式の第 2 項はゼロである．さらに座標原点を適当に選べば第 1 項もゼロにでき，$\check{\ell}^{i0}$ はゼロである．よってローレンツ変換して得られる慣性系では

$$\check{\ell}'^{\mu\nu} = L^\mu{}_i L^\nu{}_j \check{\ell}^{ij} \tag{5.48}$$

となる．したがって，粒子系全体としての回転運動を表すために実質的に意味のある成分は空間成分 $\check{\ell}^{ij}$ の 3 個である．

さて，3 階テンソル $\check{L}^{\mu\nu\sigma}$ が電磁場の効果を入れたとき連続の方程式を満たせば，4 次元での相対論的な角運動量の保存則を電磁場を含めて一般化できるはずである．そこでこれに ∂_σ を作用して縮約をとると，

$$\begin{aligned} c\partial_\sigma \check{L}^{\mu\nu\sigma} &= \partial_\sigma(x^\mu \check{T}^{\nu\sigma} - x^\nu \check{T}^{\mu\sigma}) = \check{T}^{\nu\mu} - \check{T}^{\mu\nu} + x^\mu\partial_\sigma\check{T}^{\nu\sigma} - x^\nu\partial\check{T}^{\nu\sigma} \\ &= -x^\mu\partial_\sigma\hat{T}^{\nu\sigma} + x^\nu\partial_\sigma\hat{T}^{\mu\sigma} = -c\partial_\sigma\hat{L}^{\mu\nu\sigma} \end{aligned} \tag{5.49}$$

となる．ただし，2 行目に移る際にエネルギー運動量テンソルの対称性 $\check{T}^{\mu\nu}$ =

$\check{T}^{\nu\mu}, \hat{T}^{\mu\nu} = \hat{T}^{\nu\mu}$，および，連続の方程式 (5.28) を用いた．また，(5.46) に対応して電磁場の角運動量密度テンソルを次式で定義した．

$$\hat{L}^{\mu\nu\sigma} \equiv \frac{1}{c}(x^\mu \hat{T}^{\nu\sigma} - x^\nu \hat{T}^{\mu\sigma}) = -\hat{L}^{\nu\mu\sigma} \tag{5.50}$$

結局，全角運動量テンソルに関して次の連続の方程式が成り立つ．

$$\partial_\sigma L^{\mu\nu\sigma} = 0,\ L^{\mu\nu\sigma} \equiv \check{L}^{\mu\nu\sigma} + \hat{L}^{\mu\nu\sigma} \tag{5.51}$$

さらに，$\mu = i, \nu = j$ として，(5.51) の両辺を領域 V で積分すれば，

$$\frac{d}{dt}\big(\check{\ell}_{ij}(V,t) + \hat{\ell}_{ij}(V,t)\big) = -c\int_{\partial \mathrm{V}} (\check{L}^{ijk} + \hat{L}^{ijk})dS_k \tag{5.52}$$

である．もちろん，

$$\hat{\ell}_{ij}(V,t) = \int_{\mathrm{V}} \hat{L}^{ij0} d^3x \tag{5.53}$$

は，領域 V 中の角運動量に対する電磁場の寄与である（$\hat{L}^{ij0}$ が電磁場の角運動量密度）．したがって，$c\check{L}^{ijk}, c\hat{L}^{ijk}$ はそれぞれ粒子の角運動量の流れの密度の k 軸方向成分である．特に粒子が有限な領域だけで存在し，もし電磁場が遠方で十分に早く減少し $c\hat{L}^{ijk}$ が無限遠方で無視できるなら，全角運動量は一定で変化しない．一般に粒子が有限な領域内で運動し電磁場の時間変化がある場合には，電磁場の角運動量の流れもゼロではないため，角運動量の保存は粒子の寄与だけでなく，一般に電磁場の角運動量の寄与を含めて初めて成り立つ．

粒子の角運動量から出発して電磁場の角運動量テンソルを導いたが，次に，ローレンツ力が引き起こす力のモーメントの立場から考えてみよう．マックスウェル方程式によって成り立つ (5.5) 式 $F^{\mu\sigma}J_\sigma = -\partial_\sigma \hat{T}^{\mu\sigma}$ に戻り，両辺に x^ν を掛けて μ と ν に関して次のように反対称化して考えよう．

$$(x^\mu F^{\nu\sigma} - x^\nu F^{\mu\sigma})J_\sigma = -(x^\mu \partial_\sigma \hat{T}^{\nu\sigma} - x^\nu \partial_\sigma \hat{T}^{\mu\sigma})$$

右辺は電磁場のエネルギー運動量テンソルの対称性を用いると

$$-(x^\mu \partial_\sigma \hat{T}^{\nu\sigma} - x^\nu \partial_\sigma \hat{T}^{\mu\sigma}) = -\partial_\sigma(x^\mu \hat{T}^{\nu\sigma} - x^\nu \hat{T}^{\mu\sigma}) = -c\partial_\sigma \hat{L}^{\mu\nu\sigma}$$

に等しく（$\partial_\sigma(x^\mu \hat{T}^{\nu\sigma}) = x^\mu \partial_\sigma \hat{T}^{\nu\sigma} + \hat{T}^{\nu\mu}$ に注意），次式に書き直せる．

$$(x^\mu F^{\nu\sigma} - x^\nu F^{\mu\sigma})J_\sigma = -c\partial_\sigma \hat{L}^{\mu\nu\sigma} \tag{5.54}$$

空間成分 $\mu = i, \nu = j$ で考え，領域 V で積分し両辺にマイナスを掛けると

$$-\int_{\mathrm{V}}[x_i(\rho\boldsymbol{E}+\boldsymbol{J}\times\boldsymbol{B})_j-x_j(\rho\boldsymbol{E}+\boldsymbol{J}\times\boldsymbol{B})_i]d^3x$$
$$=c\int_{\partial\mathrm{V}}\hat{L}^{ijk}dS_k+\frac{d}{dt}\hat{\ell}_{ij}(V,t) \tag{5.55}$$

となる．左辺は領域 V 中の荷電粒子から反作用として電磁場に作用する力のモーメント，右辺第 1 項は左辺に移項したとき，境界 ∂V を通して V の外側から電磁場に作用する応力のモーメントとみなせる．それが右辺第 2 項，領域 V 中の電磁場の角運動量の変化率に等しいわけだ．

同じ考察を粒子側の運動方程式だけを用いて行うと，関係式

$$\int_{\mathrm{V}}[x_i(\rho\boldsymbol{E}+\boldsymbol{J}\times\boldsymbol{B})_j-x_j(\rho\boldsymbol{E}+\boldsymbol{J}\times\boldsymbol{B})_i]d^3x$$
$$=c\int_{\partial\mathrm{V}}\check{L}^{ijk}dS_k+\frac{d}{dt}\check{\ell}_{ij}(V,t) \tag{5.56}$$

が得られる．この場合は左辺は V 中の荷電粒子にローレンツ力を通して電磁場から働く力のモーメント，右辺第 1 項はやはり左辺に移項すると，V の外側から表面を通して外から入ってくる粒子の角運動量の流れである．それが，V 中の粒子の角運動量の変化率に等しい．つまり，V 中のローレンツ力のトルクがゼロでなければ，それにより，粒子系の角運動量と電磁場の角運動量の間で相互転化が起こる．もちろん，両者 (5.55) と (5.56) を合わせて左辺を消去すると，運動方程式とマックスウェル方程式を一緒に用いたことになり，最初に導いた (5.52) に帰着する．

マックスウェル方程式だけを用いた (5.55) は，マクロな電磁的力以外の力を加えて定常的な状態に保たれた電荷，電流分布に対しても適用できる．その場合は右辺第 2 項はゼロとおけるから，V 中の荷電粒子に掛かるローレンツ力のモーメントは，V 表面で外側から掛かる電磁場（すなわち電気力線，磁力線）の応力のモーメントに等しい．5.2 節で行った考察を繰り返せば，これから定常的な電荷・電流の分布では，力の自己モーメントを積分したものがゼロであることがいえる．V が無限に大きい極限をとると，前と同じ理由で右辺はゼロである．当然，左辺を直接計算すればゼロであることも前と同様に示せる．一様運動をしている電磁場の場合も含めてより一般的な考え方については次節で改めて触れる．ここでは静止電荷の場合と静止定電流の場合を確かめておこう．まず，静止電荷の場合は次式である．

$$\int_{\infty}\rho(\boldsymbol{x})\boldsymbol{x}\times\boldsymbol{E}(\boldsymbol{x})d^3x=\frac{1}{4\pi\epsilon_0}\iint_{\infty}\rho(\boldsymbol{x})\rho(\boldsymbol{y})\boldsymbol{x}\times\frac{(\boldsymbol{x}-\boldsymbol{y})}{|\boldsymbol{x}-\boldsymbol{y}|^3}d^3xd^3y$$
$$=\frac{1}{8\pi\epsilon_0}\iint_{\infty}\rho(\boldsymbol{x})\rho(\boldsymbol{y})(\boldsymbol{x}-\boldsymbol{y})\times\frac{(\boldsymbol{x}-\boldsymbol{y})}{|\boldsymbol{x}-\boldsymbol{y}|^3}d^3xd^3y=0 \tag{5.57}$$

静止定電流分布の場合，少し長い計算で次式が得られる．

$$\begin{aligned}
&\int_\infty \boldsymbol{x}\times\big(\boldsymbol{J}(\boldsymbol{x})\times\boldsymbol{B}(\boldsymbol{x})\big)d^3x \\
&=\frac{\mu_0}{4\pi}\iint_\infty \boldsymbol{x}\times\Big[\frac{\boldsymbol{J}(\boldsymbol{x})\times\big(\boldsymbol{J}(\boldsymbol{y})\times(\boldsymbol{x}-\boldsymbol{y})\big)}{|\boldsymbol{x}-\boldsymbol{y}|^3}\Big]d^3xd^3y \\
&=\frac{\mu_0}{8\pi}\iint_\infty \frac{\big(\boldsymbol{J}(\boldsymbol{x})\cdot\boldsymbol{J}(\boldsymbol{y})\big)(\boldsymbol{x}-\boldsymbol{y})\times(\boldsymbol{x}-\boldsymbol{y})}{|\boldsymbol{x}-\boldsymbol{y}|^3}d^3xd^3y \\
&\qquad+\frac{\mu_0}{4\pi}\iint_\infty \frac{\boldsymbol{J}(\boldsymbol{x})\times\boldsymbol{J}(\boldsymbol{y})}{|\boldsymbol{x}-\boldsymbol{y}|}d^3xd^3y
\end{aligned}\tag{5.58}$$

(5.58) の最後の等式の 1 行目はゼロである．また，2 行目への式変形では，自己力の場合の計算と同様に，部分積分と電流保存を用いた．これも $\boldsymbol{x}$ と $\boldsymbol{y}$ を交換したものを足して 2 で割るとゼロとなる．

$$\frac{1}{2}\iint_\infty \frac{\boldsymbol{J}(\boldsymbol{x})\times\boldsymbol{J}(\boldsymbol{y})+\boldsymbol{J}(\boldsymbol{y})\times\boldsymbol{J}(\boldsymbol{x})}{|\boldsymbol{x}-\boldsymbol{y}|}d^3xd^3y=0$$

もちろん，自己トルクの打ち消し，あるいは全系の角運動量の保存の最も一般的な表現は，運動量保存の場合と同様な意味で (5.51)（およびその積分形としての (5.52) で V→ ∞ としたもの）である．角運動量テンソルに対する連続の方程式の導出に重要なのは，連続の方程式 (5.28) とエネルギー運動量テンソルの対称性 $\hat{T}^{\mu\nu}=\hat{T}^{\nu\mu},\check{T}^{\mu\nu}=\check{T}^{\nu\mu}$ である．この両方が満たされていると，自動的に角運動量保存が連続の方程式の意味で成り立つ．そこで，エネルギー運動量テンソルへの電磁場の寄与の空間成分 $\hat{T}^{ij}$ の成分の対称性，つまり [i 軸に垂直な面を通し場に作用する応力の密度の j 軸成分] = [j 軸に垂直な面を通し場に作用する応力の密度の i 軸成分] という等号関係が何を意味するかについて考えてみよう ($i\neq j$)．図 5.9 ($i=3,j=1$) から納得できるように，対称性は ij 面内の回転（すなわち ij 面に垂直な k 軸まわりの回転）を引き起こす応力のモーメント（トルク）が，i に垂直な面で j 方向にずらそうとする力と j に垂直な面で i 方向にずらそうとする力が釣り合ってゼロになるという条件に他ならない．図の微小直方体の中心における第 2 軸のまわりに直方体外側から掛かる力のモーメントは体積 $\Delta^3V=\Delta_1\Delta_2\Delta_3$ に比例する最低次の近似で $2\Big(\frac{\Delta_1}{2}\hat{T}^{13}\Delta_2\Delta_3-\frac{\Delta_3}{2}\hat{T}^{31}\Delta_1\Delta_2\Big)=(\hat{T}^{13}-\hat{T}^{31})\Delta^3V$ である．因子 2 は，反対側で相対する側面からも同じモーメントの寄与があることを考慮した．また，図に矢印で示したずれの力が働く位置の違いは微小量 Δ_i について 4 次以上の高次の項に寄与するだけなので，無視できることに注意．したがって，

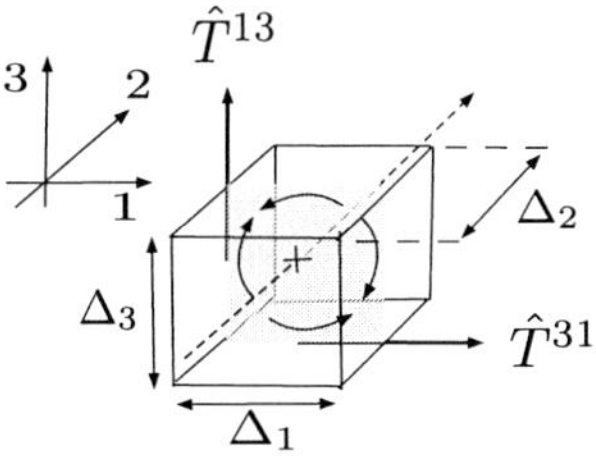

図 5.9　対称性 $\hat{T}^{ij}=\hat{T}^{ji}$ により応力のトルクは常にゼロ

この近似で確かに $\hat{T}^{31} = \hat{T}^{13}$ なら力のモーメントはゼロである．電磁場自身が自分の中で応力を及ぼし合っているが，どの位置でも力のモーメントを打ち消すように応力が決まっている．粒子のエネルギー運動量テンソルの空間成分 $\check{T}^{ij}$ についても，粒子分布を場とみなし，それに備わった応力と解釈すれば同じことがいえる．ローレンツ変換で時間方向を含む他の成分が混じり合うから，空間成分 $\check{T}^{ij}, \hat{T}^{ij}$ だけではなく，他の成分も含めて 4 次元のテンソルとして対称性が成り立つ．

例：電磁場と粒子系の間での角運動量の相互転換

5.3 節（および 4.2 節）の例で，点電荷の代わりに 12-平面の半径 $R\,(\gg a)$ の細い絶縁体のリングに一様な密度 σ（単位長さ当たり）で電荷が分布しているとする（微小電流と同じく第 3 軸が中心軸，図 5.10）．このとき対称性により電磁場の運動量は打ち消してゼロだが，第 3 軸向きに次式の角運動量をもつ．

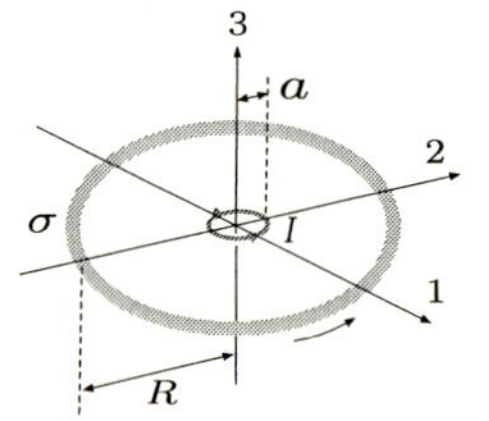

図 5.10　角運動量の変換

$$L^{\mathrm{i}}_{12} = \frac{1}{c^2\mu_0}\int_\infty \big(x_1(E_3B_1 - E_1B_3) - x_2(E_2B_3 - E_3B_2)\big)d^3x$$

$\boldsymbol{B} = \boldsymbol{\nabla}\times\boldsymbol{A}$ を代入して部分積分を行い，$\boldsymbol{\nabla}\times\boldsymbol{E} = 0$ を用いて整理すると

$$\frac{1}{c^2\mu_0}\int_\infty \Big[x_1E_2(\partial_1A_1 + \partial_3A_3) - x_2E_1(\partial_2A_2 + \partial_3A_3) - x_2A_1(\partial_2E_2 + \partial_3E_3) + x_1A_2(\partial_1E_1 + \partial_3E_3)\Big]$$

となる．さらにクーロン条件 $\boldsymbol{\nabla}\cdot\boldsymbol{A} = 0$，および $\boldsymbol{\nabla}\cdot\boldsymbol{E} = \rho/\epsilon_0$ を用い整理すると，

$$L^{\mathrm{i}}_{12} = \int_\infty \rho(x_1A_2 - x_2A_1)d^3x \tag{5.59}$$

を得る．これは $(\boldsymbol{x}\times\rho\boldsymbol{A})_3$ の積分の形であるから，クーロン条件のもとでの定常電磁場の運動量密度 (5.39) と調和する．R が十分大きいとして近似 $(A_1, A_2) = \frac{\mu_0a^2I}{4R^3}(-x_2, x_1)$ を使って電磁場の角運動量は次式になる．

$$L^{\mathrm{i}}_{12} = \frac{\sigma\mu_0\pi a^2I}{2} \tag{5.60}$$

次に電荷のリングは中心軸まわりにトルクが掛かると抵抗なしに回転できるとする．中心にある微小コイルの電流の強さが減少し最後に電流がゼロになったとする [*6]．簡

---

*6) 後の 6.4 節で触れる超伝導状態で最初一定の電流が抵抗ゼロで流れていたが，温度がわずかに上昇して超伝導状態でなくなり抵抗が生じると考えれば原理的にこの状況を仮定できる．なお，この例は基本的にファインマンの有名な教科書（“The Feynman Lectures on Physics”，第 2 巻 §17.4）でパラドックスとして触れられているものである．

単のため変化は十分ゆっくりで遅延効果等の相対論的効果や電磁波の放射等を無視できるとする．このとき円周に沿い

$$(E_1, E_2) = -\frac{\partial}{\partial t}(A_1, A_2) = -\frac{\mu_0 a^2 \dot{I}}{4R^3}(-x_2, x_1) \tag{5.61}$$

の誘導電場が生じているから，電荷リングには中心軸まわりにトルク

$$M_{12} \equiv \oint \sigma(\boldsymbol{x} \times \boldsymbol{E}) \cdot d\boldsymbol{x} = -\frac{\mu_0 a^2 \pi \dot{I}}{2} \tag{5.62}$$

が作用する．よって，最後に微小円電流が止まりその磁場がゼロになったときのリングの力学的角運動量は次式になる．

$$L_{12}^{\mathrm{f}} = \int_0^\infty M_{12} dt = \frac{\sigma \mu_0 a^2 \pi I}{2} = L_{12}^{\mathrm{i}} \tag{5.63}$$

つまり，リングが静止しているときの電磁場の角運動量がリングの力学的角運動量に変換する．正確には微小円電流も伝導電子による力学的角運動量 $L_{12}^I \equiv \frac{2\pi ma}{e} I$ をもっている（m は電子の質量）．また，終状態ではリングの定電流 $I_{\mathrm{R}} \equiv \frac{\sigma}{MR} L_{12}^{\mathrm{i}}$ による弱い磁場が発生しているから（M はリングの質量），その電場と合わせて電磁場の角運動量が存在する．途中の過程も含めて角運動量全体としての保存は，これらの寄与も含めて考えたより精密な議論が必要だが，時間変動により電磁場と粒子系の間で角運動量が相互転換し合うことに変わりはない．

5.5 連続の方程式と 4 次元のガウスの定理

連続の方程式は，一般にある量の内積微分の形をしている．3 次元の場合，ガウスの定理により，ベクトル場の内積微分，すなわち発散を 3 次元領域 V で積分すると，元のベクトル場を流れとみなしたとき V の表面からの流れの量の積分で表せる．実はこれまで論じてきた様々な保存則はガウスの定理を 4 次元に拡張して用いていたことに相当する．4 次元の成分添字を少なくとも一個はもつ任意の場があるとして，添字の特定の一個だけに注目して U^μ で表し，内積微分 $\partial_\mu U^\mu$ を 4 次元領域 W で積分した $\int_{\mathrm{W}} \partial_\mu U^\mu d^4x$ を考える．W の広がりが有限だとすると，その中の任意の時空点 x^μ から時間を含め正負の任意の方向に直線的に進むと，有限の長さでその境界 ∂W に達する．この直線と境界の交わる点から境界に沿って移動する方向の独立な自由度は 3 方向ある．つまり，一般に ∂W の次元は 3 次元である．3 次元領域 V の境界が 2 次元微小面積要素の集まりとみなせるのと同様に，微小 4 次元領域 W の境界としての ∂W も微小 3 次元体積要素の集まりとみなせる．そしてこの微小 3 次元体積要素の広がる方向に直交し，W の外側を向き，その長さが微小体積要素の 3 次元体積 $\Delta^3 W$ に

等しいような 4 次元ベクトルを dV^μ で表す．3 次元のガウスの定理で 3 次元領域 V の境界 ∂V を 2 次元微小面積要素の集合とみなし，それぞれの法線方向に向く 3 次元面積要素ベクトルを導入するのと同じ考え方だ．

以下では簡単のため，dV^μ は時間的か空間的のどちらかとしよう（つまり，∂W は光的方向ではなく，空間的か時間的かのどちらかだけに広がっている）．具体的に表すには，まず，微小な 4 次元直方体領域の表面の適当な頂点で交わり，4 個の互いに直交する軸方向の微小ベクトルを $dx^\mu_{(a)}$ $(a = 1, 2, 3, 0)$ を定義する．そのうち 1 個 $dx^\mu_{(0)}$ は時間的ベクトル $dx^\mu_{(0)} dx_{(0)\,\mu} = -\Delta_0^2\,(< 0)$，残り 3 個は空間的に選べる．$dx^\mu_{(a)} dx_{(a)\,\mu} = \Delta_a^2\,(> 0)$ $(a = 1, 2, 3)$ この微小 4 次元領域の「表面」としての 3 次元の境界は，それに接する独立な 3 方向に微小に広がっている．上の 4 個の独立なベクトルから 3 個の独立なベクトル $dx^\mu_{(a)}, dx^\mu_{(b)}, dx^\mu_{(c)}$ を選ぶと微小 3 次元体積要素の辺方向が決まり，次の形に書ける．

$$dx^\mu_{(1)} = (\Delta_1, 0, 0, 0), \quad dx^\mu_{(2)} = (0, \Delta_2, 0, 0),$$
$$dx^\mu_{(3)} = (0, 0, \Delta_3, 0), \quad dx^\mu_{(0)} = (0, 0, 0, \Delta_0), \tag{5.64}$$

$$dV_\mu = \epsilon_{\mu\nu\sigma\kappa} dx^\nu_{(a)} dx^\sigma_{(b)} dx^\kappa_{(c)} \tag{5.65}$$

3 個のベクトルの積として新たなベクトルを定義したことになっている *7)．3 次元では 2 個のベクトルの積として元の 2 個のベクトルに直交する新たなベクトルを定義するのが，ベクトル積であったのを思い出せば，(5.65) はベクトル積の 4 次元への拡張とみなせる $(dV_\mu dx^\mu_{(a)} = dV_\mu dx^\mu_{(b)} = dV_\mu dx^\mu_{(c)} = 0)$．微小 3 次元体積要素がすべて空間的方向に広がっているなら，$(a, b, c) = (1, 2, 3)$，一つの方向が時間方向で残りの 2 軸が空間方向なら $(3, 2, 0), (1, 3, 0), (2, 1, 0)$ の三つの可能性がある．時間的か空間的であるかにより，$dV^\mu dV_\mu = \mp(\Delta^3 W)^2$ である．たとえば，図 5.11 のように W が 4 次元の直方体の形をしているとすると，境界における位置 A では $(a, b, c) = (3, 2, 0)$，B では $(1, 2, 3)$ に対応し，それぞれでの dV^μ は次式になる *8)．

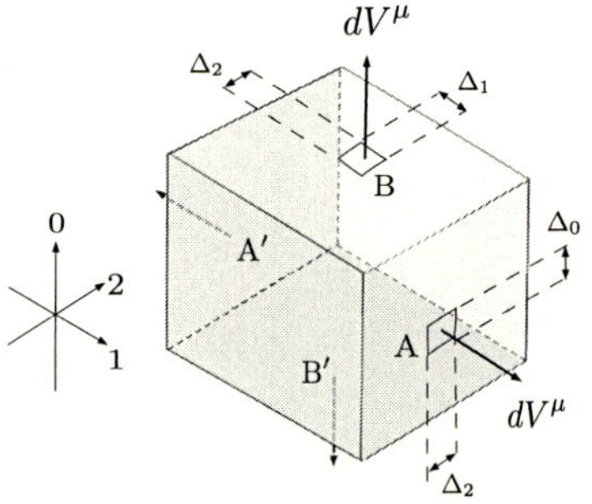

図 5.11　4 次元領域 W

---

*7) 3 次元領域の境界としての 2 次元微小面積要素ベクトル $d\boldsymbol{S}$ は，3 個の直交する微小線要素ベクトル $d\boldsymbol{x}_{(1)}, d\boldsymbol{x}_{(2)}, d\boldsymbol{x}_{(3)}$ から境界の微小面積要素に接する 2 個を適切に選べば，$d\boldsymbol{S} = d\boldsymbol{x}_{(a)} \times d\boldsymbol{x}_{(b)}$ と書ける．(5.65) はこれを 4 次元時空に拡張したものになっている．

*8) $1 = \epsilon^{1230} = -\epsilon_{1230} = \epsilon_{0123}$ に注意．

$$dV_\mu = \begin{cases} (\Delta_2\Delta_3\Delta_0, 0, 0, 0) & : 位置\ \mathrm{A} \\ (0, 0, 0, \Delta_1\Delta_2\Delta_3) & : 位置\ \mathrm{B} \end{cases}$$

これらと反対側の位置 A′，B′ では，それぞれ逆向きの 4 次元ベクトルになる．

このとき次式が成り立つ（4 次元のガウスの定理）

$$\int_{\partial \mathrm{W}} U^\mu dV_\mu = \int_{\mathrm{W}} \partial_\mu U^\mu d^4x \tag{5.66}$$

［証明］　考え方は 4.1 節で 3 次元のガウスの定理を導いたときと同じだ．領域 W を微小細胞 W_α ($\alpha = 1, \ldots, N$) に分割すると，3 次元と同様に

$$\int_{\partial \mathrm{W}} U^\mu dV_\mu = \sum_{\alpha=1}^{N} \int_{\partial \mathrm{W}_\alpha} U^\mu dV_\mu \tag{5.67}$$

で，微小細胞では，たとえば 1 軸に垂直な境界の 3 次元微小体積要素の対について

$$\begin{aligned}&\left[U^1\left(x^1 + \frac{1}{2}\Delta_1, x^2, x^3, x^0\right) - U^1\left(x^1 - \frac{1}{2}\Delta_1, x^2, x^3, x^0\right)\right]\Delta_2\Delta_3\Delta_0 \\ &= \partial_1 U^1(x^1, x^2, x^3, x^0)\Delta_1\Delta_2\Delta_3\Delta_0 = \partial_1 U^1(x^1, x^2, x^3, x^0)\Delta^4 W\end{aligned}$$

括弧内の第 2 項のマイナスは，もちろん，反対側で dV_μ が逆向きであるため．また，0 軸（時間軸）に垂直な境界の 3 次元微小体積の対について

$$\begin{aligned}&\left[U^0\left(x^1, x^2, x^3, x^0 + \frac{1}{2}\Delta_0\right) - U^0\left(x^1, x^2, x^3, x^0 - \frac{1}{2}\Delta_0\right)\right]\Delta_1\Delta_2\Delta_3 \\ &= \partial_0 U^0(x^1, x^2, x^3, x^0)\Delta^4 W\end{aligned}$$

が成り立つ（$\Delta^4 W \equiv \Delta_1\Delta_2\Delta_3\Delta_0$ は 4 次元微小領域 W_a の 4 次元体積）．他の 2 軸，3 軸に垂直な境界からの寄与を取り入れると，次式が

$$\int_{\partial \mathrm{W}_\alpha} U^\mu dV_\mu = \partial_\mu U^\mu \Delta^4 W \tag{5.68}$$

(4.3) の自然な拡張として成り立つ．これを (5.67) に代入すれば，結局 4 次元領域 W 全体の積分 ($N \to \infty$) になり ($\Delta^4\mathrm{W} \to d^4x$)，(5.66) が得られる．　［証明終］

たとえば，$U^\mu = J^\mu$ と選ぶと，電荷の保存則 $\partial_\mu J^\mu = 0$ により，

$$\int_{\partial \mathrm{W}} J^\mu dV_\mu = 0 \tag{5.69}$$

が任意の 4 次元領域 W で成り立つ．つまり，4 次元時空における流れとしての J^μ は，出入量が釣り合い常に同量である．(5.69) は，W として一つの慣性系の時刻 $t = t_0$ と $t = t_0 + \Delta t$ で囲まれ，3 次元的には境界 ∂V をもつ領域 V に広がった領域を考え

ると，次式に他ならない．

$$0=\int_{\mathrm{V}}J^0(\boldsymbol{x},t_0+\Delta t)d^3x-\int_{\mathrm{V}}J^0(\boldsymbol{x},t)d^3x+c\int_{t_0}^{t_0+\Delta t}\Big[\int_{\partial\mathrm{V}}\boldsymbol{J}(\boldsymbol{x},t)\cdot d\boldsymbol{S}\Big]dt$$

2 行目第 2 項がマイナスで現れるのは，$t=t_0$ の境界の外向き方向が時間軸の負の向きだからである．次のように移項すると意味が読み取りやすい．

$$\int_{\mathrm{V}}J^0(\boldsymbol{x},t_0)d^3x=\int_{\mathrm{V}}J^0(\boldsymbol{x},t_0+\Delta t)d^3x+c\int_{t_0}^{t_0+\Delta t}\Big[\int_{\partial\mathrm{V}}\boldsymbol{J}(\boldsymbol{x},t)\cdot d\boldsymbol{S}\Big]dt$$

左辺は時刻 $t=t_0$ における領域 V にある電荷量 $Q(\mathrm{V},t_0)$，右辺第 1 項は時間が Δt だけ経過した後の同じ領域 V の電荷量 $Q(\mathrm{V},t_0+\Delta t)$，第 2 項はこの時間間隔の間に境界 $\partial\mathrm{V}$ を通して外に流れ出た電荷量だ．つまり，電荷の保存則 (4.83) を積分形で表している．V が無限遠まで広がっていて荷電粒子が有限な領域にしか存在しなければ当然第 2 項はゼロで，V の電荷量は一定である．

また，もしこの考察を別の慣性系 K′ で行えば，K′ 系の領域 V′ で積分した電荷量 $Q'(\mathrm{V}',t')$ との関係を求められる．すなわち，V と V′ に境界を適当に補って 4 次元領域の閉じた境界 $\partial\mathrm{W}$ を考えると（図 5.12），次式になる．

$$\begin{aligned}0&=\int_{\partial\mathrm{W}}J^\mu dV_\mu=\int_{\mathrm{V}'}J'^\mu dV'_\mu-\int_{\mathrm{V}}J^\mu dV_\mu+\int_{\partial\mathrm{W}-(\mathrm{V}+\mathrm{V}')}J^\mu dV_\mu\\&=Q'(\mathrm{V}',t')-Q(\mathrm{V},t)+\int_{\partial\mathrm{W}-(\mathrm{V}+\mathrm{V}')}J^\mu dV_\mu\end{aligned}\tag{5.70}$$

ただし，W から見たとき外向き方向が V′ の時間方向に一致するように選んだ．V での時間方向は W に内向きになり，$Q(V,t)$ は左辺に示したようにマイナスで寄与する．境界 $\partial\mathrm{W}-(\mathrm{V}+\mathrm{V}')\equiv\mathrm{V}''$ での電流の流れが無視できれば，$Q'(\mathrm{V}',t')=Q(\mathrm{V},t)$，つまり，積分された電荷量はローレンツ不変である．

同様なことは連続の方程式が成り立つような任意の保存する物理量でいえる．たとえば，$T^{\nu\mu}$ の添字 μ に着目して $U^\mu=T^{\nu\mu}$ とおくと，エネルギー運動量の保存則を積分した形として次式が成り立つ．

$$\begin{aligned}0=\frac{1}{c}\int_{\partial\mathrm{W}}T^{\nu\mu}dV_\mu&=P^\nu(\mathrm{V},t_0+\Delta t)-P^\nu(\mathrm{V},t_0)+\int_{t_0}^{t_0+\Delta t}\Big[\int_{\partial\mathrm{V}}T^{\nu i}dS_i\Big]dt,\\P^\nu(\mathrm{V},t)&\equiv\frac{1}{c}\int_{\mathrm{V}}T^{\nu 0}(\boldsymbol{x},t)d^3x\end{aligned}\tag{5.71}$$

P^ν の空間成分 P^i は，領域 V の全運動量（つまり，粒子と電磁場の運動量の総和），時間成分 P^0 に c を掛けたものは領域 V の全エネルギーである．表面項が無視できるなら確かに $P^\nu(\mathrm{V},t)$ は V,t によらない一定値になる．逆に無限遠方での場のエネルギーの流れや応力の効果が無視できなければ，エネルギー，運動量の一部は無限遠方

での出入により $P^\nu(\infty, t_0+\Delta t) - P^\nu(\infty, t_0)] \neq 0$ ということがありうる．同様なことが角運動量の場合もいえる．特に，これまでも何度か無限に長い直線電流やコイル等，厳密には存在できないような例を用いて考え方を説明してきたが，そういう場合にエネルギーや運動量の無限遠での出入を忘れると一見保存則は成り立たないので注意を要する．

積分されたエネルギー運動量のローレンツ変換を調べよう．K′ 系で定義されたものを K 系で表すと，積分する前は次式である．

$$T^{\nu\mu}(x')dV'_\mu = L^\nu{}_\sigma T^{\sigma\mu}(x)dV_\mu \tag{5.72}$$

左辺の体積要素 dV'_μ は，K′ 系で選んだ 4 次元領域の空間的 3 次元無限小体積要素 V′ の今着目している時空位置でのものだ．右辺ではそれを K 系座標で表している（図 5.12）．両辺を V′ で積分すると次式を得る．

$$\int_{V'} T^{\nu\mu}(x')dV'_\mu = L^\nu{}_\sigma \int_{V'} T^{\sigma\mu}(x)dV_\mu \tag{5.73}$$

当然，右辺もまだ K′ 系の 3 次元領域 V′ での積分だ．そこで，V での積分との差

$$\int_{V'} T^{\sigma\mu}(x)dV_\mu - \int_V T^{\sigma\mu}(x)dV_\mu$$

を考えよう．V と V′ にこの二つの空間的 3 次元領域を結ぶ無限遠の時間的 3 次元領域 V″ を加えて考えると，一つの新たな 4 次元領域 W = W₊ + W₋ の境界を形成する．ただし，$W_\pm$ は，図 5.12 でいえば，W を $x_1 > 0$ か $x_1 < 0$ かで二つの領域に分割して得られる領域である．エネルギー運動量テンソルが無限遠方で十分早くゼロになると仮定すれば次式になる．

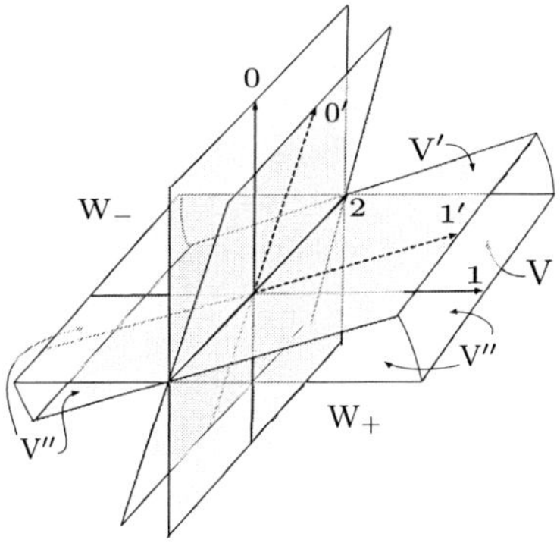

図 5.12 積分量のローレンツ変換

$$\lim_{V\to\infty}\Big[\int_{V'} T^{\sigma\mu}(x)dV_\mu - \int_V T^{\sigma\mu}(x)dV_\mu\Big]$$
$$= \int_{W_+} \partial_\mu T^{\sigma\mu} d^4x - \int_{W_-} \partial_\mu T^{\sigma\mu} d^4x = 0 \tag{5.74}$$

W_+ と W_- からの寄与が逆符号なのは，それぞれの領域の表面の体積要素ベクトルの向きが内部から見て逆向きだからだ．結局，エネルギー運動量テンソルが連続の方程式を満たし，かつ，無限遠でゼロで V″ での表面積分が無視できるなら次式が成り

立つ.

$$\int_{V'} T^{\nu\mu}(x')dV'_\mu = L^\nu{}_\sigma \int_V T^{\sigma\mu}(x)dV_\mu \tag{5.75}$$

つまり，積分によって定義された全エネルギー運動量

$$\mathcal{P}^\nu \equiv \frac{1}{c}\int_\infty T^{\nu 0}(x)d^3x \tag{5.76}$$

はローレンツ変換で 4 元ベクトルとして変換する．同様に全角運動量テンソル

$$\mathcal{L}^{\mu\nu} \equiv \int_\infty (\check{L}^{\mu\nu 0} + \hat{L}^{\mu\nu 0})d^3x \tag{5.77}$$

は，連続の方程式 (5.51) により場がすべて無限遠で十分早くゼロになるなら，2 階テンソルとしての変換性が保証される *9)．逆に保存則が満たされていなければ，積分量は 4 元ベクトルやテンソルとして変換しない．部分系の自由度だけを考慮した運動量や角運動量の空間積分は一般には正しい変換性をもたない．

応用として一様運動の場合を考えると，定義により電磁場が定常的である慣性系 K が存在し，かつ，電磁場（および物質）のエネルギー運動量テンソルの無限遠での振る舞いは最大限でも $1/r^4$ を超えないから，表面項は常に無視できる．よって，どの慣性系の時間から見ても常に全角運動量は保存され，$\frac{d}{dt}\mathcal{P}^\nu = \frac{d}{dt}\mathcal{L}^{\mu\nu} = 0$ が成り立つ．さらに，(5.38) により $\int_\infty P^i d^3x = 0$ なので，時空角運動量の時間成分は $\mathcal{L}^{i0} = \int_\infty (\frac{x^i}{c}T^{00} - x^0 P^i)d^3x = \int_\infty \frac{x^i}{c}T^{00}d^3x$ となり，重心座標の自由度に対応する．これは空間原点を適当に選べば必ずゼロにできる（また，3 次元成分は原点の選び方によらない）．このとき，K′ 系の全角運動量は次式のように，K 系の空間成分 $\mathcal{L}^{ij}$ だけで定まる．

$$\mathcal{L}'^{\mu\nu} = L^\mu{}_\alpha L^\nu{}_\beta \mathcal{L}^{\alpha\beta} = L^\mu{}_i L^\nu{}_j \mathcal{L}^{ij} \tag{5.78}$$

この性質は自由粒子系の (5.48) と同じである．この結果は粒子系と電磁場の角運動量の寄与の両方を考慮して初めて成り立つわけだ．K 系で電場あるいは磁場のみがゼロでないという特別な場合なら，$\hat{T}^{i0} = 0$ で電磁場の運動量と角運動量はゼロ ($\hat{P}^i = \hat{L}^{ij0} = 0$) で，全角運動量には粒子側だけが寄与し $\mathcal{L}^{ij} = \int_\infty \check{L}^{ij0}d^3x$ である．だが，ローレンツ変換した K′ 系での自己トルクは一般にはゼロとは限らない．その場合には，粒子系と電磁場の間で角運動量の相互転化が起こるが，両方の寄与を合わせると常に K 系の粒子系の角運動量で決まる一定値 (5.78) になり，自由粒子系の場合と同様に保存される．

---

*9) ここで示したことは至る所空間的であるような無限に広がった任意の 3 次元領域での保存量の積分が保存し，かつローレンツ変換で正しく変換するという定理に一般化できる．

第1章でエーテルを検出しようとして行われた実験の代表例としてマイケルソン–モーリーの実験に触れた．この実験は光速度がエーテル中の運動に依存して変化するのを検出しようとしたものだが，電磁気的な力の法則を用いて検出しようとする実験もいくつか行われた．たとえば，その一つとして一定の電荷で帯電しているコンデンサーを並進運動させたときにエーテル中では自己トルクが生じて回転運動が起こる（つまり，$\frac{d}{dt'}\mathcal{L}'^{ij} \neq 0$）というフィツジェラルドの予想を確かめる目的で行われたトロートン–ノーブルの実験がある（1903年）．結果は予想に反し，やはり，実験誤差範囲で回転は起きなかった．これは相対性原理が成り立つ限り，当然の結果である．なぜなら，並進運動させるのは，静止系のコンデンサーを一定速度で運動する慣性系から観察するのと同等で，静止系で回転がないなら，運動系の立場からも回転がないのは自明だからである．この場合はK系が電場だけで粒子側の角運動量もゼロである場合に相当し，$\mathcal{L}'^{ij} = 0 = \mathcal{L}^{ij}$ が成り立つ．その後さらに精密に検証されている．本書ではこの種の実験の詳細を分析する余裕はないが，本節の一般論が示すように，特殊相対性原理を満たす電磁場の力学は当然これらの結果と調和する構造を備えている [*10)]．

5.6 エネルギーの流れとローレンツ変換

ところで，電場と磁場がどちらも時間によらない場合でも，$\boldsymbol{E} \times \boldsymbol{B} \neq 0$ なら，局所的には定常的なエネルギー流が存在する．このとき，エネルギー運動量保存則は，定電流の保存則と同じ形 $\boldsymbol{\nabla} \cdot \boldsymbol{W} = 0$ である．もし，この流れに速度が定義できるとすると，その速度が打ち消されるようにローレンツ変換を行って速度を局所的にゼロにでき，着目している時空位置ではエネルギーの流れはゼロになるはずである．局所的に電磁場のエネルギー流がゼロであるような慣性系を電磁場の局所エネルギー静止系と呼ぼう．4.4節で論じた直線電流の場合がもっとも簡単な例だ．すなわち，元の慣性系Kで静止していた中性の直線電流を電流方向に一定速度 $\boldsymbol{v}$ で移動する慣性系K$'$で観察すると，電流に巻きつく磁場 (4.92) と電流から放射状に磁場と直交する向きに電場 (4.93) ができる．したがって，慣性系の移動方向と逆向きのエネルギーの流れがある．ローレンツ変換によって電線が静止しているK系に戻ると，電場はゼロだからエネルギー流はゼロである．

比較のため1個の自由粒子の場合を考えると，$\check{T}^{00}$ によって $c\check{T}^{i0} = \check{T}^{00}\frac{dx_i}{dt}$ と書け，速度がゼロの慣性系（これをK$'$系とする）では，エネルギー運動量テンソルの唯一のゼロでない成分は $\check{T}'^{00} = mc^2\delta(\boldsymbol{x})$ だけである（原点を粒子の位置に選んだ）．ま

---

*10) これらについてより詳しくは，『相対性理論講義』（米谷民明，SGCライブラリー，サイエンス社，近刊予定）第7，8章を参照のこと．

た，連続的で等方的（すなわちエネルギー運動量テンソルが空間座標軸の回転で不変）なマクロな物質分布の場合，エネルギー運動量テンソルの形は物質の平均速度に関する局所静止系では運動量密度はゼロであるから

$$\check{T}'^{00} = \check{w}', \quad \check{T}'^{0i} = 0, \quad \check{T}'^{ij} = \check{p}'\delta^{ij} \tag{5.79}$$

と書ける．ただし，静止系の（固有）エネルギー密度を $\check{w}'$，（固有）圧力を p' とおいた．$\check{w}', \check{p}'$ は正の量の多粒子についての平均なので，$\check{w}' > 3\check{p}' > 0$ が成り立つ．この形 (5.79) をローレンツ変換すれば，一般的な慣性系 K における連続的物質分布の運動量テンソルの形が求まる．第 1 軸方向に速度 $-v$ でローレンツ変換すると，エネルギー運動量テンソルの変換性により，

$$\check{T}^{11} = \gamma^2(\check{T}'^{11} + 2\beta\check{T}'^{01} + \beta^2\check{T}'^{00}) = \gamma^2(\check{p}' + \beta^2\check{w}'), \tag{5.80}$$

$$\check{T}^{01} = \gamma^2(\beta\check{T}'^{11} + (1+\beta^2)\check{T}'^{01} + \beta\check{T}'^{00}) = \gamma^2\beta(\check{p}' + \check{w}'), \tag{5.81}$$

$$\check{T}^{00} = \gamma^2(\beta^2\check{T}'^{11} + 2\beta\check{T}'^{01} + \check{T}'^{00}) = \gamma^2(\check{w}' + \beta^2\check{p}'), \tag{5.82}$$

$$\check{T}^{22} = \check{T}'^{22} = \check{p}', \quad \check{T}^{33} = \check{T}'^{33} = \check{p}' \tag{5.83}$$

である（明示してない成分はゼロ）．固有エネルギー密度と固有圧力が同等にエネルギー流 $c\check{T}^{10}$ に寄与する．これに反して，エネルギー密度 $\check{T}^{00}$，圧力 $\check{T}^{11}$ への $\check{w}'$，$\check{p}'$ の寄与は同等ではない．特に非相対論的近似 $v^2/c^2 \simeq 0$ ではエネルギーと比較して固有圧力の寄与は無視できる．一般に固有圧力がエネルギー流に寄与するのは，仕事としてエネルギーの流れに寄与するためである．特に，相対論的効果として固有圧力がエネルギー密度 $\check{T}^{00}$ に寄与し，また逆に固有エネルギー密度が圧力 $\check{T}^{11}$ に寄与するのは，第 4 章で議論したように，ローレンツ変換によって電流密度が電荷密度に混じるのと同種の現象だ．つまり，同時性の違いにより，エネルギー密度と圧力の定義が変更を受けローレンツ変換によって互いに混じり合うわけだ．

これを明白にするには，4 元ベクトルとしての速度 u^μ を，

$$u^0 = \gamma, \quad \boldsymbol{u}_\parallel = \gamma\frac{\boldsymbol{v}}{c}, \quad \boldsymbol{u}_\perp = 0 \tag{5.84}$$

によって定義して，ローレンツ変換性を明白に示す次式で表すのが便利である．

$$\check{T}^{\mu\nu} = (w' + p')u^\mu u^\nu + p'\eta^{\mu\nu} \tag{5.85}$$

このとき（電磁場の場合と同様に）$\check{w}'$ と $\check{p}'$ は互いに独立な量ではなく，物質の性質および状態に依存して一定の関係にある（状態方程式）．たとえば，非相対論的近似で中性の単原子理想気体なら，$\check{w}' - mc^2\check{n}' = \frac{3}{2}\check{p}', \check{p}' = \check{n}'k_{\mathrm{B}}T'$ である [*11]（$\check{n}'$ は

*11) k_{B} はボルツマン定数，T' は絶対温度．

静止系における粒子密度）．もちろん，粒子が電荷を帯びている場合は状態方程式は電磁場との相互作用によるから，電磁場を含めた運動方程式，マックスウェル方程式を合わせて状態が決まる．一般に，運動が起こっている場合，これらの物理量は，基本的に温度も含めてすべて時空座標の関数としての場として扱わなければならない $(\check{w}'=\check{w}'(x), \check{p}'=\check{p}'(x), \check{n}'=\check{n}'(x), T'=T'(x))$．粒子数の保存を仮定すると，4 元粒子数の流れ

$$N^\mu \equiv \check{n}' u^\mu \tag{5.86}$$

は連続の方程式 $\partial_\mu N^\mu = 0$ を満たさなければならない．$u^\mu = u^\mu(x)$ は 4 元ベクトルの場であり (5.86) の両辺が 4 元ベクトルの場として変換するため，$\check{n}'(x)$ はスカラー場として扱える．エネルギー運動量テンソル $\check{T}^{\mu\nu}$ の変換性のためには，同じことが $\check{w}', \check{p}'$ についてもいえる．また，粒子電荷が q ならば，4 元電流ベクトルは $J^\mu = qN^\mu$ で，電荷保存が同時に満たされる．一般に，物質分布の連続的な取り扱いにおいて局所静止系で定義された密度量を物質系の固有密度と呼ぶ．固有密度が時空座標に依存する場合に，スカラー場とみなせることは，固有時間をローレンツ不変な量とみなせるのと同じ考え方だ．

以下では，物理的な電磁場が任意に与えられたとして，局所的にエネルギー流がゼロになる慣性系が存在できるかどうか，存在するならその速度はどう決まるか，そして物質の場合との相違について考察する．場の作用の伝達速度 c と，場のエネルギー流の速度とは異なる概念である．粒子のエネルギーはまさに粒子の運動速度で移動するが，場のエネルギーは粒子のように常に局在しているものではないから，粒子の場合とは当然異なる様相を示す．

準備として，まず，(3.50)，(3.51) を用いると

$$\begin{aligned}
\boldsymbol{E}'\cdot\boldsymbol{B}' &= \boldsymbol{E}'_\parallel\cdot\boldsymbol{B}'_\parallel + \boldsymbol{E}'_\perp\cdot\boldsymbol{B}'_\perp \\
&= \boldsymbol{E}_\parallel\cdot\boldsymbol{B}_\parallel + \gamma^2(\boldsymbol{E}_\perp + \boldsymbol{v}\times\boldsymbol{B})\cdot\left(\boldsymbol{B}_\perp - \frac{1}{c^2}\boldsymbol{v}\times\boldsymbol{E}\right) \\
&= \boldsymbol{E}_\parallel\cdot\boldsymbol{B}_\parallel + \boldsymbol{E}_\perp\cdot\boldsymbol{B}_\perp = \boldsymbol{E}\cdot\boldsymbol{B}
\end{aligned} \tag{5.87}$$

が成り立つ [*12] ことに着目しよう．4 次元の電磁場テンソルで表せば，これは明白にローレンツ不変な形

$$\frac{c}{8}\epsilon^{\mu\nu\lambda\sigma}F_{\mu\nu}F_{\lambda\sigma} = \frac{c}{4}F_{\mu\nu}\tilde{F}^{\mu\nu} = \boldsymbol{E}\cdot\boldsymbol{B} \tag{5.88}$$

に表せる．この形からは，もう一つ明白な不変量

[*12] $(\boldsymbol{v}\times\boldsymbol{B})\cdot\boldsymbol{B}_\perp = \boldsymbol{v}\cdot(\boldsymbol{B}_\perp\times\boldsymbol{B}_\perp) = 0 = \boldsymbol{E}_\perp\cdot(\boldsymbol{v}\times\boldsymbol{E})$，$(\boldsymbol{v}\times\boldsymbol{B})\cdot(\boldsymbol{v}\times\boldsymbol{E}) = |\boldsymbol{v}|^2\boldsymbol{B}_\perp\cdot\boldsymbol{E}_\perp$

$$\frac{1}{2}F_{\mu\nu}F^{\mu\nu} = -\frac{1}{2}\tilde{F}_{\mu\nu}\tilde{F}^{\mu\nu} = \frac{1}{c^2}(c^2|\boldsymbol{B}|^2 - |\boldsymbol{E}|^2) = \frac{1}{c^2}(c^2|\boldsymbol{B}'|^2 - |\boldsymbol{E}'|^2)$$

が存在することが納得できるだろう．これらの不変量を次の記号で表す．

$$\mathcal{U} \equiv c\boldsymbol{E}\cdot\boldsymbol{B}, \quad \mathcal{V} \equiv |\boldsymbol{E}|^2 - c^2|\boldsymbol{B}|^2 \tag{5.89}$$

さて，ある慣性系で着目する 4 次元位置 x^μ でのエネルギー流が $\hat{\boldsymbol{W}} = \frac{1}{\mu_0}\boldsymbol{E}\times\boldsymbol{B} \neq 0$ であるとしよう．このとき，まず，$\hat{\boldsymbol{W}}$ に平行な軸方向にローレンツ変換を施し K$'$ 系に移り，この時空点でのエネルギー流をゼロ，すなわち $\hat{\boldsymbol{W}}' = \frac{1}{\mu_0}\boldsymbol{E}'\times\boldsymbol{B}' = 0$ とできるかどうかを調べる．

定理：　もし，$\mathcal{U}, \mathcal{V}$ の少なくとも一つがゼロでないなら，$\boldsymbol{W}' = 0$ となるようなローレンツ変換が存在する．

［証明］　着目した時空点で $\hat{\boldsymbol{W}}$ の第 1 軸成分だけがゼロでないように座標系を選ぶ．このとき電場と磁場の 3 次元ベクトルは 23-平面にあるので，$E_1 = 0 = B_1$ とおける．そこで第 1 軸方向にローレンツ変換して K$'$ 系に移る．電磁場の変換則により，K$'$ 系の電磁場は以下である．

$$E_1' = E_1 = 0, \quad E_2' = \gamma(E_2 - vB_3), \quad E_3' = \gamma(E_3 + vB_2),$$
$$B_1' = B_1 = 0, \quad B_2' = \gamma\Big(B_2 + \frac{v}{c^2}E_3\Big), \quad B_3' = \gamma\Big(B_3 - \frac{v}{c^2}E_2\Big)$$

$E_1' = B_1' = 0$ により，変換した後も $\hat{\boldsymbol{W}}'$ は第 1 軸方向を向いている．このとき

$$E_2'B_3' - E_3'B_2'$$
$$= \gamma^2\Big(E_2B_3 - E_3B_2 - v\Big(B_3^2 + \frac{1}{c^2}E_2^2 + B_2^2 + \frac{1}{c^2}E_3^2\Big) + \frac{v^2}{c^2}(B_3E_2 - B_2E_3)\Big)$$

よって，条件 $\hat{\boldsymbol{W}}' = 0$ を課すと，v には次の二つの可能性がある．

$$v = v_\pm \equiv \frac{-b \pm \sqrt{b^2 - 4c^2}}{2}$$

$$b = -c^2\frac{B_3^2 + \frac{1}{c^2}E_2^2 + B_2^2 + \frac{1}{c^2}E_3^2}{E_2B_3 - E_3B_2} = -\frac{c^2|\boldsymbol{B}|^2 + |\boldsymbol{E}|^2}{E_2B_3 - E_3B_2},$$
$$b^2 - 4c^2 = \frac{(|\boldsymbol{E}|^2 - c^2|\boldsymbol{B}|^2)^2 + 4c^2(\boldsymbol{E}\cdot\boldsymbol{B})^2}{(E_2B_3 - E_3B_2)^2} = \frac{\mathcal{V}^2 + 4\mathcal{U}^2}{(E_2B_3 - E_3B_2)^2}$$

これがローレンツ変換として許されるには，$\beta = v/c$ の絶対値が 1 より小さい必要がある．$v_\pm$ がこれを満たすかどうか確かめよう．第 1 軸の向きは $\hat{W}_1 = (E_2B_3 - E_3B_2)/\mu_0 > 0$ と選んであるとする．$-b > 0, b^2 - 4c^2 \geq 0$ により，$v_\pm > 0$．$v = v_+$ の場合には

$-b = 2c + a$ $(a \geq 0)$ と変数変換すると

$$v_+ = \frac{2c + a + \sqrt{a^2 + 4ca}}{2} \geqq c$$

となるので，$a = 0$ 以外は許されない．一方，v_- の場合には

$$v_- = \frac{2c + a - \sqrt{a^2 + 4ca}}{2} \leqq c$$

となる．$v_- = c$ が成り立つのは，$a = 0$，つまり，$\mathcal{U} = \mathcal{V} = 0$ の場合に限られる．よって，ローレンツ変換として許されるのは，$\mathcal{U}, \mathcal{V}$ の少なくとも一つはゼロでない場合だけで，v は次式で決まる．

$$v = \frac{(|\boldsymbol{E}|^2 + c^2|\boldsymbol{B}|^2) - \sqrt{(|\boldsymbol{E}|^2 - c^2|\boldsymbol{B}|^2)^2 + 4c^2(\boldsymbol{E} \cdot \boldsymbol{B})^2}}{2(E_2B_3 - E_3B_2)} \tag{5.90}$$

［証明終］

特に $\mathcal{U} = 0, \mathcal{V} \neq 0$ の場合，結果は次のように簡単化する．

$$v = \frac{|\boldsymbol{E}|^2 + c^2|\boldsymbol{B}|^2 - \big||\boldsymbol{E}|^2 - c^2|\boldsymbol{B}|^2\big|}{2(E_2B_3 - E_3B_2)} \tag{5.91}$$

$\mathcal{U} = 0$ により，電場と磁場が直交しているから，座標軸を $E_3 = B_2 = 0$ となるように選べる．よって，結果は

$$v = \begin{cases} c^2 \frac{B_3}{E_2} & (\mathcal{V} > 0) \\ \frac{E_2}{B_3} & (\mathcal{V} < 0) \end{cases} \tag{5.92}$$

つまり，$\mathcal{V} > 0$ ならば $\boldsymbol{B}' = 0$，$\mathcal{V} < 0$ ならば $\boldsymbol{E}' = 0$，すなわち，局所エネルギー静止系において，磁場か電場がどちらかがゼロになる．$\mathcal{U} \neq 0, \mathcal{V} \neq 0$ の一般の場合は，局所エネルギー静止系の電場と磁場が平行で $\boldsymbol{E}' = k\boldsymbol{B}'$ と書ける．このとき比例係数 k は，$\mathcal{U} = ck|\boldsymbol{B}'|^2 = c|\boldsymbol{E}'|^2/k$，$\mathcal{V} = |\boldsymbol{E}'|^2 - c^2|\boldsymbol{B}'|^2 = c^{-1}(k - c^2/k)\mathcal{U}$ により以下のように求まる．

$$k^2\mathcal{U} - ck\mathcal{V} - c^2\mathcal{U} = 0 \quad \to \quad k = \frac{\mathcal{V} \pm \sqrt{\mathcal{V}^2 + 4\mathcal{U}^2}}{2\mathcal{U}}c \tag{5.93}$$

いずれの場合でも，局所エネルギー静止系での電磁場の向きは特定の一つの向きを定める．その方向を第 3 軸に選ぼう．K$'$ 系のエネルギー運動量テンソルは次式である．

$$\hat{T}'^{00} = \hat{w}' \equiv \frac{\epsilon_0}{2}(|\boldsymbol{E}'|^2 + c^2|\boldsymbol{B}'|^2), \tag{5.94}$$

$$\hat{T}'^{11} = \hat{T}'^{00} = \hat{w}', \quad \hat{T}'^{22} = \hat{T}'^{00} = \hat{w}', \quad \hat{T}'^{33} = -\hat{T}'^{00} = -\hat{w}', \tag{5.95}$$

$$\hat{T}'^{12} = \hat{T}'^{23} = \hat{T}'^{13} = 0, \quad \hat{T}'^{01} = \hat{T}'^{02} = \hat{T}'^{03} = 0 \tag{5.96}$$

これは，静電場あるいは定電流のまわりの静磁場で場の向きを第 3 軸方向に選んだ場合と同じである．

これからもう一つ，局所エネルギー静止系は存在するなら，実は無限に存在するという重要な結論が得られる．なぜなら，K′ 系からさらに第 3 軸方向に任意の速度 v' でローレンツ変換を施して別の慣性系 K″ に変換しても電磁場は不変に保たれ，K″ 系でもエネルギー流はゼロである．これはエネルギー運動量テンソルの変換性とも調和する．

$$\begin{aligned}
\hat{T}''^{33} &= \gamma'^2(\hat{T}'^{33} - 2\beta'\hat{T}'^{03} + \beta'^2\hat{T}'^{00}) = \gamma'^2(-\hat{w}' + \beta'^2\hat{w}') = -\hat{w}' = \hat{T}'^{33},\\
\hat{T}''^{03} &= \gamma'^2(-\beta'\hat{T}'^{33} + (1+\beta'^2)\hat{T}'^{03} - \beta'\hat{T}'^{00}) = 0 = \hat{T}'^{03},\\
\hat{T}''^{00} &= \gamma'^2(\beta'^2\hat{T}'^{33} - 2\beta'\hat{T}'^{03} + \hat{T}'^{00}) = \hat{w}' = \hat{T}'^{00},\\
\hat{T}''^{22} &= \hat{T}'^{22} = \hat{w}', \quad \hat{T}''^{11} = \hat{T}'^{11} = \hat{w}'
\end{aligned}$$

$\hat{T}''^{03}$ 以外で明示していない成分はすべてゼロである．ここで特に留意すべき点は，$\hat{T}'^{33} = -\hat{T}'^{00} = -\hat{w}'$ であるため，エネルギー流においてエネルギー密度の効果と張力の効果がちょうど打ち消し合い，$\hat{T}''^{03} = 0$ が成り立っていることである．もしこれに反して第 3 軸方向に圧力が働いているならば二つの効果は同じ符号になり打ち消し合わない．粒子系のエネルギー運動量テンソル (5.81) がまさにこの反対の場合に相当する．この場合は局所静止系からローレンツ変換を施せば，必然的にエネルギー流がその方向にゼロでない値となる．そのため，（応力として圧力だけが働いている）粒子系の場合の局所静止系は空間回転の自由度を除けば一意的に定まる．

例：一定速度の点電荷のまわりのエネルギー流

第 4 章で導いた一定速度（第 1 軸正方向，大きさ v）の点電荷のまわりの場 (4.72), (4.73) の場合で，$t=0$ として結果を示すと以下のとおりである．

$$\hat{W}_1 = \frac{1}{\mu_0}(E_2B_3 - E_3B_2) = \frac{q^2\gamma^2\beta(x_2^2+x_3^2)}{(4\pi\epsilon_0)^2c\mu_0}(\gamma^2x_1^2+x_2^2+x_3^2)^{-3}, \tag{5.97}$$

$$\hat{W}_2 = \frac{1}{\mu_0}(E_3B_1 - E_1B_3) = -\frac{q^2\gamma^2\beta x_1x_2}{(4\pi\epsilon_0)^2c\mu_0}(\gamma^2x_1^2+x_2^2+x_3^2)^{-3}, \tag{5.98}$$

$$\hat{W}_3 = \frac{1}{\mu_0}(E_1B_2 - E_2B_1) = -\frac{q^2\gamma^2\beta x_1x_3}{(4\pi\epsilon_0)^2c\mu_0}(\gamma^2x_1^2+x_2^2+x_3^2)^{-3} \tag{5.99}$$

図 5.13 に $x_2 = 0$ 平面での断面での様子を示した（$x_1 = \gamma^{-1}r\cos\theta, x_3 = r\sin\theta, \gamma^2x_1^2 + x_3^2 = r^2$，図の点線楕円上で r が一定）．このとき

$$\hat{W}_1 = \frac{q^2\gamma^2\beta\sin^2\theta}{(4\pi\epsilon_0)^2c\mu_0r^4}, \quad \hat{W}_3 = -\frac{q^2\gamma\beta\sin\theta\cos\theta}{(4\pi\epsilon_0)^2c\mu_0r^4}$$

と書け ($\hat{W}_2 = 0$), $x_1\hat{W}_1 + x_3\hat{W}_3 = 0$ が成り立つ．第 1 軸上では ($\theta = 0$) エネルギー流がゼロであること，また，$\theta = 0, \pi/2, \pi, 3\pi/2$ のときを除いて，エネルギー流に第 3 軸成分があることに注意してほしい．特に θ が小さいときには，$|\hat{W}_1| = \gamma \tan\theta |\hat{W}_3| \ll |\hat{W}_3|$ である．もちろん，全体としてのエネルギー流は第 1 軸まわりの対称性により，第 3 軸成分は打ち消すが，局所的なエネルギー流は，このように点電荷の速度の向きとは一般に一致しない．図に描いたように，第 1 軸正側に沿って静止した細長い円筒領域 V を考えると，V 中のエネルギーは，粒子が近くになるにつれ増大するが，エネルギーの大部分は第 1 軸に垂直な V の底面ではなく，第 1 軸と平行な側面を通して流入する．V がもし第 1 軸負側にあればエネルギーは減少するが，それも側面を通して流出する．エネルギー流の向きから，側面では第 1 軸に垂直な成分が第 1 軸を中心として反対側同士で打ち消し合う．したがって，V が第 1 軸直上の無限に細い領域に縮まる極限ではエネルギーは静止しているとみなせることになる．つまり，第 1 軸上ではエネルギー密度が増大，減少するにも拘わらず，流れとしては点電荷の速度に無関係に（つまり，第 1 軸方向に運動する任意の慣性系で）常に静止したままである．これが，局所エネルギー静止系が一意的に定まらない原因である．

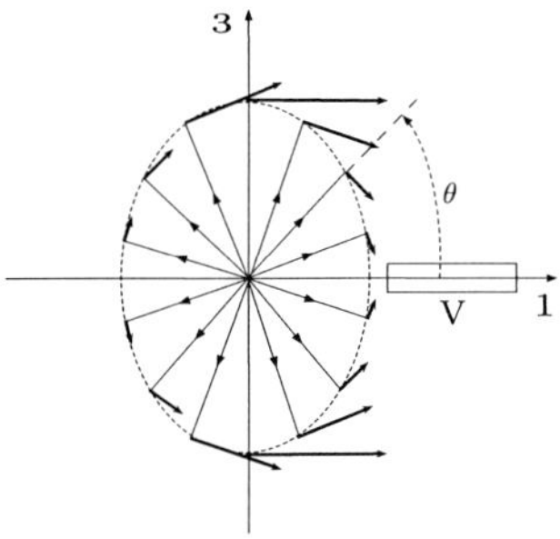

図 5.13　一定速度で運動する点電荷のまわりのエネルギー流（太線矢印）：電気力線の向きを細実線矢印で示してある．磁場は紙面に垂直向き（第 2 軸方向）．

素朴な直観に反するこの性質こそ，時空の各点に独立な物理的自由度として存在する電磁場のエネルギーの特徴であって，エネルギーが粒子その物自体に局在化している物理的自由度である粒子とは決定的に異なる．電磁場の性質をエーテルという物質的な物理的実在に帰着させようと，19 世紀，多くの学者が試みたが，すべて失敗に終わった．ここで示した電磁場の性質を何らかの「物質」によって理解することは実際上ほとんど不可能である．

[定理] で導いた局所エネルギー静止系は，ベクトル $\hat{\boldsymbol{W}}$ の向きにローレンツ変換を行ってエネルギー流がゼロになる局所慣性系を求めた．局所エネルギー静止系が一意的ではないことを利用して，上の例ではそこからさらに電場ベクトル（細実線矢印）に平行な方向に（向きの正負は $\cos\theta$ の正負と一致させる）適当な速度でローレンツ変換を施すことにより，すべての位置で共通なエネルギー静止系が得られる．当然，それは点電荷の速度 v と一致する速度で第 1 軸向きにローレンツ変換をして得られる点

電荷の静止系と一致する．

さて，それでは，$\mathcal{U} = \mathcal{V} = 0$ の場合はどうであろうか．この場合は [定理] の証明からわかるように，$v \to c$ の極限とみなすことができる．エネルギー流の局所的な速度が c に等しいので，局所静止系は存在しない．電場と磁場が直交しているからエネルギー流の向きを第 1 軸正方向，電場の向きを第 2 軸 ($E_1 = E_3 = 0$)，磁場の向きを第 3 軸 ($B_1 = B_2 = 0$) に選べ，$E_2 = cB_3$ とおける．第 1 軸方向に着目するとエネルギー運動量テンソルのゼロと異なる成分は次の形になる．

$$\hat{T}^{00} = \hat{T}^{11} = \hat{w} = \epsilon_0|\boldsymbol{E}|^2 = \frac{1}{\mu_0}|\boldsymbol{B}|^2 = \hat{T}^{01} = \sqrt{\frac{\epsilon_0}{\mu_0}}E_2B_3 = \hat{T}^{01} \tag{5.100}$$

エネルギー流は $W^1 = c\hat{T}^{01} = c\hat{w} = c\hat{T}^{00}$ で，質量ゼロ粒子の場合と同様にエネルギー流がエネルギー密度の c 倍，言い換えると運動量密度がエネルギー密度を c で割ったもの $\hat{T}^{00}/c$ に等しい．これは前に触れた（3.2 節）光子の考えと調和する．

さらに，第 1 軸方向にローレンツ変換を施してみよう．

$$\begin{aligned}
\hat{T}'^{11} &= \gamma^2(\hat{T}^{11} - 2\beta\hat{T}^{01} + \beta^2\hat{T}^{00}) = \gamma^2(1-\beta)^2\hat{w} = \frac{1-\beta}{1+\beta}\hat{T}^{00}, \\
\hat{T}'^{01} &= \gamma^2(-\beta\check{T}^{11} + (1+\beta^2)\check{T}^{01} - \beta\hat{T}^{00}) = \gamma^2(1-\beta)^2\hat{w} = \hat{T}'^{11}, \\
\hat{T}'^{00} &= \gamma^2(\beta^2\hat{T}^{11} - 2\beta\check{T}^{01} + \hat{T}^{00}) = \gamma^2(1-\beta)^2\hat{w} = \hat{T}'^{11}
\end{aligned}$$

他の成分はすべてゼロのままである．v が c に近づくにつれ，エネルギー密度は限りなく減少する．しかし，エネルギー運動量テンソルの形は変わらない．つまり，エネルギーは光速で流れていて，その方向に追いかけても，エネルギー流の速度は光速のままだが，電場，磁場は，運動量密度とエネルギー密度の比を一定値 $1/c$ に保ちながら $\sqrt{\frac{1-\beta}{1+\beta}}$ に比例して弱まる（逆方向に逃げていく場合は強まる）．これが電磁波である．電磁波については第 7 章で詳しく調べる．

本節の結果から，電磁場のエネルギーの伝播速度は c を超えないことが保証される．これは場の作用の伝達速度が c であることから当然予想される結果で，理論の整合性を示している．また，保存則にとっても重要な性質である．もし，エネルギーの伝播速度が光速を超えるなら，一般に連続の方程式が満たされているとしても，ある領域 V のエネルギー総量を有限時間 T だけ隔てて比較したとき，V を cT に比べて大きくしても境界 ∂V から外に流れて失われるエネルギーが存在できることになり，エネルギー，ひいては運動量，角運動量の保存則が成立しなくなる．そうではなく，エネルギー伝播速度が c を超えないならば，T を固定して V を十分大きく取りさ

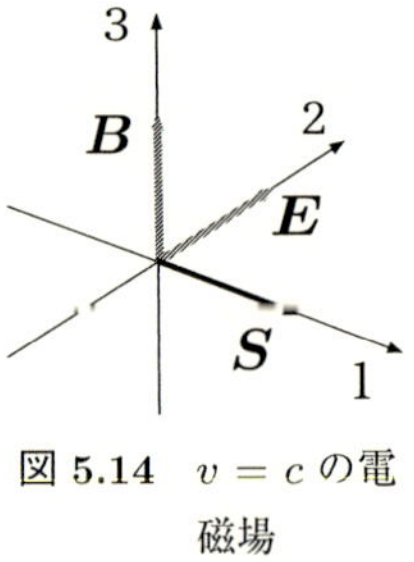

図 **5.14**　$v = c$ の電磁場

えすれば，V の外からエネルギーが流入しないように初期条件を用意する限り，これらの物理量は電磁場の寄与を取り入れれば常に保存する．

5.7 電磁場の作用積分

第 3 章で，点電荷の運動法則を作用積分をもとに考察し，ローレンツの力を導いた．そして，電荷，電流の相互作用を，特殊相対性原理を指針として 4 元ポテンシャルの場 $A_\mu(x)$ を独立な物理的自由度として扱うべきであるという立場から，$A_\mu(x)$ の力学的法則を微分方程式として確立しその意味を様々な角度から調べてきた．本節では，A_μ に対する作用積分はあるのか考察しよう．つまり，ハミルトンの原理が適用できるかが問題である．それには，A_μ の運動方程式としてのマックスウェル方程式

$$\partial_\nu F^{\nu\mu} + \mu_0 J^\mu = 0 \tag{5.101}$$

を作用積分の停留条件として解釈できればよい．$A_\mu(x)$ は時空位置 x^μ に独立に存在する自由度であるから，一般化座標 $u_a(t)$ に相当するのは $A_\mu(x) = A_\mu(\boldsymbol{x}, t)$ そのものだ．このとき，自由度を区別している添字 a の役割を果たすのは，空間座標 $\boldsymbol{x}$ と 4 元ベクトル添字 μ である．そこで，$A_\mu(x)$ の無限小変分を $A_\mu(x) \to A_\mu(x) + \delta A_\mu(x), \delta A_\mu(x) \equiv \epsilon f_\mu(x)$ と表したとき，$f_\mu(x)$ を $A_\mu(x)$ とは独立な無限小の大きさをもつ任意関数として扱わなければならない．(3.6) の右辺に相当するものは，$\sum_{a=1}^n$ が積分 $\int d^3x$ および添字 μ に関する縮約，またラグランジュの運動方程式に相当するのが (5.101) であるから，$\frac{d}{dt}\frac{\partial L}{\partial \dot{u}_a} - \frac{\partial L}{\partial u_a}$ に相当するのは，定数の係数を除いて (5.101) の左辺である．よって，次の積分

$$\frac{1}{c}\int_1^2 \delta A_\mu(\partial_\nu F^{\nu\mu} + \mu_0 J^\mu) d^4x \tag{5.102}$$

を調べるのが自然だ．ただし，記号 $\frac{1}{c}\int_1^2 \cdots d^4x = \int_1^2 \cdots d^3x dt$ で，時空中で時間 $t = x^0/c$ に関しては $t_1 \leqq t \leqq t_2$ の範囲，$\boldsymbol{x}$ に関しては空間全体で積分することを表す．これは $F_{\mu\nu} = -F_{\nu\mu}$ により，次のように変形できる．

$$\begin{aligned}
&\delta A_\mu \partial_\nu F^{\nu\mu} = \partial_\nu(\delta A_\mu F^{\nu\mu}) - F^{\nu\mu}\partial_\nu \delta A_\mu \\
&= \partial_\nu(\delta A_\mu F^{\nu\mu}) - \frac{1}{2}F^{\nu\mu}(\partial_\nu \delta A_\mu - \partial_\mu \delta A_\nu) \\
&= \partial_\nu(\delta A_\mu F^{\nu\mu}) - \frac{1}{2}F^{\nu\mu}\delta F_{\nu\mu} = \partial_\nu(\delta A_\mu F^{\nu\mu}) - \frac{1}{4}\delta(F^{\nu\mu}F_{\nu\mu})
\end{aligned} \tag{5.103}$$

また，$J^\mu \delta A_\mu = \delta(A_\mu J^\mu)$ であるから，(5.102) は，積分の境界では条件 $f_\mu(x) = 0$（つまり，$\delta A_\mu(\boldsymbol{x}, t)|_{t=t_1,t_2} = 0, \lim_{|\boldsymbol{x}|\to\infty} \delta A_\mu(\boldsymbol{x}, t) = 0$）を満たすように変分関数

f_μ を選ぶと，次式に等しい．

$$\frac{1}{c}\delta\int_1^2\Big(-\frac{1}{4}F^{\mu\nu}F_{\mu\nu}+\mu_0A_\mu J^\mu\Big)d^4x \tag{5.104}$$

もし，逆にマックスウェル方程式の解のまわりで境界条件を満たさない変分を施した場合には，(5.103) の最終等式の第 1 項からの表面項だけが残る．

(5.104) の第 2 項は係数 μ_0 を除くと，粒子の作用積分 (3.34) の第 2 項を (4.98) に書き直したものと一致する．よって，n 個の点電荷と電磁場を合わせた系の作用積分は次式に選べる．

$$S=-\sum_{a=1}^n m_ac^2\int_1^2 d\tau_a+\frac{1}{c}\int_1^2\Big(A_\mu J^\mu-\frac{1}{4\mu_0}F_{\mu\nu}F^{\mu\nu}\Big)d^4x, \tag{5.105}$$

$$J^\mu(x)=c\sum_{a=1}^n q_a\int_{-\infty}^{\infty}\frac{dx_a^\mu}{ds}\delta^4\big(x-x_a(s)\big)ds, \tag{5.106}$$

$$d\tau_a=\frac{1}{c}\sqrt{-dx_a^\mu dx_{a\,\mu}}=\frac{1}{c}\sqrt{-\frac{dx_a^\mu(s)}{ds}\frac{dx_{a\,\mu}(s)}{ds}}ds \tag{5.107}$$

ただし，簡単のため粒子軌道に沿った積分は，すべて共通のパラメーター s で表した (粒子ごとに異なるパラメーターでもよい)．これもエネルギー運動量テンソルのトレース $\check{T}=\check{T}_\mu^\mu$ を用いて 4 次元積分の形に表せる．

$$-\sum_{a=1}^n m_ac^2\int_1^2 d\tau_a=\frac{1}{c}\int_1^2\check{T}d^4x, \tag{5.108}$$

$$\check{T}(x)\equiv -c^3\sum_{a=1}^n m_a\int_{-\infty}^{\infty}\delta^4\big(x-x_a(\tau_a)\big)d\tau_a \tag{5.109}$$

このように作用積分が時空の各位置で定義された量の時空積分の形式 $S=\frac{1}{c}\int\mathcal{L}d^4x$ に書ける場合，$\mathcal{L}=\mathcal{L}(x)$ をラグランジアン密度と呼ぶ．作用積分 (5.105) のラグランジアン密度は

$$\mathcal{L}=\check{\mathcal{L}}+\check{\hat{\mathcal{L}}}+\hat{\mathcal{L}},\quad \check{\mathcal{L}}\equiv\check{T},\quad \check{\hat{\mathcal{L}}}\equiv A_\mu J^\mu, \tag{5.110}$$

$$\hat{\mathcal{L}}\equiv-\frac{1}{4\mu_0}F_{\mu\nu}F^{\mu\nu}=-\frac{1}{4\mu_0}F^2 \tag{5.111}$$

である．これまでと同様，記号 ˇ, ˆ は，それぞれ，粒子の力学的自由度，および電磁場の力学的自由度のみだけで書ける量を，また，$\check{\hat{}}$ は両方の自由度を含む量を示す．この意味で $\check{\hat{\mathcal{L}}}$ を相互作用ラグランジアン密度と呼ぶ．

ここで一つ注意しておこう．電磁場のラグランジアン密度は 2 個の局所不変量 $\mathcal{U},\mathcal{V}$ のうち後者に比例する．もう一つの不変量の前者がなぜラグランジアン密度に現れな

いかが疑問になるだろう．実は，前者はそれ自身として全微分の形をしている．実際，恒等式 (4.61) により，次式が成り立つ．

$$\frac{1}{2}\epsilon^{\mu\nu\alpha\beta}F_{\mu\nu}F_{\alpha\sigma} = -\epsilon^{\mu\nu\alpha\beta}\partial_\nu A_\mu F_{\alpha\sigma} = -\partial_\nu(\epsilon^{\mu\nu\alpha\beta}A_\mu F_{\alpha\beta})$$

したがって，$\mathcal{U}$ を $\hat{\mathcal{L}}$ に加えても，変分には寄与せず運動方程式に影響しない．$\mathcal{U}$ と $\mathcal{V}$ の違いのもう一つは，後者は P 変換，T 変換で不変だが，前者はどちらに対しても符号を変えることである（C 変換では不変）．したがって，作用積分が P，T 不変であると要請するなら，$\mathcal{U}$ の寄与は落とせる．

第 3 章では作用積分による定式化の利点として，一般化座標の選び方に依存せずに運動方程式を導けることを強調した．そのため，特殊相対性原理と調和させるには，ラグランジアンがローレンツ変換で不変であるようにすればよかった．場についてはラグランジアン密度がローレンツ不変であることに注意しよう．それだけでなく，物理法則が時間や空間の座標の原点の選び方によらないことも，同様にラグランジアン密度が原点の選び方によらず同じ形に選ばれているために保証されている．このような物理法則の対称性を保証する変換を作用積分に対する無限小変分として扱ってみよう．たとえば時空座標の無限小並進 $x^\mu \to x^\mu + \delta x^\mu$ を考えると，対応する場の変分は

$$\delta A_\mu \equiv A_\mu(x+\delta x) - A_\mu(x) = \delta x^\nu \partial_\nu A_\mu \tag{5.112}$$

である．運動方程式を導くときの変分との違いは，積分の境界で変分は一般にゼロとおくことができないところにある．したがって，一般に境界の寄与の分だけ，作用積分は変分に対して不変性を壊している．たとえば電磁場のラグランジアン密度 $\hat{\mathcal{L}}$ が並進によらずに常に同じ形をしているという対称性は，次式が恒等的に成り立つことに対応する（左辺が力学変数の変分）．

$$\delta\hat{\mathcal{L}} = \delta x^\nu \partial_\nu \hat{\mathcal{L}} \tag{5.113}$$

つまり，並進に対応する変分のもとでラグランジアン密度が時空全微分だけ変化するから，その分だけ並進に対して作用積分が表面項の寄与により変化する．並進に限らず，このように，ある変換のもとで作用積分が表面項の寄与だけで不変性を破る場合，そのような変換を大局的対称変換という．また，このような場合，系は大局的対称性をもつという．

これから何がいえるか，具体的な意味を調べよう．エネルギー運動量テンソルの形 $\hat{T}^{\mu\nu} = F^{\mu\sigma}F^{\nu}{}_{\sigma}/\mu_0 + \eta^{\mu\nu}\hat{\mathcal{L}}$ から，(5.113) の右辺は次式に等しい．

$$\epsilon^\nu\partial_\nu\hat{\mathcal{L}} = \epsilon_\nu\Big(\partial_\mu\hat{T}^{\mu\nu} - \frac{1}{\mu_0}\partial_\mu(F^{\mu\sigma}F^{\nu}{}_{\sigma})\Big) \tag{5.114}$$

ただし，元の 4 次元座標 x^μ との混乱を避けるため，無限小定数ベクトル $\delta x^\nu \equiv \epsilon^\nu$ とおいた．一方，左辺は恒等式 (4.57) と $F_{\mu\nu}$ の反対称性を用いて

$$\begin{aligned}\delta\hat{\mathcal{L}} &= -\frac{1}{2\mu_0}F^{\mu\nu}\delta F_{\mu\nu} = -\frac{1}{2\mu_0}\epsilon^\sigma F^{\mu\nu}\partial_\sigma F_{\mu\nu} \\ &= \frac{1}{2\mu_0}\epsilon^\sigma F^{\mu\nu}(\partial_\mu F_{\nu\sigma} + \partial_\nu F_{\sigma\mu}) = -\epsilon^\nu\frac{1}{\mu_0}F^{\mu\sigma}\partial_\mu F_{\nu\sigma}\end{aligned} \tag{5.115}$$

と書き直せる．よって，(5.113) はラグランジアン密度が $\hat{\mathcal{L}}$ のとき，

$$\epsilon_\nu\partial_\mu\hat{T}^{\mu\nu} = \epsilon^\nu\frac{1}{\mu_0}F_{\nu\sigma}\partial_\mu F^{\mu\sigma} \tag{5.116}$$

と同等である．ここまでは任意の場 A_μ で成り立つ関係式であるが，さらにマックスウェル方程式 $\partial_\mu F^{\mu\sigma} = -\mu_0 J^\sigma$，積分形での粒子の運動方程式 (5.1) と 5.3 節で述べた恒等式 (5.25) を用いると，右辺は粒子のエネルギー運動量テンソルの定義により $-\epsilon_\nu\partial_\mu\check{T}^{\mu\nu}$ に等しく，結局，次式が得られる．

$$\epsilon_\nu\partial_\mu(\hat{T}^{\mu\nu} + \check{T}^{\mu\nu}) = 0 \tag{5.117}$$

ϵ^ν は任意の定数 4 元ベクトルであるから，並進対称性はエネルギー運動量テンソルの連続方程式と同等である．もちろん，結果的には前の導出と同じだが，ラグランジアン密度の並進変換の関係式 (5.113) から出発したという意味で，大局的対称性を用いたことになっている．この例が示すように，物理法則の大局的対称性は一般に保存則と密接に関係する．第 4 章で電荷の保存則が A_μ のゲージ変換に対する不変性という対称性の帰結であることに触れた．ゲージ変換も変換関数 $\lambda(x)$ が無限遠でゼロでない場合には大局的対称性として振る舞う．前に粒子側にはマクロな電磁場の力以外の力の存在が重要であり，そうした効果を取り入れてエネルギー運動量テンソルが連続の方程式を満たすと仮定した．その背景には保存則に導く対称性の原理があるわけだ．対称性と連続の方程式との関係は，ネターの定理として知られる一般的性質の特別の場合である．次節でもハミルトン形式の立場から具体例を述べる．

5.8 電磁場のハミルトン形式

ハミルトン形式は量子化に進むための標準的な出発点になるが，古典論の範囲でも，解析力学の立場から電磁場の物理的自由度や保存量の性格について理解を深めるのに役立つ．$\hat{\mathcal{L}}$ を 3 次元表示した形でみてみよう．

$$\hat{\mathcal{L}} = \frac{\epsilon_0}{2}|\boldsymbol{E}|^2 - \frac{1}{2\mu_0}|\boldsymbol{B}|^2 = \frac{\epsilon_0}{2}\left(\left|\frac{\partial\boldsymbol{A}}{\partial t} + \boldsymbol{\nabla}\phi\right|^2 - c^2|\boldsymbol{\nabla}\times\boldsymbol{A}|^2\right) \tag{5.118}$$

第 1 項 $\frac{\epsilon_0}{2}|\boldsymbol{E}|^2$ は，一般化座標である $\boldsymbol{A}$ の時間微分を含み，ポテンシャル場の運動エネルギーとみなせる．第 2 項 $\frac{1}{2\mu_0}|\boldsymbol{B}|^2$ は時間微分を含まず A_μ の空間的配置だけで決まり，ポテンシャルエネルギーに相当する．つまり，電磁場のラグランジアンは，概念的には運動エネルギーとポテンシャルエネルギーの差の形をしていて，ニュートン力学での粒子のラグランジアンと同様な構造をしている．連続的な場の力学であるから，より適切な弾性体の力学とのアナロジーでいえば，ϵ_0 は質量密度，$1/\mu_0$ は力の強さを決める定数としての弾性係数に相当する．弾性体を伝わる音波の速度は確かに比（弾性係数/質量密度 $\leftrightarrow 1/\epsilon_0\mu_0$）の平方根に比例する．次章で扱う物質中のマクロレベルの電磁場では真空の場合に比べて，これらの定数は物質ごとに変化する．重く柔らかな物質ほど音波速度は小さくなるが，電磁場でも同様なことが物質の影響によって起こる．

さて，$A_i\ (i=1,2,3)$ を一般化座標とみなすと一般化運動量は

$$\Pi_i \equiv \frac{\partial \hat{\mathcal{L}}}{\partial \dot{A}_i} = \epsilon_0\left(\frac{\partial A_i}{\partial t} + \frac{\partial \phi}{\partial x_i}\right) = -\epsilon_0 E_i \tag{5.119}$$

である．この定義により $\boldsymbol{\nabla}\times\boldsymbol{\Pi} = \epsilon_0 \frac{\partial}{\partial t}\boldsymbol{B}$ が成り立つ．また，電磁場のエネルギー密度は次式，

$$\hat{T}^{00} = \frac{1}{2\epsilon_0}|\boldsymbol{\Pi}|^2 + \frac{1}{2\mu_0}|\boldsymbol{\nabla}\times\boldsymbol{A}|^2 \tag{5.120}$$

マックスウェル方程式は，($\boldsymbol{B}=\boldsymbol{\nabla}\times\boldsymbol{A}$ を代入し，$\boldsymbol{\nabla}\times(\boldsymbol{\nabla}\times\boldsymbol{A}) = -\triangle\boldsymbol{A}+\boldsymbol{\nabla}\big(\boldsymbol{\nabla}\cdot\boldsymbol{A}\big)$ を用いる）次の形になる．

$$\frac{\partial\boldsymbol{\Pi}}{\partial t} = \boldsymbol{J} + \frac{1}{\mu_0}\big(\triangle\boldsymbol{A} - \boldsymbol{\nabla}\big(\boldsymbol{\nabla}\cdot\boldsymbol{A}\big)\big), \tag{5.121}$$

$$G \equiv \boldsymbol{\nabla}\cdot\boldsymbol{\Pi} + \rho = 0 \tag{5.122}$$

(5.121) の右辺が一般化力の役割を果たす．マックスウェル方程式を $F_{\mu\nu}$ に対する 1 階の微分方程式として表すのは，一般化運動量 $\boldsymbol{\Pi}$ と一般化座標 $\boldsymbol{A}$ を独立の力学変数として扱ったハミルトン形式に相当する．(5.119), (5.121) がハミルトンの運動方程式である（粒子の (3.11), (3.12) に対応）．ただし，通常と違うところは，一般化運動量が (5.122) を満たすことだ．これは時間微分を含まないから，初期条件として一般化運動量を与えるときに満たされるべき拘束条件と解釈できる．(5.121) の両辺の 3 次元発散をとり電荷の保存則 $\frac{\partial\rho}{\partial t} + \boldsymbol{\nabla}\cdot\boldsymbol{J} = 0$ を用いると，$\frac{\partial}{\partial t}G = 0$ が自動的に満たされるので，(5.122) は初期条件として設定すれば，任意の時刻で常に満たされる．このように，一般化運動量の 3 成分が独立でないのは，一般化座標 $\boldsymbol{A}$ の 3 個の成分のうち，物理的に意味のある自由度が実際には 2 個であるという事実と対応する．ポテンシャル場に

は，1 個の任意関数 $\lambda(x)$ によるゲージ変換の自由度 $\boldsymbol{A} \to \boldsymbol{A} + \boldsymbol{\nabla}\lambda,\quad \phi \to \phi - \frac{\partial\lambda}{\partial t}$ がある．マックスウェル方程式とエネルギー運動量テンソル等の物理量はすべてゲージ変換で不変であるから，物理的な内容を変えずに $\boldsymbol{A}$ の成分のうち 1 個の成分は自由に選べるため，1 個の条件をゲージ条件として課せる．一般化運動量に対しても，これに対応し 1 個の拘束条件 (5.122) がつくのである．

このことに関連してもう一つ明確にすべき問題は，$\phi = -cA_0$ の一般化座標としての意味である．$\hat{\mathcal{L}}$ は ϕ の時間微分を含まないので，ϕ は運動の自由度ではない（ϕ には慣性がない)．議論を簡単かつ具体的にするため，ゲージ条件としてクーロン条件（放射条件）$\boldsymbol{\nabla} \cdot \boldsymbol{A} = 0$ を選んで考えてみよう．このとき拘束条件 (5.122) はポアソン方程式に帰着し，ϕ は各時刻ごとに次のように，電荷密度により定まってしまう．

$$\triangle\phi = -\frac{1}{\epsilon_0}\rho - \boldsymbol{\nabla} \cdot \frac{\partial \boldsymbol{A}}{\partial t} = -\frac{1}{\epsilon_0}\rho \;\Rightarrow\; \phi(\boldsymbol{x}, t) = \frac{1}{4\pi\epsilon_0}\int \frac{\rho(\boldsymbol{y}, t)}{|\boldsymbol{x} - \boldsymbol{y}|} d^3y$$

これは一見作用の伝達速度が c であるのと矛盾するかに見えるが，運動方程式の解ではなく，初期条件としての拘束条件の解であって，作用の伝わり方を表しているわけではなく何ら矛盾ではない．他のゲージ条件を採用した場合も，現れ方は異なるが ϕ が独立な力学的自由度ではないことに変わりはない．

作用積分自体をハミルトン形式に書き直すと，この状況はさらに明確になる．ニュートン力学でハミルトニアンを求めるのと同じ考え方を $\hat{\mathcal{L}}$ に当てはめ，

$$\hat{\mathcal{L}} = \boldsymbol{\Pi} \cdot \frac{\partial \boldsymbol{A}}{\partial t} + \boldsymbol{\Pi} \cdot \boldsymbol{\nabla}\phi - \hat{T}^{00} \tag{5.123}$$

と書き直す．これを用いて作用積分 (5.105) の A_μ を含む第 2 項は

$$\begin{aligned}&\frac{1}{c}\int_1^2 \left(A_\mu J^\mu - \frac{1}{4\mu_0} F_{\mu\nu}F^{\mu\nu}\right) d^4x \\ &= \int_1^2 \left[\left(\int \boldsymbol{A} \cdot \boldsymbol{J} - \phi G + \boldsymbol{\Pi} \cdot \frac{\partial \boldsymbol{A}}{\partial t}\right) d^3x - \hat{H}\right] dt,\ \hat{H} \equiv \int \hat{T}^{00} d^3x\end{aligned} \tag{5.124}$$

となる．ただし，$\boldsymbol{\Pi} \cdot \boldsymbol{\nabla}\phi = \boldsymbol{\nabla} \cdot (\phi\boldsymbol{\Pi}) - \phi\boldsymbol{\nabla} \cdot \boldsymbol{\Pi}$ により，ガウスの定理を用いたとき第 1 項は ϕ が十分遠方でたかだか距離の 2 乗以上に反比例して減少すること，および，$\boldsymbol{E}$ も無限遠方ではゼロになると仮定し，積分に寄与しないことを用いた．この形では一般化座標としての ϕ は括弧内の第 2 項 $(-\phi G)$ だけに現れている．つまり，ϕ は拘束条件 (5.122) が変分 $\delta\phi$ によって得られるようにするためのラグランジュ未定乗数の役割を果たしている．ただし，ハミルトン形式では時間座標と空間座標の扱い方が異なり，ローレンツ変換でのあからさまな不変性が失われている．ϕ はある一つの慣性系で独立な力学的自由度ではないとしても，別の慣性系に移れば元の $\boldsymbol{A}$ と ϕ が混じり合った ϕ' になるという意味で，依然として力学変数としての役割を果たすこ

とに注意してほしい.

次に (5.124) 右辺括弧内の第 1 項は粒子自由度の寄与を含むことに着目しよう.

$$\int_1^2 \boldsymbol{A}\cdot\boldsymbol{J}d^3xdt = \sum_{a=1}^n \int_1^2 q_a\boldsymbol{A}(\boldsymbol{x}_a,t)\cdot\frac{d\boldsymbol{x}_a}{dt}dt \tag{5.125}$$

これを粒子のみの寄与 $\frac{1}{c}\int\check{\mathcal{L}}d^4x$ と合わせた作用積分

$$\int_1^2 L_{\mathrm{p}}dt \equiv \sum_{a=1}^n \int_1^2 \Big[-m_ac^2\sqrt{1-\frac{1}{c^2}\Big|\frac{d\boldsymbol{x}_a}{dt}\Big|^2} + q_a\boldsymbol{A}(\boldsymbol{x}_a,t)\cdot\frac{d\boldsymbol{x}_a}{dt}\Big]dt \tag{5.126}$$

は, 粒子の一般化運動量 $\boldsymbol{p}_a = m_a\frac{d\boldsymbol{x}_a}{d\tau_a} + q_a\boldsymbol{A}(\boldsymbol{x}_a,t)$ を用いて次式の形に表せる.

$$\int_1^2 L_{\mathrm{p}}dt = \int_1^2 \Big[\sum_{a=1}^n \boldsymbol{p}_a\cdot\frac{d\boldsymbol{x}_a}{dt} - \check{H}\Big]dt, \tag{5.127}$$

$$\check{H} = \sum_{a=1}^n \sqrt{m_a^2c^4 + |\boldsymbol{p}_a - q_a\boldsymbol{A}(\boldsymbol{x}_a,t)|^2c^2} = \int \check{T}^{00}d^3x \tag{5.128}$$

粒子のハミルトニアン密度 $\check{T}^{00}$ が, 粒子速度で表したときに電磁場に依存しない, 言い換えると, $\boldsymbol{p}_a - q_a\boldsymbol{A}(\boldsymbol{x}_a,t)$ を通してのみ $\boldsymbol{A}$ が現れるのは, 磁場が仕事に直接寄与しないのと対応する. 一方, 粒子の力学の立場でポテンシャルエネルギーの役割を果たしていた $q\phi$ の項が $\check{H}$ に含まれていないことに注目しよう. それは電磁場のエネルギー, すなわち, $\hat{H}$ の一部として含まれている. 実際, 場の時間依存性を無視する近似では, 電場を, 着目している粒子にとって外部自由度として扱える部分 $\boldsymbol{E}_{\mathrm{ext}}$ と, 粒子自身の作る寄与 $\boldsymbol{E}_{\mathrm{p}}$ に分けて $\boldsymbol{E} = \boldsymbol{E}_{\mathrm{ext}} + \boldsymbol{E}_{\mathrm{p}}$ とすると, $\hat{H}$ の中のそれらの積の寄与は, $\boldsymbol{\nabla}\cdot\boldsymbol{E}_{\mathrm{p}}(\boldsymbol{x}) = \frac{q}{\epsilon_0}\delta^3\big(\boldsymbol{x}-\boldsymbol{x}(t)\big), \boldsymbol{E}_{\mathrm{ext}} = -\boldsymbol{\nabla}\phi_{\mathrm{ext}}$ を用いると, 部分積分により $\int\epsilon_0\boldsymbol{E}_{\mathrm{ext}}\cdot\boldsymbol{E}_{\mathrm{p}}d^3x = \int\epsilon_0\phi_{\mathrm{ext}}\boldsymbol{\nabla}\cdot\boldsymbol{E}_{\mathrm{p}}d^3x = q\phi_{\mathrm{ext}}\big(\boldsymbol{x}(t)\big)$ に帰着し, 着目している粒子の位置における外場によるポテンシャルエネルギーを与える. このように, 元の粒子ラグランジアンのポテンシャルエネルギー項は電磁場の自由度と合体して拘束条件を生み出す代わりに, 電磁場のエネルギーの一部として粒子のポテンシャルエネルギーが含まれている.

以上の結果をまとめると, 粒子と電磁場の自由度を合わせた系全体の作用積分のハミルトン形式での表示は, 拘束条件 $G = 0$ のもとで次式に等しい.

$$\frac{1}{c}\int\mathcal{L}d^4x = \int_1^2\Big[\sum_{a=1}^n \boldsymbol{p}_a\cdot\frac{d\boldsymbol{x}_a}{dt} + \int\boldsymbol{\Pi}\cdot\frac{\partial\boldsymbol{A}}{\partial t}d^3x\Big]dt - \int(\check{H}+\hat{H})dt$$

つまり, 電磁場の粒子の力学をハミルトン形式で考えると, 粒子の相空間 $(\boldsymbol{x}_a, \boldsymbol{p}_a)$ に加え, 空間の各位置ごとに, 場として独立な方向が 2 個ずつの一般化座標と一般化運動量 $(\boldsymbol{A}, \boldsymbol{\Pi})$ がなす相空間上の力学系に他ならない. このとき, ハミルトン形式からもエネルギーに相互作用ラグランジアン密度からの寄与はなく, エネルギー運動量テンソルから得られた前の結果と調和している.

例：真空中の電磁場と調和振動子

議論の簡単のため，辺の長さが R $(-R/2 \leq x_i \leq R/2)$ の正方形の箱 V 中の電磁場を考える（物質がないので $\phi = 0$）．箱の表面では互いに向かい合う面で $\boldsymbol{A}$ が同じという周期境界条件を課す．つまり，1 軸に垂直な面の対 $x_1 = \pm R/2$ では $\boldsymbol{A}(-R/2, x_2, x_3) = \boldsymbol{A}(R/2, x_2, x_3)$（2 軸，3 軸に垂直な面の対でも同様）とする．それには次のように場をフーリエ級数で表すのが便利だ．

$$\boldsymbol{A}(x) = \sum_n{}' \boldsymbol{a}_n(t) e^{i\boldsymbol{k}_n \cdot \boldsymbol{x}}, \quad \boldsymbol{k}_n \equiv \frac{2\pi}{R}(n_1, n_2, n_3) \tag{5.129}$$

$n_i\,(i = 1, 2, 3)$ は任意の整数で，和記号 $\sum_n{}'$ は $n_1 = n_2 = n_3 = 0$ の場合（つまり定数項）だけは除いてすべての整数の組 (n_1, n_2, n_3) についての和を表す．周期境界条件は $e^{2\pi i n_1 x_1/R}\big|_{x_1=R/2} = e^{2\pi i n_1 x_1/R}\big|_{x_1=-R/2}$ が成り立つことで保証される（x_2, x_3 に関しても同様）．場は実数だから，係数ベクトル $\boldsymbol{a}_n(t)$ は $\overline{\boldsymbol{a}_n(t)} = \boldsymbol{a}_{-n}(t)$ を満たす．クーロンゲージ条件 $\boldsymbol{\nabla} \cdot \boldsymbol{A} = 0$ は係数ベクトルに対する条件 $\boldsymbol{k}_n \cdot \boldsymbol{a}_n = 0$ になる．このとき，拘束条件 $0 = \boldsymbol{\nabla} \cdot \boldsymbol{\Pi} = \epsilon_0 \frac{\partial}{\partial t}(\boldsymbol{\nabla} \cdot \boldsymbol{A})$ が自動的に成り立つ．この展開式を運動方程式 $\Box \boldsymbol{A} = 0$ に代入すると，

$$\sum_n{}' \Big(-|\boldsymbol{k}_n|^2 \boldsymbol{a}_n - \frac{1}{c^2}\frac{d^2}{dt^2}\boldsymbol{a}_n\Big) e^{i\boldsymbol{k}_n \cdot \boldsymbol{x}} = 0 \ \to\ \frac{d^2}{dt^2}\boldsymbol{a}_n = -c^2 |\boldsymbol{k}_n|^2 \boldsymbol{a}_n$$

となり，$\boldsymbol{a}_n(t)$ は振動数が $\omega_n \equiv c|\boldsymbol{k}_n| = \omega_{-n}$ の調和振動子とみなせる．一般解を次式で表すと（$\boldsymbol{b}_n$ は定数の複素ベクトル），

$$\boldsymbol{a}_n(t) \equiv \frac{1}{\sqrt{2}}(\boldsymbol{b}_n e^{-i\omega_n t} + \overline{\boldsymbol{b}_{-n}} e^{i\omega_n t}) = \overline{\boldsymbol{a}_{-n}(t)}, \quad \boldsymbol{k}_n \cdot \boldsymbol{b}_n = 0$$

$\boldsymbol{A}$ および一般化運動量 $\boldsymbol{\Pi}$ が次のように定まる $(k_n x \equiv \boldsymbol{k}_n \cdot \boldsymbol{x} - \omega_n t)$．

$$\boldsymbol{A}(x) = \sum_n{}' \frac{1}{\sqrt{2}}\big(\boldsymbol{b}_n e^{ik_n x} + \overline{\boldsymbol{b}_n} e^{-ik_n x}\big), \tag{5.130}$$

$$\boldsymbol{\Pi}(x) = -i\epsilon_0 \sum_n{}' \frac{\omega_n}{\sqrt{2}}\big(\boldsymbol{b}_n e^{ik_n x} - \overline{\boldsymbol{b}_n} e^{-ik_n x}\big) \tag{5.131}$$

通常の調和振動子 $m\frac{d^2 q}{dt^2} = -kq$ で対応する相空間の一般解は $(\omega = \sqrt{k/m})$

$$q(t) = \frac{1}{\sqrt{2}}\big(be^{-i\omega t} + \bar{b}e^{i\omega t}\big),\ p(t) = m\dot{q} = -i\frac{m\omega}{\sqrt{2}}\big(be^{-i\omega t} - \bar{b}e^{i\omega t}\big)$$

である．これから，対応関係 $be^{-i\omega t} \to b_n e^{ik_n x}$, $\omega \to \omega_n$, $m \to \epsilon_0$ により，真空中の電磁場は振動数が異なる無限個の調和振動子

$$\boldsymbol{q}_n(x) \equiv \frac{1}{\sqrt{2}}\left(\boldsymbol{b}_n e^{ik_n x} + \overline{\boldsymbol{b}_n} e^{-ik_n x}\right), \tag{5.132}$$

$$\boldsymbol{p}_n(x) \equiv -i\frac{\epsilon_0\omega_n}{\sqrt{2}}\left(\boldsymbol{b}_n e^{ik_n x} - \overline{\boldsymbol{b}_n} e^{-ik_n x}\right) \tag{5.133}$$

の線形結合として扱える．詳細は割愛するが，箱中の電磁場のエネルギー，運動量はこれらの無限個の調和振動子からの寄与の和として表せる．(5.129) は飛びとびの値をとるが，R が十分大きいとすれば，その間隔は小さいので実際的にはゼロから始まる連続的な変数とみなせる．

さて，ハミルトン形式の応用の一つとして，前節最後に強調した大局的対称性と保存則の関係をさらに具体化しておこう．一般の場合の 3.1 節の記号を用い大局的対称性に対応する無限小変換を一般に $\delta^{\mathrm{g}} u_a$ とおくと，定義によりある関数 K_{g} が存在し $\delta^{\mathrm{g}} L(u, \dot{u}) = \frac{dK_{\mathrm{g}}}{dt}$ を満たすから，作用積分の変分は

$$\delta^{\mathrm{g}} S[u] = K_{\mathrm{g}}\Big|_{t=t_1}^{t=t_2}$$

と書ける．一方，運動方程式が満たされているとき，3.1 節の議論により，$\delta^{\mathrm{g}} u_a$ を，一般の変分 δu_a で境界 $t = t_1, t_2$ でゼロでない特別の場合として扱うと，

$$\delta^{\mathrm{g}} S[u] = \sum_{a=1}^{n} \frac{\partial L}{\partial \dot{u}_a}\delta^{\mathrm{g}} u_a\Big|_{t=t_1}^{t=t_2}$$

が同時に成り立つ．この二つの式の差をとると $0 = \left[\sum_{a=1}^{n} p_a \delta^{\mathrm{g}} u_a - K_{\mathrm{g}}\right]_{t=t_1}^{t=t_2}$ となる $(p_a = \frac{\partial L}{\partial \dot{u}_a})$．よって，

$$Q_{\mathrm{g}} \equiv \sum_{a=1}^{n} p_a \delta^{\mathrm{g}} u_a - K_{\mathrm{g}} \tag{5.134}$$

は時間に依存しない保存量である．力学変数が場の場合は自由度の和 $\sum_{a=1}^{n}$ は当然積分に置き換わる．また，特に簡単な場合として大局的対称変換でラグランジアンそのものが不変である場合は $K_{\mathrm{g}} = 0$ である．

真空中の電磁場の場合，ラグランジアン $L = \int \hat{\mathcal{L}} d^3x$ は空間並進および空間回転で不変で $K_{\mathrm{g}} = 0$ とおける．それぞれに対応する保存量が運動量と角運動量である．これを確かめよう．そこでまず電磁場の運動量と角運動量を一般化運動量と一般化座標（とその微分）の局所的な積の形をした密度量の積分として表す．

$$P_i = \int (\partial_k A_i - \partial_i A_k)\Pi_k d^3x = -\int (\Pi_k \partial_i A_k + A_i \partial_k \Pi_k) d^3x,$$

$$L_i = \int \epsilon_{ijk} x_j (\partial_\ell A_k - \partial_k A_\ell)\Pi_\ell d^3x$$

$$= -\epsilon_{ijk} \int (x_j \Pi_\ell \partial_k A_\ell + \Pi_j A_k + x_j A_k \partial_\ell \Pi_\ell) d^3x$$

それぞれ，最初の等式はゲージ不変性が明確な形，第 2 等式は部分積分を行い，拘束条件 (5.122) を用いることができる形で表している．その際，表面項の寄与は無視した．言い換えると，電磁場は無限遠では表面項が寄与しない程度にゼロに近づくという仮定のもとでの式変形である．真空中では，第 2 等式の括弧内の最後の項は $\rho = 0$ であるから拘束条件によりゼロとでき，一般化座標の無限小変換の形

$$\delta_i^{\mathrm{t}} A_\ell \equiv -\partial_i A_\ell, \quad \delta_i^{\mathrm{r}} A_\ell \equiv -\epsilon_{ijk}(x_j \partial_k A_\ell + \delta_{j\ell} A_k) \tag{5.135}$$

を用いると，次のように共通の形に表せる．

$$P_i = \int \Pi_\ell \delta_i^{\mathrm{t}} A_\ell d^3x, \quad L_i = \int \Pi_\ell \delta_i^{\mathrm{r}} A_\ell d^3x \tag{5.136}$$

(5.135) は $\boldsymbol{\epsilon} \cdot \boldsymbol{\delta}^{\mathrm{t}}, \boldsymbol{\epsilon} \cdot \boldsymbol{\delta}^{\mathrm{r}}$ を δ^{g} に対応させると，それぞれ無限小並進 $\delta^{\mathrm{g}} \boldsymbol{x} = \boldsymbol{\epsilon}$ および無限小回転 $\delta^{\mathrm{g}} \boldsymbol{x} = \boldsymbol{\epsilon} \times \boldsymbol{x}$ での変換性（(3.32) 参照）に対応し，(5.134) と調和している（$\boldsymbol{\epsilon}$ は ϵ_μ の空間成分としての任意の無限小ベクトル）．粒子の力学でも，運動量と角運動量を次のように表現すると

$$p_i = p_\ell \delta_i'^{\mathrm{t}} x_\ell, \quad \delta_i'^{\mathrm{t}} x_\ell \equiv \delta_{i\ell} \ ; \ L_i = p_\ell \delta_i'^{\mathrm{r}} x_\ell, \quad \delta_i'^{\mathrm{r}} x_\ell \equiv \epsilon_{ikj} \delta_{j\ell} x_k$$

$\boldsymbol{\epsilon} \cdot \boldsymbol{\delta}'^{\mathrm{t}} x_\ell$, $\boldsymbol{\epsilon} \cdot \boldsymbol{\delta}'^{\mathrm{t}} x_\ell$ が無限小変換 $\delta^{\mathrm{g}} \boldsymbol{x} = \boldsymbol{\epsilon}$, $\delta^{\mathrm{g}} \boldsymbol{x} = \boldsymbol{\epsilon} \times \boldsymbol{x}$ と対応する．また，K_{g} がゼロではない最も簡単な例は，時間方向の並進 $\delta^{\mathrm{g}} u_a = \epsilon \dot{u}_a$ である．この場合は $K_{\mathrm{g}} = \epsilon L$ で $Q_{\mathrm{g}}/\epsilon = H$ はハミルトニアンに他ならない．

6 物質と電磁場

6.1 電磁場の基礎法則と物理現象

ここまでクーロンの法則とアンペールの法則という最も基本的な実験事実から出発し，特殊相対性原理を拠り所として電磁気の基礎法則を組み立ててきた．本章と次章では基礎法則の応用とさらなる展開に進む．基礎法則は荷電粒子の電磁場のもとでの運動方程式と，荷電粒子の分布のもとでの電磁場の運動方程式としてのマックスウェル方程式からなっている．この二つの方程式は本来，連立方程式であって，数学的観点からは電磁場と粒子運動は同時に絡み合うものとして扱うべきものだ．マックスウェル方程式自体は，源 $J_\mu(x)$ が与えられると，$A_\mu(x)$ を 1 次までしか含まないから，微分方程式の分類でいえば線形方程式である．「線形」とは，もし $J_\mu = J_\mu^{(1)} + J_\mu^{(2)}$ と分解できるなら，(4.79) から明らかなように，それぞれの $J_\mu^{(1)}, J_\mu^{(2)}$ に別々に対応する場 $A_\mu^{(1)}, A_\mu^{(2)}$ により $A_\mu = A_\mu^{(1)} + A_\mu^{(2)}$ と書けるということだ．だが，荷電粒子の運動そのものが電磁場によって起こるのだから，J_μ は実際には A_μ に依存する．この依存性（$J_\mu = J_\mu[A_\mu]$ で表す）は粒子座標 x^μ に関して非線形な運動方程式に支配されており，一般には $J_\mu[A_\mu] = J_\mu^{(1)}[A_\mu^{(1)}] + J_\mu^{(2)}[A_\mu^{(2)}]$ と分解できない．つまり，両者を連立させた場合には，線形性は一般には成り立たない．したがって，両者を絡み合わせて電磁場を扱うのは，実は極めて困難な非線形問題である．それなのに，マックスウェル方程式と荷電粒子の運動方程式が有用なのは，実際の現象に関する経験事実を適切に取り入れれば，与えられた J_μ のもとで電磁場の性質を調べ，また，逆に与えられた電磁場のもとで粒子の運動を調べるだけでも，よい近似で現実の電磁気現象の理解に役立つからである．

本章では，現実のマクロな物質が示す電磁気的性質をいくつかの典型的な現象について経験法則を整理し，それをマクロレベルでの基礎方程式にどう取り入れて現象のより深い理解に役立てられるかを見ていく．第 5 章までの粒子の具体的な運動方程式の取り扱いでは，マクロに定義される電磁場のみを通して相互作用するかのように仮定した議論をしてきた．しかし，現実の物質を構成する原子，分子もミクロな意味では原理的に電磁場の相互作用から説明されるものにしても，すでに何度か折に触れて強調したように，量子力学に従う．たとえば，荷電粒子や電流の間で働く力を打ち消して定常的な電磁場を実際に実現できるのは，基本的にはミクロレベルの量子力学によって初めて基礎付けられるマクロな電磁気力以外の力の存在によるのである．したがって，本章で扱う物質のエネルギー運動量は，古典力学によるマクロ平均ではなく，本来，より正確には量子力学に基づいたマクロ平均によって導かれるべき物質のエネルギー運動量テンソルが背景にあり，それによって正当化されることを前提とする．

ただし，特に断らない限り，これから考える系の環境としての物質そのものはマクロ的な意味で静止しているものとして議論を進める．マクロな物質の性質を調べるには，環境としての物質が静止しているような慣性系が最も便利であり，出発点になる．また，特に断らない限り，物質中で電荷が運動している場合，速度は c に比べて小さく，非相対論的な近似が有効なものとする．これらの仮定のもとでいったん物質の電磁気的性質がわかれば，運動する慣性系での物質の性質はローレンツ変換によって求めることができる（6.6 節参照）．

6.2 導体の静電場

まず，導体から始めよう．導体は，電磁場のもとで自由に運動できる荷電粒子がマクロ的に多数存在する物質である．たとえば，金属の電線の場合は，伝導電子が電流を担う．導体中に電流が流れていない状態があるとすると，導体中では（マクロな意味での）電場はゼロである．電場がゼロでなければ，伝導電子が電場の方向に一斉に動きだし電流が生じるからだ．したがって，導体系で電流が流れていない静的平衡状態では $\boldsymbol{A}=0$ と仮定できる．また，電場は導体の外側だけでゼロと異なる．よって次のポアソン方程式が成り立つ．

$$\triangle\phi=-\rho/\epsilon_0, \quad \phi(\boldsymbol{x})=\frac{1}{4\pi\epsilon_0}\int\frac{\rho(\boldsymbol{y})}{|\boldsymbol{x}-\boldsymbol{y}|}d^3y \tag{6.1}$$

つまり，導体内部の電場がゼロという条件とこの方程式を合わせて，電位と電荷分布を同時に決めなければならない．

まず，電荷が有限領域だけに分布しているとすると，無限遠での電位は (6.1) により，常にゼロとおける．さらに以下の性質が導かれる．

1）導体内部と表面で電位 ϕ は一定．つまり，導体表面は等電位面である．

2）導体内部の電荷密度はゼロで，導体の電荷は導体表面だけに存在できる．

3）導体表面のすぐ外側の電場は導体表面に垂直で，強さは表面の単位面積当たりの電荷密度 σ により次式で決まる（$\boldsymbol{n}$ は法線方向外側向き単位ベクトル）．

$$\boldsymbol{E}(\boldsymbol{x})=\boldsymbol{n}(\boldsymbol{x})\frac{\sigma(\boldsymbol{x})}{\epsilon_0} \tag{6.2}$$

4) 導体表面には単位面積当たり以下の力が働く.

$$\boldsymbol{f}(\boldsymbol{x}) = \boldsymbol{n}(\boldsymbol{x})\frac{\sigma(\boldsymbol{x})^2}{2\epsilon_0} \tag{6.3}$$

1), 2) は導体中で $\boldsymbol{E} = -\boldsymbol{\nabla}\phi = 0$ から明らか. よって, 導体表面外側での電場は表面に垂直だ. 導体表面に上面と底面が平行で表面を挟む微小な円筒領域 V にガウスの法則 (3.67) を適用すれば (図 6.1), $d\boldsymbol{S}\cdot\boldsymbol{E} = \sigma|d\boldsymbol{S}|/\epsilon_0$ で, (6.2) が得られる. また, 電気力線の張力の強さが $\epsilon_0|\boldsymbol{E}|^2/2 = \sigma^2/2\epsilon_0$ で, 4) が成り立つ.

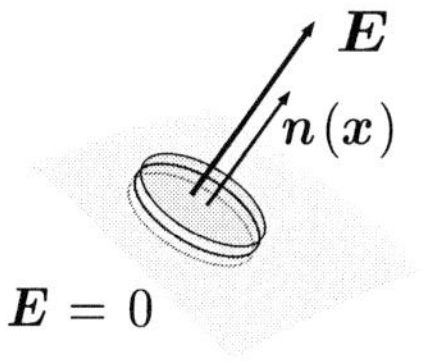

図 **6.1** 導体表面の電場 ($\sigma > 0$ の場合)

一つの導体 A の内側表面が閉じた面をなす場合を考えよう. この面に囲まれた領域 $\mathrm{V_A}$ をとり, ガウスの法則を表面が導体の外側表面と内側表面の間になるような任意の閉じた面 $\partial\mathrm{V}'$ に適用すれば, V' ($\supset \mathrm{V_A}$) の内部の全電荷量はゼロ. よって導体内側の表面の全電荷量は領域 $\mathrm{V_A}$ の電荷量のマイナスに等しい (これを静電遮蔽という). $\mathrm{V_A}$ 内部に全く電荷が存在しなければ, 導体 A 内側表面の電荷も存在せず, 電場は完全にゼロである. 導体で覆われた領域は, 導体の外側からの電気的影響を受けない (1.2 節で触れたキャベンディシュの実験はこの特別な場合を確かめたことになる). これが厳密に成り立つのは, 時間変動がない場合だが, 時間変動があってもよい近似で成り立つ.

電位の分布を定性的に理解するには次の性質が役立つ. 任意の点 $\boldsymbol{x}_0$ を中心に半径 r の球面 V_r ($|\boldsymbol{x}-\boldsymbol{x}_0| = r$) を考え, その上での電位の平均値を

$$\langle\phi\rangle_r(\boldsymbol{x}_0) \equiv \frac{1}{4\pi r^2}\int_{\mathrm{V}_r}\phi(\boldsymbol{x})|d\boldsymbol{S}| = \frac{1}{4\pi}\int_0^{2\pi}\!\!\int_0^{\pi}\phi(\boldsymbol{x})\sin\theta d\theta d\varphi$$

((r,θ,φ) は $\boldsymbol{x}_0$ を原点に選んだ極座標である) で定義すると, ガウスの法則を用いて次式が導ける (平均値の定理).

$$\frac{d}{dr}\langle\phi\rangle_r(\boldsymbol{x}_0) = \frac{1}{4\pi}\int_0^{2\pi}\!\!\int_0^{\pi}\frac{\partial\phi}{\partial r}\sin\theta d\theta d\varphi = \frac{1}{4\pi r^2}\int\boldsymbol{\nabla}\phi\cdot d\boldsymbol{S} = -\frac{Q_r(\boldsymbol{x}_0)}{4\epsilon_0\pi r^2}$$

ただし, $Q_r(\boldsymbol{x}_0)$ は球面内部の全電荷である. これから, 正電荷の近傍では電荷から離れると電位は必ず減少する一方, 負電荷の近傍では電位が増大する. つまり, 正電荷の位置では電位は極大値, 負電荷の位置では極小値をとる. したがって, 正電荷からは電気力線が外向きに出ていき, 負電荷には外から内向きに入ってくる. また, 内部の電荷量がゼロであるような任意の球面で電位の平均値は半径 r によらず一定である. これらの性質から, 等電位面を電位の変化に関して等間隔に描いたときの等電位面の密度の定性的振る舞いがわかる. たとえば, 導体の外側の電荷が存在しない広い領域にわたって等電位面が平らな平面で平行のとき, 等電位面は等間隔に並ぶ. 等間

隔でなければ，r が変わっても平均値が不変という性質は満たし得ない．また，等電位面がある方向に凸に歪んでいると，面が出ている側と引っ込んでいる側で等電位面の間隔を比較すると，後者のほうが密になる．断面図 6.2 に例示したように，等電位面の密度が高い位置の近くでは電位の勾配が，密度が低いところより大きい．このとき，平均値が点線で示した球面の r によらず一定であるには，勾配が大きい領域の寄与が小さい領域の寄与より小さい必要があるからだ．したがって，一般に導体表面に鋭い突起があると，その部分の電場は他の場所より強く，表面に働く力が大きい．そのため雷は高い場所や突起物に落ちやすい．このように，この定理を様々な場所で適用すれば，電位と電場の定性的振る舞いは詳しい計算をしなくても推定できる．また，電荷分布を如何に工夫しようと，電荷が存在しない位置で電位が極値をとることはない．言い換えると，さらに別の電荷を置いたとき，外力なしで静止できる位置はない．したがって，マクロな電場の力だけで電荷分布を一定な平衡状態に保つことは決してできない．静電場を実際に作るには必ずマクロな電場以外の外力が必要である．

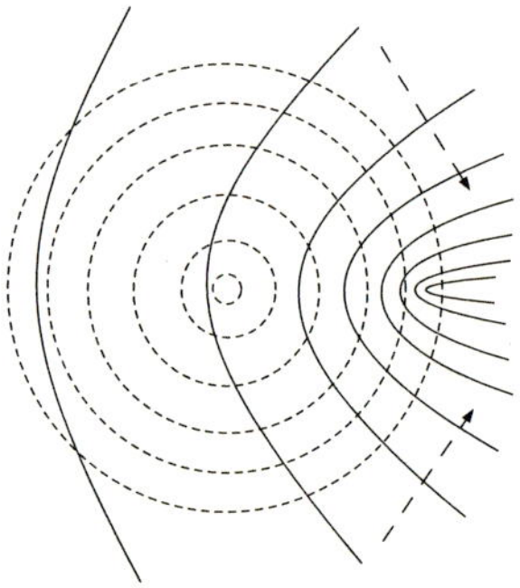

図 6.2 平均値の定理：破線矢印は電位が増大または減少する向き，点線円は中心を通る平面で切って見た ∂V_r の断面．

導体系の電位や電荷を正確に求めるには一意性に関する次の性質が役立つ．

i) すべての導体の電位が与えられれば，まわりの電位は一意的に決まる．

ii) すべての導体の電荷量が与えられれば，まわりの電位は一意的に決まる．

すでに第 4 章で述べた一意性定理の特別な場合として理解できるが，ここでは平均値の定理に基づき考えてみよう．もし，i) が成り立ってないとすると，導体電位がすべて同じでも異なる関数として異なる電位があることになるので，それを $\phi^{(1)}(\boldsymbol{x}), \phi^{(2)}(\boldsymbol{x})$ とすると，差 $\phi^{(3)} = \phi^{(1)} - \phi^{(2)}$ は，ゼロでない関数で，すべての導体上および無限遠でゼロである．しかし，導体外側ではゼロではないのだから，導体外側のどこかで最小値，および最大値をとる位置がなければならない．しかし，$\phi^{(3)}$ は導体外側に電荷がないときの電位 [*1] を表すから，それは不可能で $\phi^{(3)} = 0$ しかありえない．同様に，ii) が成り立たないとすると，すべての導体で同じ電荷を与える二つの異なった電位がなければならないから，やはりその差としてのゼロでない $\phi^{(3)}$ がある．このとき，仮定により，$\phi^{(3)}$ が示す導体の電荷量はすべてゼロだ．しかし，$\phi^{(3)}$ はどれかの導体上で最大値をとるが，その導体の電荷量は正でなければならず矛盾である．

[*1] (6.1) により，$\triangle\phi^{(3)} = 0$ に注意．

ここで一つ注意しておこう．導体内部で電場がゼロであるがすぐ外側では (6.2) で決まるゼロでない電場があるので，電位は導体表面での微分が不連続な関数になる．もちろん，これはマクロに見ているからであって，ミクロな立場からは導体表面のごく薄い膜の領域に電荷が分布し，電場がゼロから急激に変化しているのである．数学的な取り扱いではこの事情を注意深く扱う必要がある．導体の電位の値や微分は導体外側で計算した後に導体表面に近づく極限値として理解されなければならない．特に，i) のように，導体の電位を与えて外側の電位を決める問題を境界値問題と呼ぶ．導体を一定の電圧の電池に繋いだり，接地（アース）したりなどで導体の電位が決まっている場合がこれに当たる．これが解けて ϕ が求まれば，3) により導体表面の電荷密度が，導体表面のすぐ外側で次式を計算すれば求まる．

$$\sigma = -\epsilon_0 \boldsymbol{n} \cdot \boldsymbol{\nabla} \phi \tag{6.4}$$

また，摩擦電気で作り出された電荷を導体に蓄えるなどの操作によって，あらかじめ導体の電荷が与えられている場合が ii) に当たる．この場合は，(6.4) を各導体 a 上で積分した電荷量

$$Q_a = \epsilon_0 \int_a \boldsymbol{E} \cdot d\boldsymbol{S} = -\epsilon_0 \int_a \boldsymbol{\nabla} \phi \cdot d\boldsymbol{S} \tag{6.5}$$

が与えられていると，ϕ が決まり，それによって各導体の電位 ϕ_a が求まる [*2)]．

例 1：最小エネルギーの定理

導体の電位が与えられていて導体外側に電荷が存在しない場合，エネルギーを最小にするような電場が実現する結果として一意性定理を理解することもできる．$\phi^{(1)}$ が導体表面で与えられた電位の値 ϕ_a に等しいが，導体外側では勝手な振る舞いをしていて $\triangle \phi^{(1)} \neq 0$ であるような電位だとしよう．それを，導体表面では同じ電位を与え，かつ導体外側では電荷が存在しないのに対応し $\triangle \phi = 0$ を満たすゼロでない電位 ϕ と，エネルギーにより比較してみよう．このとき，$\phi^{(2)} \equiv \phi^{(1)} - \phi \neq 0$ は導体表面では $\phi_a - \phi_a = 0$ となりゼロなので，$\epsilon_0 \int_{\mathrm{V}} \boldsymbol{\nabla} \phi^{(2)} \cdot \boldsymbol{\nabla} \phi d^3 x = \epsilon_0 \int_{\partial \mathrm{V}} \phi^{(2)} \boldsymbol{\nabla} \phi \cdot d\boldsymbol{S} = 0$ となり，

$$\begin{aligned}
\frac{\epsilon_0}{2} \int_{\mathrm{V}} |\boldsymbol{\nabla} \phi^{(1)}|^2 d^3 x &= \frac{\epsilon_0}{2} \int_{\mathrm{V}} \left(|\boldsymbol{\nabla} \phi^{(2)}|^2 + 2 \boldsymbol{\nabla} \phi^{(2)} \cdot \boldsymbol{\nabla} \phi + |\boldsymbol{\nabla} \phi|^2 \right) d^3 x \\
&= \frac{\epsilon_0}{2} \int_{\mathrm{V}} \left(|\boldsymbol{\nabla} \phi^{(2)}|^2 + |\boldsymbol{\nabla} \phi|^2 \right) d^3 x > \frac{\epsilon_0}{2} \int_{\mathrm{V}} |\boldsymbol{\nabla} \phi|^2 d^3 x
\end{aligned}$$

が成り立つ．

[*2)] 番号 $a = 1, \ldots, n$ で導体を区別した（V_a, ϕ_a で a 導体とその電位を表す）．

一意性により，導体表面の条件を満たす基礎方程式の解を何らかの方法で見つければ，それ以外の可能性がないことが保証されている．様々な方法が知られているが，最も単純な例を述べよう．

例 2：平板コンデンサー

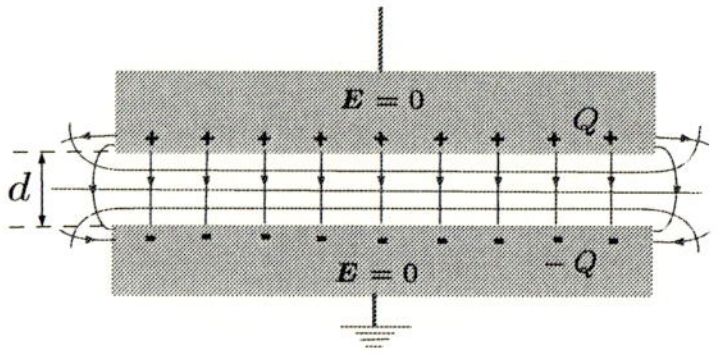

図 6.3 平板コンデンサー

図 6.3 のように十分に面積の大きい平面導体が 2 枚，第 3 軸に垂直で互いに平行に距離 d で置かれているとする．導体の端からは十分離れた 2 枚の導体の間の領域について考えると，等電位面はすべて導体平面に平行で等間隔に並ぶから，2 個の定数 a, b により $\phi = \phi(x_3) = ax_3 + b$ と書ける．もちろん，これは $\triangle\phi = \frac{d^2\phi(x_3)}{dx_3^2} = 0$ の解である．i) の場合は，$\phi(0) = \phi_1, \phi(d) = \phi_2$ を与えて次のように定まる．

$$a = \frac{\phi_2 - \phi_1}{d}, \quad b = \phi_1 \tag{6.6}$$

x_3 の原点を任意に選べるから，この場合 b の値は任意で物理的に無意味で，電位差 $V \equiv \phi_2 - \phi_1$ だけが意味をもつ．ii) の場合は，$\epsilon_0 \frac{d\phi(0)}{dx_3} = -\sigma_1, \epsilon_0 \frac{d\phi(d)}{dx_3} = \sigma_2$ を与えて $a = -\frac{\sigma_1}{\epsilon_0} = \frac{\sigma_2}{\epsilon_0}$ となる．したがって，導体平面の面積を S とすると，それぞれの全電荷 Q_1, Q_2 は $Q_1 = S\sigma_1 = -S\sigma_2 = -Q_2$ で $Q \equiv Q_2 = CV = -Q_1$，$C \equiv \frac{\epsilon_0 S}{d}$ が成り立つ．C を電気容量（キャパシタンス）という．

この導体を他から絶縁して電気量を一定に保ったまま導体間距離 d を微小変化 $d \to d + \Delta d$ させたとしよう．それには 3) により外から仕事

$$\Delta W = fS\Delta d = \frac{\sigma^2}{2\epsilon_0} S\Delta d = \frac{Q^2}{2\epsilon_0 S}\Delta d = \Delta\left(\frac{Q^2}{2C}\right)$$

を加えなければならない ($\sigma = -\sigma_1 = \sigma_2$)．一方，この系の電場のエネルギーは 2) により，$\frac{\epsilon_0}{2}|\boldsymbol{E}|^2 Sd = \frac{\epsilon_0}{2}\left(\frac{\sigma}{\epsilon_0}\right)^2 Sd = \frac{Q^2}{2C}$ であるから，仕事量は電場のエネルギー変化に等しく，エネルギー保存則が満たされていることが確かめられる．もちろん，第 5 章で導いた一般法則と調和している．

例 3：球面コンデンサー

同様にして半径が r_1, r_2 $(r_1 > r_2)$ で中心が一致するように置かれた 2 個の薄い球殻の導体の間の領域 $r_1 > r > r_2$ を考えよう．対称性から ϕ は r だけの関数 $\phi = \phi(r)$ で，等電位面は，同じ中心をもつ球面である．ガウスの定理を等電位面に適用すると $\int \boldsymbol{E} \cdot d\boldsymbol{S} = -4\pi r^2 \frac{d\phi(r)}{dr}$ が r によらない定数でなければならない [*3] から，$\phi(r) =$

[*3] この場合ラプラス方程式は $\triangle\phi = \frac{d}{dr}\left(r^2 \frac{d\phi(r)}{dr}\right) = 0.$

$\frac{a}{r}+b$. よって，i) では $\phi_1=\frac{a}{r_1}+b,\quad \phi_2=\frac{a}{r_2}+b$ により，$a=\frac{(\phi_2-\phi_1)r_1r_2}{r_1-r_2}$. ii) では，

$$\epsilon_0\frac{d\phi(r_1)}{dr_1}=\sigma_1=\frac{Q_1}{4\pi r_1^2},\quad \epsilon_0\frac{d\phi(r_2)}{dr_2}=-\sigma_2=-\frac{Q_2}{4\pi r_2^2}$$

により，$a=-4\pi Q_1/\epsilon_0=4\pi Q_2/\epsilon_0$. この場合も $Q_1=-Q_2=-Q$ となり，物理的意味をもつのは電位差 $\phi_2-\phi_1=Q/C$ で，電気容量 C は $C=\frac{4\pi\epsilon_0 r_1r_2}{r_1-r_2}$ と定まる.

例 2, 3 で求めた電気容量 C は，与えられた電位差のもとで導体に蓄えられる電気量を表す．コンデンサーという呼び方 *4) は平衡状態にある導体表面にこのように電荷を蓄えられることからきている．コンデンサーでは導体を電線で繋いで回路に用いる．このときコンデンサーを構成する導体を電極と呼ぶ．電気容量が導体系の幾何学的形状だけによって定まることに注意しよう．一般に電極の面積が大きいほど，また導体間の距離が小さいほど，容量は大きい．また，電気量 Q と電極の電位差 $V=\phi_2-\phi_1$ が比例するのは，基礎方程式 (6.1) の線形性による．つまり，電荷密度を一斉に定数倍する $\rho\to k\rho$ とすると，電位差も同じ比率で $V\to kV$ となることが基礎方程式により保証されている．国際単位における電気容量の単位はファラッド (F) である．たとえば，表面積が 1 cm^2 で，極板間の距離が $d=0.1$ mm の平板コンデンサーなら，$S=10^{-4}, d=10^{-4}, \epsilon_0=8.85\times10^{-12}$ で $C=8.85\times10^{-12}$ F である．通常の回路等で用いるコンデンサーの C は，オーダーとしてはこの程度の大きさなので，F は単位として大きすぎるので，通常は pF（$=10^{-12}$F，ピコファラッド）を単位として用いる．電位差は電圧ともいうが，標準単位系での単位をボルトと呼び，V で表す．

2 個のコンデンサーを電線で並列につないだものを 1 個のコンデンサーとみなすと，それぞれの極板の電位は同じで電位差も同じで，二つを合わせて蓄えられる電気量 Q は元の二つのコンデンサーの極板の電気量を Q_1, Q_2 としたとき，その和 $Q=Q_1+Q_2=(C_1+C_2)V=CV$ で全体の容量も和 $C=C_1+C_2$ である ($C>C_1, C>C_2$). また，直列につないだものを一つとみなすと，繋いだ極板の電位は同じになるので，電位差が和 $V=V_1+V_2=\frac{Q}{C_1}+\frac{Q}{C_1}=\frac{Q}{C}$ となり，全体の電気容量 C は $\frac{1}{C}=\frac{1}{C_1}+\frac{1}{C_2}$ となる ($C<C_1, C<C_2$). 平板コンデンサーでいうと，並列の場合は，極板の面積を増やすことに，直列の場合は極板間の距離を増やすことに相当する.

例 4：一様な電場のもとでの球面導体

半径 R の球面導体が，第 1 軸向きの一様な電場 $\boldsymbol{E}=(E,0,0)$ のもとに置かれていて（中心は原点），球面導体の全電荷はゼロとする．この電位を基準としてゼロに

*4) キャパシターともいう.

選ぶ $(\phi|_{|\boldsymbol{x}|=R}=0)$．一方，導体から遠くでは導体の影響がなく，与えられた電場に対応して電位は $-Ex_1$ に近づく．そこで $(r=|\boldsymbol{x}|)$，$\phi=-x_1E\bigl(1-\frac{R^\eta}{r^\eta}\bigr)$ と選び，$\eta(>0)$ を決められるかどうか見てみよう．ラプラス演算子を $x_1r^{-\eta}$ に作用させると，$\triangle x_1r^{-\eta}=\eta(\eta-3)x_1r^{-\eta-2}$ となり，$\eta=3$ のときにのみラプラス方程式が満たされる．よって求める電位は

$$\phi=-x_1E\Bigl(1-\frac{R^3}{r^3}\Bigr) \tag{6.7}$$

である．導体表面の電荷密度は $x_1=r\cos\theta$ とおいて r 微分を行い，

$$\sigma=-\epsilon_0\frac{\partial\phi}{\partial r}\Big|_{r=R}=3\epsilon_0E\cos\theta \tag{6.8}$$

と求まる．

次に任意の形をした導体が多数あるような一般の場合について述べよう．任意のスカラー場 $\psi_1(x),\psi_2(x)$ に対する次の恒等式が役立つ．

$$\psi_1\triangle\psi_2-\psi_2\triangle\psi_1=\boldsymbol{\nabla}\cdot(\psi_1\boldsymbol{\nabla}\psi_2-\psi_2\boldsymbol{\nabla}\psi_1)$$

両辺を領域 V で積分すると，ガウスの定理により

$$\int_{\mathrm{V}}(\psi_1\triangle\psi_2-\psi_2\triangle\psi_1)d^3x=\int_{\partial\mathrm{V}}(\psi_1\boldsymbol{\nabla}\psi_2-\psi_2\boldsymbol{\nabla}\psi_1)\cdot d\boldsymbol{S} \tag{6.9}$$

となる（グリーンの公式）．V を導体外側の全領域に選ぶと，右辺は導体表面の積分である（$d\boldsymbol{S}$ は導体内向き）．$\psi_1=\phi$ を導体の電位がすべて与えられたときの電位とし，ψ_2 を導体外側で導体表面とは離れている任意の位置 $\boldsymbol{y}$ に $q=\epsilon_0$ に等しい電荷の点電荷（電荷密度が $\rho(\boldsymbol{x})=\epsilon_0\delta^3(\boldsymbol{x}-\boldsymbol{y})$）を 1 個静止させておき，かつ，すべての導体の電位がゼロであるようにしたときの電位であるとしよう．それを記号 $G(\boldsymbol{x}|\boldsymbol{y})$ で表すと，定義により次式を満たす．

$$\triangle_xG(\boldsymbol{x}|\boldsymbol{y})=-\delta^3(\boldsymbol{x}-\boldsymbol{y}),\quad G(\boldsymbol{x}|\boldsymbol{y})\Big|_{\boldsymbol{x}\in\partial\mathrm{V}}=0 \tag{6.10}$$

$\triangle_x$ は $\boldsymbol{x}$ に関するラプラス演算子である．$G(\boldsymbol{x}|\boldsymbol{y})$ をグリーン関数と呼ぶ．(6.10) は，グリーン関数は $\boldsymbol{x}\to\boldsymbol{y}$ のとき，$\frac{1}{4\pi|\boldsymbol{x}-\boldsymbol{y}|}$ に近づく特異性があることを示す．

そこで，(6.9) に代入すると，右辺は導体表面の積分になり左辺では $\triangle\phi=0$ を使えるので，導体それぞれの電位 $\phi(\boldsymbol{x})\Big|_{\boldsymbol{x}\in\mathrm{V}_a}$ の値 ϕ_a（$\partial\mathrm{V}_a$ は a 番目の導体表面）を用いると次式が成り立つ．

$$\phi(\boldsymbol{y})=-\int_{\partial\mathrm{V}}\phi(\boldsymbol{x})\boldsymbol{\nabla}_xG(\boldsymbol{x}|\boldsymbol{y})\cdot d\boldsymbol{S}=\sum_{a=1}^{n}\phi_a\int_{\partial\mathrm{V}_a}\boldsymbol{\nabla}_xG(\boldsymbol{x}|\boldsymbol{y})\cdot d\boldsymbol{S}_a \tag{6.11}$$

右辺の積分は $\boldsymbol{x}$ についてであり [*5)]，$d\boldsymbol{S}_a$ は導体外側に向いた面積要素ベクトルである．この結果で着目すべきことは，導体外側の電位が導体の電位の線形結合として表せることだ．電位が定まれば電場が定まり各導体表面に蓄えられている電気量 Q_a も (6.5) により定まる．電位が各導体の電位の線形結合で表されるから，当然電荷量も線形結合で次の一般形で表せる．

$$Q_b = \sum_{a=1}^{n} C_{ba}\phi_a \tag{6.12}$$

定義によりグリーン関数は領域 V の形のみによって決まるので，係数 C_{ab} は，導体の電位や電気量とは無関係に，導体系の幾何学的形状と配置だけによって決まる．係数行列 C_{ab} を容量係数（より詳しくは対角要素 C_{aa} を自己容量係数，非対角要素 C_{ab} $(a \neq b)$ を誘導容量係数）と呼ぶ．また，容量係数の行列式がゼロでない場合は，逆に解いたものを次式で表す．

$$\phi_a = \sum_{b=1}^{n} p_{ab}Q_b \tag{6.13}$$

p_{ab} を電位係数と呼ぶ．これらは対称行列で，$C_{ab} = C_{ba}, p_{ab} = p_{ba}$ である．これは，(6.1) から得られる次の一般的性質（相反性と呼ぶ）から導かれる．

$$\int \rho'(\boldsymbol{x})\phi(\boldsymbol{x})d^3x = \frac{1}{4\pi\epsilon_0}\int\int \frac{\rho'(\boldsymbol{x})\rho(\boldsymbol{y})}{|\boldsymbol{x}-\boldsymbol{y}|}d^3xd^3y = \int \rho(\boldsymbol{y})\phi'(\boldsymbol{y})d^3y \tag{6.14}$$

ただし，電荷密度が ρ のときの電位を ϕ, ρ' のときの電位を ϕ' とした．これは任意の電荷分布で成り立つ．これを導体系に適用すると，電荷は導体表面だけにあるので，次式が導かれる．

$$\begin{aligned}\int \sigma'(\boldsymbol{x})\phi(\boldsymbol{x})|d\boldsymbol{S}| &= \sum_{a=1}^{n} Q'_a\phi_a = \sum_{a,b=1}^{n} C_{ab}\phi'_b\phi_a = \sum_{a,b=1}^{n} Q'_a p_{ab} Q_b \\ = \int \sigma(\boldsymbol{x})\phi'(\boldsymbol{x})|d\boldsymbol{S}| &= \sum_{a=1} Q_a\phi'_a = \sum_{a,b=1}^{n} C_{ab}\phi_b\phi'_a = \sum_{a,b=1}^{n} Q_a p_{ab} Q'_b\end{aligned}$$

これが任意の電位分布，電気量で成り立つことから $C_{ab} = C_{ba}$, $p_{ab} = p_{ba}$ となる．また，$\rho(\boldsymbol{x}) = \epsilon_0\delta^3(\boldsymbol{x}-\boldsymbol{y}), \rho'(\boldsymbol{x}) = \epsilon_0\delta^3(\boldsymbol{x}-\boldsymbol{y}')$ と選ぶと

$$G(\boldsymbol{y}'|\boldsymbol{y}) = G(\boldsymbol{y}|\boldsymbol{y}') \tag{6.15}$$

---

*5) この式は右辺の積分が先に行われて数学的意味をもつ．積分する前に $\boldsymbol{y}$ を導体表面に近づける極限をとるときには，グリーン関数の特異性を注意深く扱う必要がある．

に帰着し [*6)]，グリーン関数が二つの座標の入れ替えで対称であるという結論も得られる．つまり，点電荷を位置 $\boldsymbol{y}$ に置いたときの位置 $\boldsymbol{y}'$ の電位は，同じ点電荷を $\boldsymbol{y}'$ に置いたときの位置 $\boldsymbol{y}$ の電位に等しい．

ただし，領域 V が無限に広がっている場合にグリーンの公式を用いるには，無限遠の表面積分の寄与はゼロであるという条件が必要である．また，V が有限の場合は，一番外側の導体の内側表面に覆われている．その場合は任意の導体の電位分布で系の全電荷量はゼロ ($\sum_{a=1}^{n} Q_{ab} = 0$) であるから，$\sum_{a=1}^{n} C_{ab} = 0$ が成り立つ．前の二つの例では $n = 2$ で $-Q_1 = Q_2 = Q, C_{11} + C_{21} = C_{21} + C_{22} = 0$ で，$C_{11} = C_{22} = C, C_{12} = C_{21} = -C_{11} = -C_{22} = -C$ である [*7)]．

電位係数や容量係数が決まると，導体系のエネルギーは導体の電位分布，電気量分布により（ただし，簡単のため，導体外側には電荷がない場合とする）

$$
\begin{aligned}
&\frac{\epsilon_0}{2}\int_{\mathrm{V}} \boldsymbol{\nabla}\phi \cdot \boldsymbol{\nabla}\phi d^3x = \frac{\epsilon_0}{2}\int_{\mathrm{V}} \boldsymbol{\nabla}\cdot(\phi\boldsymbol{\nabla}\phi) d^3x = \frac{\epsilon_0}{2}\int_{\partial\mathrm{V}} \phi\boldsymbol{\nabla}\phi \cdot d\boldsymbol{S} \\
&= \frac{1}{2}\sum_{a=1}^{n} \phi_a Q_a = \frac{1}{2}\sum_{a,b=1}^{n} p_{ab} Q_a Q_b = \frac{1}{2}\sum_{a,b=1}^{n} C_{ab}\phi_a\phi_b \qquad (6.16)
\end{aligned}
$$

と表せる．例 2,3 の場合は，すでに導いた $\frac{1}{2}C(\phi_1 - \phi_2)^2 = \frac{1}{2C}Q^2$ に帰着する．

一般式 (6.16) は任意の電位分布，電気量分布で正である．これからいくつか一般的性質を導ける．たとえば，a 導体だけ電位がゼロでない場合 ($\phi_a > 0, \phi_b = 0\,(b \neq a)$) を考えると $C_{aa} > 0$ でなければならない．このとき，電気量の分布は $Q_b = C_{ba}\phi_a$ である．そして a 導体の電位が最大で $Q_a > 0$ であるから，他のすべての導体は同じゼロの電位なので，それらの表面では電気力線が内向きに入る以外にありえない．よって，$Q_b < 0\,(b \neq 0)$，$C_{ab} < 0, (a \neq b)$ である．他方，a 導体だけ電気量が正で他はゼロが可能だとすると，$\phi_b = p_{ba}Q_a$ である．このとき，他の導体の電気量がゼロであるから，それらの電位は最小値も最大値もとることはできない．なぜなら，最大なら電気力線はすべて外向き，最小ならすべて内向きとなり，電気量がゼロであるのに反する．それならば，無限遠の電位がゼロであるから，これらの電位はすべて正でしかありえない．つまり，$p_{ba} > 0$ で，かつ p_{aa} が最大である．（ただし，前の例の場合のように，電荷量について $\sum_{a=1}^{n} Q_a = 0$ のような条件が最初から成り立つような導体の配置では 1 個の導体だけ電荷を与えることが不可能な場合もあるので注意）．

グリーン関数を正確に決めさらに積分 (6.11) を実行すること自体，一般には難しいが，導体系に限らず，ラプラス方程式，ポアソン方程式，あるいはより一般に任意の

---

*6) 導体のグリーン関数の場合，導体表面でゼロであるから，導体表面の電荷は公式 (6.14) の両辺に寄与しない．

*7) このとき，C_{ab} の行列式はゼロである．

線形方程式によって支配される物理系では系を特徴付ける関数として重要な意味がある．導体外側の領域 V に任意の電荷分布 $\rho(\boldsymbol{x})$ があると $(\triangle\phi=-\rho/\epsilon_0)$，$\rho=0$ の場合の (6.11) を拡張して電位はグリーン関数により

$$\phi(\boldsymbol{y})=\frac{1}{\epsilon_0}\int_{\mathrm{V}}\rho(\boldsymbol{x})G(\boldsymbol{x}|\boldsymbol{y})d^3x+\sum_{a=1}^{n}\phi_a\int_{\partial\mathrm{V}_a}\boldsymbol{\nabla}_x G(\boldsymbol{x}|\boldsymbol{y})d\boldsymbol{S}_a \tag{6.17}$$

と書ける．もし，V が空間全体の無限領域であれば出発点の一般式 (6.1) との対応から明らかなように，グリーン関数は $G(\boldsymbol{x}|\boldsymbol{y})=\frac{1}{4\pi|\boldsymbol{x}-\boldsymbol{y}|}$ に他ならない．このように，グリーン関数は，第 4 章で最初に論じた電荷分布を用いて電位を表す法則を任意の導体系に拡張した概念とみなすことができる．また，グリーン関数の一意性が，一般的性質 i) の特別な場合として成り立つ．

グリーン関数を決められる単純だが自明ではない例について触れておこう．

▷**鏡像法 1**：**導体表面が 3 軸に垂直な平面** $x_3=0$ **の場合**

(6.17) で位置 $\boldsymbol{y}=(y_1,y_2,y_3)$ $(y_3>0)$ に点電荷 q があり，導体の電位がゼロ（すなわち接地されている場合）を考えると $\phi(\boldsymbol{x})=\frac{q}{\epsilon_0}G(\boldsymbol{x}|\boldsymbol{y})$ で

$$G(\boldsymbol{x}|\boldsymbol{y})=\frac{1}{4\pi}\Big(\frac{1}{|\boldsymbol{x}-\boldsymbol{y}|}-\frac{1}{|\boldsymbol{x}-\boldsymbol{y}'|}\Big) \tag{6.18}$$

である．右辺の括弧内第 2 項は，電荷を導体表面を鏡と見立てたとき鏡に映る像の位置 $\boldsymbol{y}'\equiv(y_1,y_2,-y_3)$ に反対符号電荷 $q'=-q$ を置いたことに相当する（図 6.4 上）．これによって，条件 $\phi=0$ が $x_3=0$ で満たされているわけだ．一方，第 1 項は $\boldsymbol{y}$ に置かれた点電荷 $q=-\epsilon_0$ に相当する．この条件のもとで電位は一意的に定まりグリーン関数を与える．この方法は鏡像法といわれる．

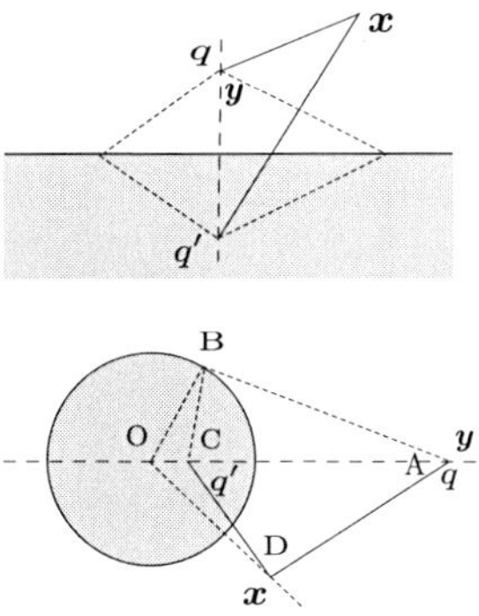

図 **6.4** 鏡像法

▷**鏡像法 2**：**球面導体**

図 6.4 下のように，座標原点を中心 O とする半径 R の導体があり，中心 O から距離 r_y $(r_y>R)$ の位置 A $(=\boldsymbol{y}, r_y=|\boldsymbol{y}|)$ に点電荷 q を置いてあるとする．導体表面の任意の位置 B の電位をゼロにするには，鏡像電荷 q' を

$$\frac{q}{|\mathrm{AB}|}+\frac{q'}{|\mathrm{BC}|}=0$$

が満たされるような位置 C に置けばよい（ただし，|AB| は A,B 間の距離）．それには長さ AB と BC の比が球面の任意の位置で一定でなければならないが，実はこの条

件は（中心軸を通る平面で切った断面では）アポロニウスの円と呼ばれる円の描き方そのものである．すなわち，直線上の 2 点 A, C からの距離の比が一定であるような点 B の集合は球面である．これは二つの三角形 OBA と OCB が互いに相似の関係にあり $|\mathrm{BC}|/|\mathrm{AB}| = |\mathrm{OB}|/|\mathrm{OA}| = R/|\boldsymbol{y}|$ が成り立つからである．よって $q' = -qR/|\boldsymbol{y}|$ で，導体外側の任意の位置 D $(= \boldsymbol{x})$ の電位が $\phi(\mathrm{D}) = \frac{q}{\epsilon_0}G(\mathrm{D}|\mathrm{A}) = \frac{q}{4\pi\epsilon_0}\left(\frac{1}{|\mathrm{DA}|} - \frac{R}{|\boldsymbol{y}||\mathrm{CD}|}\right)$ と定まる．このとき $|\mathrm{OC}|/|\mathrm{OB}| = |\mathrm{OB}|/\mathrm{OA}| = R/|\boldsymbol{y}|$ であるから次の結果になる [*8)]．

$$G(\boldsymbol{x}|\boldsymbol{y}) = \frac{1}{4\pi}\left(\frac{1}{|\boldsymbol{x}-\boldsymbol{y}|} - \frac{R}{|\boldsymbol{y}||\boldsymbol{x}-\boldsymbol{y}_I|}\right) \tag{6.19}$$

ただし，鏡像電荷の位置 C を $\boldsymbol{y}_I \equiv \frac{R^2}{|\boldsymbol{y}|^2}\boldsymbol{y}$ で表した．導体の形がより複雑な場合や導体が複数ある場合には，一般に鏡像電荷の個数は増大する．たとえば，前の例のような平面コンデンサーや球面コンデンサーのグリーン関数を求める場合には，鏡像電荷に対してまた鏡像電荷が必要になり，結局，無限個の鏡像電荷を配置しなければならないのは，容易に想像できるだろう．

6.3 導体の定常電流

導体中の電場がゼロでない場合には，電流が生じるから，導体中の電場と電流がどう関係するかが導体中の電流の性質を調べる上で重要な問題である．1 個の電荷が自由に運動する場合には，ローレンツ力によって運動が決まるが，これまでも強調したように，導体中のマクロな意味での電流は電流を担う点電荷の乱雑な運動を平均したものである．導体中の電場の強さが小さく一定で，したがって電流の強さも小さく一定の場合には，導体が等方的ならば，多くの導体で次の比例関係が経験法則として成り立つ．

$$\boldsymbol{J} = \sigma_{\mathrm{c}}\boldsymbol{E} \tag{6.20}$$

係数 σ_{c} は物質の状態によって定まる正の値で，与えられた電場のもとでの電流の起こりやすさを表し，σ_{c} を電気伝導率と呼ぶ．この法則の近似的な理解については後の節で触れる (6.4 節)．一般には σ_{c} は位置に依存する．このとき，定電流の保存則 (4.15) により

$$0 = \boldsymbol{\nabla}\cdot\boldsymbol{J} = \boldsymbol{\nabla}(\sigma_{\mathrm{c}}\boldsymbol{E}) = -\boldsymbol{\nabla}\cdot(\sigma_{\mathrm{c}}\boldsymbol{\nabla}\phi) \tag{6.21}$$

が成り立たねばならない．これが導体中の定常電流に対する基礎方程式の役割を果た

---

*8) $|\boldsymbol{y}||\boldsymbol{x}-\boldsymbol{y}_I| = \sqrt{|\boldsymbol{x}|^2|\boldsymbol{y}|^2 - 2R^2\boldsymbol{x}\cdot\boldsymbol{y} + R^4}$ により，$\boldsymbol{x}$，$\boldsymbol{y}$ の入れ替えで対称．

す．これに加え，導体が領域 V を占めており，それに境界 ∂V があり，その外側が絶縁体（もちろん，真空は絶縁体）なら境界表面近くでは電流は境界面に沿う方向になければならないから，境界条件

$$0 = \boldsymbol{n} \cdot \boldsymbol{J} = -\boldsymbol{n} \cdot \boldsymbol{\nabla}\phi \tag{6.22}$$

が満たされていなければならない（$\boldsymbol{n}$ は境界外側法線方向を向いた単位ベクトル）．一般に，関数の法線方向微分がゼロという境界条件はノイマン条件，境界で関数そのものがゼロという条件はディリクレ条件と呼ばれる．

導体の物質が一様で σ_{c} が定数なら $\boldsymbol{\nabla} \cdot \boldsymbol{E} = 0$ で，前節で論じた導体外側に電荷が存在しないとき導体まわりの電場に対するのと同じ式だが，境界条件が異なる．σ_{c} が定数でない場合には，電場が (6.21) により定まると，導体中に電荷分布が存在し，ガウスの法則 $\boldsymbol{\nabla} \cdot \boldsymbol{E} = \rho/\epsilon_0$ により次式に等しい．

$$\rho = -\frac{\epsilon_0}{\sigma_{\mathrm{c}}}(\boldsymbol{\nabla}\sigma_{\mathrm{c}}) \cdot \boldsymbol{E} = -\frac{\epsilon_0}{\sigma_{\mathrm{c}}^2}(\boldsymbol{\nabla}\sigma_{\mathrm{c}}) \cdot \boldsymbol{J} \tag{6.23}$$

このように電気伝導率が一定でない場所，たとえば，導体同士が接する場所などには電荷が誘導される．

さて，電場がないときと比べると，導体中の伝導電荷は電場から仕事をされていることになるので，運動エネルギーは増大を続けるはずである．しかし，定常電流なら電流の強さは変化せず電流が担っている平均運動エネルギーは一定であるから，電場のなした仕事はマクロ平均の結果としての電流には直接影響しない仕方で物質の内部エネルギー，つまり，物体の熱エネルギーに転化していると考えられる．電場に比例する伝導電荷の平均的なベクトルとしての運動量は一定だが，ミクロに見たとき個々の伝導電荷の運動量の大きさは平均的に増大する．よって，領域 V を占める導体の単位時間当たりの熱発生量は

$$\mathcal{E}_{\mathrm{J}} \equiv \int_{\mathrm{V}} \sigma_{\mathrm{c}} |\boldsymbol{E}|^2 d^3x = \int_{\mathrm{V}} \frac{|\boldsymbol{J}|^2}{\sigma_{\mathrm{c}}} d^3x \tag{6.24}$$

である．これをジュール熱という．多くの物質では，一般に温度が上昇すると，σ_{c} は減少する．導体は逆に冷やしたほうが電流が流れやすくなる．

ところで，電流がゼロでないと，それによって発生する磁場があり，それがまた電流に影響する．この自己磁場の影響は伝導電荷の平均速度の大きさを v とすると，$(v/c)^2$ に比例する強さで効いてくる [*9]．これは 6.1 節で述べた非線形効果の例である．し

[*9] 運動電荷の作り出す磁場の強さは，静止しているときの電場 $\boldsymbol{E}$ が与えられたとき，変換規則 (3.51) により $-\frac{\gamma}{c^2}\boldsymbol{v} \times \boldsymbol{E}$ で決まる．ローレンツ力の効果はこれにさらに速度が掛かった大きさである．

かし，同じ $(v/c)^2$ のオーダーの相対論的効果を無視できる範囲では，自己磁場の影響は無視しても大きな間違いはない．

導体が細い長い 1 本の電線の場合は，$\sigma_{\rm c}$ が一定とみなせる区間 AB に沿って電線内部に電線が伸びる向きに進むように適当に選んだ線に沿った線積分は

$$\int_{\rm A}^{\rm B} \boldsymbol{J}\cdot d\boldsymbol{x} = \sigma\int_{\rm A}^{\rm B} \boldsymbol{E}\cdot d\boldsymbol{x} = -\sigma_{\rm c}\int_{\rm A}^{\rm B} \boldsymbol{\nabla}\phi\cdot d\boldsymbol{x} = \sigma(\phi_{\rm A}-\phi_{\rm B})$$

に等しい．さらに，A と B でそれぞれ電位が一定であるような断面を選び，この両辺に断面の面積要素の大きさを掛けて断面 S について積分を行うと，電線の電流の強さを $I=\int \boldsymbol{J}\cdot d\boldsymbol{S}$ とおくと，左辺は次式に等しい（このとき，$d\boldsymbol{x}, \boldsymbol{J}, d\boldsymbol{S}$ はすべて同じ向きに選べる）．

$$\int_{\rm A}^{\rm B} \Big(\int \boldsymbol{J}\cdot d\boldsymbol{S}\Big)|d\boldsymbol{x}| = IL_{\rm AB}$$

右辺は区間の始点と終点の間の電位差 $V_{\rm AB}=\phi_{\rm A}-\phi_{\rm B}$ に断面積 S を掛けたものになるから，結局，次式が成り立つ（オームの法則）．

$$V_{\rm AB} = R_{\rm AB}I, \quad R_{\rm AB} = \frac{L_{\rm AB}}{\sigma_{\rm c}S} \tag{6.25}$$

$R_{\rm AB}$ は電線の抵抗である．抵抗の単位をオームと呼び，Ω で表す．つまり，1 V の電位差の電線に 1 A の直流が流れているなら，その抵抗は 1 Ω である．電気回路では，与えられた電圧に対して電流を制御するため，電線に電気伝導率が小さい物質で作った抵抗を繋ぐ．もし 2 個の強さ R_1, R_2 の抵抗を繋ぐと，それぞれの両端に生じる電位差 $V_1=R_1I, V_2=R_2I$ の和 $V_1+V_2=(R_1+R_2)I$ が全体の電位差になるので，二つを合わせた抵抗は $R=R_1+R_2$ である．もし並列に繋げば，両端の電位差 V はどちらも同じでそれぞれを流れる電流を I_1, I_2 とすると，$V=R_1I_1=R_2I_2$ である．このとき両者を合わせると電流は和 $I=I_1+I_2=(R_1^{-1}+R_2^{-1})V$ となるから，全体としての抵抗は $R^{-1}=R_1^{-1}+R_2^{-1}$ によって決まる．電線と抵抗を繋ぐ場合，電気伝導率は異なるので，接合部には (6.23) により電荷が生じる．また，1 本の電線のジュール熱は次式に等しい．

$$S\int_{\rm A}^{\rm B} \frac{|\boldsymbol{J}|^2}{\sigma_c}|d\boldsymbol{x}| = \frac{J^2SL_{\rm AB}}{\sigma_{\rm c}} = R_{\rm AB}I^2 = V_{\rm AB}I \tag{6.26}$$

導体中の電流についても一意性の定理が成り立つ．導体 V の境界 ∂V に電流の源が繋がっているとする．その部分が n 個あるとし，S_a $(a=1,\ldots,n)$ で表し，導体に対する電極と呼ぼう．このとき，境界条件 (6.22) は ∂V から S_a をすべて除いた部分だけで成り立つ．その代わり電極 S_a では，電位 ϕ_a を与えるか，あるいは，そこから出入する電流密度の分布 $\boldsymbol{n}\cdot\boldsymbol{J}=-\sigma_{\rm c}\boldsymbol{n}\cdot\boldsymbol{\nabla}\phi$ を境界条件として採用するのが自

然である．この条件のもとで導体中の電流分布は一意的である．もし一意的でないとすると，今述べた境界条件が同じであって導体中で (6.21) を満たすような異なる電位 $\phi^{(1)}, \phi^{(2)}$ があることになる．差の電位 $\phi^{(3)} = \phi^{(1)} - \phi^{(2)}$ は，∂V で法線方向微分がゼロか，ゼロでなければその値そのものがゼロである．このとき，対応する電流がゼロでないなら，必ずジュール熱は正でなければならない．しかし，$\boldsymbol{\nabla} \cdot (\sigma_{\rm c} \boldsymbol{\nabla} \phi^{(3)}) = 0$ により

$$\int_{\rm V} \sigma_{\rm c} |\boldsymbol{\nabla} \phi^{(3)}|^2 d^3x = \int_{\partial \rm V} \sigma_{\rm c} \phi^{(3)} \boldsymbol{\nabla} \phi^{(3)} \cdot d\boldsymbol{S} = 0$$

となり，矛盾である．つまり，$\phi^{(3)}$ はゼロしかありえない．

また，$\phi^{(1)}$ を同じ境界条件を満たすが導体中で (6.21) を満たさない任意の電位，$\phi^{(3)}$ を S_a 上で定まった電位を与え，かつ導体内部で (6.21) を満たすとして，両者に対応するジュール熱を比較すると，上と同様にして次式を得る．

$$\begin{aligned}
&\int_{\rm V} \sigma_{\rm c} |\boldsymbol{\nabla} \phi^{(1)}|^2 d^3x - \int_{\rm V} \sigma_{\rm c} |\boldsymbol{\nabla} \phi^{(3)}|^2 d^3x \\
&= \int_{\rm V} \left(2\sigma_{\rm c} \boldsymbol{\nabla} \phi^{(2)} \cdot \boldsymbol{\nabla} \phi^{(3)} + \sigma_{\rm c} |\boldsymbol{\nabla} \phi^{(2)}|^2\right) d^3x = \int_{\rm V} \sigma_{\rm c} |\boldsymbol{\nabla} \phi^{(2)}|^2 d^3x > 0
\end{aligned}$$

ただし，$\int_{\rm V} \sigma_{\rm c} \boldsymbol{\nabla} \phi^{(2)} \cdot \boldsymbol{\nabla} \phi^{(3)} d^3x = \int_{\partial \rm V} \sigma_{\rm c} \phi^{(2)} \boldsymbol{\nabla} \phi^{(3)} \cdot d\boldsymbol{S} = 0$ を用いた [*10]．つまり，実際に実現する電流分布はジュール熱を最小にする（最小発熱の定理）．

細い電線を組み合わせた回路の場合で考えると，電流の保存 (6.21) は p 個の電線が交わる結節点で次式が成り立つことに対応する．

$$\sum_{i=1}^{p} I_i = 0 \quad (I_i \text{ は結節点から外向きの電流を正とする}) \tag{6.27}$$

また，(6.20) は，回路中の任意の 2 点 A,B を繋ぐ電線に沿う経路で電位差が同じ値であること，すなわち

$$\sum_{i=1}^{q} R_i I_i = V_{\rm AB} \tag{6.28}$$

に対応する（ただし，経路に沿った i 番目の電線の経路方向の電流を I_i，その抵抗を R_i とする）．この条件のもとで，電極の電位，または出入する電流が与えられると，電線の電流分布が一意的に決まる（キルヒホッフの定理）．

例 1：ホイートストンのブリッジ回路（図 6.5）

電極 A,B から電流 I が入出しているとする．電流分布 I_1, I_2, I_3, I_4, I_5 を決める

---

*10) 境界では仮定により $\phi^{(2)} = 0$ か（S_a に対して），$\boldsymbol{n} \cdot \boldsymbol{\nabla} \phi^{(3)} = 0$（$\partial \mathrm{V} - \sum_{a=1}^{n} \mathrm{S}_a$ に対して）のどちらかが成り立つ．

には，5 個独立な条件があればよい．電流保存に対応する 3 個独立な式，たとえば，$I = I_1 + I_3$, $I_1 = I_2 + I_5$, $I_3 + I_5 = I_4$（$I_2 + I_4 = I$ は自動的に得られる），オームの法則から 2 個独立な式，たとえば，$R_1 I_1 + R_2 I_2 = R_3 I_3 + R_4 I_4$, $R_1 I_1 + R_5 I_5 = R_3 I_3$ を立てればよい．最初の式は AB 間の電位差であり，2 番目の式は AC 間の電位差である（AD 間の電位差の式 $R_1 I_1 = R_3 I_3 - R_5 I_5$ は 2 番目と同等）．このとき，抵抗の組み合わせを $\frac{R_1}{R_2} = \frac{R_3}{R_4}$ が成り立つように選ぶと，$I_5 = 0$ となる．たとえば，R_2, R_4 が定まっていて，R_1 が未知で R_3 が連続的に可変であるとする．電流 I_5 がゼロになるように R_3 の値を調節すると，$R_1 = \frac{R_3}{R_4} R_2$ と求まる．

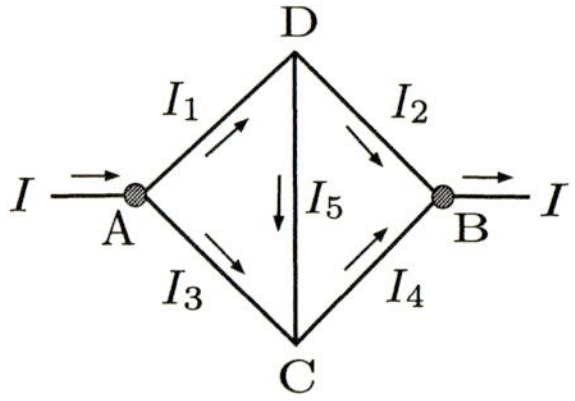

図 **6.5**　ブリッジ回路

一般の導体に戻って，前節で述べたグリーン関数の方法を電流に応用してみよう．境界から離れた導体 V 内部の任意の位置 $\boldsymbol{y}$ に対して次式により関数 $N(\boldsymbol{x}|\boldsymbol{y})$（ノイマン関数）を定義する．

$$\boldsymbol{\nabla} \cdot \big(\sigma_{\rm c}(\boldsymbol{x}) \boldsymbol{\nabla} N(\boldsymbol{x}|\boldsymbol{y})\big) = -\delta^3(\boldsymbol{x} - \boldsymbol{y}), \tag{6.29}$$

$$N(\boldsymbol{x}|\boldsymbol{y})\Big|_{\boldsymbol{x} \in {\rm S}_a} = 0, \quad \boldsymbol{\nabla}_x N(\boldsymbol{x}|\boldsymbol{y})\Big|_{\boldsymbol{x} \in \partial{\rm V} - \sum_{a=1}^{n} {\rm S}_a} = 0 \tag{6.30}$$

すなわち，電極 S_a での電位がすべてゼロで，その他の V の境界では (6.22) を満たす．定義により次式が成り立つ．

$$\begin{aligned} -1 &= -\int_{\rm V} \delta^3(\boldsymbol{x} - \boldsymbol{y}) d^3x = \int_{\rm V} \boldsymbol{\nabla}_x \cdot \big(\sigma_{\rm c}(\boldsymbol{x}) \boldsymbol{\nabla}_x N(\boldsymbol{x}|\boldsymbol{y})\big) d^3x \\ &= \int_{\rm V} \sigma_{\rm c}(\boldsymbol{x}) \boldsymbol{\nabla}_x N(\boldsymbol{x}|\boldsymbol{y}) \cdot d\boldsymbol{S} = -\sum_{a=1}^{n} \int_{{\rm S}_a} \sigma_{\rm c}(\boldsymbol{x}) \boldsymbol{\nabla}_x N(\boldsymbol{x}|\boldsymbol{y}) \cdot d\boldsymbol{S}_a \end{aligned} \tag{6.31}$$

ただし，$d\boldsymbol{S}_a$ は電極から導体内側に向いた面積要素ベクトルである．つまり，(6.29) の意味は，電極から導体領域 V に流れ入る電流がすべて流れ出るような微小な吸い込み口が位置 $\boldsymbol{y}$ に置かれている場合の電位を表すのが，ノイマン関数ということだ．もし，吸い込み口が導体内部の任意の位置 $\boldsymbol{x}$ に強さ $j(\boldsymbol{x})$ で分布しているなら，電流分布は，境界条件に加えて

$$\boldsymbol{\nabla} \cdot \boldsymbol{J} = \boldsymbol{\nabla} \cdot (\sigma_{\rm c} \boldsymbol{\nabla} \phi) = -j \tag{6.32}$$

を V 内部で満たす．ラプラス演算子の代わりに

$$\triangle_{\rm c} \equiv \boldsymbol{\nabla} \cdot (\sigma_{\rm c} \boldsymbol{\nabla}) \tag{6.33}$$

を定義すると，次のグリーンの公式が成り立つ．

$$\psi_1 \triangle_c \psi_2 - \psi_2 \triangle_c \psi_1 = \boldsymbol{\nabla} \cdot (\psi_1 \sigma_c \boldsymbol{\nabla} \psi_2 - \psi_2 \sigma_c \boldsymbol{\nabla} \psi_1) \tag{6.34}$$

そこで，$\psi_1 = \phi, \psi_2 = N(\boldsymbol{x}|\boldsymbol{y})$ と選び（ただし，ϕ は電極の電位が ϕ_a の境界条件を満たすとする），導体内部 V で積分すると，前と同様にして

$$\begin{aligned}\phi(\boldsymbol{y}) &= \int_{\mathrm{V}} j(\boldsymbol{x}) N(\boldsymbol{x}|\boldsymbol{y}) d^3x - \int_{\partial\mathrm{V}} \phi(\boldsymbol{x}) \sigma_c(\boldsymbol{x}) \boldsymbol{\nabla}_x N(\boldsymbol{x}|\boldsymbol{y}) \cdot d\boldsymbol{S} \\ &= \int_{\mathrm{V}} j(\boldsymbol{x}) N(\boldsymbol{x}|\boldsymbol{y}) d^3x + \sum_{a=1}^{n} \phi_a \int_{\mathrm{S}_a} \sigma_c(\boldsymbol{x}) \boldsymbol{\nabla}_x N(\boldsymbol{x}|\boldsymbol{y}) \cdot d\boldsymbol{S}_a \end{aligned} \tag{6.35}$$

が得られる．このようにノイマン関数がわかれば導体中の電位が決まり，$\boldsymbol{J} = -\sigma_c \boldsymbol{\nabla} \phi$ により電流分布が求まる．また，導体内部の電位が決まれば，導体の境界の電位も決まるから，導体の外の電位に対する導体表面の境界条件が決まり，原理的に導体外部（真空）の電場も求まる．

例 2：無限に広がった平面導体

前節の例で平面導体全体を極板と見立て，前に真空であった領域 $x_3 > 0$ を電流が流れる導体が占めているとすると，ノイマン関数の境界条件 (6.30) がグリーン関数と同じなので，(6.18) がそのまま $\sigma_c N(\boldsymbol{x}|\boldsymbol{y})$ に等しい．もちろん，$\boldsymbol{y}$ に置いた源は，点電荷ではなく，電流の吸い込み口である．また，もし平面 $x_3 = 0$ が電極ではなく，単に $x_3 > 0$ に広がった導体の境界とするなら，境界条件は $\frac{\partial}{\partial x_3} N(\boldsymbol{x}|\boldsymbol{y})\Big|_{x_3=0} = 0$ である．これを満たすには鏡像吸い込み口の符号を同じに選べばよく，

$$\sigma_c N(\boldsymbol{x}|\boldsymbol{y}) = \frac{1}{4\pi}\left(\frac{1}{|\boldsymbol{x} - \boldsymbol{y}|} + \frac{1}{|\boldsymbol{x} - \boldsymbol{y}'|}\right) \tag{6.36}$$

がノイマン関数になる．

例 3：半球面電極

図 6.6 のように原点を中心とする半球面が電極であるとし，$x_3 = 0$ の半球面の外側 $\sqrt{x_1^2 + x_2^2 + x_3^2} > R$ の $x_3 > 0$ に導体が広がっているときのノイマン関数を考えてみよう．境界条件は半球上でゼロ（ディリクレ条件），$x_3 = 0, \sqrt{x_1^2 + x_2^2} > R$ で x_3 方向微分がゼロ（ノイマン条件）．前者を満たすには，まず前節の例と同じく $\boldsymbol{y}_I = (R^2/|\boldsymbol{y}|^2)\boldsymbol{y}$ に鏡像を置く．まだ後者は満たされないので，さらに 12-平面に関する全体の鏡像 $(\boldsymbol{y}', \boldsymbol{y}'_I \equiv (R^2/|\boldsymbol{y}|^2)\boldsymbol{y}')$ を考え，上と同じ

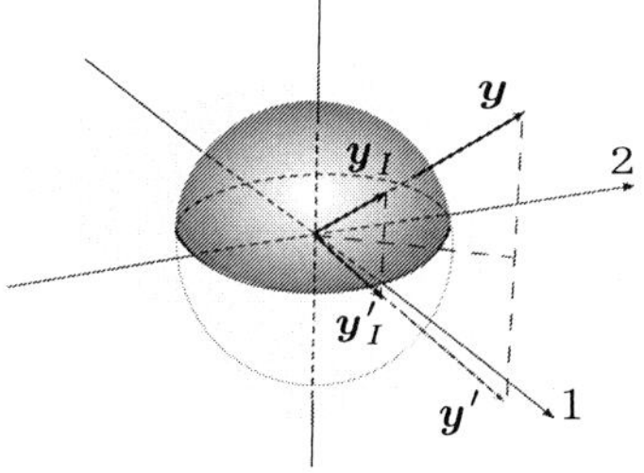

図 6.6 半球面電極のノイマン関数

く吸い込み口を同符号で重ね合わせると両方の境界条件が満たされ，

$$\sigma_{\mathrm{c}} N(\boldsymbol{x}|\boldsymbol{y}) = \frac{1}{4\pi}\left(\frac{1}{|\boldsymbol{x}-\boldsymbol{y}|} - \frac{R}{|\boldsymbol{y}||\boldsymbol{x}-\boldsymbol{y}_I|} + \frac{1}{|\boldsymbol{x}-\boldsymbol{y}'|} - \frac{R}{|\boldsymbol{y}||\boldsymbol{x}-\boldsymbol{y}'_I|}\right)$$

を得る．

例 4：電線外側の電場とエネルギー流

太さ a の直線電線が，内径が b $(> a)$ の円筒型導体の空洞部分に中心軸を一致させて埋め込まれていて，電線には第 3 軸方向に一様に強さ I の電流が流れ，円筒導体の電流はゼロとする（図 6.7）．対称性から磁場は中心軸に垂直な平面上の同心円方向を向き $\boldsymbol{B} = B(r)(-\sin\theta, \cos\theta, 0)$，アンペールの法則により，$r < a$ で $B(r) = \frac{\mu_0 I r}{2\pi a^2}$，$r > a$ で $B(r) = \frac{\mu_0 I}{2\pi r}$ である．また，電線の電場は第 3 軸方向を向き $(r < a)$ で $E_3(r) = \frac{I}{\sigma_{\mathrm{c}}\pi a^2}$，$r > b$ ではゼロだ．したがって，空洞 $(a < r < b)$ の電位が満たすべき境界条件は，$\partial_3\phi|_{r=a} = -\frac{I}{\sigma_{\mathrm{c}}\pi a^2}, \partial_3\phi|_{r=b} = 0$．対称性により，$\phi(\boldsymbol{x}) = x_3 f(r)$ とおけば，ラプラス方程式 $\triangle\phi = 0$[*11)] は $\frac{d}{dr} r \frac{df}{dr} = 0$ で，一般解 $f(r) = \alpha\log r + \beta$ に対する条件 $\alpha\log a + \beta = -\frac{I}{\sigma_{\mathrm{c}}\pi a^2}, \alpha\log b + \beta = 0$ により，電位と電場は次式になる．

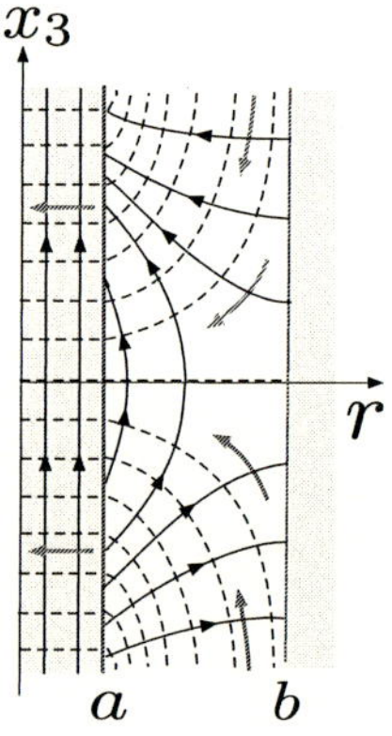

図 6.7 直線電流の電気力線（矢印付きの実線）

$$\phi(\boldsymbol{x}) = -x_3 \frac{I}{\sigma_{\mathrm{c}}\pi a^2}\frac{\log(r/b)}{\log(a/b)}, \tag{6.37}$$

$$\boldsymbol{E}(\boldsymbol{x}) = -\frac{I}{\sigma_{\mathrm{c}}\pi a^2|\log(a/b)|}\left(\frac{x_3}{r}\cos\theta, \frac{x_3}{r}\sin\theta, \log\left[\frac{r}{b}\right]\right) \tag{6.38}$$

空洞中の電場は，第 3 軸方向だけではなく動径方向成分をもつ．電線中の電場は 3 軸方向だけであるから，電線の表面に電荷が単位長さ当たり $-\epsilon_0 \frac{2x_3 I}{\sigma_{\mathrm{c}} a^2|\log(a/b)|}$ で誘導されている [*12)]．エネルギー流（ポインティングベクトル）

$$\hat{\boldsymbol{W}}(\boldsymbol{x}) = \frac{I^2}{2\pi r\sigma_{\mathrm{c}}\pi a^2|\log(a/b)|}\left(\log\left[\frac{r}{b}\right]\cos\theta, \log\left[\frac{r}{b}\right]\sin\theta, -\frac{x_3}{r}\right) \tag{6.39}$$

の電線表面に垂直な成分は，$r = a$ で動径方向の内向きで強さは $|\hat{W}_r| \equiv \frac{I^2}{2\sigma_{\mathrm{c}}\pi^2 a^3}$ である．電線の単位長さ当たりでは電線の単位長さ当たりの抵抗 $R = 1/(\sigma_{\mathrm{c}}\pi a^2)$ により

---

*11) 円筒座標 $(x_1, x_2) = r(\cos\theta, \sin\theta)$ を用いると，$\triangle = \frac{\partial^2}{\partial r^2} + \frac{1}{r}\frac{\partial}{\partial r} + \frac{1}{r^2}\frac{\partial^2}{\partial\theta^2} + \frac{\partial^2}{\partial x_3^2}$．

*12) 通常，電流に付随するこれらの効果は無視されることが多いが，$b/a, \sigma_{\mathrm{c}} a^2$ の両方が十分大きい理想化近似としては正当化される．第 1 章で述べた平行電線間の力もこの極限で成り立つ．

$2\pi a|W_r| = RI^2$ と書ける．つまり，電線外側の第 3 軸の正負無限遠からエネルギーが等電位面（図の点線）に沿って流れ ($\boldsymbol{E}\cdot\hat{\boldsymbol{W}} = 0$)，電線表面を通しジュール熱に等しいエネルギーが電線に流入する．そして内側ではエネルギー流は中心軸に向かい $r = 0$ ではゼロとなる．電源の起電力は電線の中での電位勾配と同時に外側の電場を作り，それが電流が作る磁場と合わさって，電線の電磁場ベクトルの向きに対して横側（側面）から電線に供給される．電流を担う荷電粒子が電極間でエネルギーを直接運ぶのではないことに注意．この性質は，一定速度の点電荷の運動軸上でのエネルギー流の特徴（5.6 節）と調和している．

6.4　定常電流の起源と超伝導

本節では導体の電流の起源に関連して，本書で詳しく扱う余裕がない物理的性質についていくつか整理するとともに，超伝導について触れる．

(1) 電気伝導率の近似的理解とホール効果

(6.20) が古典力学の立場でどう理解できるか考えてみよう．電流を担っている点電荷 1 個に着目し $\boldsymbol{j} \equiv q\boldsymbol{v} = \frac{q}{m}\boldsymbol{p}$ とおき，さらに点電荷の密度を n とすると，電流密度は $\boldsymbol{J} = n\boldsymbol{j}$ と書ける．運動方程式によれば次式が成り立つ．

$$\frac{d\boldsymbol{p}}{dt} = q\boldsymbol{F} = q(\boldsymbol{E} + \boldsymbol{v}\times\boldsymbol{B}) = q\boldsymbol{E} + \boldsymbol{j}\times\boldsymbol{B} \tag{6.40}$$

しかし，物質中の点電荷は他の粒子と衝突を繰り返している．当然，電場と磁場もミクロには乱雑に変化しているが，マクロにはその乱雑さは考慮されていない．そのためマクロな電磁場による運動方程式は，(6.40) に対して適当な平均操作を行って扱わなければならない．この意味での平均した量であるのを明示するため，本節では上に横棒を添えて表す ($\boldsymbol{p} \to \bar{\boldsymbol{p}}$)．平均操作を施した後，(6.40) の有効性は点電荷が衝突を受けずに自由運動しているあいだに限られる．衝突による電子の運動量変化は不規則に変化し，マクロな電流には寄与しないからだ．微小時間間隔 Δt の間に衝突する点電荷の割合は Δt に比例すると考えられるから $\frac{\Delta t}{\tau_\mathrm{f}}$ とおく．定数 τ_f は，点電荷が衝突しないで自由にいられる時間間隔の目安になる（平均自由時間，通常の金属では常温で $\tau_\mathrm{f} \sim 10^{-14\sim15}$ sec 程度）．(6.40) による運動量変化がマクロな電流へ寄与する割合は，衝突した粒子の分を引いた $1 - \frac{\Delta t}{\tau_\mathrm{f}}$ で，電流に寄与する運動量変化は次式である．

$$\Delta\bar{\boldsymbol{p}} = \Big(1 - \frac{\Delta t}{\tau_\mathrm{f}}\Big)(\bar{\boldsymbol{p}}(t) + q\boldsymbol{F}\Delta t) - \bar{\boldsymbol{p}}(t) = q\boldsymbol{F}\Delta t - \frac{1}{\tau_\mathrm{f}}\bar{\boldsymbol{p}}(t)\Delta t + O(\Delta t^2)$$

よって，電流に寄与する平均運動量 $\bar{\boldsymbol{p}}$ に対する運動方程式 ($\Delta t \to 0$)

$$\frac{d\bar{\boldsymbol{p}}}{dt} = q\boldsymbol{F} - \frac{1}{\tau_\mathrm{f}}\bar{\boldsymbol{p}} \tag{6.41}$$

が得られる．電流は $\boldsymbol{J} = nq\bar{\boldsymbol{p}}/m$ で，定常的な場合は左辺をゼロとおけるから

$$\frac{nq^2}{m}\boldsymbol{E} + \frac{q}{m}\boldsymbol{J} \times \boldsymbol{B} - \frac{1}{\tau_{\mathrm{f}}}\boldsymbol{J} = 0 \tag{6.42}$$

が成り立つ．$\boldsymbol{B} = 0$ なら，(6.20) で $\sigma_{\mathrm{c}} = \frac{nq^2\tau_{\mathrm{f}}}{m}$ としたのと一致する．

外部磁場がゼロではなく $\boldsymbol{B} = (0, 0, B)$ の場合を考えてみよう．定常電流なら

$$J_1 = \sigma_{\mathrm{c}}E_1 + \frac{q\tau_{\mathrm{f}}}{m}J_2B, \quad J_2 = \sigma_{\mathrm{c}}E_2 - \frac{q\tau_{\mathrm{f}}}{m}J_1B \tag{6.43}$$

となる．特に，電場を調節し $J_2 = 0$ が成り立つ場合を実現すると，第 1 軸方向成分についての $J_1 = \sigma_{\mathrm{c}}E_1$ と同時に，第 2 軸方向成分に関しては

$$E_2 = \frac{B}{nq}J_1 \equiv R_{\mathrm{H}}BJ_1, \quad R_{\mathrm{H}} = \frac{1}{nq} \tag{6.44}$$

が成り立たねばならない．つまり，電流と磁場の両方に直交する第 2 軸方向に電場成分 E_2 が現れる．これをホール効果と呼び，E_2 をホール電場，係数 R_{H} をホール係数という．ホール係数の測定からは，電流に寄与する電荷の符号が決まる．古典論では金属のホール係数は温度や磁場の強さによらず負の値になるはずだが，実際には磁場の強さや温度に依存し，物質によっては強い磁場により符号が正に転じる場合もある．電流の起源についての真の理解には実は古典論は不十分で，ミクロスケールでの物理法則すなわち量子論が欠かせない．

一方，運動エネルギーの変化の式 $\frac{d}{dt}\frac{|\boldsymbol{p}|^2}{2m} = \frac{q}{m}\boldsymbol{p}\cdot\boldsymbol{E}$ も両辺で平均をとると，単位体積に直して $T = \frac{n}{2m}\overline{|\boldsymbol{p}|^2}$ とおき次式が成り立つ．

$$\frac{dT}{dt} = \boldsymbol{J}\cdot\boldsymbol{E} \tag{6.45}$$

このとき，$\overline{|\boldsymbol{p}|^2} \neq |\bar{\boldsymbol{p}}|^2$ に注意 *13)．電場が電流になした仕事は平均すると運動エネルギーの平均値，すなわち，熱エネルギーの増加率に等しく，ジュール熱を説明する．このとき，運動方程式 (6.40) は時間反転変換（T 変換，4.6 節参照）で不変であるのに対して，平均化した後の (6.41), (6.42) は項 $-\frac{1}{\tau_{\mathrm{f}}}\overline{\boldsymbol{p}} = -\frac{1}{nq\tau_{\mathrm{f}}}\boldsymbol{J}$ の存在のために不変ではない．これはマクロ電流の定義で用いられる平均化の操作が T 変換で不変でないためだ．マクロな電流に熱の発生が伴うことは，導体のエントロピーの増大を意味する．エントロピー増大の法則の場合と同様に，ミクロな運動方程式と力の法則が T 変換不変でも，現実に実現する状態ではマクロ平均の結果として T 不変性が成り立たないのである．

---

*13) $\boldsymbol{p} = \bar{\boldsymbol{p}} + \boldsymbol{p}'$ とおくと，定義により $\overline{\boldsymbol{p}'} = 0$ だが，$\overline{|\boldsymbol{p}|^2} = |\bar{\boldsymbol{p}}|^2 + \overline{|\boldsymbol{p}'|^2} > |\bar{\boldsymbol{p}}|^2$ である

(2) 熱電効果

もし，導体の温度が導体中で一様ではないと，場所によって温度は異なるため，伝導電子の位置により平均速度が異なり電荷の移動が起こり得る．温度が高ければ平均速度も大きいので，電子は平均的に温度が高いほうから低いほうに移動する．したがって，電場がゼロでも電流が生じ得る（トムソン効果）．一般に熱によって発生する起電力を熱起電力と呼ぶ．温度を位置の関数 $T = T(\boldsymbol{x})$ とすると，この効果の電流への寄与は勾配 $\boldsymbol{\nabla} T$ に比例する．

ところで，金属中の自由電子を外に取り出すには仕事が必要である．一般に物体から電子を外に取り出すために必要な仕事の強さを仕事関数という [*14)]．仕事関数は金属ごとに違うし，同じ金属でも表面の状態や温度によって異なる．このため，2 種類の金属が接触したとき，その間には仕事関数の違いによってどちらかに電子が移動する力が生じ得る．しかし，異なる 2 種類の金属を接点 A,B でつないで閉じた回路を作っても，通常は回路を一周するとこの力が二つの接点で回路の向きに逆に寄与して打ち消し合い，電流は生じない．だが，A,B の温度 $T_\mathrm{A} \neq T_\mathrm{B}$ が異なると仕事関数に差ができ，電子が一方の金属から他方へ移動する力が勝って電流が生じる（図 6.8 上，ゼーベック効果）．これを利用した代表的な計器は熱電対温度計である．逆にそのような回路に外部起電力により電流を流すと，二つの接点の間に温度差が生じる（ペルチェ効果）．

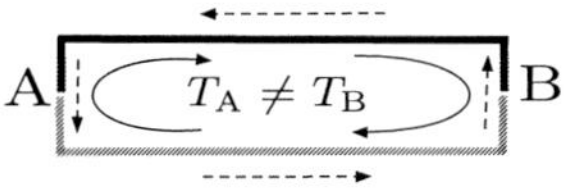

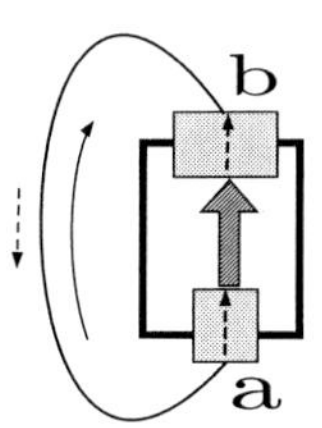

図 **6.8** 上：ゼーベック効果．下：電池の原理図．実曲線矢印が電流の方向，点線矢印が電子の移動方向，太矢印（下図）はイオンの移動方向．

定常電流で磁場は寄与しないから閉じた回路に沿っての電場の回転は，ゼロ ($\oint \boldsymbol{E} \cdot d\boldsymbol{x} = 0$) であるが，電流が流れていれば $\oint \boldsymbol{J} \cdot d\boldsymbol{x} \neq 0$ である．これは金属が接する接合部では $\boldsymbol{J} = \sigma_\mathrm{c} \boldsymbol{E}$ が成り立っていないからである．接合部では，仕事関数の違いにより，その差が導体に電流を流す電位差より大きければ電位差に抗して電子を移動する力が働き電流が生じる．

(3) 仕事関数と電池の原理

定常電流が流れているときに電極の電位を一定に保つには外部からの仕事が必要である．電極 a から低い電位の電極 b へ導体中の経路に沿った電流向きの積分（簡単の

---

*14) 物体を摩擦したときに生じる静電気も，基本的に仕事関数の違いにより，接触したときに電子が短時間だけ物体間で移動することに起因する．

ため，σ_c は一定とする）は正，つまり，$\int_a^b \boldsymbol{J}\cdot d\boldsymbol{x} = \sigma_c \int_a^b \boldsymbol{E}\cdot d\boldsymbol{x} = \sigma_c(\phi_a - \phi_b) > 0$ で，導体中で電位は電流に沿って降下する（電圧降下）．しかし，電場を導体外部（電源）で電極を b から a に繋ぐ経路と合わせて閉じた経路で積分すれば (2) と同様に $\oint \boldsymbol{E}\cdot d\boldsymbol{x} = \phi_a - \phi_b + \int_b^a \boldsymbol{E}\cdot d\boldsymbol{x} = 0$ である．導体の外側では電圧降下を打ち消す方向（b から a）へ電位が上昇するが，それに抗して電流を流す仕事がなされる．電源内部の線積分 $\mathcal{E} \equiv -\int_a^b \boldsymbol{E}\cdot d\boldsymbol{x}$ を電源の起電力と呼ぶ．定電流の起電力を生じさせるには電池を用いるのが便利である．乾電池や自動車のバッテリーの場合は，電池内部で起きる化学反応作用の結果生成されるイオンが移動し電極で電子を授受する．これも電極の物質と電極と接する溶液の間の仕事関数の違いによって起こり，異なる電極間で電位差を生じる．一方，（マイナス）イオンが電極 b で放出した電子は電極につながった電線の電流として運ばれ電極 a で再びイオンに渡る．こうして，電池中でのイオンの流れと導体での自由電子の流れが継続的に生じる（図 6.8 下）．つまり，電流を流すための仕事は化学反応で作り出されるエネルギーに起源がある．このエネルギーが，前節の例 4 と同様に電磁場の局所的な作用伝達の結果として電線の表面から電線内に流入する (図 6.9)．また，太陽電池の場合には，金属，特に半導体に光を当てたときに，光子と衝突した電子がエネルギーの高い状態に励起されて自由電子として振る舞う光電効果により起電力が生じる [*15]．これらの例からも定常電流の起源の説明には，物質のミクロな構造とそれを支配する物理法則である量子力学によって初めて理解できる性質が重要であることがわかる．それはミクロな物質構造とそこでの物理法則の探求の手がかりになる．その代表として，次に超伝導の現象について述べよう．

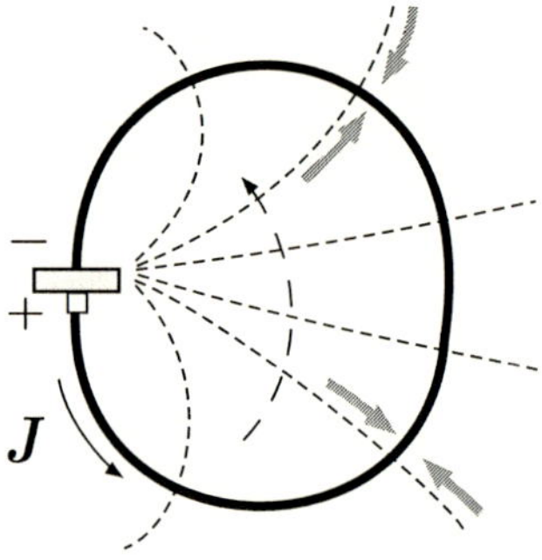

図 6.9 電池のまわりの等電位面（点線）とエネルギー流（太矢印）：電位はダッシュ矢印方向に降下する．

(4) 超伝導とは何か

電気伝導率は，一般に温度が低いほうが高い．それでは温度をどんどん低くしていくとどうなるか．物質によっては，温度が物質ごとに定まるある温度（臨界温度と呼ぶ）で相転移が起き，電気伝導率が無限大，言い換えれば，抵抗がゼロになることがある．つまり，熱電効果とは全く異なるメカニズムで電場がゼロでも電流が永久的に流れることが可能になる．そのような状態を超伝導状態と呼ぶ．まず，歴史に従い，

[*15] 発光ダイオード (LED) はこの逆に，電流を流して電子が励起状態から低いエネルギー状態に落ち込み光を発する効果を利用している．

非相対論的近似の古典論で考えよう．仮に超伝導体に弱い電場があるが磁場は最初無視できるとすると，抵抗がゼロで電流に寄与する電荷 q の粒子の平均運動量は運動方程式 $\frac{d\boldsymbol{p}}{dt} = q\boldsymbol{E}$ に従うから，粒子密度を $n_{\rm sc}$ として，電流 $\boldsymbol{J} = \frac{n_{\rm sc}q}{m}\boldsymbol{p}$ は（加速的に）時間変化し，$\frac{d\boldsymbol{J}}{dt} = \frac{n_{\rm sc}q^2}{m}\boldsymbol{E}$ を満たす．左辺は粒子速度の 2 次以上を無視すると，偏微分 $\frac{\partial \boldsymbol{J}}{\partial t}$ に置き換えてよい *16)．そこで，両辺に回転を作用すると，電磁誘導の法則 $\boldsymbol{\nabla} \times \boldsymbol{E} = -\frac{\partial \boldsymbol{B}}{\partial t}$ を用い電場を消去でき，電流の回転により誘導された磁場に関して

$$\frac{\partial}{\partial t}(\boldsymbol{\nabla} \times \boldsymbol{J}) = -\frac{n_{\rm sc}q^2}{m}\frac{\partial}{\partial t}\boldsymbol{B}$$

が成り立つ．つまり，$\boldsymbol{\nabla} \times \boldsymbol{J} + \frac{n_{\rm sc}q^2}{m}\boldsymbol{B}$ は時間に依存しない．また，電場を含まないので，この表式は電場がゼロになり定電流になっても保たれる．実際の超伝導体では，経験法則として磁場が最初からゼロではなく $\frac{\partial \boldsymbol{B}}{\partial t} = 0$ の場合でも，この値がゼロの状態だけが実現する．このように，超伝導電流を担う電子の運動の理解には通常の古典的運動方程式は不十分で，超伝導体は通常とは異なる新しい特別な物質状態と解釈しなければならない．

結局，超伝導体でオームの法則 (6.20) に代わるのは次式である．

$$\boldsymbol{\nabla} \times \boldsymbol{J} = -\alpha \boldsymbol{B} \tag{6.46}$$

ただし，$\alpha \equiv \frac{n_{\rm sc}q^2}{m}$ と定義した．この結果は超伝導電流を直接 $\boldsymbol{A}$ によって

$$\boldsymbol{J} = -\alpha(\boldsymbol{A} - \boldsymbol{\nabla}\Lambda) \tag{6.47}$$

と表すのと同等だ．(6.46), (6.47) をロンドン方程式と呼ぶ．電流密度 $\boldsymbol{J}$ はゲージ不変であるから，スカラー場 Λ は，ゲージ変換 $\boldsymbol{A} \to \boldsymbol{A} + \boldsymbol{\nabla}\lambda$ で $\Lambda \to \Lambda + \lambda$ と変換するものとする．定常電流だとすると，電流の保存により，電流の発散はゼロ ($\boldsymbol{\nabla} \cdot \boldsymbol{J} = 0$) であるから，次式が成り立つ．

$$\boldsymbol{\nabla} \cdot (\boldsymbol{A} - \boldsymbol{\nabla}\Lambda) = 0 \tag{6.48}$$

$\boldsymbol{A}$ に対するゲージ条件を放射ゲージ（クーロンゲージ）条件 $\boldsymbol{\nabla} \cdot \boldsymbol{A} = 0$ に選ぶなら，$\Lambda = 0$ とおける．(6.46) を時間依存がないとしてマックスウェル方程式 $\boldsymbol{\nabla} \times \boldsymbol{B} = \mu_0 \boldsymbol{J}$ と併せると，$\boldsymbol{A}$ に対する次式に帰着できる *17)．

$$\triangle \boldsymbol{A} = \alpha \mu_0 \boldsymbol{A} \tag{6.49}$$

---

*16) 平均運動量を時間と位置の関数とみなすと，$\frac{d\boldsymbol{J}}{dt} = \frac{\partial \boldsymbol{J}}{\partial t} + \frac{n_{\rm sc}q}{m^2}\sum_{i=1}^{3}\frac{\partial \boldsymbol{p}}{\partial x_i}p_i$ であるが，運動量について 2 次の第 2 項を無視することに相当する．

*17) (6.46) の両辺に $\boldsymbol{\nabla}\times$ を作用し，$\boldsymbol{\nabla} \times (\boldsymbol{\nabla} \times \boldsymbol{J}) = -\triangle \boldsymbol{J} + \boldsymbol{\nabla}(\boldsymbol{\nabla} \cdot \boldsymbol{J})$, $\boldsymbol{\nabla} \cdot \boldsymbol{J} = 0$ を用いる．

簡単な例として，超伝導体が $x_1 > 0$ の領域にあり，$\boldsymbol{A}(x_1) = (0, f(x_1), 0)$ の形をしているときを考えると，f は $\frac{d^2 f}{dx_1^2} = \alpha\mu_0 f$ を満たす．境界条件を $f(0) = A$ に選ぶと，超伝導体内部で有限な解は $f(x_1) = Ae^{-\sqrt{\alpha\mu_0}x_1}$ である．対応する磁場は $\boldsymbol{B} = \left(0, 0, -\sqrt{\alpha\mu_0}Ae^{-\sqrt{\alpha\mu_0}x_1}\right)$ となり，$\Delta x_1 \sim 1/\sqrt{\alpha\mu_0}$ 程度の領域だけで存在し，x_1 が大きくなるにつれ，電流とともに指数関数的に減少する．これと連続的に繋がり，外の真空領域でもマックスウェル方程式が満たされるには $x_1 < 0$ に磁場 $\boldsymbol{B} = (0, 0, -\sqrt{\alpha\mu_0}A)$ があればよい．つまり，超伝導体外部に磁場があっても，それは超伝導体内部に侵入できず，電流が表面の厚さ Δx_1（通常，10^{-5} cm 程度）の領域だけに流れる．これはマイスナー効果として知られる超伝導体の最も重要な特徴である．つまり，超伝導状態とは磁場が表面近くにしか侵入できない物質の状態（これを完全反磁性と呼ぶ）であり，それを成り立たせるために表面近くだけで抵抗なしで定常的に永久電流が流れる．このとき熱の発生を伴うことなくエネルギーが保存する．

この状態を支配するラグランジアンについて考えてみよう．(6.47) は 4 元ベクトルの空間成分の比例関係なので，議論を本書の観点に合わせて単純化するため，ロンドン方程式を 4 元ベクトルの関係に拡張し

$$J_\mu = -\alpha(A_\mu - \partial_\mu \Lambda) \tag{6.50}$$

として考察する．この相対論的超伝導モデルでは，定常状態で時間成分 A_0 も空間成分の (6.49) と同じ式を満たし，電場と電荷密度も磁場と電流密度と同様に超伝導体内部では指数関数的に減少する．$J_\mu(x), \Lambda(x)$ を力学変数としての場として扱うなら，ラグランジアン密度を次式に選べる．

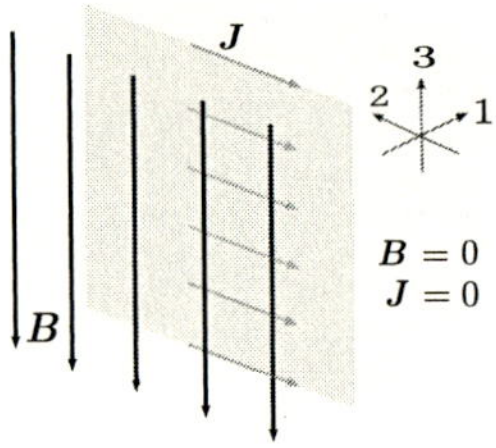

図 6.10　超伝導体の表面

$$\mathcal{L}_{\mathrm{sc}} = \frac{1}{2\alpha} J_\mu J^\mu + (A_\mu - \partial_\mu \Lambda) J^\mu \tag{6.51}$$

通常と同様に，$A_\mu J^\mu$ は電磁場との相互作用項である．J_μ と Λ の無限小変分

$$\int \delta\mathcal{L}_{\mathrm{sc}} d^4x = \int \left[\left(\frac{1}{\alpha} J_\mu + A_\mu - \partial_\mu \Lambda\right)\delta J^\mu + \partial_\mu J^\mu \delta\Lambda\right] d^4x$$

を求めると，運動方程式として (6.50) と電荷保存 $\partial_\mu J^\mu = 0$ が導かれる．ローレンツゲージ条件 $\partial_\mu A^\mu = 0$ を仮定すると，$\Box\Lambda = 0$ が成り立つので，$\Lambda = 0$ とおいて考えることができる．また，エネルギー運動量テンソルは

$$\check{T}_{\mathrm{sc}}^{\mu\nu} = \frac{1}{\alpha} J^\mu J^\nu - \frac{1}{2\alpha} \eta^{\mu\nu} J_\sigma J^\sigma \tag{6.52}$$

である．実際，(6.50) と電荷保存 $\partial_\mu J^\mu = 0$ を用いると

$$\partial_\mu \check{T}^{\mu\nu}_{\rm sc} = \frac{1}{\alpha}\Big(J^\mu \partial_\mu J^\nu - J^\mu \partial^\nu J_\mu\Big) = \frac{1}{\alpha} J_\mu \Big(\partial^\mu J^\nu - \partial^\nu J^\mu\Big)$$
$$= -J_\mu(\partial^\mu A^\nu - \partial^\nu A^\mu\Big) = F^{\nu\mu} J_\mu \tag{6.53}$$

となり，電磁場のエネルギー運動量テンソルと合わせると，(5.5) により超伝導体と電磁場のエネルギー運動量保存を表す連続の方程式 $\partial_\mu(\check{T}^{\mu\nu}_{\rm sc} + \hat{T}^{\mu\nu}) = 0$ が成り立つ．したがって，超伝導体のエネルギー密度は $\check{T}^{00}_{\rm sc} = \frac{1}{2\alpha}\big(|\boldsymbol{J}|^2 + (J_0)^2\big)$，運動量密度は $\check{T}^{0i}_{\rm sc}/c = J^0 J^i/\alpha = -\rho A_i$ である．通常の導体の場合には電流密度の 2 乗は単位時間当たりの熱量密度を表すが，超伝導体では超伝導体物質の内部エネルギー密度を与える．通常の導体とは違い，超伝導状態では T 不変性が成り立つ（ロンドン方程式は T 不変で，熱の発生がなくエントロピーは増大しない）わけだ．運動量密度の結果は，定常電磁場の場合の一般式 $\int_\infty \check{P}^i d^3x = -\int_\infty \rho A_i d^3x$ と調和する（(5.38), (5.39) 参照）．

ファラデーの予想を思い起こすと (6.47) の意義が鮮明になる．電気活性状態が時間変動がなしで定常電流を直接誘導する特殊な状態が存在でき，それが超伝導状態なのだ．オネスによる超伝導現象の発見は 1911 年，ロンドン方程式の提唱は 1935 年だが，量子力学に基づく超伝導のミクロレベルの理解は 1957 年（BCS 理論）まで待たねばならなかった．BCS 理論によれば，伝導電子と物質の結晶構造の振動との相互作用により電子 2 個の対状態（クーパー対，$q = -2e, m = 2m_{\rm e}$，$m_{\rm e}$ は電子質量）が形成され，それが低温でエネルギーが最も低い状態に凝縮して超伝導状態に転移する．α はこの凝縮の強さを表す．

○補足：ロンドン方程式とギンツブルグ–ランダウの有効理論

4.4 節の「補足：ABES 効果」で説明した $\boldsymbol{A}$ の量子論における役割と関連が深いので，ロンドン方程式の量子的解釈で重要な現象論としてギンツブルグ–ランダウ理論（1950 年）について述べる．この理論では，超伝導状態は「秩序パラメーター」と呼ばれる複素数の場 $\psi(x)$ で特徴付けられる．ミクロな立場からは，クーパー対の状態（波動）関数 $\psi(x)$ が，クーパー対がマクロレベルで凝縮すると古典場として扱えるとすれば正当化できる．つまり，1 粒子の場合に確率密度と解釈された $|\psi(x)|^2 = \overline{\psi(x)}\psi(x)$ が，粒子が凝縮したときには凝縮の強さを表すと解釈する．この場と $\boldsymbol{A}$ のハミルトニアン（熱力学的自由エネルギー）を，1 階空間微分までを含む次式に仮定する（一般化運動量の寄与は無視，a, b, g は定数パラメーター）．

$$H[\psi, \boldsymbol{A}] \equiv \int \Big(\frac{\hbar^2}{2} a\Big|(\boldsymbol{\nabla} - i\frac{q}{\hbar}\boldsymbol{A})\psi\Big|^2 + b|\psi|^2 + \frac{g}{2}|\psi|^4 + \frac{1}{2\mu_0}(\boldsymbol{\nabla}\times\boldsymbol{A})^2\Big) d^3x$$

$(\boldsymbol{\nabla} - i\frac{q}{\hbar}\boldsymbol{A})\psi$ のように ψ 微分と $\boldsymbol{A}$ を組み合わせたのは，ゲージ変換 $\boldsymbol{A} \to \boldsymbol{A}' = \boldsymbol{A} + \boldsymbol{\nabla}\lambda$ に伴う状態関数のゲージ変換 $\psi(x) \to \psi'(x) = e^{iq\lambda(x)/\hbar}\psi(x)$ で H が

不変であるべきだからである．実際，ゲージ変換に対して次のように変換し，

$$\Big(\boldsymbol{\nabla}-i\frac{q}{\hbar}\boldsymbol{A}\Big)\psi\to\Big(\boldsymbol{\nabla}-i\frac{q}{\hbar}(\boldsymbol{A}+\boldsymbol{\nabla}\lambda)\Big)e^{iq\lambda/\hbar}\psi=e^{iq\lambda/\hbar}\Big(\boldsymbol{\nabla}-i\frac{q}{\hbar}\boldsymbol{A}\Big)\psi$$

H はゲージ変換で不変である．古典論では $\boldsymbol{p}-q\boldsymbol{A}=m\frac{d\boldsymbol{x}}{d\tau}$ に対応する．

場 $\psi,\overline{\psi},\boldsymbol{A}$ を一般化座標として扱い，H のそれらに関する変分をゼロとおくと，定常的な場合のハミルトンの方程式が得られる．まず，ψ について

$$\delta_\psi H=\int\delta\overline{\psi}\Big[-\frac{\hbar^2}{2}a\Big(\boldsymbol{\nabla}-i\frac{q}{\hbar}\boldsymbol{A}\Big)^2\psi+b\psi+g|\psi|^2\psi\Big]d^3x+(\text{c.c.})$$

により（c.c. はその前の表式の複素共役），次式およびその複素共役，

$$-\frac{\hbar^2}{2}a\Big(\boldsymbol{\nabla}-i\frac{q}{\hbar}\boldsymbol{A}\Big)^2\psi+b\psi+g|\psi|^2\psi=0 \tag{6.54}$$

が得られる．また，$\boldsymbol{A}$ については

$$\delta_{\boldsymbol{A}}H=\int\delta\boldsymbol{A}\cdot\Big(\frac{1}{\mu_0}\boldsymbol{\nabla}\times\boldsymbol{B}-\boldsymbol{J}\Big)d^3x,$$
$$\boldsymbol{J}\equiv-a\frac{iq\hbar}{2}\Big[\overline{\psi}\Big(\boldsymbol{\nabla}-\frac{iq}{\hbar}\boldsymbol{A}\Big)\psi-\psi\Big(\boldsymbol{\nabla}+\frac{iq}{\hbar}\boldsymbol{A}\Big)\overline{\psi}\Big] \tag{6.55}$$

により定常電流の場合のマックスウェル方程式，$\boldsymbol{\nabla}\times\boldsymbol{B}=\mu_0\boldsymbol{J}$ が導かれる．(6.54) を用いると，電流保存が成り立つことが次のように確かめられる．

$$\begin{aligned}-\frac{2}{iaq\hbar}\boldsymbol{\nabla}\cdot\boldsymbol{J}&=\boldsymbol{\nabla}\cdot\Big[\overline{\psi}\Big(\boldsymbol{\nabla}-\frac{iq}{\hbar}\boldsymbol{A}\Big)\psi-\psi\Big(\boldsymbol{\nabla}+\frac{iq}{\hbar}\boldsymbol{A}\Big)\overline{\psi}\Big]\\&=\Big[\Big(\boldsymbol{\nabla}+\frac{iq}{\hbar}\boldsymbol{A}\Big)\overline{\psi}\Big]\Big[\Big(\boldsymbol{\nabla}-\frac{iq}{\hbar}\boldsymbol{A}\Big)\psi\Big]-\Big[\Big(\boldsymbol{\nabla}+\frac{iq}{\hbar}\boldsymbol{A}\Big)\overline{\psi}\Big]\Big[\Big(\boldsymbol{\nabla}-\frac{iq}{\hbar}\boldsymbol{A}\Big)\psi\Big]\\&\quad+\overline{\psi}\Big[\Big(\boldsymbol{\nabla}-\frac{iq}{\hbar}\boldsymbol{A}\Big)^2\psi\Big]-\Big[\Big(\boldsymbol{\nabla}+\frac{iq}{\hbar}\boldsymbol{A}\Big)^2\overline{\psi}\Big]\psi=0\end{aligned}$$

そこで，磁場がない ($\boldsymbol{A}=0$) とし秩序パラメーター場 ψ が定数の場合 ($\boldsymbol{J}=0$) を考えると，(6.54) により $b\psi+g|\psi|^2\psi=0$ を満たさなければならない．ハミルトニアンが下限をもつ，つまり，系が安定であるためには $g>0$ が必要なので，ゼロではない解が存在するためには $b<0$ であればよく，$\psi=\psi_0e^{i\theta_0}$，$\psi_0\equiv\sqrt{-b/g}$ が得られる（θ_0 は任意定数，図 6.11）．$\psi=0$ も自明な解だが対応するエネルギーはゼロであるのに比べ，$\psi=\psi_0$ のときのほうがエネルギー密度が負 ($-b^2/2g$) で最低エネルギーの状態を与える．

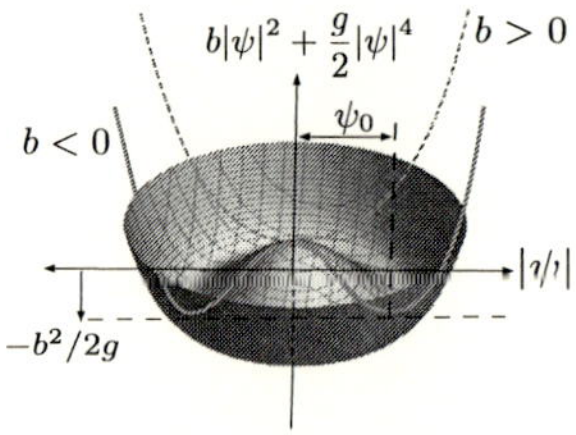

図 **6.11** 凝縮 ψ_0 の決定

この解のまわりで，磁場を $\boldsymbol{A}$ の 1 次までの近似で扱い，$\psi(\boldsymbol{x}) = \psi_0 e^{i\left(\theta_0 + q\Lambda(\boldsymbol{x})/\hbar\right)}$ の形を仮定してみよう ($\Lambda(\boldsymbol{x})$ も $\boldsymbol{A}$ と同じオーダーとする近似で扱う)．(6.54)，および電流ベクトル (6.55) は次式となりロンドン方程式を説明する ($\alpha = q^2 a\psi_0^2$).

$$\nabla \cdot (\nabla\Lambda - \boldsymbol{A}) = 0,\ \boldsymbol{J} = -q^2 a\psi_0^2(\boldsymbol{A} - \nabla\Lambda) \tag{6.56}$$

このとき，ハミルトニアン（密度）への場 ψ の寄与は定数項 $(-b^2/2g)$ を除き $aq^2\psi_0^2|\boldsymbol{A} - \nabla\Lambda|^2/2 = |\boldsymbol{J}|^2/2\alpha$ の積分に等しく，本文の超伝導体のエネルギー密度と調和する（電場はゼロで $J_0 = 0$)．古典論の $\alpha = n_{\mathrm{sc}}q^2/m$ と調和させるには，パラメーター a, b, g を $a = 1/m = 1/2m_{\mathrm{e}}, n_{\mathrm{sc}} = \psi_0^2$ と選べばよい．また，超伝導への相転移を説明するには，パラメーター b が温度の関数で温度がある値 T_0（転移温度）以下で負になる，すなわち，$b \simeq b'(T - T_0), b' > 0$ と仮定すればよい．$T > T_0$ では $b > 0$ で，場 ψ の定数解はゼロしかないが，$T = T_0$ で相転移が起きて，$T < T_0$ $(b < 0)$ ではより低いエネルギーの状態への凝縮が起こり，$\psi = \psi_0 > 0$ となると考えるわけだ．これらは，BCS 理論から近似として導くことができる.

6.5 物質の誘電性と磁性

物質はすべて電荷や電流が分布した原子・分子からできているのだから，導体でなくても，外部の電場や磁場の影響を必ず受ける．電場が掛かれば，正電荷は電場方向，負電荷は電場と逆方向に力を受け，電気的に中性の原子・分子でも電荷の分布が歪み電場に寄与する．これを誘電性という．また，外部磁場が掛かれば，原子・分子中の電流分布や磁気も影響を受け磁場に寄与し，物質の磁性的性質（磁性）を生み出す．以下ではその理解のために必要な考え方のうち，マクロな古典電磁気学で記述できる基本事項だけを扱う.

原点付近の狭い領域に限られた電荷分布 $\rho_{\mathrm{p}}(\boldsymbol{x})$ を考えよう．全体としては中性だとすると，$Q = \int \rho_{\mathrm{p}}(\boldsymbol{x})d^3x = 0$ である．これが作り出す電位は $\phi_{\mathrm{p}}(\boldsymbol{x}) = \frac{1}{4\pi\epsilon_0}\int \frac{\rho(\boldsymbol{y})}{|\boldsymbol{x}-\boldsymbol{y}|}d^3y$ であるが，十分遠方の極限での振る舞いを見ると

$$\frac{1}{|\boldsymbol{x} - \boldsymbol{y}|} = \frac{1}{|\boldsymbol{x}|}\left(1 + \frac{\boldsymbol{x}\cdot\boldsymbol{y}}{|\boldsymbol{x}|^2} + \frac{1}{2|\boldsymbol{x}|^4}(3y_iy_j - \delta_{ij}|\boldsymbol{y}|^2)x_ix_j + O(|\boldsymbol{x}|^{-3})\right)$$

により，

$$\phi(\boldsymbol{x}) = \frac{Q}{4\pi\epsilon_0|\boldsymbol{x}|} + \frac{\boldsymbol{d}\cdot\boldsymbol{x}}{4\pi\epsilon_0|\boldsymbol{x}|^3} + \frac{1}{4\pi\epsilon_0|\boldsymbol{x}|^5}q_{ij}x_ix_j + O(|\boldsymbol{x}|^{-4}), \tag{6.57}$$

$$\boldsymbol{d} \equiv \int \rho_{\mathrm{P}}(\boldsymbol{y})\boldsymbol{y} d^3y, \quad q_{ij} \equiv \frac{1}{2}\int \rho_{\mathrm{P}}(\boldsymbol{y})(3y_iy_j - \delta_{ij}|\boldsymbol{y}|^2)d^3y \tag{6.58}$$

と書ける．$\boldsymbol{d}$ を電気 2 重極能率（双極子能率ともいう），q_{ij} を電気 4 重極能率と呼ぶ．第 1 項は電荷分布がすべて原点に集まったとみなしたときの電位を表す．今の場合は $Q = 0$ としているから，遠方の振る舞いは，(6.57) の第 2 項から始まる．電場の強さは，電気 2 重極では $1/|\boldsymbol{x}|^3$，4 重極では $1/|\boldsymbol{x}|^4$ のように距離とともに弱まる．このように，狭い領域の電荷分布からの電位や電場を，その中心からの距離の逆数で展開して表現する方法を多重極展開と呼ぶ．たとえば，2 個の点電荷 $\pm|q|$ がそれぞれ $\pm\frac{1}{2}\boldsymbol{y}_0$ にあるなら，$\boldsymbol{d} = |q|\boldsymbol{y}_0$ だ（この場合を電気双極子と呼ぶ）．つまり，2 重極能率は，負の点電荷から正の点電荷への相対位置ベクトルに電荷の絶対値を掛けたものに等しい．電荷分布の広がりが外部電場 $\boldsymbol{E}$ によって起こされる場合，通常は $\boldsymbol{d}$ の向きは $\boldsymbol{E}$ の向きと一致する．また，たとえば 4 個の同じ絶対値の点電荷が図 6.12 のように 1 軸直線上 $\pm y, \pm 2y$ に配置されていると，2 重極能率は打ち消し合いゼロで，4 重極能率の項から始まる（q_{ij} のゼロでない成分は $q_{11} = 10|q|y^2$, $q_{22} = q_{33} = -5|q|y^2$）．

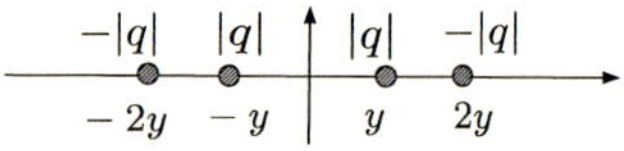

図 6.12　電気 4 重極能率をもつ電荷分布

多重極展開はデルタ関数を用いて，以下のように微分の展開によって電荷密度を表すのと同等である ($q_{ij} = 3t_{ij} - \delta_{ij}t_{kk}$).

$$\rho_{\mathrm{P}}(\boldsymbol{x}) = Q\delta^3(\boldsymbol{x}) - \boldsymbol{d}\cdot\boldsymbol{\nabla}\delta^3(\boldsymbol{x}) + t_{ij}\partial_i\partial_j\delta^3(\boldsymbol{x}) + \cdots \tag{6.59}$$

第 3 項以下はデルタ関数の微分を少なくとも 2 個以上含むから，それらを含めて $Q = 0$ のときには，第 2 項以降をまとめて電荷密度を次式で表せる．

$$\rho_{\mathrm{P}}(\boldsymbol{x}) = -\boldsymbol{\nabla}\cdot\boldsymbol{P}(\boldsymbol{x}) \tag{6.60}$$

$\boldsymbol{P}$ を電気分極（第 5 章の運動量密度と同記号だが混同しないように注意），ρ_{P} を分極電荷と呼ぶ．電荷が原点付近のみに分布している今の場合は，成分で表すと $P_i = d_i\delta^3(\boldsymbol{x}) - t_{ij}\partial_j\delta^3(\boldsymbol{x}) + \cdots$，また電荷分布が多数の位置 $\boldsymbol{x}_a$ $(a = 1, \ldots, n)$ なら，それぞれの能率 ($\boldsymbol{d}^{(a)}$, $t_{ij}^{(a)}$) により次式である．

$$P_i(\boldsymbol{x}) = \sum_{a=1}^{n}\left(d_i^{(a)}\delta^3(\boldsymbol{x} - \boldsymbol{x}_a) - t_{ij}^{(a)}\partial_j\delta^3(\boldsymbol{x} - \boldsymbol{x}_a) + \cdots\right) \tag{6.61}$$

物質の電荷分布をマクロ平均により連続的関数として電荷密度で表すのと同様に，中性な原子・分子からの電荷分布の寄与としての電気分極も平均をとり，物質中だけでゼロでない値をもつ連続的な場として扱える．金属中の自由電子や，気体，液体中で自由に移動するイオンなどの電荷の密度を ρ_f で表し，電気分極で表される電荷密度と区別する．分極電荷はもともと中性の物質中での電荷分布が外場によって移動して歪んだ結果として生じるものなので，物質全体の分極電荷の合計は常にゼロで $\int_\mathrm{V} \rho_\mathrm{p} d^3x = -\int_{\partial \mathrm{V}} \boldsymbol{P} \cdot d\boldsymbol{S} = 0$ がガウスの定理により成り立つ（ただし，領域 V は誘電体を囲む）．物質の電荷密度は両者の和 $\rho = \rho_\mathrm{f} + \rho_\mathrm{p}$ になり，電場のガウスの法則は

$$\boldsymbol{\nabla} \cdot \boldsymbol{E} = \frac{1}{\epsilon_0}(\rho_\mathrm{f} + \rho_\mathrm{p}) = \frac{1}{\epsilon_0}\rho_\mathrm{f} - \frac{1}{\epsilon_0}\boldsymbol{\nabla} \cdot \boldsymbol{P} \tag{6.62}$$

となる．これは電気変位と呼ばれる新たな場 $\boldsymbol{D} \equiv \epsilon_0 \boldsymbol{E} + \boldsymbol{P}$ を定義し，次式の形に表すのが便利である．

$$\boldsymbol{\nabla} \cdot \boldsymbol{D} = \rho_\mathrm{f} \tag{6.63}$$

つまり，電気変位はその発散が自由電荷のみによって決まる場である．

もし，電場が最初から存在しないなら，マクロな立場から見れば中性な電荷分布は平均すると正と負の電荷分布が全く重なっていて同じとみなせるので，電気分極はゼロである．弱い静電場では，経験法則として，等方的な物質では

$$\boldsymbol{P} = \epsilon_0 \chi_\mathrm{e} \boldsymbol{E}, \quad \boldsymbol{D} = \epsilon_0(1 + \chi_\mathrm{e})\boldsymbol{E} \equiv \epsilon \boldsymbol{E} \tag{6.64}$$

という比例関係が成り立つ．χ_e を電気感受率，$\epsilon \equiv \epsilon_0(1 + \chi_\mathrm{e})$ を誘電率と呼ぶ．誘電率は物質の電気的性質を特徴付ける重要な目安である．ϵ/ϵ_0 の常温での値は，天然ゴムで 2.4，気体では 1 とのずれは 10^{-4} のオーダーで通常は無視できる．水の場合は，静電場では $80 \sim 90$ 程度だが，交流電場では振動数により値は大きく変化する（次章参照）．誘電率が大きければそれだけ大きな電気分極をもつ．電気分極への主要な寄与は通常の物質では 2 重極能率 $\boldsymbol{d}$ からくるので，χ_e は通常正で，電気分極を単位体積当たりの電気 2 重極能率とみなせる．つまり，2 重極の密度が n なら，$\boldsymbol{P} = n\boldsymbol{d}$ である．電気感受率は一般には位置の関数であってよいが，物質が一様であれば一定である．

例として，6.2 節で扱った平板コンデンサーの極板間の領域を誘電体で満たした場合を考えてみよう．導体である極板に蓄えられている電荷は自由電荷であるから，電気変位 $\boldsymbol{D}$ は，極板間が真空の場合と同じであり，3 軸方向を向き $D_3 = \epsilon_0 a = Q/S$ である．よって，誘電体中の電場は $E_3 = D_3/\epsilon = Q/(S\epsilon)$，電位差は $V = E_3 d = Q/C'$，電気容量は

$$C' = \frac{\epsilon S}{d} = \frac{\epsilon}{\epsilon_0}C > C \tag{6.65}$$

となり，真空のコンデンサーに比べてより大きな電気容量が得られる．つまり，極板の導体と接する誘電体の境界面に導体表面の電荷とは逆符号の電荷が溜まって誘電体

内部の電場を小さくする方向に作用し，より低い電位差でも極板の電気量を真空と同じ値に保てるため，効率の高いコンデンサーを作るには高い誘電率をもつ絶縁体が役立つ．

一般の誘電体で，時間依存性がないとすると $\boldsymbol{E} = -\boldsymbol{\nabla}\phi$ で，

$$\boldsymbol{\nabla} \cdot (\epsilon \boldsymbol{\nabla} \phi) = -\rho_f \tag{6.66}$$

が基礎方程式である．これは前節の導体中の定常電流で導体中に吸い込み口があるときの方程式 (6.32) と同じ形をしているから，前と同じように一意性やグリーン関数等の議論ができる．たとえば，異なった（一定の）誘電率 ϵ_1, ϵ_2 の 2 種類の誘電体が互いに接している場合を考えてみよう．このとき，接する面に底面（面積 ΔS）が平行になるような微小な高さの円柱面で囲まれる領域 V で (6.63) を積分すると，内部に自由電荷がない場合には円柱の高さがゼロの極限でガウスの定理により，次式が成り立つ．

$$0 = \int_{\mathrm{V}} \boldsymbol{\nabla} \cdot \boldsymbol{D} d^3x = \Delta S(\boldsymbol{n} \cdot \boldsymbol{D}^{(2)} - \boldsymbol{n} \cdot \boldsymbol{D}^{(1)}) = \Delta S(\epsilon_1 \boldsymbol{n} \cdot \boldsymbol{E}^{(2)} - \epsilon_2 \boldsymbol{n} \cdot \boldsymbol{E}^{(1)})$$

$\boldsymbol{n}$ は接平面に垂直に誘電体 1 から 2 の方向に向く単位ベクトルである．一方，接平面に垂直な面上に横たわる微小長方形（相対する 2 辺が接平面に平行）で $\boldsymbol{\nabla} \times \boldsymbol{E} = 0$ を積分すると，ストークスの定理により，電場の接平面方向の成分 $\boldsymbol{E}_t$ $(\boldsymbol{n} \cdot \boldsymbol{E}_t = 0)$ は等しいという条件が得られる．よって，異なる誘電体の境界では次の境界条件が定常的な電場の場合に成り立つ．

$$\boldsymbol{E}_t^{(1)} = \boldsymbol{E}_t^{(2)}, \quad \epsilon_1 \boldsymbol{n} \cdot \boldsymbol{E}^{(1)} = \epsilon_2 \boldsymbol{n} \cdot \boldsymbol{E}^{(2)} \tag{6.67}$$

さらに，上と同じ円柱に $\boldsymbol{E}$ のガウスの法則を適用すると，

$$\int_{\mathrm{V}} \rho d^3x = \epsilon_0 \int_{\mathrm{V}} \boldsymbol{E} \cdot d\boldsymbol{S} = \epsilon_0 \Delta S \boldsymbol{n} \cdot (\boldsymbol{E}^{(2)} - \boldsymbol{E}^{(1)}) = \epsilon_0 \Delta S \Big(1 - \frac{\epsilon_2}{\epsilon_1}\Big) \boldsymbol{n} \cdot \boldsymbol{E}^{(2)}$$

であるから，異なる誘電体の接する面の分極電荷密度は次式である．

$$\sigma(\boldsymbol{x}) = \epsilon_0 \Big(1 - \frac{\epsilon_2}{\epsilon_1}\Big) \boldsymbol{n} \cdot \boldsymbol{E}^{(2)}(\boldsymbol{x}) \tag{6.68}$$

例 1：誘電体球の電場

誘電率が ϵ_1 の球体（半径 R, 中心が原点）が，誘電率が ϵ_2 の無限に広がった物質に埋まっていて，遠くでは第 1 軸方向に一様な電場 $\boldsymbol{E}_{\mathrm{ex}} = (E, 0, 0)$ があるとする．6.2 節例 4 に倣い，電位をラプラスの方程式を満足する次式の形に仮定し，定数 α, β を必要な条件を満たすように決められるかどうか調べよう．

$$\phi = \begin{cases} -x_1 E\Big(1 - \alpha \frac{R^3}{r^3}\Big) & (r > R), \\ -x_1 \beta E & (r < R) \end{cases} \tag{6.69}$$

導体のときと同じく $x_1 = r\cos\theta$ とおくと，接線方向の境界条件は $r = R$ で ϕ が連続的に繋がると自動的に満たされる．つまり，$1-\alpha = \beta$．一方，法線方向の境界条件は，$\epsilon_1 \beta E = \epsilon_2(1+2\alpha)E$ となるから，$\alpha = \frac{\epsilon_1-\epsilon_2}{\epsilon_1+2\epsilon_2}, \beta = \frac{3\epsilon_2}{\epsilon_1+2\epsilon_2}$ が得られ，電位が定まる．誘電体球内部の電場 $\boldsymbol{E}^{(1)}$ は一定で次式に等しい（図 6.13，点線が等電位面．$\boldsymbol{E}^{(2)}$ は $r > R$ 側から表面に近づいたときの電場）．

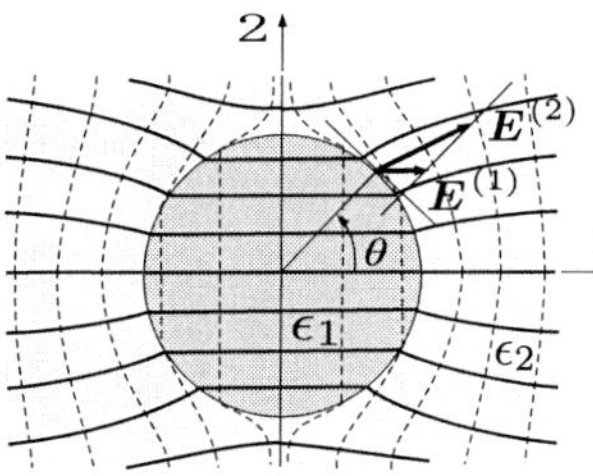

図 **6.13**　誘電体球：$\epsilon_1 > \epsilon_2$

$$\boldsymbol{E}^{(1)} = \frac{3\epsilon_2}{\epsilon_1+2\epsilon_2}\boldsymbol{E}_{\mathrm{ex}} = \left(1 - \frac{\epsilon_1-\epsilon_2}{\epsilon_1+2\epsilon_2}\right)\boldsymbol{E}_{\mathrm{ex}} \equiv \boldsymbol{E}_{\mathrm{ex}} - \boldsymbol{E}_{\mathrm{dp}} \tag{6.70}$$

$\epsilon_1 > \epsilon_2$ なら，内部の電場は外部電場より小さい．つまり，境界に誘導された電荷分布により，内部に外部電場を弱める向きの電場 $\boldsymbol{E}_{\mathrm{dp}}$ が発生している（反分極電場）．誘電体球外部の遠方では，電気 2 重極能率が

$$\boldsymbol{d} = 4\pi\epsilon_0 R^3 \frac{\epsilon_1-\epsilon_2}{\epsilon_1+2\epsilon_2}\boldsymbol{E}_{\mathrm{ex}} \tag{6.71}$$

の電位が外部電位に重なっている．特に $\epsilon_1 \to \infty$ の極限では，反分極電場が外部電場を打ち消し内部電場 $\boldsymbol{E}^{(1)}$ はゼロになり，導体球の場合に帰着する．

$\epsilon_2 = \epsilon_0$ のとき，(6.71) の左辺の係数を $\epsilon_0\hat{\chi}_e$ とおくと，$\hat{\chi}_e = 4\pi R^3 \frac{\epsilon_1-\epsilon_0}{\epsilon_1+2\epsilon_0}$ は誘電体球 1 個当たりの外場 $\boldsymbol{E}_{\mathrm{ex}}$ に対する電気感受率を与える（クラウジウス–モソッティ関係式）．これは前に定義した $\boldsymbol{E}^{(1)}$ に対する電気感受率 $\chi_{\mathrm{e}} = \frac{\epsilon_1}{\epsilon_0} - 1$ とは意味が異なる．電気分極は $\boldsymbol{D}^{(1)} = \epsilon_1\boldsymbol{E}^{(1)} = \epsilon_0\boldsymbol{E}^{(1)} + \boldsymbol{P}^{(1)}$ から求まる．

$$\boldsymbol{P}^{(1)} = 3\epsilon_0 \frac{\epsilon_1-\epsilon_0}{\epsilon_1+2\epsilon_0}\boldsymbol{E}_{\mathrm{ex}} = \epsilon_0\chi_{\mathrm{e}}\boldsymbol{E}^{(1)} \tag{6.72}$$

電気 2 重極能率 (6.71) は電気分極にこの誘電体球の体積を掛けたもの $\boldsymbol{d} = V_1\boldsymbol{P}^{(1)}$ に等しく $(V_1 = 4\pi R^3/3)$，単位体積当たりの電気 2 重極としてのマクロな電気分極の解釈と調和する．また，反分極電場は分極と次式の関係にある．

$$\boldsymbol{E}_{\mathrm{dp}} = -\frac{\epsilon_1-\epsilon_0}{\epsilon_1+2\epsilon_0}\boldsymbol{E}_{\mathrm{ex}} = -\frac{1}{3\epsilon_0}\boldsymbol{P}^{(1)} \tag{6.73}$$

つまり，分極 $\boldsymbol{P}$ を実際に作り出す原因としての外場 $\boldsymbol{E}_{\mathrm{ex}}$ と，分極自身が作る自己電場の効果が取り入れられたマクロ平均としての場 $\boldsymbol{E}^{(1)}$ を区別して考えなければならない．ただし，$\epsilon_1 - \epsilon_0$ が十分小さいときには，(6.70) が示すように $\boldsymbol{E}_{\mathrm{dp}}$ は無視でき，近似的にはこの区別は無視できる．

さて，テーマを磁性に転じよう．磁場は電流，すなわち，電荷の移動によって生じるし，また磁場による力は運動電荷にのみ作用するから，磁性は物質中の電流の歪みと関係すると考えるのは自然である．まず，分極電荷と電気分極の関係式は，時間変化する場合には両辺を時間微分した次式を与える．

$$\frac{\partial \rho_{\mathrm{p}}}{\partial t} = -\boldsymbol{\nabla} \cdot \frac{\partial \boldsymbol{P}}{\partial t} \equiv -\boldsymbol{\nabla} \cdot \boldsymbol{J}_{\mathrm{p}}, \quad \boldsymbol{J}_{\mathrm{p}} \equiv \frac{\partial \boldsymbol{P}}{\partial t} \tag{6.74}$$

一方，連続の方程式は自由電荷の定義によりそれ自身で成り立つ．つまり，自由電荷のみの寄与を考慮した電流を $\boldsymbol{J}_{\mathrm{f}}$ として次式が成り立つ．

$$\frac{\partial \rho_{\mathrm{f}}}{\partial t} = -\boldsymbol{\nabla} \cdot \boldsymbol{J}_{\mathrm{f}} \tag{6.75}$$

したがって，電荷の保存則は次の形に書き直せる．

$$\boldsymbol{\nabla} \cdot \boldsymbol{J} = -\frac{\partial \rho}{\partial t} = -\frac{\partial \rho_{\mathrm{f}}}{\partial t} - \frac{\partial \rho_{\mathrm{p}}}{\partial t} = \boldsymbol{\nabla} \cdot (\boldsymbol{J}_{\mathrm{p}} + \boldsymbol{J}_{\mathrm{f}})$$

よって，もし，$\boldsymbol{J}_{\mathrm{f}}, \boldsymbol{J}_{\mathrm{p}}$ 以外の物質中の電流の歪みを表す新たな寄与 $\boldsymbol{J}_{\mathrm{m}} \equiv \boldsymbol{J} - (\boldsymbol{J}_{\mathrm{f}} + \boldsymbol{J}_{\mathrm{p}})$ があるとするなら，$\boldsymbol{\nabla} \cdot \boldsymbol{J}_{\mathrm{m}} = 0$ が常に（時間変化があっても）満たされる必要がある．これは $\boldsymbol{J}_{\mathrm{m}}$ が，物質中だけでゼロでないような別の場 $\boldsymbol{M}$ の回転で表せることを示している．

$$\boldsymbol{J}_{\mathrm{m}} \equiv \frac{1}{\mu_0} \boldsymbol{\nabla} \times \boldsymbol{M} \tag{6.76}$$

$\boldsymbol{M}$ を磁気能率密度（あるいは，磁気モーメント，磁化）と呼ぶ．そうすると，電流と磁場の関係を表すマックスウェル方程式は

$$\boldsymbol{\nabla} \times \boldsymbol{B} = \mu_0 \Big(\boldsymbol{J}_{\mathrm{f}} + \frac{1}{\mu_0} \boldsymbol{\nabla} \times \boldsymbol{M} + \frac{\partial \boldsymbol{D}}{\partial t} \Big) \tag{6.77}$$

となる．さらに $\boldsymbol{H} \equiv \frac{1}{\mu_0}(\boldsymbol{B} - \boldsymbol{M})$ を定義すると，次のように簡略化する．

$$\boldsymbol{\nabla} \times \boldsymbol{H} = \boldsymbol{J}_{\mathrm{f}} + \frac{\partial \boldsymbol{D}}{\partial t} \tag{6.78}$$

電気変位 $\boldsymbol{D}$ の発散が自由電荷密度で決まるのと同様に，$\boldsymbol{H}$ の回転が自由電荷の作る電流と $\boldsymbol{D}$ の時間微分としての「変位電流」で決まる．伝統的に $\boldsymbol{H}$ を磁場と呼び，$\boldsymbol{B}$ を磁束密度（磁気誘導ともいう）と呼ぶこともあるが，荷電粒子の力学の立場からポテンシャル場 A_μ をより基本的な場であるとする本書の観点からは適切ではない．たとえば，$\boldsymbol{B} = \boldsymbol{\nabla} \times \boldsymbol{A}$ が定義により常に成り立ち $\boldsymbol{B}$ の発散は常にゼロだが，$\boldsymbol{H}$ の発散は一般にはゼロではなく，次式を満たす．

$$\boldsymbol{\nabla} \cdot \boldsymbol{H} = -\frac{1}{\mu_0} \boldsymbol{\nabla} \cdot \boldsymbol{M} \tag{6.79}$$

$\boldsymbol{D}$ と $\boldsymbol{H}$ は，力学的に独立な意味をもつ場ではなく，マクロな物質の効果を平均操作

によってくり入れた電場と磁場として仮想的に定義したものである.

$\boldsymbol{J}_\mathrm{m}$ を磁気電流と呼ぶ. 磁気電流がある領域 V の内側だけでゼロと異なると,

$$\frac{1}{2}\int_\mathrm{V}(\boldsymbol{x}\times\boldsymbol{J}_\mathrm{m})d^3x=\frac{1}{2\mu_0}\int_\mathrm{V}(\boldsymbol{x}\times(\boldsymbol{\nabla}\times\boldsymbol{M}))d^3x=\frac{1}{\mu_0}\int_\mathrm{V}\boldsymbol{M}d^3x \tag{6.80}$$

が部分積分により成り立つ *18). つまり, $\boldsymbol{M}$ は電流のモーメントを密度量として表したものだ. 分極電荷の合計がゼロであったのと同様に, 磁気電流を合成すると物質の断面全体ではゼロである. つまり, 物質のすぐ外側に境界がある任意の面 S で, ストークスの定理により次式が成り立つ.

$$\int_\mathrm{S}\boldsymbol{J}_\mathrm{m}\cdot d\boldsymbol{S}=\frac{1}{\mu_0}\oint\boldsymbol{M}\cdot d\boldsymbol{x}=0 \tag{6.81}$$

さらに, もし仮に $\boldsymbol{J}_\mathrm{m}$ を電荷密度 ρ_m が担っていると考えると, その平均速度 $\boldsymbol{v}_\mathrm{m}(\boldsymbol{x})$ により $\boldsymbol{J}_\mathrm{m}=\rho_\mathrm{m}\boldsymbol{v}_\mathrm{m}=\frac{q}{m}\boldsymbol{p}_\mathrm{m}$ と表せる. ただし, $\boldsymbol{p}_\mathrm{m}$ は対応する運動量密度, q, m はこの電荷を担う粒子の電荷と質量である. よって, この仮定のもとでは, 全磁気能率 $\boldsymbol{m}$ は全軌道角運動量 $\boldsymbol{L}_\mathrm{m}$ に比例する.

$$\frac{1}{\mu_0}\boldsymbol{m}\equiv\frac{1}{2}\int_\mathrm{V}(\boldsymbol{x}\times\boldsymbol{J}_\mathrm{m})d^3x=\frac{q}{2m}\int_\mathrm{V}(\boldsymbol{x}\times\boldsymbol{p}_\mathrm{m})d^3x\equiv\frac{q}{2m}\boldsymbol{L}_\mathrm{m} \tag{6.82}$$

特に, 磁気電流が強さ I の細い環状電流の場合は $\frac{1}{\mu_0}\boldsymbol{m}=\frac{I}{2}\oint\boldsymbol{x}\times d\boldsymbol{x}$, S を円周が囲む円盤の面積として $|\boldsymbol{m}|=\mu_0 SI$ である.

例 2：微小な線電流に働く力

微小線電流の電流の方向に沿った電流要素を $d\boldsymbol{I}=Id\boldsymbol{x}$ とすると, 外部磁場 $\boldsymbol{B}$ によってこの部分に働く力は $\boldsymbol{f}=\oint d\boldsymbol{I}\times\boldsymbol{B}$ である. 磁場の座標依存性を線電流の中心の位置から座標のテイラー展開 $B_i(\boldsymbol{x})=B_i+x_k\partial_k B_i+\cdots$ により扱う ($B_i, \partial_k B_i$ は原点の値で定数). これを代入するとゼロ次の項は打ち消し合いゼロで ($\oint dx_k=0$), 最初の寄与は 1 次の項から始まり *19)

$$\begin{aligned} f_i&=I\frac{1}{2}\epsilon_{ijk}\oint(dx_j x_\ell-dx_\ell x_j)\partial_\ell B_k=-\frac{1}{\mu_0}\epsilon_{ijk}\epsilon_{j\ell n}m_n\partial_\ell B_k\\ &=-\frac{1}{\mu_0}(\delta_{k\ell}\delta_{in}-\delta_{kn}\delta_{i\ell})m_n\partial_\ell B_k=\frac{1}{\mu_0}m_k\partial_i B_k \end{aligned}$$

となる. ベクトル記号に戻すと次式である.

$$\boldsymbol{f}=-\boldsymbol{\nabla}U_\mathrm{m},\quad U_\mathrm{m}\equiv-\frac{1}{\mu_0}\boldsymbol{m}\cdot\boldsymbol{B} \tag{6.83}$$

---

*18) 被積分量を i 成分で表すと $\epsilon_{ijk}x_j\epsilon_{kpq}\partial_p M_q$. 部分積分の結果, $p=j$ の寄与だけが残り, $\epsilon_{ijk}\epsilon_{kpq}=\delta_{ip}\delta_{jq}-\delta_{iq}\delta_{jp}$ により $-\epsilon_{ijk}\epsilon_{kpq}\delta_{pj}=-(\delta_{ip}\delta_{jq}-\delta_{iq}\delta_{jp})\delta_{pj}=2\delta_{iq}$.

*19) $\oint dx_j x_\ell=\oint\bigl(d(x_j x_\ell)-dx_\ell x_j\bigr)=-\oint dx_\ell x_j, m_n/\mu_0=I\epsilon_{n\ell j}\oint x_\ell dx_j/2$.

このように，磁気能率方向の磁場成分に勾配があるとその方向に力が働く．U_{m} は，微小電流にとっては磁場のポテンシャルエネルギーとみなせる．

合力としての力ではなく，微小電線に掛かるトルク（力のモーメント）を考えると一定の磁場でもゼロ次の項が寄与し，同様な計算により $\oint(\boldsymbol{x}\times(d\boldsymbol{x}\times\boldsymbol{B}))_i = \oint(x_j dx_i - x_i dx_j)B_j/2$ が得られる．よって，トルクは次式に等しい．

$$\boldsymbol{N} \equiv \frac{1}{\mu_0}\boldsymbol{m}\times\boldsymbol{B} = \frac{q}{2m}\boldsymbol{L}_{\mathrm{m}}\times\boldsymbol{B} \tag{6.84}$$

$\boldsymbol{m}$ の向きが $\boldsymbol{B}$ と同じ向きのときゼロで，$\boldsymbol{m}$ の向きは安定に保たれるが，両者の向きが異なると $\boldsymbol{B}$ を軸として $\boldsymbol{m}$ を回転させるトルクが働き，歳差運動を起こす（ラーモアの歳差運動）．一般に角運動量の変化率は力の能率に等しいから

$$\frac{d\boldsymbol{L}_{\mathrm{m}}}{dt} = -\boldsymbol{B}\times\frac{q}{2m}\boldsymbol{L}_{\mathrm{m}} \equiv \boldsymbol{\omega}_{\mathrm{L}}\times\boldsymbol{L}_{\mathrm{m}}, \quad \boldsymbol{\omega}_{\mathrm{L}} = -\frac{q}{2m}\boldsymbol{B} \tag{6.85}$$

が成り立つ．$|\omega_{\mathrm{L}}| = \frac{q}{2m}|\boldsymbol{B}|$ をラーモア振動数と呼ぶ．

磁気電流に対応する物質の磁気が力学的角運動量に比例することは，電線の電流が伝導電子の力学的運動量に比例するのと同類の現象である（ただし，後に触れるように係数については注意が必要）．どちらも実験で確認されている．磁気の場合には，物質の磁気の発生が角運動量の変化を起こし回転運動を生じる（アインシュタイン–ド・ハース効果：図 6.14 のように，コイルの電流により，細長い磁性体を軸に沿って突然磁化すると軸まわりの角運動量が変化し回転運動が起きる）．逆に，回転により磁化させることもできる（バーネット効果）．

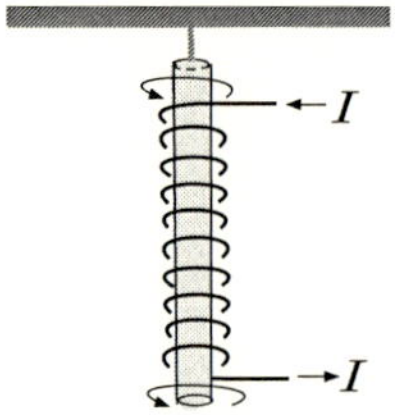

図 6.14 磁気回転効果

物質の磁気的性質は，磁気能率密度 $\boldsymbol{M}$ と磁場との関係によって表せる．電気分極の式 (6.60) と (6.79) の間にある類似性から，通常は，$\boldsymbol{H}$ と $\boldsymbol{M}$ との関係として表す．多くの（等方的な）物質での経験法則として次式が成り立つ．

$$\boldsymbol{M} = \mu_0\chi_{\mathrm{m}}\boldsymbol{H}, \quad \boldsymbol{B} = \mu_0\boldsymbol{H} + \boldsymbol{M} \equiv \mu\boldsymbol{H} \tag{6.86}$$

係数 χ_{m} を磁気感受率と呼ぶ（磁化率，帯磁率ともいう）．また，$\mu \equiv \mu_0(1+\chi_{\mathrm{m}})$ を透磁率と呼ぶ．透磁率が大きいほど，同じ外部電流で大きな磁場 $\boldsymbol{B}$ が得られる．電気感受率とは違い，χ_{m} は正負どちらも可能である．χ_{m} が正で値が比較的小さいときを常磁性，負のときを反磁性と呼ぶ．常磁性は，磁気電流に働くトルク (6.84) に現れているように，磁気能率が外部磁場と平行になると安定であることに対応する．常磁性体では，温度が低くなるにつれ大きな値になるが（弱い外部磁場の場合，近似的に χ_{m} が絶対温度に反比例），常温で $\chi_{\mathrm{m}} \sim 10^{-3}$ 程度，普通の反磁性体（水や木，銅，水銀，ビス

マス，等）では温度にはほとんどよらず $\chi_{\mathrm{m}} \sim -10^{-5}$ 程度である．反磁性体ではない物質でも，反磁性の寄与は弱いながらもほとんどの物質にある．特に，強磁性体（鉄，コバルト，ニッケルなど）では，$\boldsymbol{H}$ がゼロでも $\boldsymbol{M}$ がゼロでない場合が物質の状態によって生じる（自発磁化）．それを示すのが磁石である．コイルで電磁石を作る場合には，大きな透磁率の物質のまわりに電線を巻くほうが強力なものができる．また，自発磁化を示す強磁性体の場合でも，温度が物質ごとに定まる値 T_{C}（キュリー温度）より高いと，エントロピーの効果により自発磁化は消え常磁性状態になる．

ϵ, μ が物質中で定数の場合には，自由電荷とその電流が与えられたとき，ガウスの法則とアンペールの法則は，真空から $\epsilon_0 \to \epsilon, \mu_0 \to \mu$ と置き換えた，

$$\boldsymbol{\nabla} \cdot \boldsymbol{E} = \frac{\rho_{\mathrm{f}}}{\epsilon}, \quad \boldsymbol{\nabla} \times \boldsymbol{B} = \mu \boldsymbol{J}_{\mathrm{f}} + \epsilon\mu \frac{\partial \boldsymbol{E}}{\partial t} \tag{6.87}$$

になる．したがって，ポテンシャル場のゲージ条件として

$$\boldsymbol{\nabla} \cdot \boldsymbol{A} + \epsilon\mu \frac{\partial \phi}{\partial t} = 0 \tag{6.88}$$

を選ぶと，次式が成り立つ．

$$\Big(\triangle - \epsilon\mu \frac{\partial^2}{\partial t^2}\Big)\phi = -\frac{\rho_{\mathrm{f}}}{\epsilon}, \quad \Big(\triangle - \epsilon\mu \frac{\partial^2}{\partial t^2}\Big)\boldsymbol{A} = -\mu \boldsymbol{J}_{\mathrm{f}} \tag{6.89}$$

よって，物質中での電磁場の作用の伝達速度は $c_{\mathrm{m}} \equiv 1/\sqrt{\epsilon\mu}$ である．当然，$\rho_{\mathrm{f}}, \boldsymbol{J}_{\mathrm{f}}$ により，$A_\mu(x)$ を表す場合でも上の置き換えを行って使える（$A^0 = \phi/c_{\mathrm{m}}, J_{\mathrm{f}}^0 = c_{\mathrm{m}}\rho_{\mathrm{f}}$ に注意）．これらの結果は，もちろん，ローレンツ変換で不変ではなく，物質の静止系だけで近似的に成り立つ経験法則であることに注意しなければならない．

物質の誘電性と磁性はミクロの立場からは古典力学と古典電磁気学だけでは正しくは説明ができない現象であり，量子力学によって初めて真の理解が可能になる．特に強磁性において磁気電流は，実は電子が電子の流れとしての電流とは別に，電子自身が固有な量としてもつ磁気能率からの寄与が支配的である．電子 1 個の磁気能率は，電子の電荷 $q = -e$ と質量 m_{e} により，

$$\boldsymbol{\mu}_{\mathrm{e}} \equiv -g \frac{e}{2m_{\mathrm{e}}} \boldsymbol{s} \tag{6.90}$$

と表せる．$\boldsymbol{s}$ はスピン角運動量と呼ばれる量で，ベクトルとしての長さは $\frac{1}{2}\hbar$ である．また古典的な磁気能率と角運動量の関係式 (6.82) にはない係数 g は 2 に非常に近い値で，電子の磁気能率の絶対値に近い値 $\frac{\hbar e}{2m} \equiv \mu_{\mathrm{B}}$ をボーア磁子と呼ぶ．スピンの名称は「自転」という意味が込められているが，点として扱える大きさのない電子がもつ固有の角運動量を表す．スピンによる磁気電流（スピン電流と呼ぶ）は磁気能率密度で表すなら，電子の位置を $\boldsymbol{y}$ として

$$\boldsymbol{J}_{\rm s} \equiv \frac{1}{\mu_0}\boldsymbol{\nabla} \times \boldsymbol{M}_{\rm s}, \quad \boldsymbol{M}_{\rm s}(\boldsymbol{x}) = \mu_0 \boldsymbol{\mu}_{\rm e} \delta^3(\boldsymbol{x} - \boldsymbol{y}), \tag{6.91}$$
$$\frac{1}{2}\int \boldsymbol{x} \times \boldsymbol{J}_{\rm s} d^3x = \frac{1}{\mu_0}\int \boldsymbol{M}_{\rm s} d^3x = \boldsymbol{\mu}_{\rm e}$$

である．多数の電子を扱うときには，当然，すべての電子の寄与の和をとる．スピン電流のモーメントとスピン角運動量の関係は，軌道角運動量の場合と g-因子だけ異なるが，磁気能率と角運動量の比例関係は，量子力学によれば，大きさのない粒子でもスピンの寄与に関して成立する．g-因子は量子力学の相対論的な取り扱いで初めてその起源が説明される *20)．また，角運動量の保存は，一般に軌道角運動量とスピン角運動量の寄与を合わせて成り立つ．以下では，磁気電流はスピン電流も含むものとして話を進める．

通常の状態では，電子スピンや軌道角運動量の向きがバラバラなので，マクロな磁気能率 $\boldsymbol{M}$ はゼロであるが，外部磁場が掛かるとその方向に平均的な磁化が生じるのが，常磁性である．また，外部磁場がゼロでも，電子スピンの向きがそれらの相互作用の結果として大規模に揃った状態が実現するのが，強磁性である．また，スピンの向きが同じ向きに揃うのでなく，むしろ互い違いに揃うなど規則的だが異なった揃い方をする（反強磁性）場合や，不規則に分布したまま固定化する（スピングラス）など，他にも様々な磁性を示す物質がある．

一方，通常の反磁性は，電子スピンは寄与しない代わりに物質の量子力学的状態が，外部磁場の効果によって歪み，軌道角運動量の値が変化するために起こる．原点のまわりで運動している 1 個の荷電粒子に一様で一定の外部磁場 $\boldsymbol{B} = (0, 0, B)$ がかかったとしよう．ベクトルポテンシャルは $\boldsymbol{A} = \frac{1}{2}\boldsymbol{B} \times \boldsymbol{x} = \frac{B}{2}(-x_2, x_1, 0)$ と選べる．ラグランジアンへの寄与は

$$q\frac{d\boldsymbol{x}}{dt} \cdot \boldsymbol{A} = \frac{B}{2}q\Big(x_1\frac{dx_2}{dt} - x_2\frac{dx_1}{dt}\Big)$$

である．このとき，運動方程式により容易に確かめられるように，

$$\tilde{L}_3 \equiv m\Big(x_1\frac{dx_2}{dt} - x_2\frac{dx_1}{dt}\Big) + q(x_1 A_2 - x_2 A_1) = L_3 + \frac{q}{2}(x_1^2 + x_2^2)B$$

は保存する．ただし，$L_3 = m\Big(x_1\frac{dx_2}{dt} - x_2\frac{dx_1}{dt}\Big)$ は通常の軌道角運動量である．磁場の強さを最初ゼロから十分ゆっくりと値 B まで増やすとしよう．量子力学によれば，保存する角運動量 $\tilde{L}_3$ の値は $\hbar$ を単位とする飛びとびの値だけが許される．十分ゆっくりとした磁場の変化では，$\tilde{L}_3$ の値は飛びとびの変化が起こり得ず $\Delta\tilde{L}_3 = 0$ であ

*20) その意味でスピン電流を通常のように電荷の流れとしては解釈できないから，スピン電流にかかる力もローレンツ力によっては正しく表せないことに注意．

る．よって磁場が B の値になるまでに，軌道角運動量は $\Delta L_3 = -\frac{q}{2}(x_1^2+x_2^2)B$ だけ変化する．これは古典運動方程式 $m\frac{d^2\boldsymbol{x}}{dt^2} = q\big(\boldsymbol{E}(\boldsymbol{x},t) + \frac{d\boldsymbol{x}}{dt}\times\boldsymbol{B}(t)\big)$ と矛盾しない．すなわち，$B=B(t)$ としても，$\tilde{L}_3$ は誘導電場 $\boldsymbol{E} = -\partial\boldsymbol{A}/\partial t$ の効果を含めると保存し，その代わり L_3 は変化し上の結果を与える．よって，(6.82) により磁気能率は

$$\Delta M_3 = \frac{q}{2m}\Delta L_3 = -\frac{q^2}{4m}(x_1^2+x_2^2)B \tag{6.92}$$

と変化する．B の係数は必ず負であるから，マクロ的に平均したものも負で，反磁性を説明する．ただし，純粋に古典力学の立場で考えた場合は，5.8 節で導いた粒子のハミルトニアン (5.128) で磁場の影響は一般化運動量のシフト $\boldsymbol{p}\to\boldsymbol{p}+q\boldsymbol{A}$ により，ハミルトニアンから消去できるため，物理量の平均値をハミルトニアンで決まる重み $e^{-\check{H}/k_{\mathrm{B}}T}$ をもとに相空間 $(\boldsymbol{x},\boldsymbol{p})$ の積分により求める古典統計力学では反磁性を説明することはできない（ボーア–ファン・リューエンの定理）．磁場の変化は運動方程式に従う角運動量の変化に加え，粒子がマクロ的に多数ある場合は，連続的に異なった L_3 値の状態が統計平均に寄与する結果として，反磁性の効果は打ち消されてしまうのである．

ところで，マクロな立場では，誘電体の場合の電場 $\boldsymbol{E}$ と電気変位 $\boldsymbol{D}$ の関係を思い起こすと，自由電荷がなくかつ時間依存性を無視できる場合 $(\rho_{\mathrm{f}}=0, \boldsymbol{J}_{\mathrm{f}}=0, \partial\boldsymbol{D}/\partial t = 0, \partial\boldsymbol{B}/\partial t=0)$ には，次式が成り立つ．

$$\begin{aligned}
&\boldsymbol{\nabla}\cdot\boldsymbol{D}=0, \quad \boldsymbol{\nabla}\times\boldsymbol{E}=0, \quad \boldsymbol{D}=\epsilon_0\boldsymbol{E}+\boldsymbol{P}, \quad \boldsymbol{P}=\epsilon_0\chi_{\mathrm{e}}\boldsymbol{E}, \\
&\boldsymbol{\nabla}\cdot\boldsymbol{B}=0, \quad \boldsymbol{\nabla}\times\boldsymbol{H}=0, \quad \boldsymbol{B}=\mu_0\boldsymbol{H}+\boldsymbol{M}, \quad \boldsymbol{M}=\mu_0\chi_{\mathrm{m}}\boldsymbol{H}
\end{aligned}$$

したがって，形式的な意味では置き換え $\boldsymbol{E}\to\boldsymbol{H}$，$\boldsymbol{D}\to\boldsymbol{B}$，$\boldsymbol{P}\to\boldsymbol{M}$，$\chi_{\mathrm{e}}\to\chi_{\mathrm{m}}$，$\epsilon_0\to\mu_0$ により磁性体と対応する．境界での境界条件は，$\boldsymbol{B}$ ($\boldsymbol{D}$) は「法線成分が連続，$\boldsymbol{H}$ ($\boldsymbol{E}$) は接線成分が連続」となる．真空は両方の感受率 $\chi_{\mathrm{e}},\chi_{\mathrm{m}}$ がゼロの物質とみなせる（導体の場合も含めると，σ_{c} もゼロ）．これから，電場が電位によって $\boldsymbol{E}=-\boldsymbol{\nabla}\phi$ と表されたと同様に，磁気ポテンシャルと呼ばれるスカラー関数 ϕ_{m} を導入して $\boldsymbol{H}=-\boldsymbol{\nabla}\phi_{\mathrm{m}}$ と表現できる．このとき，磁場の回転は，磁気能率密度だけが担い，$\boldsymbol{\nabla}\times\boldsymbol{B}=\boldsymbol{\nabla}\times\boldsymbol{M}$ が成り立つ．

もちろん，自由電荷による電流 $\boldsymbol{J}_{\mathrm{f}}$ があれば，$\mu_0\boldsymbol{J}_{\mathrm{f}}$ も磁場の回転に加わる．ベクトルポテンシャル $\boldsymbol{A}$ で全体の寄与を表すと次式である．

$$\begin{aligned}
\boldsymbol{A}(\boldsymbol{x}) &= \frac{\mu_0}{4\pi}\int\frac{\boldsymbol{J}_{\mathrm{f}}(\boldsymbol{y})+\boldsymbol{J}_{\mathrm{m}}(\boldsymbol{y})}{|\boldsymbol{x}-\boldsymbol{y}|}d^3y = \frac{1}{4\pi}\int\frac{\mu_0\boldsymbol{J}_{\mathrm{f}}(\boldsymbol{y})+\boldsymbol{\nabla}_y\times\boldsymbol{M}(\boldsymbol{y})}{|\boldsymbol{x}-\boldsymbol{y}|}d^3y \\
&= \frac{\mu_0}{4\pi}\int\Big(\frac{\boldsymbol{J}_{\mathrm{f}}(\boldsymbol{y})}{|\boldsymbol{x}-\boldsymbol{y}|} + \frac{\boldsymbol{M}(\boldsymbol{y})\times(\boldsymbol{x}-\boldsymbol{y})}{\mu_0|\boldsymbol{x}-\boldsymbol{y}|^3}\Big)d^3y
\end{aligned} \tag{6.93}$$

これと ϕ_{m} を用いた表示の同等性を確かめよう．$\boldsymbol{\nabla}\times\boldsymbol{B}$ に対して，右辺括弧内の第1項は自由電荷の寄与 $\mu_0\boldsymbol{J}_{\mathrm{f}}$ を与えることは明らかで，第2項の $\boldsymbol{B}=\boldsymbol{\nabla}\times\boldsymbol{A}$ への寄与を調べれば十分だ．

$$\frac{1}{4\pi}\boldsymbol{\nabla}_x\times\int\frac{\boldsymbol{M}(\boldsymbol{y})\times(\boldsymbol{x}-\boldsymbol{y})}{|\boldsymbol{x}-\boldsymbol{y}|^3}d^3y \tag{6.94}$$

成分表示（i 成分）で以下のようになる（積分の中で x 微分が y 微分に置き換わる）．

$$\begin{aligned}&-\frac{1}{4\pi}\epsilon_{ijk}\epsilon_{kpq}\int M_p(\boldsymbol{y})\partial_{yj}\partial_{yq}\frac{1}{|\boldsymbol{y}-\boldsymbol{x}|}d^3y\\&=-\frac{1}{4\pi}(\delta_{ip}\delta_{jq}-\delta_{iq}\delta_{jp})\int M_p(\boldsymbol{y})\partial_{yj}\partial_{yq}\frac{1}{|\boldsymbol{y}-\boldsymbol{x}|}d^3y\\&=-\frac{1}{4\pi}\int M_p(\boldsymbol{y})(\delta_{ip}\triangle_y-\partial_{yp}\partial_{yi})\frac{1}{|\boldsymbol{y}-\boldsymbol{x}|}d^3y\end{aligned}$$

さらに $\triangle_y\frac{1}{4\pi|\boldsymbol{y}-\boldsymbol{x}|}=-\delta^3(\boldsymbol{x}-\boldsymbol{y})$ と部分積分により，次式に等しい．

$$\begin{aligned}&M_i(\boldsymbol{x})+\partial_{xi}\frac{1}{4\pi}\int\frac{\boldsymbol{\nabla}\cdot\boldsymbol{M}(\boldsymbol{y})}{|\boldsymbol{x}-\boldsymbol{y}|}d^3y=-\mu_0\partial_i\phi_{\mathrm{m}}(\boldsymbol{x})+M_i(\boldsymbol{x}),\\&\phi_{\mathrm{m}}(\boldsymbol{x})\equiv-\frac{1}{4\pi\mu_0}\int\frac{\boldsymbol{\nabla}\cdot\boldsymbol{M}(\boldsymbol{y})}{|\boldsymbol{x}-\boldsymbol{y}|}d^3y\end{aligned}$$

確かに，磁荷密度 $-\boldsymbol{\nabla}\cdot\boldsymbol{M}$ に対応する磁気ポテンシャルを与える．

例 3：無限に細い棒磁石

磁気能率が第1軸に沿って線状に分布しており，

$$\boldsymbol{M}=\big(M(x_1)\delta(x_2)\delta(x_3),0,0\big) \tag{6.95}$$

$M(x_1)$ は区間 $0<x_1<\ell$ で定数 M に等しく他ではゼロであるとする．磁気電流は $\boldsymbol{M}$ を覆って巻き付く無限に細いコイル状になっている．また，

$$-\boldsymbol{\nabla}\cdot\boldsymbol{M}=M\big(\delta(x_1-\ell)-\delta(x_1)\big) \tag{6.96}$$

により，磁石の N 極，S 極に対応し反対符号の点磁荷が $x_1=\ell, x_1=0$ にあり，

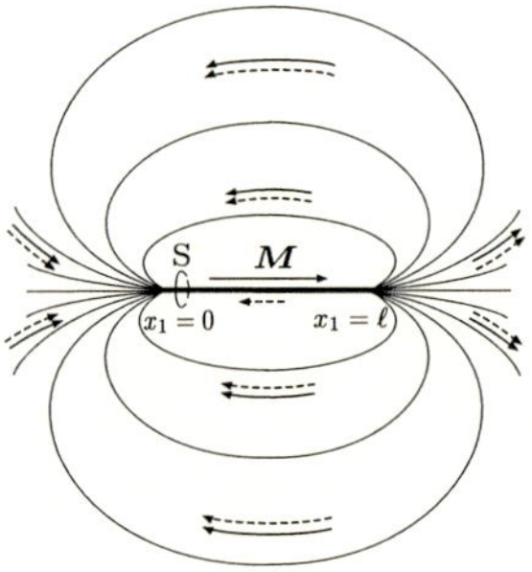

図 6.15　細い棒磁石

$$\phi_{\mathrm{m}}(\boldsymbol{x})=\frac{M}{4\pi\mu_0}\left(\frac{1}{|\boldsymbol{x}-\boldsymbol{\ell}|}-\frac{1}{|\boldsymbol{x}|}\right) \tag{6.97}$$

である ($\boldsymbol{\ell}=(\ell,0,0)$)．$\ell$ が十分小さいとき，双極子能率は $\boldsymbol{d}=(M\ell,0,0)$．磁気能率の寄与を加えた $\boldsymbol{B}=-\mu_0\boldsymbol{\nabla}\phi_{\mathrm{m}}+\boldsymbol{M}$ が磁力線を与える．第1軸上で第2項の磁気能率の寄与が第1項の逆向きに働き，磁力線が閉じる．図 6.15 では，実線矢印が $\boldsymbol{B}$（第1軸上では $\boldsymbol{M}$ の向き），点線矢印が $\boldsymbol{H}$ の向きを表す．

同じ結果を基本自由度であるベクトルポテンシャルで表そう．(6.93) に (6.95) を代入すると，$A_1 = 0$ で，第 2，3 成分は（$\epsilon_{ij} = -\epsilon_{ji}$ で $i=2, j=3$ のとき $\epsilon_{23} = 1$，$i = j$ ならゼロ）

$$A_i(\boldsymbol{x}) = -\sum_{j=2}^{3} \epsilon_{ij} \frac{Mx_j}{4\pi} \int_0^\ell \left((x_1 - y_1)^2 + x_2^2 + x_3^2\right)^{-3/2} dy_1$$

$$= \sum_{j=2}^{3} \epsilon_{ij} \frac{Mx_j}{4\pi} \left[\frac{x_1 - \ell}{\rho^2\sqrt{(x_1-\ell)^2 + \rho^2}} - \frac{x_1}{\rho^2\sqrt{x_1^2 + \rho^2}}\right] \tag{6.98}$$

となる．ただし，1 軸を中心とする円筒座標 $(x_1, x_2, x_3) = (x_1, \rho\cos\theta, \rho\sin\theta)$ を用いた．磁場 $\boldsymbol{B} = \boldsymbol{\nabla} \times \boldsymbol{A}$ を求めると，$\rho > 0$ のとき

$$\boldsymbol{B} = \frac{M}{4\pi}\left[\frac{\boldsymbol{x} - \boldsymbol{\ell}}{|\boldsymbol{x} - \boldsymbol{\ell}|^3} - \frac{\boldsymbol{x}}{|\boldsymbol{x}|^3}\right] \tag{6.99}$$

が得られる．これは (6.97) から得られる結果と一致する．また，第 1 軸上の磁化 $\boldsymbol{M}$ による磁力線を確かめるには，第 1 軸に垂直で微小な半径 r の円板 S の周囲での線積分を計算する．$r \to 0$ の極限をとると結果は以下のとおりである．

$$\int_{\mathrm{S}} \boldsymbol{B} \cdot d\boldsymbol{S} = \oint_{\partial \mathrm{S}} \boldsymbol{A} \cdot d\boldsymbol{x} = \frac{M}{4\pi} \int_0^{2\pi} \left(\frac{x_1}{|x_1|} - \frac{x_1 - \ell}{|x_1 - \ell|}\right) d\theta \tag{6.100}$$

(6.100) は，x_1 が区間 $[0, \ell]$ にあるときのみ $-m$ の値をもち，確かに図 6.15 の太線で示したように 1 軸上に正の向きに限りなく細い磁力線がある．

○補足：磁気単極子と量子力学

上の例で $\ell \to \infty$ の極限を考えてみよう．A_i は次式になる．

$$A_i = -\sum_{j=2}^{3} \frac{M\epsilon_{ij}x_j}{4\pi\rho^2}\left[\frac{x_1}{\sqrt{x_1^2 + \rho^2}} + 1\right] \tag{6.101}$$

このとき，$x_1 = \ell$ の N 極が無限の彼方なので，もし，第 1 軸上の限りなく細い磁力線の影響が無視できるなら，あたかも $x_1 = 0$ の S 極だけが単独に存在する状況になる（磁気単極子という）．このとき，1 軸上の限りなく細い磁力線は S 極の右側に無限に伸びている．この磁力線が S 極の左側に無限に伸びる状況でも，第 1 軸以外は全く同じ磁場を与える．今の例で $M \to -M, x_1 \to x_1 + \ell$ として $\ell \to \infty$ の極限をとることに対応する．このときのベクトルポテンシャルは次式である．

$$A'_i = -\sum_{j=2}^{3} \frac{M\epsilon_{ij}x_j}{4\pi\rho^2}\left[\frac{x_1}{\sqrt{x_1^2 + \rho^2}} - 1\right] \tag{6.102}$$

もしも，A_i と A'_i の違いがゲージ変換なら，第 1 軸に沿った無限に細い磁力線は観測できない非物理的なものとなり，無視できる．両者の差は

$$A'_i - A_i = \sum_{j=2}^{3} \epsilon_{ij} \frac{Mx_j}{2\pi\rho^2} \tag{6.103}$$

である．円筒座標により ∇ を表した

$$\frac{\partial}{\partial x_i} = \frac{x_i}{\rho}\frac{\partial}{\partial \rho} - \sum_{j=2}^{3} \epsilon_{ij} \frac{x_j}{\rho^2}\frac{\partial}{\partial \theta} \tag{6.104}$$

と比較すれば，λ を $\lambda = \frac{M\theta}{2\pi}$ に選ぶと，確かにゲージ変換 $A'_\mu = A_\mu + \partial_\mu \lambda$ の形になる．しかし，この λ は角度 θ に比例しているため，もとのデカルト座標では同じ位置でも変換 $\theta \to \theta + 2\pi n$（$n$ は整数）の不定性 nM があり，位置の関数として有意味に定義されていない．

量子力学では事情が異なる．4.4 節「補足」で説明したように，粒子が波の性質を兼ね備えているという事実に対応し，物理量は作用積分 (3.34) の指数関数

$$e^{iS[x]/\hbar} = \exp \frac{i}{\hbar} \int_1^2 \left[-mc\sqrt{-(dx)^2} + qA_\mu dx^\mu \right] \tag{6.105}$$

を粒子のあらゆる軌道について重ね合わせた量として表される．この形にゲージ変換を施すと，この量は位相因子 $e^{\frac{i}{\hbar}q[\lambda(2)-\lambda(1)]}$ だけ変換前と異なる．ただし，$\lambda(1), \lambda(2)$ で軌道の始点と終点の位置における λ の値を表した．したがって，量子力学における角度の不定性は $e^{\frac{i}{\hbar}Mq\left(n(2)-n(1)\right)}$ という形をとる．この位相因子は，もし磁化の強さと電荷が，ある整数 n で条件（ディラックの量子条件）

$$Mq = 2\pi n\hbar = nh \tag{6.106}$$

を満たすなら，恒等的に 1 で，不定性ではなくなり (6.103) はゲージ変換とみなせる．つまり，量子力学によれば，$M = nh/q$ の磁気単極子が存在できる．これを最初に発見したディラック自身は，むしろ，$q = nh/M$ と解釈し，自然界の電荷の強さが電子の電荷を単位としてその整数倍だけであることの説明を与えるという事実を強調した．ただし，これまでのところ磁気単極子の存在は確認されていない [*21)]．

---

*21) ディラックの磁気単極子は広がりのない点であり，その自己エネルギーは無限大である．現代の標準理論であるゲージ場の量子論では，有限なエネルギーの磁気単極子が存在できる．

例 4：平面磁気シート

磁化が無限に薄い平面上に広がっていて $\boldsymbol{M}(\boldsymbol{y}) = (0, 0, M(y_1, y_2)\delta(y_3))$ で，$M(y_1, y_2)$ は有限な 2 次元領域 S だけで M で，他ではゼロとする．$\boldsymbol{\nabla} \cdot \boldsymbol{M}$ は S 上で $M\delta'(y_3)$ で，他ではゼロ．磁気電流 $\boldsymbol{\nabla} \times \boldsymbol{M}/\mu_0$ は ∂S に沿った無限に細い強さ M/μ_0 の線電流である．よって，磁気ポテンシャルは

$$\phi_{\mathrm{m}}(\boldsymbol{x}) = \frac{M}{4\pi\mu_0} \int_{\mathrm{S}} \frac{d\boldsymbol{S}_y \cdot (\boldsymbol{x} - \boldsymbol{y})}{|\boldsymbol{x} - \boldsymbol{y}|^3} \equiv \frac{M}{4\pi\mu_0} \Omega_{\mathrm{S}}(\boldsymbol{x}) \tag{6.107}$$

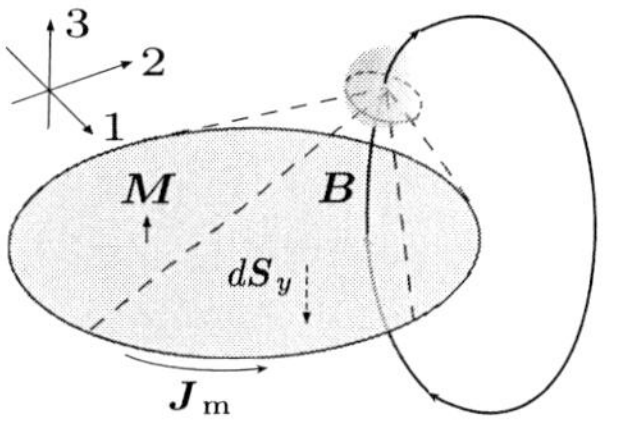

図 6.16 平面磁気シート

となる．$d\boldsymbol{S}_y = (0, 0, -dy_1 dy_2)$ は，面領域 S の面積要素ベクトルである．つまり，S に双極子能率が $Md\boldsymbol{S}_y$ の微小磁石が一様に分布している．ここで定義した $\Omega_{\mathrm{S}}(\boldsymbol{x}) = \int_{\mathrm{S}} \frac{d\boldsymbol{S}_y \cdot (\boldsymbol{x} - \boldsymbol{y})}{|\boldsymbol{x} - \boldsymbol{y}|^3} d^3y$ の被積分関数 $\frac{d\boldsymbol{S} \cdot (\boldsymbol{x} - \boldsymbol{y})}{|\boldsymbol{x} - \boldsymbol{y}|^3}$ は，クーロンの法則をガウスの法則の形に表したときと比較すれば納得できるように，$d\boldsymbol{S}_y$ を無限に遠くから中心 $\boldsymbol{x}$ に向かって投影したときに，この面積要素が中心 $\boldsymbol{x}$ とする単位球面上に作る像の面積に等しい（ただし，$d\boldsymbol{S}_y$ が球面外向きのとき正）．これを積分した $\Omega_{\mathrm{S}}(\boldsymbol{x})$ は，領域 S を投影した面積で一般に立体角と呼ぶ．$\boldsymbol{x}$ が第 3 軸に沿って上から $x_3 = 0$ に近づくと S が単位球面の半分を覆うので，立体角は 2π となる．$x_3 > 0$ で大きくなるにつれ立体角は減少する．磁力線は立体角の勾配に対応する方向に向く．$\boldsymbol{x}$ が大きく回って下側から S に近づくと立体角はゼロを通ってマイナスになり，$x_3 \to 0$ で -2π になる．つまり，$\Omega_{\mathrm{S}}(\boldsymbol{x})$ は $x_3 = 0$ で不連続で $2\pi - (-2\pi) = 4\pi$ だけ値が飛ぶ．$\boldsymbol{M}$ の寄与はこの飛びを補う方向に向く．これにより，磁力線は S と交差する閉曲線になり（$\boldsymbol{\nabla} \cdot \boldsymbol{B} = 0$），$\partial$S に沿う線電流のまわりの磁場を正しく表す．一般にこのように電流が作る磁場を磁気ポテンシャルと $\boldsymbol{M}$ で表す仕方を等価磁石の方法という．$|\boldsymbol{x}| \to \infty$ の極限 $\phi_m \simeq \frac{M\Delta\boldsymbol{S} \cdot \boldsymbol{x}}{4\pi|\boldsymbol{x}|^3}$ $(\Delta\boldsymbol{S} = \int_{\mathrm{S}} d\boldsymbol{S}_y, \boldsymbol{m} = M\Delta\boldsymbol{S})$，および，3 軸上でも積分により 4.2 節の例との一致が容易に確かめられる．

6.6 物質と電磁的エネルギー，運動量，応力

これまで物質中の電磁場の取り扱いは物質の静止系で考え，主に 3 次元の記号を用いてきた．本節では物質中での電磁的エネルギー，運動量の保存，応力等を議論するのに有用な 4 次元的記述を用いる．その目的のため最初に注目すべきなのは，$\boldsymbol{D}, \boldsymbol{H}$ をまとめて 2 階反対称テンソル $G_{\mu\nu}$ を

$$G_{\mu\nu} \equiv \begin{pmatrix} 0 & H_3 & -H_2 & cD_1 \\ -H_3 & 0 & H_1 & cD_2 \\ H_2 & -H_1 & 0 & cD_3 \\ -cD_1 & -cD_2 & -cD_3 & 0 \end{pmatrix} \tag{6.108}$$

で定義すると，物質中のマックスウェル方程式 (6.78) が次式のように明白にローレンツ変換で不変な形に表せることだ．

$$\partial_\mu G^{\mu\nu} = -J_{\mathrm{f}}^{\nu} \tag{6.109}$$

つまり，$G_{\mu\nu}$ はローレンツ変換に対して 2 階反対称テンソルとして変換する．一方，磁力線が閉じていることと電磁誘導を表す (4.57) は $F_{\mu\nu}$ の定義により物質中でもそのまま成り立つ．物質の電磁的性質は両者の関係により表される．それを一般的に 4 階のテンソル ${\Xi_{\mu\nu}}^{\sigma\lambda}$（添字の対 $(\mu,\nu),(\sigma,\lambda)$ に関してそれぞれ独立に反対称，誘電磁化テンソルと呼ぼう）によって，

$$G_{\mu\nu} = {\Xi_{\mu\nu}}^{\sigma\lambda} F_{\sigma\lambda} \tag{6.110}$$

と表せば，${\Xi_{\mu\nu}}^{\sigma\lambda}$ のゼロと異なる成分は以下のとおりである．

$${\Xi_{ij}}^{k\ell} = \frac{1}{2\mu}\left(\delta_{ik}\delta_{j\ell} - \delta_{i\ell}\delta_{jk}\right), \tag{6.111}$$

$${\Xi_{i0}}^{j0} = \frac{1}{2}\epsilon c^2 \delta_{ij} = -{\Xi_{0i}}^{j0} = -{\Xi_{i0}}^{0j} = {\Xi_{0i}}^{0j} \tag{6.112}$$

この形は，物質の等方性の仮定に対応し，空間回転で不変である．(6.111), (6.112) は，物体の静止系という特別な慣性系における誘電磁化テンソルの値と解釈すべきである．これから出発してローレンツ変換を行えば，物質の電磁的性質を任意の慣性系で表せる [*22]．このとき，次の対称性が成り立つ．

$$\Xi^{\mu\nu\sigma\lambda} = \Xi^{\sigma\lambda\mu\nu} \tag{6.113}$$

特に真空 $(\epsilon = \epsilon_0, \mu = \mu_0)$ ならば，$\Xi^{\mu\nu\sigma\lambda}$ はローレンツ変換で不変である．また，次式でテンソル $M_{\mu\nu} = -M_{\nu\mu}$ を定義すると，

$$M_{\mu\nu} \equiv -G_{\mu\nu} + \frac{1}{\mu_0}F_{\mu\nu} \tag{6.114}$$

$\boldsymbol{M}, \boldsymbol{P}$ をまとめて 4 次元テンソル（磁化分極テンソル）となる．すなわち，$M_{ij} =$

---

*22) したがって，物質が運動しているときには，$(\boldsymbol{H}, \boldsymbol{D})$ と $(\boldsymbol{B}, \boldsymbol{E})$ の関係は速度を含み，静止系とは異なったものになる．本書ではページ数の制約のため，運動する物質の扱いは割愛する．

$\frac{1}{\mu_0}\sum_{k=1}^{3} M_k, M_{i0} = -M_{0i} = -cP_i$ が成り立ち，磁気電流と分極電流を 4 元ベクトル（磁気分極 4 元電流）として表した $J_{\mathrm{m}}^{\mu} \equiv (\boldsymbol{J}_{\mathrm{m}} + \boldsymbol{J}_{\mathrm{p}}, c\rho_{\mathrm{p}})$ は

$$\partial_\mu M^{\mu\nu} = -J_{\mathrm{m}}^{\nu} \tag{6.115}$$

を満たす．$M^{\mu\nu}$ の対称性により $\partial_\nu J_{\mathrm{m}}^{\nu} = 0$ が恒等的に満たされている．

本書では取り扱う余裕はないが，マクロ物質のローレンツ変換を議論するには，物質中の電流と電磁場との関係も 4 次元形式に書き直すのが有用だ．(6.20) は，4 元電流の空間成分だけを取り出し，$F_{\mu\nu}$ の電場成分 $(\mu = i, \nu = 0)$ の比例関係として表しているが，最も一般的な 4 次元表示では電気伝導率を 3 階のテンソル $\Lambda_\lambda^{\ \mu\nu} \equiv -\Lambda_\lambda^{\ \nu\mu}$（電気伝導率テンソル）に拡張し，

$$J_{\mathrm{c}\lambda} = \Lambda_\lambda^{\ \mu\nu} F_{\mu\nu} \tag{6.116}$$

と表現できる．導体中のマクロな電流（導体電流）の意味で，添字 c をつけた．導体電流とは別に自由電荷による電流の寄与がある場合には，その差 $J_{\mathrm{f}}^{\lambda} - J_{\mathrm{c}}^{\lambda} = J_{\mathrm{t}}^{\lambda}$ を真自由電流と呼ぶ．ジュール熱を与えるのは J_{c}^{λ} である．定常電流の場合の (6.20) は，電気伝導率テンソルのゼロでない成分が $\Lambda_i^{\ j0} = -\Lambda_i^{\ 0j} = \frac{1}{2}\sigma_{\mathrm{c}}\delta_{ij}$ だけであることを示す．電荷の保存則と調和するには，$\Lambda_\lambda^{\ \mu\nu}$ が定数として，

$$0 = \partial_\lambda J_{\mathrm{c}}^{\lambda} = \Lambda^\lambda_{\ \mu\nu}\partial_\lambda F^{\mu\nu} \tag{6.117}$$

が成り立たなければならない．これは，もちろん，元の静止系での定常電流では満たされているから，ローレンツ変換しても満たされる．

上記の道具を用いると，保存則は第 5 章と同じ方法で導ける．自由電荷に対するローレンツ力の効果は前と同じく $F_{\mu\nu}J_{\mathrm{f}}^{\nu}$ である．

$$F_{\mu\nu}J_{\mathrm{f}}^{\nu} = -F_{\mu\nu}\partial_\sigma G^{\sigma\nu} = -\partial_\sigma(F_{\mu\nu}G^{\sigma\nu}) + (\partial_\sigma F_{\mu\nu})G^{\sigma\nu}$$

恒等式 (4.57) により，右辺の第 2 項は次式に変形できる．

$$(\partial_\sigma F_{\mu\nu})G^{\sigma\nu} = -(\partial_\mu F_{\nu\sigma})G^{\sigma\nu} - (\partial_\nu F_{\sigma\mu})G^{\sigma\nu} \tag{6.118}$$

この式の右辺第 1 項は，(6.113) により次式に等しい．

$$\begin{aligned} -(\partial_\mu F_{\nu\sigma})G^{\sigma\nu} &= (\partial_\mu F_{\nu\sigma})G^{\nu\sigma} = (\partial_\mu F_{\nu\sigma})\Xi^{\nu\sigma\alpha\beta}F_{\alpha\beta} \\ &= \frac{1}{2}\partial_\mu(\Xi^{\nu\sigma\alpha\beta}F_{\nu\sigma}F_{\alpha\beta}) = \frac{1}{2}\partial_\mu(F_{\alpha\beta}G^{\alpha\beta}) \end{aligned} \tag{6.119}$$

第 2 項は，添字の入れ替えにより $-(\partial_\nu F_{\sigma\mu})G^{\sigma\nu} = -(\partial_\sigma F_{\nu\mu})G^{\nu\sigma} = -(\partial_\sigma F_{\mu\nu})G^{\sigma\nu}$ となるから，(6.118) は次式と同等である．

$$(\partial_\sigma F_{\mu\nu})G^{\sigma\nu} = \frac{1}{4}\partial_\mu(F_{\alpha\beta}G^{\alpha\beta}) \tag{6.120}$$

以上をまとめて，結局，次式が成り立つ．

$$F_{\mu\nu}J_{\rm f}^\nu = -\partial_\sigma U_\mu{}^\sigma, \tag{6.121}$$

$$U^{\mu\sigma} \equiv F^\mu{}_\nu G^{\sigma\nu} - \frac{1}{4}\eta^{\mu\nu}F_{\alpha\beta}G^{\alpha\beta} \tag{6.122}$$

(6.122) 右辺第 1 項は（真空の場合を除き）テンソル添字に関して対称ではない．この結果の導出には，マックスウェル方程式の他には，$\Xi_{\mu\nu}{}^{\alpha\beta}$ が定数であることと，添字の交換に関する性質，特に (6.113) を用いた．これらの性質は，電磁場が定常的である場合の経験法則であるから，ここで導いた結果も電磁場の時間変動が大きいときに用いるには注意を要する．

物質の静止系での定義に戻り，$U^{\mu\sigma}$ の 3 次元表示を求めると以下のとおりで，$U^{0i} \neq U^{i0}$ だが，空間成分は対称性 $U^{ij} = U^{ji}$ を保っている．

$$U^{00} = \frac{1}{2}\boldsymbol{E}\cdot\boldsymbol{D} + \frac{1}{2}\boldsymbol{B}\cdot\boldsymbol{H} = \hat{T}^{00} + \frac{1}{2}\boldsymbol{E}\cdot\boldsymbol{P} - \frac{1}{2\mu_0}\boldsymbol{B}\cdot\boldsymbol{M}, \tag{6.123}$$

$$U^{0i} = \frac{1}{c}(\boldsymbol{E}\times\boldsymbol{H})_i = \frac{\mu_0}{\mu}\hat{T}^{0i}, \tag{6.124}$$

$$U^{i0} = -c(\boldsymbol{B}\times\boldsymbol{D})_i = c\epsilon(\boldsymbol{E}\times\boldsymbol{B})_i = c\frac{\epsilon\sqrt{\mu_0}}{\sqrt{\epsilon_0}}\hat{T}^{0i}, \tag{6.125}$$

$$\begin{aligned} U^{ij} &= -E_iD_j + \frac{1}{2}\delta_{ij}\boldsymbol{E}\cdot\boldsymbol{D} - B_iH_j + \frac{1}{2}\delta_{ij}\boldsymbol{B}\cdot\boldsymbol{H} \\ &= \frac{\epsilon}{\epsilon_0}\hat{T}_{\rm E}^{ij} + \frac{\mu_0}{\mu}\hat{T}_{\rm B}^{ij} = U^{ji} \end{aligned} \tag{6.126}$$

真空の場合と同様に，(6.121) の $\mu = 0$ 成分がエネルギー保存則を表す．

$$-\boldsymbol{E}\cdot\boldsymbol{J}_{\rm f} = c\frac{\partial U^{0i}}{\partial x_i} + \frac{\partial U^{00}}{\partial t} \tag{6.127}$$

左辺は，自由電荷が電磁場になす仕事率密度，右辺第 1 項のエネルギー流密度を表すのは，$W_{\rm m}^i \equiv cU^{0i} = \frac{c\mu_0}{\mu}\hat{T}^{0i}$ である．エネルギー密度 U^{00} は，電磁場のエネルギー密度 $\hat{T}^{00}$ から物質中の電気分極と磁気能率の効果によりずれている．異なった誘電率，透磁率の物質が接しているとして，それぞれについて連続の方程式を積分したとき，異なる物質の境界面でのエネルギー流の寄与は，$\boldsymbol{E}$ と $\boldsymbol{H}$ の接線成分が等しいという境界条件により互いに打ち消すので境界からの寄与はない．一方，$\mu = i$ 成分が応力とローレンツ力の釣り合いを表す．

$$-(\rho_{\rm f}\boldsymbol{E} + \boldsymbol{J}_{\rm f}\times\boldsymbol{B})_i = \frac{\partial U^{ij}}{\partial x_j} + \frac{1}{c}\frac{\partial U^{i0}}{\partial t} \tag{6.128}$$

物質中の電磁的応力は $U^{ij}=U^{ji}$，また，運動量密度は $U^{i0}/c=\frac{\epsilon\sqrt{\mu_0}}{\sqrt{\epsilon_0}}\hat{T}^{0i}=\epsilon\mu cU^{0i}=\epsilon\mu W_{\mathrm{m}}^i$ で表される．エネルギー流密度と運動量密度の関係は，物質中の電磁場の作用の伝達速度が $c_{\mathrm{m}}\equiv 1/\sqrt{\epsilon\mu}$ であることと対応する．異なる誘電率物質の境界では一般に応力は異なり，境界を動かそうとする力が働く．これは，導体の表面に力が働くのと基本的には同じメカニズムである．

また，角運動量に関しては，対称性 $U^{ij}=U^{ji}$ により次式が成り立ち，

$$(x_iF_{j\mu}-x_jF_{i\mu})J_{\mathrm{f}}^{\mu}=-x_i\partial_\sigma U^{j\sigma}+x_j\partial_\sigma U^{i\sigma}=-\partial_\sigma(x_iU^{j\sigma}-x_jU^{i\sigma})$$

次の形の連続の方程式が得られる．

$$(x_iF_{j\mu}-x_jF_{i\mu})J_{\mathrm{f}}^{\mu}=-\partial_\sigma V^{ij\sigma},\quad V^{ij\sigma}\equiv x^iU^{j\sigma}-x^jU^{i\sigma} \tag{6.129}$$

したがって，物質中の電磁的角運動量密度が $V^{ij0}/c=(x_iU^{j0}-x_jU^{i0})/c$ で，$V^{ijk}=x^iU^{jk}-x^jU^{ik}$ は電磁的な応力モーメントである．

真空とは違い，$J_{\mathrm{f}}^{\mu}=0$ でも物質の電磁的角運動量の保存成分の数は 3 個である．真空の場合は 5.4 節で議論したように，ローレンツ変換の対称性に対応して，さらに 3 個の保存量が加わるが，物質中では誘電磁化テンソルがローレンツ変換で不変でないため，対応する保存量は一般には存在しない．また，これまで物質は等方的であると仮定したが，たとえば結晶構造をもつ物質等では等方性は成り立たず，空間回転の対称性は壊れる．そういう場合は $U^{ij}\neq U^{ji}$ となり，物質の電磁的角運動量も保存しない．物質を構成する粒子の間の基本相互作用にまで戻れば，回転とローレンツ変換の不変性が成り立っていても，基本相互作用の結果として出現する物質の「状態」そのものは，回転で不変ではない，つまり等方的ではないし，また，等方的だとしてもローレンツ変換で不変ではない．それによってこそ，現実の物質が様々な異なる性質を示すのである．誘電磁化テンソルは物質という粒子の「状態」に依存して定まるものだから，一見対称性が破れ，保存則が成り立たないように見える．元の基本法則での対称性は，対称性をもたない物質状態に対して元の法則の対称性に対応する変換を施して得られる異なる状態も可能な状態であるという性質に反映する．また，一見，保存則が破れるのは，状態のマクロな記述にはあからさまには現れていない自由度が保存量の一部を担っているためだ．たとえば，結晶なら，結晶の構造を外部空間と関係させて記述するために必要な自由度が，物質の静止系を一つ定めた段階で消去されている．もう一つ注意しなければならないのは，誘電磁化テンソルが定数でない場合は，物質のエネルギー運動量密度を上のように簡単な仕方では表せないことである．本節では簡単のため定数の場合だけを扱う．

物質の電磁的エネルギー (6.123) は電磁場と物質がもつ電磁的エネルギー全体を表す．これを $\epsilon|\boldsymbol{E}|^2/2+|\boldsymbol{B}|^2/2\mu$ と表すと，真空の場合の ϵ_0,μ_0 が ϵ,μ に置き換わっ

ている．電場のエネルギーを運動エネルギー，磁場のエネルギーをポテンシャルエネルギーとみなす立場（5.8 節）からすると，これは $\boldsymbol{A}$ の質量密度が ϵ/ϵ_0 倍，弾性係数が μ_0/μ 倍に変化したことに相当する．そのため，物質中で場の作用の伝達速度が変化するわけだ．一方，第 1 項の真空の場合と同じ形の寄与，すなわち電磁場自身のエネルギー $\hat{T}^{00}=\frac{1}{2}\epsilon_0|\boldsymbol{E}|^2+\frac{1}{2\mu_0}|\boldsymbol{B}|^2$ を差し引いた残りの第 2 項，第 3 項は，物質自身の電磁的エネルギーである．ただし，電磁場自体が物質の状態と一緒に決まるものだから，電磁場のエネルギーにも物質の影響が入っている．

定常的な場合で電気分極に対して電場がする仕事について考えてみよう．1 個の電気双極子では，電場 $\boldsymbol{E}$ が微小量 $\delta\boldsymbol{E}$ だけ増加したときに電場がなす仕事は，これによって起こる分極の微小変化 $\delta\boldsymbol{d}$ により $\delta w=\delta\boldsymbol{d}\cdot\boldsymbol{E}$ と書ける．電気分極と電場が比例していると仮定しているから，2 重極能率の増加分も $\delta\boldsymbol{E}$ に比例し，感受率により $\delta\boldsymbol{d}=\epsilon_0\chi_e\delta\boldsymbol{E}$ と書け，$\delta w=\epsilon_0\chi_e\boldsymbol{E}\cdot\delta\boldsymbol{E}$．よって，電気双極子の密度が n とすると電場がなす単位体積当たりの仕事は $dW=n\delta w=n\epsilon_0\chi_e\boldsymbol{E}\cdot\delta\boldsymbol{E}$．物質が電気分極のために得るエネルギーは，積分により $W=\frac{1}{2}n\epsilon_0\chi_e|\boldsymbol{E}|^2=\frac{1}{2}\boldsymbol{E}\cdot\boldsymbol{P}$ で，第 2 項が理解できる．

同様に第 3 項は，磁場の微小変化による物質のエネルギーの変化から理解されるべきである．しかし，磁場は粒子に直接には仕事をしない．そこで，前節の反磁性の議論を思い起こそう．一様な磁場 $\boldsymbol{B}=(0,0,B)$ 中で運動する粒子の保存する角運動量 $\tilde{L}_3=L_3+\frac{q}{2}(x_1^2+x_2^2)B$ は一般化運動量 $\boldsymbol{p}=m\frac{d\boldsymbol{x}}{dt}+q\boldsymbol{A}$ を用いると $m(x_1p_2-x_2p_1)$ に他ならない（$\boldsymbol{A}=\frac{1}{2}\boldsymbol{B}\times\boldsymbol{x}$）．磁場がゆっくり変化したとき，$\tilde{L}_3$ は，マクロな統計平均のもとでも不変であるという仮定を正当化するため，量子力学に依拠したのであった．これは，一般化運動量が磁場の変化で不変であると仮定すれば自動的に満たされる．この仮定のもとで 1 個の荷電粒子の運動エネルギー $T\equiv\frac{1}{2m}\left|\frac{d\boldsymbol{x}}{dt}\right|^2=\frac{1}{2m}|\boldsymbol{p}-q\boldsymbol{A}|^2$ の微小変化に着目しよう．ベクトルポテンシャルの微小変化 $\delta\boldsymbol{A}$ に対して，$\delta T=-q\frac{1}{m}(\boldsymbol{p}-q\boldsymbol{A})\cdot\delta\boldsymbol{A}=-q\frac{d\boldsymbol{x}}{dt}\cdot\delta\boldsymbol{A}=-\boldsymbol{j}\cdot\delta\boldsymbol{A}$ が成り立つ（$\boldsymbol{j}=q\frac{d\boldsymbol{x}}{dt}$ は荷電粒子 1 個の電流への寄与）．$\delta\boldsymbol{A}$ の変化に必要な時間間隔 Δt を用い，誘導電場 $\boldsymbol{E}_{\mathrm{i}}\equiv-\frac{\partial\boldsymbol{A}}{\partial t}$ により，$\delta\boldsymbol{A}=\frac{\partial\boldsymbol{A}}{\partial t}\Delta t=-\boldsymbol{E}_{\mathrm{i}}\Delta t$ と解釈すれば，$\delta T=\boldsymbol{j}\cdot\boldsymbol{E}_{\mathrm{i}}\Delta t$ と書ける．つまり，このエネルギー変化は電磁誘導によって生じる電場が粒子に対してなした仕事とみなせる．こうして，物質の正確なエネルギー密度 T_{m}^{00} をマクロレベルで平均した結果，場 $\boldsymbol{A}$ に依存する寄与が運動エネルギーだけからくるとすると，その微小変化は物質を構成するすべての荷電粒子の寄与を加え，$\delta\boldsymbol{A}=\frac{1}{2}\delta\boldsymbol{B}\times\boldsymbol{x}$ を代入して，物質の電流密度 $\boldsymbol{J}_{\mathrm{m}}$ を用いて次式になる．

$$-\int\boldsymbol{J}_{\mathrm{m}}\cdot\delta\boldsymbol{A}d^3x=-\int\boldsymbol{J}_{\mathrm{m}}\cdot\frac{1}{2}(\delta\boldsymbol{B}\times\boldsymbol{x})d^3x=-\int\frac{1}{2}(\boldsymbol{x}\times\boldsymbol{J}_{\mathrm{m}})\cdot\delta\boldsymbol{B}d^3x$$

$$= -\int \frac{1}{\mu_0} \boldsymbol{M} \cdot \delta \boldsymbol{B} d^3x \tag{6.130}$$

単位体積当たりでは $-\frac{1}{\mu_0}\boldsymbol{M}\cdot\delta\boldsymbol{B}$ である．この結果は微小電線の場合の磁気ポテンシャルエネルギー $U_{\rm m}$ の結果 (6.83) と調和している．物質が一様等方で $\boldsymbol{M} = \mu_0\chi_{\rm m}\boldsymbol{H} = \frac{\mu_0\chi_{\rm m}}{\mu}\boldsymbol{B}$ が成り立つとすると，変化分を積分すれば $-\frac{1}{2\mu_0}\boldsymbol{M}\cdot\boldsymbol{B}$ となり，エネルギー密度 U^{00} の第 3 項の起源が理解できる．現実の物質では，$\boldsymbol{J}_{\rm m}$ にスピン電流も含まれていなければならないから，(6.91) により，1 粒子当たり，運動エネルギーからの寄与に加えて，パウリ項と呼ばれる寄与

$$-\frac{1}{\mu_0}\int \boldsymbol{M}_{\rm s}\cdot\delta\boldsymbol{B}d^3x = -\boldsymbol{\mu}_{\rm e}\cdot\delta\boldsymbol{B} = -g\frac{q}{2m}\boldsymbol{s}\cdot\delta\boldsymbol{B} \tag{6.131}$$

があることになる．(6.130) を 1 粒子の軌道角運動量 $\boldsymbol{L} = m\boldsymbol{x}\times\frac{d\boldsymbol{x}}{dt}$ で表せば $-\frac{q}{2m}\boldsymbol{L}\cdot\delta\boldsymbol{B}$ であること（(6.82) 参照）と g-因子を除き対応している．この議論に必要であった，磁場の微小変化で一般化運動量 $\boldsymbol{p} = m\frac{d\boldsymbol{x}}{dt} + q\boldsymbol{A}$ を不変に保つという仮定，およびパウリ項の存在は，量子力学では自然に成り立つ．

後の応用のため，エネルギーが物質中に分布している導体の電位と電荷，および電流分布とどう関係するか，定常的な電磁場の場合で調べよう．まず，電場の全エネルギーについては，(6.63) と部分積分により，次のように書ける．

$$U_{\rm E}^{00} \equiv \frac{1}{2}\int \boldsymbol{E}\cdot\boldsymbol{D}d^3x = -\frac{1}{2}\int \boldsymbol{\nabla}\phi\cdot\boldsymbol{D}d^3x = \frac{1}{2}\int \phi\rho_{\rm f}d^3x \tag{6.132}$$

ただし，積分は全空間にわたる．無限遠方では $\boldsymbol{E}$，$\boldsymbol{D}$ はどちらも距離の 2 乗に反比例してゼロに近づくため，表面項は無視できる．定常電磁場の仮定により，自由電荷は導体表面だけに分布しているから，導体の電位と電荷量を ϕ_a, Q_a $(a = 1,\ldots,n)$ とすると，(6.132) は，次式に等しい．

$$U_{\rm E}^{00} = \frac{1}{2}\sum_{a=1}^{n}\phi_a Q_a = \frac{1}{2}\sum_{a,b=1}^{n} C_{ab}\phi_a\phi_b = \frac{1}{2}\sum_{a,b=1}^{n} p_{ab}Q_aQ_b \tag{6.133}$$

ただし，(6.12), (6.13) を一般の誘電体に拡張して用いた．もちろん，この結果は (6.16) を拡張したものになっている．

同様に磁場の全エネルギーは，(6.78) で $\partial\boldsymbol{D}/\partial t = 0$ として次の形に書ける．

$$U_{\rm B}^{00} = \frac{1}{2}\int \boldsymbol{H}\cdot\boldsymbol{B}d^3x = \frac{1}{2}\int \boldsymbol{H}\cdot(\boldsymbol{\nabla}\times\boldsymbol{A})d^3x = \frac{1}{2}\int \boldsymbol{J}_{\rm f}\cdot\boldsymbol{A}d^3x \tag{6.134}$$

電流が細い閉じた電線（電流の強さ $I_a : a = 1,\ldots,N$）に分布しているとすると，右辺は $\frac{1}{2}\sum_{a=1}^{N} I_a \oint_a \boldsymbol{A}\cdot d\boldsymbol{x}$ に等しく $(\boldsymbol{\nabla}\times\boldsymbol{B} = \boldsymbol{\nabla}\times(\boldsymbol{\nabla}\times\boldsymbol{A}) = \mu\boldsymbol{J}_{\rm f})$，

$$\boldsymbol{A}(\boldsymbol{x}) = \frac{\mu}{4\pi}\sum_{b=1}^{N} I_b \oint_a \frac{d\boldsymbol{y}}{|\boldsymbol{x}-\boldsymbol{y}|} \tag{6.135}$$

を代入すると，次式が得られる．

$$U_{\mathrm{B}}^{00}=\frac{1}{2}\sum_{a,b=1}^{N}L_{ab}I_aI_b,\quad L_{ab}\equiv\frac{\mu}{4\pi}\oint_a\oint_b\frac{d\boldsymbol{x}\cdot d\boldsymbol{y}}{|\boldsymbol{x}-\boldsymbol{y}|}\tag{6.136}$$

ただし，$\oint_a$ は a 電線に沿っての閉じた線積分を示す．L_{ab} を誘導係数（あるいは，インダクタンス）と呼ぶ．特に $a=b$ のとき，電線 a の自己インダクタンス，$a\neq b$ のとき，電線 a,b の相互インダクタンスと呼ぶ．簡単のため，透磁率は一定とした．複数の異なる透磁率の物質が存在する場合にも拡張できるが，本書では取り扱わない．誘導係数は，導体の電位係数と同様に，電線の配置と形状だけで決まる．(6.135) を a 電線に沿って線積分すると，a の閉曲線により囲まれる面を貫く磁束 Φ_a を与えるので次式が成り立つ．

$$\Phi_a\equiv\oint_a\boldsymbol{A}(\boldsymbol{x})\cdot d\boldsymbol{x}=\sum_{b=1}^{N}L_{ab}I_b\tag{6.137}$$

つまり，誘導係数は磁束を電流の強さの線形結合として表す係数で，与えられた電流に対して誘導係数が大きいほど強い磁束が得られる．定義により，U_{B}^{00} は任意の電荷，電位，電流分布で正であることから，6.2 節と同様な議論を拡張して係数についていくつかの制限条件を導ける．ただし，注意しなければならないのは，点電荷の場合に自己エネルギーは無限大になるのと同様に，無限に細い線電流の自己インダクタンスも無限大である（(6.136) で $\boldsymbol{x}\to\boldsymbol{y}$ の寄与が発散する）．現実の「線」電流は有限な太さをもっているからそういうことはない．自己インダクタンスの正しい計算には，元の (6.134) に戻る必要がある．そのような計算をせずとも済む簡単な例を一つだけ挙げよう．

例 5：2 重コイルのインダクタンス

図 6.17 のように絶縁体で被覆した細い電線を十分に長い円筒（透磁率 μ の磁性体で満たされている）に密に巻いた 2 個のコイル 1,2 を中心軸を一致させておいてある．円筒の長さは同じ ℓ，半径は異なり断面積が S_1，S_2 $(S_1>S_2)$，電線の巻数密度がそれぞれ n_1,n_2 であるとする．それぞれのコイルが作る磁場はコイルの円筒内では軸に沿って平行で一定の強さと近似できる．一方，コイル円筒から出ると磁力線は広がって弱まり，円筒部分の外側では内部の磁場に比べて無視できる．アンペールの法則をコイルの内側と外側の中心軸に沿い単位長さの二つの平行な辺をもつ四辺形 R に適用すれば，内部の磁場の強さは $B_i=\mu n_iI_i$ である．それぞれ

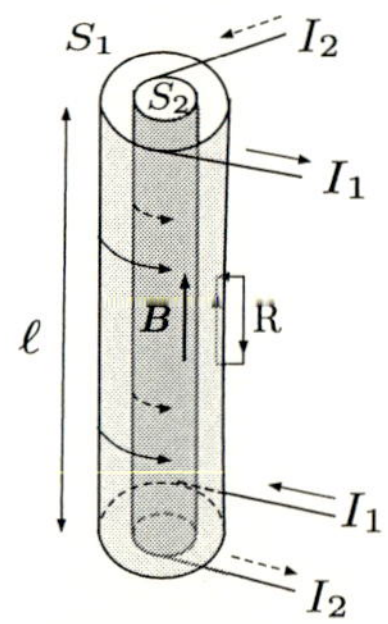

図 6.17　2 重コイル

のコイルの円筒部分の電線が囲む面を貫く磁束は $\Phi_i = \ell n_i B_i S_i = \mu(n_i)^2 \ell S_i I_i$，自己インダクタンスは $L_{ii} = \mu(n_i)^2 \ell S_i$ となる．一方，コイル 1 が作る磁場によってコイル 2 により囲まれる面を貫く磁束の寄与は $\ell n_2 B_1 S_2 = \mu \ell n_1 n_2 S_2 I_1$ で，相互インダクタンスは $L_{21} = \mu \ell n_1 n_2 S_2$ である．同様にコイル 2 が作る磁場によりコイル 1 により囲まれる面を貫く磁束は $\ell n_1 B_2 S_2 = \mu \ell n_1 n_2 S_2 I_2$ で相互インダクタンス $L_{12} = \mu \ell n_1 n_2 S_2$ になり，確かに $L_{12} = L_{21}$ である．このとき，磁場の全エネルギー $\frac{1}{2} L_{11}(I_1)^2 + L_{12} I_1 I_2 + \frac{1}{2} L_{22}(I_2)^2$ は任意の I_1, I_2 で正であるため，$L_{11}L_{22} - (L_{12})^2 = \mu^2 (n_1 n_2)^2 \ell^2 S_1 S_2 - \mu^2 \ell^2 (n_1 n_2)^2 (S_2)^2 = \mu^2 (n_1 n_2)^2 \ell^2 (S_1 - S_2) S_2 > 0$ が成り立つ．

6.7　準定常交流回路

本章ではこれまで物質中の電磁場をほぼ定常的として扱ってきたが，時間変動があるが十分ゆるやかな場合について触れる．日常生活で電気器具を使うときには，たいてい交流，すなわち，電流・電圧が一定の振動数 ν $(= 50 \sim 60)$ で周期振動する電源を用いる．対象とする系の大きさの目安が L だとすると，$T = L/c$ が電磁作用の時間スケールを特徴付ける量である．よって，時間変動があっても $\nu \ll 1/T = c/L$ なら，時間変化はゆるやかとみなせる．通常，電気器具を用いる部屋では L は高々数十 m 程度で，この条件は十分に満たされる．その場合は，場の基礎方程式において 1 階の時間微分までを取り入れ，2 階微分を無視する近似が定常的な場合から一歩進めた扱いになる．2 階微分を無視するので，電磁場を電荷と電流で表す式は，定常的な場合と同じものを使える（たとえば，(6.89) を見よ）．変位電流でいうなら，4.7 節の例 ((4.84), (4.85) 参照）と同じく電位の寄与だけを取り入れたことに相当する．あるいは，遅延効果は無視するが，時間依存性は電磁誘導と電荷保存によって取り入れる近似といってもよい．この近似（準定常電磁場）で交流回路を扱ってみよう．回路は細い電線で部品を繋いでできていて，簡単のため，回路に分岐がなくコイル，抵抗，コンデンサー，電源が直列に繋がっているとする．これらの回路部品と電線中を通る閉曲線 ∂S に電磁誘導の法則 (4.51) を適用しよう．右辺は，回路の自己インダクタンスにより $-\frac{d}{dt}\Phi(\mathrm{S}) = -\frac{d}{dt}(LI) = -L\frac{dI}{dt}$ と書ける．

左辺は電流による電圧降下と電源からの起電力を合わせたものになる．電線部品の抵抗 R_i の和を $R = \sum_i R_i$，コンデンサーの電位差の和を $\sum_j \frac{Q}{C_j} = \frac{Q}{C}$（ただし，$Q$ はコンデンサーの一番外側の電極に溜まっている電気量），電源の起電力 $\mathcal{E} \equiv -\int_a^b \boldsymbol{E} \cdot d\boldsymbol{x}$（$a, b$ は電源の電極）により $\mathcal{E}(\partial \mathrm{S}) = RI + \frac{Q}{C} - \mathcal{E}$ と書け（図 6.18，簡単のため部品を

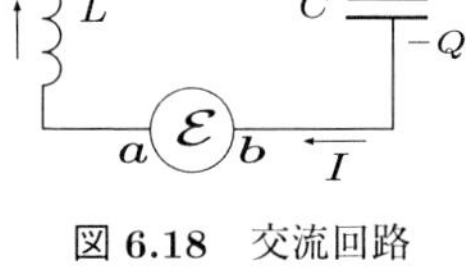

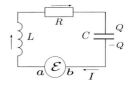

図 6.18　交流回路

1 個ずつとして描いた)，次式が成り立つ．

$$L\frac{dI}{dt}+RI+\frac{Q}{C}=\mathcal{E} \tag{6.138}$$

電荷保存により $I=\frac{dQ}{dt}$ だから，(6.138) は電荷に対しては 2 階微分方程式

$$L\frac{d^2Q}{dt^2}+R\frac{dQ}{dt}+\frac{Q}{C}=\mathcal{E} \tag{6.139}$$

となる．これは速度に比例する抵抗力と外力が働いているときの調和振動子の方程式と同じ形で（Q が粒子座標，L が質量，$1/C$ がフックの力係数，R が抵抗係数に対応)，一般解は次の形に書ける．

$$Q(t)=A_+e^{\alpha_+t}+A_-e^{\alpha_-t}+Q_\varepsilon(t),\quad \alpha_\pm\equiv\frac{1}{2L}\left[-R\pm\sqrt{R^2-\frac{4L}{C}}\right]$$

第 1，2 項の和は，$\mathcal{E}=0$ のときの一般解であり，第 3 項 $Q_\varepsilon(t)$ は，$\mathcal{E}$ がゼロでないときの，任意の一つの解を選べばよい．前者は，抵抗が十分大きく $R\geq\sqrt{\frac{4L}{C}}$ なら，$\alpha_\pm$ は実数で常に負で，指数関数的に減少する．抵抗が小さく $R<\sqrt{\frac{4L}{C}}$ なら，$\alpha_\pm$ は互いに複素共役 $(\alpha_+=\overline{\alpha_-})$ な複素数だが，実数部分は $-R/(2L)$ で常に負で，振動しながら振幅が指数関数的に減衰する．

$Q_\varepsilon(t)$ を求めるには，6.1 節で用いたグリーン関数の考え方を使える．起電力を（$\epsilon(t)$: $|t|<\Delta t/2$ だけで値が $1/\Delta t$，それ以外はゼロ）次のように

$$\mathcal{E}(t)=\sum_{i=1}^{N}\epsilon(t-t_i)\mathcal{E}(t_i)\Delta t \tag{6.140}$$

微小時間間隔 Δt だけで働く撃起電力 $\mathcal{E}(t_i)$ に分解し，個々の撃起電力による解を求めた後に合成する (図 6.19)．i 番目の撃起電力の効果は $t=t_i$ での初期条件として取り入れれば起電力がないときの一般解の形を使って求められる．初期電荷をゼロとすると $A_+e^{\alpha_+t_i}+A_-e^{\alpha_-t_i}=0$，撃起電力の力積による初期電流 dQ/dt は $\mathcal{E}(t_i)\Delta t/L$ であるから $\alpha_+A_+e^{\alpha_+t_i}+\alpha_-A_-e^{\alpha_-t_i}=\frac{\mathcal{E}(t_i)\Delta t}{L}$ とおける．よって $A_\pm e^{\alpha_\pm t_i}=\pm\frac{\mathcal{E}(t_i)\Delta t}{L(\alpha+-\alpha_-)}$ で，i 番目の撃起電力による寄与は次式である．

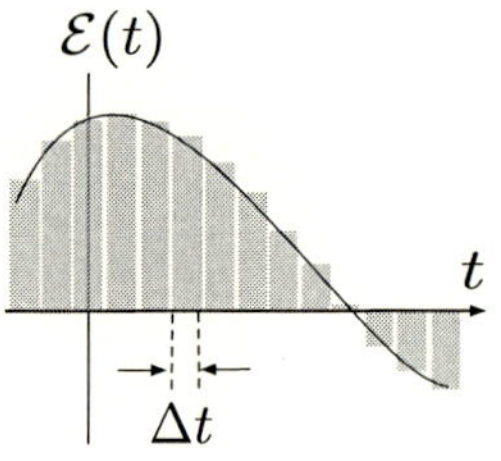

図 6.19 撃力の重ね合わせ

$$Q_i(t)=\frac{\mathcal{E}(t_i)\left(e^{\alpha_+(t-t_i)}-e^{\alpha_-(t-t_i)}\right)}{L(\alpha_+-\alpha_-)}\Delta t\quad(t>t_i)$$

これを合成して $\Delta t\to 0\,(N\to\infty)$ 極限をとると積分に帰着し，

$$Q_\varepsilon(t) = \lim_{N\to\infty}\sum_{i=1}^{N}\theta(t-t_i)Q_i(t) = \int_{-\infty}^{\infty}G(t-s)\mathcal{E}(s)ds, \tag{6.141}$$

$$G(t-s) \equiv \theta(t-s)\frac{\left(e^{\alpha_+(t-s)} - e^{\alpha_-(t-s)}\right)}{L(\alpha_+ - \alpha_-)} \tag{6.142}$$

が得られる．ただし，$\theta(t)$ は $t>0$ で値 1，それ以外でゼロという（階段）関数である．これが実際に (6.139) を満たすことは代入して確かめられる．また，(6.140) は，$\Delta t \to 0$ ではデルタ関数により $(\epsilon(t-t_i) \to \delta(t-s))$

$$\mathcal{E}(t) = \int_{-\infty}^{\infty}\delta(t-s)\mathcal{E}(s)ds \tag{6.143}$$

と書ける．つまり，次式が成り立ち，$G(t-s)$ はグリーン関数に他ならない．

$$\left(L\frac{d^2}{dt^2} + R\frac{d}{dt} + \frac{1}{C}\right)G(t-s) = \delta(t-s) \tag{6.144}$$

(6.141) により，任意の起電力 $\mathcal{E}(t)$ が与えられると，積分により $I_\varepsilon(t) \equiv \frac{dQ_\varepsilon(t)}{dt}$ が求まる．電源の電圧 V_{ab} が与えられたときに流れる定常電流（すなわち，直流の電流）のオームの法則 $I = V_{ab}/R_{ab}$ と比較すると，抵抗の逆数 $1/R_{ab}$ に代わり $K(t-s) \equiv \frac{dG(t-s)}{dt}$ が電気伝導率の役割を果たす（応答関数と呼ぶ）．この関係は時間に関して非局所的で，時刻 t の電流の強さ $I_\varepsilon(t)$ は t から時間 $t-s$ だけ遡った過去の起電力 $\mathcal{E}(s)$ からの寄与が $K(t-s)$ を重みとして積分されて決まる．R が小さい場合，積分に寄与する時間間隔の長さは R/L で特徴付けられる．グリーン関数および応答関数が $t-s>0$ のときだけゼロと異なるのは，時刻 t の電流が電流を起こす原因である起電力の時刻 t 以前の情報だけで決まるという，因果律と調和している．

例：一定振動数の起電力の場合

$\mathcal{E}(t) = F(\omega)\cos\omega t = F\mathrm{Re}\left(e^{-i\omega t}\right)$ を仮定し，時間が十分経った場合を考えよう．方程式が線形なので，起電力を形式的に複素数 $Fe^{-i\omega t}$ のまま扱い，解（$Q_\varepsilon(t) = \tilde{Q}(\omega)e^{-i\omega t}$ とおく）を求めて実数部をとればよい [*23]．

$$\begin{aligned}\tilde{Q}(\omega)e^{-i\omega t} &= \frac{F(\omega)}{L(\alpha_+ - \alpha_-)}\int_{-\infty}^{t}\left(e^{\alpha_+(t-s)-i\omega s} - e^{\alpha_-(t-s)-i\omega s}\right)ds \\ &= \frac{F(\omega)e^{-i\omega t}}{L(i\omega+\alpha_+)(i\omega+\alpha_-)} = \frac{F(\omega)e^{-i\omega t}}{-L\omega^2 - iR\omega + \frac{1}{C}}\end{aligned} \tag{6.145}$$

$\omega_0 \equiv 1/\sqrt{LC}$ を回路の固有振動数と呼ぶ．また，電流 $I_\varepsilon = \tilde{I}(\omega)e^{-i\omega t} = -i\omega\tilde{Q}(\omega)e^{-i\omega t}$ と起電力との関係に直し，次のように表したとき，

---

*23) (6.145) は $(-L\omega^2 - iR\omega + 1/C)\tilde{Q}(\omega) = F(\omega)$ とすると，元の (6.139) と同等．

$$\tilde{I}(\omega) = \frac{F(\omega)}{Z(\omega)}, \quad Z(\omega) = R - iX, \quad X \equiv L\omega - \frac{1}{C\omega} \tag{6.146}$$

$Z(\omega)$ の絶対値 $|Z(\omega)| = \sqrt{R^2 + \left(L\omega - \frac{1}{C\omega}\right)^2}$ をインピーダンス，虚数部 X をリアクタンスと呼ぶ．$\sin\varphi = X/|Z|$ で決まる偏角 $\varphi(\omega)$ は，起電力と電流の振動の位相差を表す．起電力の振動数が ω_0 に一致するときが，インピーダンスが最小になり，電流の振幅が最大値 F/R になると同時に位相差がゼロになる．この状態を共振状態と呼ぶ．このとき，コンデンサーの電位差の振幅は $|Q|/C = F/(\omega_0 CR)$ となる．この右辺の係数 $\mathrm{Q} \equiv 1/(\omega_0 CR) = \omega_0 L/R$ を Q 値（電荷 Q と混同しないように注意）と呼ぶ．共振状態から微小にずれた振動数 $\omega = \omega_0 + \delta\omega$ の場合を考えると，$X = \left(L + \frac{1}{C\omega_0^2}\right)\delta\omega = 2L\delta\omega = 2\frac{\mathrm{Q}R}{\omega_0}\delta\omega$ と近似できる．よって，$1/|Z(\omega)| \simeq 1/R\left(1 + 4\mathrm{Q}^2(\delta\omega/\omega_0)^2\right)^{1/2}$ となる．振幅が共振振動数のところで鋭いピークをもっているとき，共振振動数からのずれの大きさが $|\delta\omega/\omega_0| \simeq 1/(2\mathrm{Q})$ のときに，振幅の強さが近似的に共振振幅の $1/\sqrt{2}$ に落ちる．Q 値が大きいほど，共振のピークは鋭くなる．共振を利用して様々な計測を行う場合は，Q 値が高い回路ほど精度がよい．

起電力を異なる振動数ごとの寄与の重ね合わせとして次の積分で表すと，

$$\mathcal{E}(t) = \int_{-\infty}^{\infty} F(\omega) e^{-i\omega t} d\omega \tag{6.147}$$

対応する Q_ε も線形性により (6.145) を用いて次式で表せる．

$$Q_\varepsilon(t) = -\int_{-\infty}^{\infty} \frac{F(\omega)}{L(\omega - i\alpha_+)(\omega - i\alpha_-)} e^{-i\omega t} d\omega \tag{6.148}$$

これに合わせてグリーン関数を振動数ごとに合成したものとし，

$$G(t-s) = \frac{1}{2\pi}\int_{-\infty}^{\infty} \tilde{G}(\omega) e^{-i\omega(t-s)} d\omega \tag{6.149}$$

と表そう．このとき，(6.141) の右辺に代入して得られる

$$Q_\varepsilon(t) = \int_{-\infty}^{\infty} \left[\frac{1}{2\pi}\int_{-\infty}^{\infty} \tilde{G}(\omega) e^{-i\omega(t-s)} d\omega\right]\left[\int_{-\infty}^{\infty} F(\omega') e^{-i\omega' t} d\omega'\right] ds$$

で，s 積分を先に行うと，デルタ関数の公式 (4.22) により $\frac{1}{2\pi}\int_{-\infty}^{\infty} e^{-i(\omega'-\omega)s} ds = \delta(\omega' - \omega)$ であるから，

$$Q_\varepsilon(t) = \int_{-\infty}^{\infty} \tilde{G}(\omega) F(\omega) e^{-i\omega t} d\omega \tag{6.150}$$

が成り立つ．(6.148) と比較すると次式と同等である．

$$\tilde{G}(\omega) = -\frac{1}{L(\omega - i\alpha_+)(\omega - i\alpha_-)} \tag{6.151}$$

逆にこの結果を (6.149) に代入すれば (6.142) が得られるはずである．それには，ω 積分を実行しなければならないが，ω を複素数に拡張し複素関数の積分にコーシーの積分定理を用いる（図 6.20, $R^2 < 4L/C$ の場合）．$t-s>0$ なら，ω 積分は実軸と複素 ω 平面の下半面の無限遠の半円を合わせた閉じた積分路で行ったものと一致する．このとき下半面の無限遠では $e^{-i\omega(t-s)}$ が指数関数的にゼロに近づくからである．留数定理により積分は極 $\omega = i\alpha_\pm$ からの寄与で表せ，(6.142) と一致する．$t-s<0$ の場合は，積分は上半面の半円を通る閉じた積分路をとらなければならないが，極は上半面には存在しないので，留数定理により積分はゼロで (6.142) を与える．つまり，因果律は，$\tilde{G}(\omega)$ の性質として表すなら，極 $i\alpha_\pm$ が下半面だけにある ($\mathrm{Re}\,\alpha_\pm < 0$) ことに対応する．

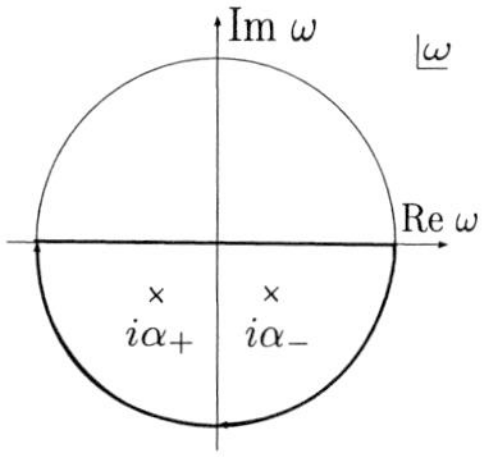

図 **6.20**　ω の複素積分

(6.138) に戻り，起電力がなす仕事を調べよう．両辺に電流 $I = \frac{dQ}{dt}$ を掛けて整理すると次式が得られる．

$$\frac{d}{dt}\Big(\frac{LI^2}{2} + \frac{Q^2}{2C}\Big) + RI^2 = I\mathcal{E} \tag{6.152}$$

当然期待されるように，起電力の仕事率 $W \equiv I\mathcal{E}$ は，抵抗で発生するジュール熱とコイルとコンデンサーに蓄えられるエネルギーの変化率の和に等しい．このエネルギー変化率は振動周期に比べて長い時間間隔で平均すればゼロで，起電力の仕事は，定常電流の場合と同様に，すべてジュール熱に費やされる．たとえば，上の例における一定振動数の回路の場合は，$I = \mathrm{Re}\Big(\tilde{I}(\omega)e^{-i\omega t}\Big) = \frac{F}{|Z(\omega)|}\cos(\omega t - \varphi), \mathcal{E} = \mathrm{Re}\Big(Fe^{-i\omega t}\Big) = F\cos(\omega t)$ を代入すると，$W = \frac{F^2}{|Z(\omega)|}\frac{1}{4}\big(e^{i(\omega t-\varphi)} + e^{-i(\omega t-\varphi)}\big)\big(e^{i\omega t} + e^{-i\omega t}\big)$ である．時間で積分した平均値を求めると，t に比例する位相が打ち消す項だけが残り，

$$\langle W\rangle \equiv \lim_{T\to\infty}\frac{1}{T}\int_{-T}^{T} W dt = \frac{F^2}{2|Z(\omega)|}\cos\varphi = \frac{1}{2}R|\tilde{I}(\omega)|^2 \tag{6.153}$$

となる．特に，共振状態におけるエネルギー $\frac{L|\tilde{I}(\omega_0)|^2}{2}\cos^2(\omega_0 t) + \frac{|\tilde{I}(\omega_0)|^2}{2C\omega_0^2}\sin^2(\omega_0 t) = \frac{L|\tilde{I}(\omega_0)|^2}{2}$ と，ジュール熱 $R|\tilde{I}(\omega_0)|^2\cos^2\omega$ の平均値 $\frac{1}{2}R|\tilde{I}(\omega_0)|^2$ との比 L/R は Q/ω_0 に等しい．Q 値が高いほど，消費される熱エネルギーに比べて，共振時に回路に蓄えられているエネルギーは大きい．

7 電磁波と光

7.1 電磁波の生成

5.6 節で詳しく考察したように，電磁場のエネルギーの流れの可能な最大速度は c で，真空中での電磁場の作用の伝達速度と一致する．これを与える電磁場は局所的に $\boldsymbol{E}\cdot\boldsymbol{B}=0, |\boldsymbol{B}|^2-|\boldsymbol{E}|^2/c^2=0$ を満たす．簡単な例として，ローレンツゲージ条件 $\partial_\mu A^\mu=0$ のもとで $A_0=0$ とおける場合を考えよう．このとき $|\boldsymbol{\nabla}\times\boldsymbol{A}|=|\partial_t\boldsymbol{A}|/c, \boldsymbol{\nabla}\cdot\boldsymbol{A}=0$ である．よって，基本的な場の自由度の $x^0=ct$ に関する変化率が回転で表される空間座標に関する変化率と同じ大きさである．たとえば，$\boldsymbol{a}$ を定数ベクトルとして $\boldsymbol{A}=\boldsymbol{a}f(x)$ の形を仮定すると，この条件は $|\boldsymbol{\nabla}f|=|\partial_t f|/c$, $\boldsymbol{\nabla}f\cdot\boldsymbol{a}=0$ となる．また，真空中の $\boldsymbol{A}$ 場の方程式に代入すると次式となる．

$$\left(\triangle-\frac{1}{c^2}\frac{\partial^2}{\partial t^2}\right)f=0$$

これらすべてを満たす最も簡単な解の形は $f(x)=e^{ik_\mu x^\mu}=e^{i(\boldsymbol{k}\cdot\boldsymbol{x}-\omega_k t)}$ $(k_0=\omega/c)$ で，$|\boldsymbol{k}|^2=(k_0)^2=\omega_k^2/c^2$, $\boldsymbol{k}\cdot\boldsymbol{a}=0$ であればよい．これは 5.8 節の例で示した調和振動子を 1 個だけ取り出し，$\boldsymbol{k}_n=\boldsymbol{k}$ を固定して $R\to\infty, n_i\to\infty$ 極限をとったものに他ならない．f は複素数だが，前節と同様，実際の場はこの実部または虚部 $(e^{ik_\mu x^\mu}=\cos(k_\mu x^\mu)+i\sin(k_\mu x^\mu))$ で，波長 $\lambda=2\pi/|\boldsymbol{k}|$，振動数 $\nu=\omega_k/(2\pi)$ で $\boldsymbol{a}$ 方向に振動し，$\boldsymbol{k}$ 方向に進む平面波を表す．本書では $\boldsymbol{k}$ と $\boldsymbol{E}$ がなす平面を偏光面と呼ぶ．$\boldsymbol{k}$ が同じ向きでも偏光面が互いに直交している平面波は重ね合わさっても干渉しない．波の位相は波数ベクトル $\boldsymbol{k}$ に直交する平面上で一定の値をとり，波面の伝播速度は $\lambda\nu=c$ である．電場と磁場は，それぞれ $-\partial_t\boldsymbol{A}=i\omega_k\boldsymbol{A}$，$\boldsymbol{\nabla}\times\boldsymbol{A}=i\boldsymbol{k}\times\boldsymbol{A}$ の実部（または虚部）で，条件 $\boldsymbol{E}\cdot\boldsymbol{B}=0, |\boldsymbol{B}|^2-|\boldsymbol{E}|^2/c^2=0$ を満たす．波の伝播方向 $\boldsymbol{k}$，電場，磁場の振動方向は互いに直交し，エネルギー流密度は

$$\hat{\boldsymbol{W}}=\frac{1}{\mu_0}\boldsymbol{E}\times\boldsymbol{B}=c\frac{\boldsymbol{k}}{|\boldsymbol{k}|}\epsilon_0|\boldsymbol{E}|^2=c\frac{\boldsymbol{k}}{|\boldsymbol{k}|}|\boldsymbol{B}|^2/\mu_0=c\frac{\boldsymbol{k}}{|\boldsymbol{k}|}\hat{T}^{00} \tag{7.1}$$

である．5.6 節で論じたエネルギー流速度が c の場合の電磁場の局所的性質が，無限に広がった平面の波面上で成り立つ．より一般の電磁波の場合，波面は様々な形をと

り得るが，5.6 節の一般論が示すように，時間と空間について十分に局所的な狭い領域で見れば，平面波と同じ性質を満たす．

電磁波を発生させるには何らかの源からの仕事によってエネルギーを与えなければならない．基礎方程式 (4.64) のローレンツ条件 (4.65) のもとでの解 (4.79) に基づき，簡単のため 1 個の荷電粒子が発生する場について調べよう．第 4 章でこの解に至るための出発点に用いた，一定速度の場合にローレンツ変換によって求めた $A_\mu(x)$ の結果 (4.72), (4.73) は，粒子の軌跡の式 $y^\mu(t) = (vt, 0, 0, ct), \boldsymbol{v} = (v, 0, 0)$，および，(4.76), (4.77) により以下のように一般の慣性系で成り立つ形で表すと，実は一定速度に限らない任意の軌道 $y_\mu(t)$ で正しい式を与える ($\dot{y}_\mu \equiv \frac{dy_\mu}{dt}, \boldsymbol{v} = \dot{\boldsymbol{y}}$).

$$A_\mu(x) = \frac{\mu_0 q}{4\pi c} \frac{\dot{y}_\mu(t_y)}{\left| t - t_y - \frac{\left(\boldsymbol{x} - \boldsymbol{y}(t_y)\right) \cdot \boldsymbol{v}(t_y)}{c^2} \right|} = \frac{\mu_0 q c \dot{y}_\mu(t_y)}{4\pi \left| \left(x^\nu - y^\nu(t_y)\right) \dot{y}_\nu(t_y) \right|} \tag{7.2}$$

任意速度の場合でも右辺の積分への寄与が遅延時刻 t_y での粒子の位置と速度の局所的な情報だけで決まるためだ．この形が明白にローレンツ共変であるのとも調和する（分母，分子の $\dot{y}_\mu$ の時間微分は t の代わりに任意のパラメーター微分でも同じ）．ここでは (4.79) と等価な 3 次元表示の遅延ポテンシャルによる式 (4.80)，$A_\mu(x) = \frac{\mu_0}{4\pi} \int \frac{J_\mu(\boldsymbol{y}, t_y)}{|\boldsymbol{x} - \boldsymbol{y}|} d^3 y$，$(t_y = t - \frac{|\boldsymbol{x} - \boldsymbol{y}|}{c})$ から改めて導いておこう．まず，$J_\mu(\boldsymbol{y}, t) = q \frac{dy_\mu(t)}{dt} \delta^3\left(\boldsymbol{y} - \boldsymbol{y}(t)\right)$ を代入し次式を得る．

$$A_\mu(x) = \frac{\mu_0 q}{4\pi} \int \frac{\dot{y}_\mu(t_y)}{|\boldsymbol{x} - \boldsymbol{y}|} \delta^3\left(\boldsymbol{y} - \boldsymbol{y}(t_y)\right) d^3 y \tag{7.3}$$

デルタ関数により $\boldsymbol{y}$ の積分には $\boldsymbol{y} = \boldsymbol{y}(t_y)$ を満たす $\boldsymbol{y}$（それを $\boldsymbol{y}(\boldsymbol{x}, t)$ とおく）だけが寄与する．デルタ関数の変数変換の公式 (4.25) を用いて

$$\delta^3\left(\boldsymbol{y} - \boldsymbol{y}(t_y)\right) = \left| \frac{\partial\left(\boldsymbol{y} - \boldsymbol{y}(t_y)\right)}{\partial(\boldsymbol{y})} \right|^{-1} \delta^3\left(\boldsymbol{y} - \boldsymbol{y}(\boldsymbol{x}, t)\right)$$

となる．ヤコビ行列式は次のように計算できる *1)．

$$\frac{\partial\left(y_i - y_i(t_y)\right)}{\partial y_j} = \delta_{ij} - \dot{y}_i(t_y) \frac{\partial t_y}{\partial y_j} = \delta_{ij} - \frac{\dot{y}_i(t_y)}{c} \frac{x_j - y_j}{|\boldsymbol{x} - \boldsymbol{y}|}$$

$$\to \quad \left| \frac{\partial\left(\boldsymbol{y} - \boldsymbol{y}(t_y)\right)}{\partial(\boldsymbol{y})} \right| = \left| \frac{c|\boldsymbol{x} - \boldsymbol{y}| - \boldsymbol{v}(t_y) \cdot (\boldsymbol{x} - \boldsymbol{y})}{c|\boldsymbol{x} - \boldsymbol{y}|} \right| = \frac{R}{\gamma |\boldsymbol{x} - \boldsymbol{y}|}$$

これを (7.3) に代入すると，確かに (7.2) と一致する．(7.2) をリエナール–ヴィーフェルトのポテンシャルと呼ぶ．当然，与えられた x^μ で $t - t_y = |\boldsymbol{x} - \boldsymbol{y}|/c$ を満たす $\boldsymbol{y}$ が存在しないところでは，$A_\mu(x) = 0$ である（後の例 2 参照）．

---

*1) 3×3 行列が $a_{ij} = \delta_{ij} - a_i b_j$ の形のとき，行列式は $1 - \boldsymbol{a} \cdot \boldsymbol{b}$ に等しい．

この結果から電場 $\boldsymbol{E} = -\frac{\partial \boldsymbol{A}}{\partial t} - \boldsymbol{\nabla}\phi$ と磁場 $\boldsymbol{B} = \boldsymbol{\nabla} \times \boldsymbol{A}$ を求められるが，速度ベクトル $\boldsymbol{v}(t_y)$ の t_y からくる時間空間依存性を無視したときは，一定速度の荷電粒子の電磁場，すなわち，すでに第4章で調べた定常（および準定常）の電磁場 (4.74) と同じ寄与を各時刻ごとに与えるだけである．したがって，この寄与のエネルギー流の局所的な速度は c より小さい．また，この寄与は遠方で $L \equiv \left| t - t_y - \frac{(\boldsymbol{x}-\boldsymbol{y}(t_y))\cdot\boldsymbol{v}(t_y)}{c^2} \right| = R/c\gamma$ の2乗に反比例して弱まる．一方，求める微分操作が $\boldsymbol{v}(t_y)$ に直接作用した寄与には，一定速度の場合との違いが直接現れ，かつ，遠方では $L \sim |\boldsymbol{x} - \boldsymbol{y}(t_y)|$ に反比例するから，エネルギー流 $\hat{\boldsymbol{W}}$ の遠方での（表面）積分は無限遠でもゼロにならない．

図7.1でこの違いを考えてみよう．時間 t が与えられたときに L が同じ値をもつ位置を繋いだ回転楕円面の断面を太線楕円で示す（図4.13も参照のこと）．点線円は，この時刻において粒子から発する信号が到達する波面を表す（図4.13の点線円とは意味が違う）．この楕円面は速度が大きいほど粒子の速度方向に縮む．しかし，速度の変化を無視すると，電場・磁場を求めるための微分操作は楕円面の形を保つ無限小並行移動の効果を求めている．その場合 $1/L$ の変化率は次元の理由により $1/L^2$ （$\delta(1/L) = -(1/L^2)\delta L = -(1/L^2)(\boldsymbol{\nabla} L \cdot \delta\boldsymbol{x} + (1/c)\partial_t L\delta(ct))$，係数 $\boldsymbol{\nabla} L, (1/c)\partial_t L$ はどちらも無次元）に比例する．

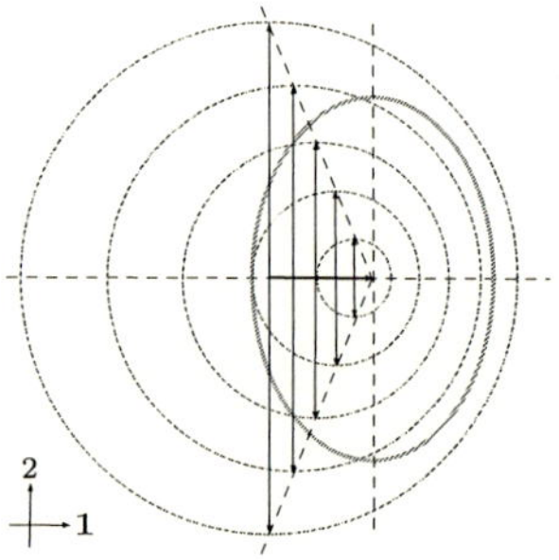

図 7.1　A_μ の強さが同じ値の楕円面（太線）

一方，速度の微小変化 $(\delta\boldsymbol{v}(t_y) = \dot{\boldsymbol{v}}\delta t_y)$ だけを通した微分操作は，回転楕円体の形そのものの変形による効果を表す．つまり，荷電粒子のまわりの場は粒子と同じ加速度で一緒に運動するわけではないから，粒子の加速度により場の変形が起こる．その場合は，L の変化率は L が大きいとき L 自身と同じオーダーで，$1/L$ の変化率も $1/L$ のオーダーである（以下で具体的に確かめる）．結局，十分遠方では $1/L^2$ の寄与は無視できる．そのような領域を波動帯と呼び，以下では $(\partial_t A_\mu)_{\mathrm{w}}$ のように括弧と添字 w 付きで表す．

まず，$\boldsymbol{\nabla} t_y = \boldsymbol{\nabla}\left(t - \frac{|\boldsymbol{x}-\boldsymbol{y}(t_y)|}{c}\right) = -\frac{\boldsymbol{r}}{cr} + \frac{\boldsymbol{v}\cdot\boldsymbol{r}}{cr}\boldsymbol{\nabla} t_y$, $\partial_t t_y = 1 + \frac{\boldsymbol{v}\cdot\boldsymbol{r}}{cr}\partial_t t_y$ から得られる $(\boldsymbol{r} \equiv \boldsymbol{x} - \boldsymbol{y}(t_y), r \equiv |\boldsymbol{r}| = c(t - t_y))$ 次式を用いると，

$$\boldsymbol{\nabla} t_y = -\frac{\boldsymbol{r}}{c\left(r - \frac{1}{c}\boldsymbol{v}\cdot\boldsymbol{r}\right)}, \quad \partial_t t_y = \frac{r}{r - \frac{1}{c}\boldsymbol{v}\cdot\boldsymbol{r}}$$

$L = (r - \boldsymbol{v}\cdot\boldsymbol{r}/c)/c$ の波動帯での微分が $(\boldsymbol{\nabla} L)_{\mathrm{w}} = -\frac{\boldsymbol{r}\cdot\dot{\boldsymbol{v}}}{c^2}\boldsymbol{\nabla} t_y$，$(\partial_t L)_{\mathrm{w}} = -\frac{\boldsymbol{r}\cdot\dot{\boldsymbol{v}}}{c^2}\partial_t t_y$ と決まる（どちらも $r \to \infty$ で $r/c \sim L$ のオーダー）．よって，

$$(\partial_t \boldsymbol{A})_{\mathrm{w}} = \frac{\mu_0 q}{4\pi c}\left(\partial_t \frac{\boldsymbol{v}}{L}\right)_{\mathrm{w}} = \frac{\mu_0 q}{4\pi}\left(\frac{\dot{\boldsymbol{v}}}{r - \frac{1}{c}\boldsymbol{v}\cdot\boldsymbol{r}} + \frac{\boldsymbol{v}(\dot{\boldsymbol{v}}\cdot\boldsymbol{r})}{c\left(r - \frac{1}{c}\boldsymbol{v}\cdot\boldsymbol{r}\right)^2}\right)\partial_t t_y$$

$$= \frac{\mu_0 q}{4\pi}\Big(\frac{r\dot{\boldsymbol{v}}}{\big(r-\frac{1}{c}\boldsymbol{v}\cdot\boldsymbol{r}\big)^2} + \frac{r\boldsymbol{v}(\dot{\boldsymbol{v}}\cdot\boldsymbol{r})}{c\big(r-\frac{1}{c}\boldsymbol{v}\cdot\boldsymbol{r}\big)^3}\Big),$$

$$(\boldsymbol{\nabla}\phi)_{\rm w} = \frac{q}{4\pi\epsilon_0}\frac{\dot{\boldsymbol{v}}\cdot\boldsymbol{r}}{c\big(r-\frac{1}{c}\boldsymbol{v}\cdot\boldsymbol{r}\big)^2}\boldsymbol{\nabla}t_y = -\frac{q}{4\pi\epsilon_0}\frac{\boldsymbol{r}(\dot{\boldsymbol{v}}\cdot\boldsymbol{r})}{c^2\big(r-\frac{1}{c}\boldsymbol{v}\cdot\boldsymbol{r}\big)^3},$$

$$(\boldsymbol{\nabla}\times\boldsymbol{A})_{\rm w} = \frac{\mu_0 q}{4\pi}\Big(\boldsymbol{\nabla}\times\frac{\boldsymbol{v}}{r-\frac{1}{c}\boldsymbol{v}\cdot\boldsymbol{r}}\Big)_{\rm w} = \frac{\mu_0 q}{4\pi}\Big(\frac{\boldsymbol{\nabla}t_y\times\dot{\boldsymbol{v}}}{r-\frac{1}{c}\boldsymbol{v}\cdot\boldsymbol{r}} + \frac{(\dot{\boldsymbol{v}}\cdot\boldsymbol{r})\boldsymbol{\nabla}t_y\times\boldsymbol{v}}{c\big(r-\frac{1}{c}\boldsymbol{v}\cdot\boldsymbol{r}\big)^2}\Big)$$

これらの式で $\boldsymbol{r},\boldsymbol{v}$ は，すべて $t=t_y$ での値であるのに注意．これから波動帯の電磁場が次式のとおり求まる．これを加速度場と呼ぶことにしよう．

$$(\boldsymbol{E})_{\rm w} = \frac{\mu_0 q}{4\pi}\Big(-\frac{r\dot{\boldsymbol{v}}}{\big(r-\frac{1}{c}\boldsymbol{v}\cdot\boldsymbol{r}\big)^2} - \frac{r\boldsymbol{v}(\dot{\boldsymbol{v}}\cdot\boldsymbol{r})}{c\big(r-\frac{1}{c}\boldsymbol{v}\cdot\boldsymbol{r}\big)^3} + \frac{\boldsymbol{r}(\dot{\boldsymbol{v}}\cdot\boldsymbol{r})}{\big(r-\frac{1}{c}\boldsymbol{v}\cdot\boldsymbol{r}\big)^3}\Big)$$

$$= \frac{\mu_0 q}{4\pi\big(r-\frac{1}{c}\boldsymbol{v}\cdot\boldsymbol{r}\big)^3}\boldsymbol{r}\times\Big(\Big(\boldsymbol{r}-\frac{r}{c}\boldsymbol{v}\Big)\times\dot{\boldsymbol{v}}\Big), \tag{7.4}$$

$$(\boldsymbol{B})_{\rm w} = \frac{\boldsymbol{r}}{cr}\times(\boldsymbol{E})_{\rm w} \tag{7.5}$$

速度の時間依存性を無視して得られる $1/L^2$ のオーダーの項（速度場と呼ぶ）は，一定速度の場合の (4.74) を遅延時刻の量で表したとき，$\boldsymbol{x}-\boldsymbol{v}t$ を t を消去し $\boldsymbol{r}-r\boldsymbol{v}/c$ で置き換えたものに等しく *2)，両者の和が正確な電磁場を与える．

$(\boldsymbol{E})_{\rm w}\cdot\boldsymbol{r}=0$ と (7.5) により，$(\boldsymbol{E})_{\rm w}\cdot(\boldsymbol{B})_{\rm w}=0=|(\boldsymbol{B})_{\rm w}|^2-|(\boldsymbol{E})_{\rm w}|^2/c^2$ であるから，加速度場は粒子速度の大きさとは無関係に光速度でエネルギーを光円錐に沿って運ぶ．このとき，加速度が同じでも速度が大きく c に近づくにつれ粒子の進行方向で $\frac{\boldsymbol{v}\cdot\boldsymbol{r}}{cr}$ が 1 に近づき，分母因子 $r-\frac{\boldsymbol{v}\cdot\boldsymbol{r}}{c}$ により，加速度場の強さは前方方向で急激に増大する．加速度場の寄与により，$r\to\infty$ の極限では電場も磁場も $1/L\sim 1/r$ に比例し，エネルギー流密度の大きさは $1/r^2$ のオーダーであり，$t\to\infty$ で無限遠に去るエネルギー流量は有限だ．つまり，粒子加速度の存在のため粒子のまわりの電磁場が粒子の運動に追随できずに変形すると，それにより遠くの電磁場の自律的な振動が起こり波動となってエネルギーが無限遠まで流出することになる．

この現象を電磁波を放射する遅延時刻 t_y で粒子速度がゼロの慣性系 K$'$ で考えるなら $\boldsymbol{v}'=\boldsymbol{v}'(t'_y)=0$ とおけるから，$\boldsymbol{r}'$ と $\dot{\boldsymbol{v}}'$ の間の角度を θ とすると $|\hat{\boldsymbol{W}}'|_{\rm w} = c\epsilon_0|(\boldsymbol{E})'_{\rm w}|^2 = \frac{q^2}{16\pi^2\epsilon_0 c^3 r'^2}|\dot{\boldsymbol{v}}'-\boldsymbol{r}'(\dot{\boldsymbol{v}}'\cdot\boldsymbol{r}')/r'^2|^2 = \frac{q^2}{16\pi^2\epsilon_0 c^3 r'^2}(|\dot{\boldsymbol{v}}'|^2-(\dot{\boldsymbol{v}}'\cdot\boldsymbol{r}')^2/r'^2) = \frac{q^2}{16\pi^2\epsilon_0 c^3 r'^2}|\dot{\boldsymbol{v}}'|^2\sin^2\theta$ で，エネルギー流密度はこの慣性系における加速度ベクトルに直交する方向 $\theta=\pi/2$ で最大である．これを全角度で積分した総流量は次式（ラーモアの公式）に等しい．

$$\mathcal{W}' \equiv \int_{\partial\mathrm{V}}|\hat{\boldsymbol{W}}'|_{\rm w}|d\boldsymbol{S}'| = \frac{q^2}{8\pi\epsilon_0 c^3}|\dot{\boldsymbol{v}}'|^2\int_0^\pi \sin^3\theta d\theta = \frac{q^2|\dot{\boldsymbol{v}}'(t'_y)|^2}{6\pi\epsilon_0 c^3} \tag{7.6}$$

---

*2) $\boldsymbol{v}$ が一定なら $\boldsymbol{x}-\boldsymbol{v}t=\boldsymbol{r}-\frac{\boldsymbol{v}r}{c}$, $\frac{R}{\gamma}=r-\frac{\boldsymbol{v}\cdot\boldsymbol{r}}{c}$, $\boldsymbol{v}\times(\boldsymbol{x}-\boldsymbol{v}t)=\frac{c}{r}\boldsymbol{r}\times(\boldsymbol{r}-\frac{\boldsymbol{v}r}{c})$ に注意.

しかし，加速運動では粒子の速度が変化するので，この式は特定の時刻だけでしか使えない．

任意の固定した慣性系の立場で粒子からの平均エネルギー流率を正しく求めるには，微小時間間隔 Δt の間の粒子の移動の影響を取り入れる必要がある．慣性系の時刻 t_y に位置 A から粒子から発せられた放射が到達する波面を球面 $\mathrm{S_A}$ とし，それから微小時間間隔 Δt を経て位置 B から発せられた波面を $\mathrm{S_B}$ としよう．この二つの球面に挟まれた領域 $\mathrm{V_{AB}}$ にある放射電磁場のエネルギーは図 7.2 からわかるように次式に等しい．

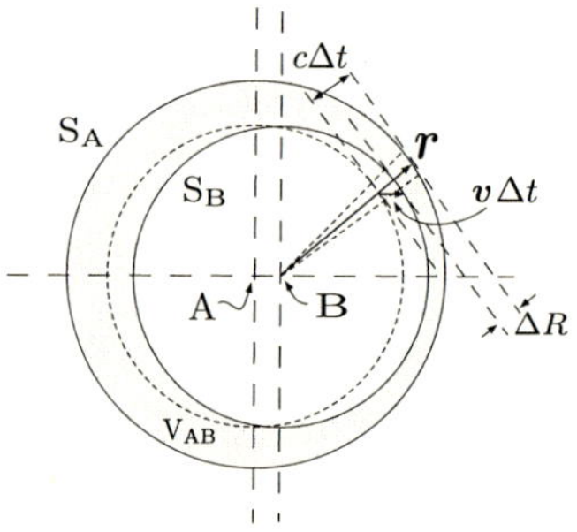

図 7.2　粒子からのエネルギー流

$$\Delta E = \int_{\mathrm{V_{AB}}} (\hat{T}^{00})_{\mathrm{w}} d^3x = \int_{\mathrm{S_A}} \frac{|\hat{\boldsymbol{W}}|_{\mathrm{w}}}{c} |d\boldsymbol{S}| \Delta R, \quad \Delta R = c\Delta t - \frac{\boldsymbol{r}}{r} \cdot \boldsymbol{v}\Delta t$$

これが Δt の間に実際に粒子から放出されたエネルギー量に他ならないから，固定した慣性系から見たエネルギー流率密度は，$\Delta E/\Delta t$ で $\Delta t \to 0$ の極限をとり面積積分を外した次式に等しい．

$$W \equiv |\hat{\boldsymbol{W}}|_{\mathrm{w}} \left(1 - \frac{\boldsymbol{v} \cdot \boldsymbol{r}}{cr}\right) \tag{7.7}$$

この面積積分が粒子の単位時間当たりの全エネルギー損失量 $\mathcal{W}$ を与える．因子 $1 - \boldsymbol{v} \cdot \boldsymbol{r}/cr$ が係数として掛かるが，上ですでに強調した「速度が光速に近づくと，分母因子の効果によりエネルギー放射量が前方付近で急激に増大する」という特徴は打ち消されない．相対論的な電磁波の放射には強い指向性があるわけだ．

例 1：（非相対論的）双極子放射

荷電粒子の運動がごく小さな領域，たとえば，原点を通る短い直線区間 $(d \ll r)$ の第 3 軸向きの単振動 $\boldsymbol{y}(t) = (0, 0, d \sin \omega t), \boldsymbol{v} = (0, 0, \omega d \cos \omega t)$ である場合を考えてみよう．まず，簡単のため，振動速度は光速に比べて小さく $\omega d/c \ll 1$ と仮定し，$|\boldsymbol{v}|/c$ は無視できるとする．つまり，$r - \frac{1}{c}\boldsymbol{v} \cdot \boldsymbol{r}$ は時間依存性がない $r \simeq |\boldsymbol{x}|$ と一致する．また，$d \ll r$ により，放射を観測する慣性系の位置が決まれば遅延時間と慣性系の時間との差 $t - t_y = r/c$ は t によらず一定と近似できる．よって，波動帯の電場はラーモアの公式と結果的に同じで，成分で表すと次式だ．

$$(\boldsymbol{E})_{\mathrm{w}} = \frac{\mu_0 q \omega^2 d \sin \omega(t - r/c)}{4\pi r} \left(-\frac{x_1 x_3}{r^2}, -\frac{x_2 x_3}{r^2}, 1 - \frac{x_3^2}{r^2}\right) \tag{7.8}$$

電場と磁場は図 7.3 に示したように，直線的に振動する（直線偏光）．エネルギー流密度は $(x_3 = r\cos\theta)$ 次式に等しい（角度分布は図 7.5）．

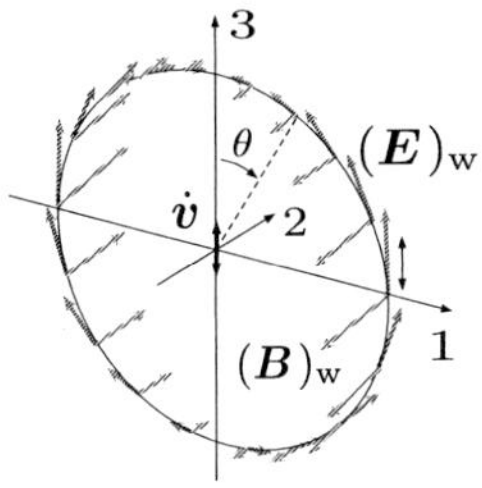

図 **7.3** 双極子放射：13-平面断面

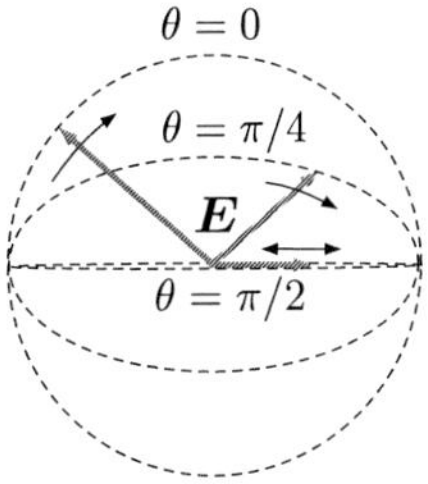

図 **7.4** 偏光

$$\hat{\boldsymbol{W}}_{\rm dip} \equiv \frac{(\mu_0 q\omega^2 d)^2 \sin^2\theta \sin^2\omega(t-r/c)}{16\pi^2 r^3 \mu_0 c}\boldsymbol{r} \tag{7.9}$$

時間平均をとってならして考えると，$\sin^2\omega(t-r/c)$ は $1/2$ で置き換えられるので，単位時間当たりの全放射エネルギー $\mathcal{W}$ として表すと次式が得られる．

$$\mathcal{W}_{\rm dip} \equiv 2\pi\int_0^\pi \frac{\mu_0(q\omega^2 d)^2\sin^2\theta}{32\pi^2 c}\sin\theta d\theta = \frac{(q\omega^2 d)^2}{12\pi\epsilon_0 c^3} \tag{7.10}$$

原点から見ると，この振動子は強さ $|q\boldsymbol{y}| = qd|\sin\omega t|$ の電気 2 重極の振動とみなせるため，この放射を双極子放射と呼ぶ．

点電荷が原点を中心に半径 d で円運動（12-平面）をしている場合 $\boldsymbol{y}(t) = (d\cos\omega t, d\sin\omega t, 0)$ なら，放射電磁場は，$\dot{\boldsymbol{v}}$ が $\alpha(-\cos\omega t, 0, 0)$，$\alpha(0, -\sin\omega t, 0)$ $(\alpha \equiv |\dot{\boldsymbol{v}}| = \omega^2 d)$ に対応する二つの双極子放射の重ね合わせとみなせる．加速度の大きさは一定で方向だけが変わる．

$$(\boldsymbol{E})_{\rm w} = -\frac{\mu_0 q}{4\pi r}\left(\dot{\boldsymbol{v}} - \frac{(\boldsymbol{r}\cdot\dot{\boldsymbol{v}})}{r^2}\boldsymbol{r}\right)$$

で，一般的な方向では楕円偏光だが（図 7.4），特別な場合として，第 3 軸上 $(\theta = 0)$ では電場が $\dot{\boldsymbol{v}}$ と一緒に回転する円偏光，12-平面上 $(\theta = \pi/2)$ では直線偏光である（偏光について詳しくは次節参照）．また，エネルギー流密度の大きさは

$$|\hat{\boldsymbol{W}}|_{\rm r} \equiv \frac{q^2}{(4\pi)^2\epsilon_0 c^3 r^2}\left(|\dot{\boldsymbol{v}}|^2 - \frac{|\boldsymbol{r}\cdot\dot{\boldsymbol{v}}|^2}{r^2}\right) = \frac{q^2\alpha^2\left(1-(x_1\cos\omega t_y + x_2\sin\omega t_y)^2/r^2\right)}{16\pi^2 r^2\epsilon_0 c^3}$$

である．時間平均をとると，$(x_1\cos\omega t_y + x_2\sin\omega t_y)^2$ は $(x_1^2+x_2^2)/2 = (r^2/2)\sin^2\theta$ に置き換わり，放射の角度分布は $1-\frac{1}{2}\sin^2\theta = (1+\cos^2\theta)/2$ となる（図 7.6）．エネルギー流量は $\frac{q^2\alpha^2}{6\pi\epsilon_0 c^3}$ で，回転が二つの双極子振動からなることに対応し，(7.10) の 2 倍に等しい．また，円周上を等間隔で同方向に運動する複数個の同じ電荷の粒子を考えると，双極子近似では $\dot{\boldsymbol{v}}$ は個々の電荷の重ね合わせとして表せるので $(\boldsymbol{E})_{\rm w} = 0$ となり，放射は起こらない（中心の周りの双極子能率がゼロであるためといってもよい）．

ただし，その場合でも β に関する高次の効果としては放射が起こるが，電荷を円周上に一様な密度で連続的に分布させた場合は，定常的な円電流の場合に帰着し放射は完全にゼロである．

双極子放射の近似が成り立つための条件を放射電磁波の波長 $\lambda = 2\pi c/\omega$ で表すと，$d \ll c/\omega = \lambda/(2\pi)$ である．つまり，双極子の空間的広がり d が波長に比べて十分に小さくなければばならない．たとえば，原子・分子中の電子からの電磁放射を古典的に扱えると仮定するなら，可視光では波長は 4000∼8000 オングストローム（1 オングストローム $= 10^{-8}$ cm $= 10^{-10}$ m）程度なので，原子分子の大きさを特徴付けるボーア半径 ($r_{\rm B} = 4\pi\epsilon_0\hbar^2/(m_{\rm e}e^2) \sim 0.529 \times 10^{-10}$ m) に比べて十分大きく，双極子放射の近似が成り立つ．

双極子放射は線電流の振動からも導ける．第 3 軸上の区間 $-d/2 < x_3 < d/2$ に次の線電流があるとする ($\delta^2(x) \equiv \delta(x_1)\delta(x_2)$，$J_1 = J_2 = 0$).

$$J_3 = I_0\delta^2(x)\cos(\pi x_3/d)\cos\omega t, \tag{7.11}$$

$$J^0 = c\rho(x) = I_0\delta^2(x)(\pi c/\omega d)\sin(\pi x_3/d)\sin(\omega t) \tag{7.12}$$

電荷保存 $\partial_\mu J^\mu = 0$ と境界条件 $J_3|_{x_3=\pm d/2} = 0$ を満たす最も単純な形を選んだ．これを (4.80) に代入し，$r \to \infty$ で $1/r$ までの近似で積分を行うと次式が得られる ($A_1 = A_2 = 0$).

$$\phi \simeq \frac{I_0 d}{2\pi^2\epsilon_0 c}\frac{x_3}{r^2}\cos\omega(t - r/c), \quad A_3 \simeq \frac{\mu_0 I_0 d}{2\pi^2 r}\cos\omega(t - r/c) \tag{7.13}$$

たとえば，スカラーポテンシャルは

$$\phi(x) = \frac{1}{4\pi\epsilon_0}\frac{I_0\pi}{\omega d}\int_{-d/2}^{d/2}\frac{\sin(\pi y_3/d)\sin\omega(t - |\boldsymbol{x} - \boldsymbol{y}|/c)}{|\boldsymbol{x} - \boldsymbol{y}|}dy_3$$

で $|\boldsymbol{x} - \boldsymbol{y}| \simeq r(1 - x_3 y_3/r^2)$,

$$\sin\omega(t - |\boldsymbol{x} - \boldsymbol{y}|/c) \simeq \sin\omega(t - r/c) + \omega\frac{x_3 y_3}{rc}\cos(t - r/c)$$

と近似してから $1/r$ のオーダーの項が積分 $\int_{-d/2}^{d/2} y_3\sin(\pi y_3/d)dy_3 = 2(d/\pi)^2$ により，上のように求まる．A_3 も同様だ．電場を $1/r$ までの近似で計算すると，結果は (7.8) で $q\omega$ を電流の強さの x_3 に関する平均値 $I \equiv 2I_0/\pi = (I_0/d)\int_{-d/2}^{d/2}\cos(\pi x_3/d)dx_3$ で置き換えたものと一致する．

なお，詳細は割愛するが，電流分布からの放射をより一般的に扱うには，電流密度と電荷密度を同時に 1 個のベクトル $\boldsymbol{k}$ で $\boldsymbol{J} = \frac{\partial \boldsymbol{k}}{\partial t}$, $\rho = -\boldsymbol{\nabla}\cdot\boldsymbol{k}$ と表すと，電荷保存が自動的に満たされ便利である．このとき，ポテンシャルと電磁場は次式で表される．

$$\left(\triangle - \frac{1}{c^2}\frac{\partial^2}{\partial t^2}\right)\boldsymbol{h} = -\frac{\boldsymbol{k}}{\epsilon_0} \Leftrightarrow \boldsymbol{h}(x) = \frac{1}{4\pi\epsilon_0}\int \frac{\boldsymbol{k}(\boldsymbol{y}, t_y)}{|\boldsymbol{x}-\boldsymbol{y}|}d^3y \tag{7.14}$$

$$\phi = -\boldsymbol{\nabla}\cdot\boldsymbol{h},\ \boldsymbol{A} = \frac{1}{c^2}\frac{\partial \boldsymbol{h}}{\partial t} \Leftrightarrow \boldsymbol{E} = -\frac{\boldsymbol{k}}{\epsilon_0} + \boldsymbol{\nabla}\times\boldsymbol{b},\ \boldsymbol{B} = \frac{1}{c^2}\frac{\partial \boldsymbol{b}}{\partial t} \tag{7.15}$$

ただし，$\boldsymbol{b} \equiv \boldsymbol{\nabla}\times\boldsymbol{h}$ である．今の例では，$k_3 = (I_0/\omega)\delta^2(x)\cos(\pi x_3/d)\sin\omega t$ $(k_1 = k_2 = 0)$．静電場なら $\boldsymbol{k}$ は，(6.60) と比較すれば明らかなように，双極子能率密度（分極ベクトル）に対応する．$\boldsymbol{h}$ をヘルツベクトルと呼ぶ．

さて，d が一定のとき，放射エネルギー率は一定で，ω^4 に比例する．定常的に振動しているので，振動子のまわりのエネルギー密度 $\hat{T}^{00}$ も時間平均すると一定である．振動電流の場合に放射エネルギー率をジュール熱に換算して $\frac{1}{2}R_{\mathrm{w}}I^2$ とおいたとき，次式で与えられる係数 R_{w} を放射抵抗と呼ぶ．

$$R_{\mathrm{w}} = \frac{\omega^2 d^2}{6\pi\epsilon_0 c^3} = \frac{2\pi}{3\epsilon_0 c}\left(\frac{d}{\lambda}\right)^2 = \frac{2\pi}{3}\sqrt{\frac{\mu_0}{\epsilon_0}}\left(\frac{d}{\lambda}\right)^2 \tag{7.16}$$

放射抵抗は真空そのものが電磁波の発生に対してもつ抵抗とみなせる．

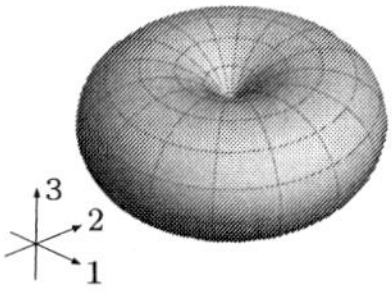

図 7.5　双極子放射の角度分布

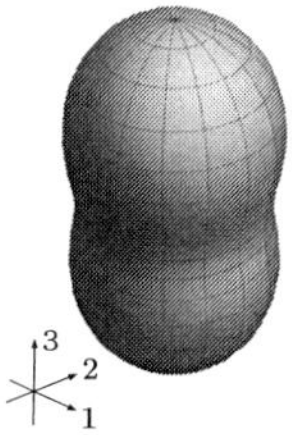

図 7.6　円運動放射の角度分布

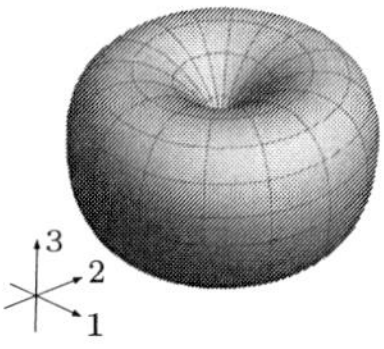

図 7.7　円運動放射の v^2/c^2 効果の角度分布

例 2：円運動からの放射の相対論的効果

双極子放射近似は粒子運動の相対論的効果を無視している．相対論的効果を v^2/c^2 のオーダーまで取り入れた近似で円運動を扱ってみよう（ただし，$r \gg d$ は仮定）．まず，放射電場の式を $1/c$ に関して展開し 2 次までをとると

$$\begin{aligned}(\boldsymbol{E})_{\mathrm{w}} \simeq \frac{\mu_0 q}{4\pi r}\Big[&-\left(\dot{\boldsymbol{v}} - \frac{\boldsymbol{r}(\boldsymbol{r}\cdot\dot{\boldsymbol{v}})}{r^2}\right) - 2\frac{(\boldsymbol{r}\cdot\boldsymbol{v})\dot{\boldsymbol{v}}}{cr} - \frac{\boldsymbol{v}(\boldsymbol{r}\cdot\dot{\boldsymbol{v}})}{cr} + 3\frac{(\boldsymbol{r}\cdot\boldsymbol{v})(\boldsymbol{r}\cdot\dot{\boldsymbol{v}})\boldsymbol{r}}{cr^3}\\ &-3\frac{(\boldsymbol{r}\cdot\boldsymbol{v})^2\dot{\boldsymbol{v}}}{c^2r^2} - 3\frac{(\boldsymbol{r}\cdot\boldsymbol{v})(\boldsymbol{r}\cdot\dot{\boldsymbol{v}})\boldsymbol{v}}{c^2r^2} + 6\frac{(\boldsymbol{r}\cdot\boldsymbol{v})^2(\boldsymbol{r}\cdot\dot{\boldsymbol{v}})\boldsymbol{r}}{c^2r^4}\Big]\end{aligned} \tag{7.17}$$

となる．粒子のエネルギー流出率密度としては，(7.7) を v^2/c^2 までの近似で計算

すればよい．円軌道であるから $\boldsymbol{v}\cdot\dot{\boldsymbol{v}}=0$ を用い，v/c の次数で分類して $W\simeq\frac{q^2}{(4\pi)^2\epsilon_0 c^3 r^2}(w_0+w_1+w_2)$ と表すと以下のようになる．

$$w_0=\left|\dot{\boldsymbol{v}}-\frac{\boldsymbol{r}}{r^2}(\boldsymbol{r}\cdot\dot{\boldsymbol{v}})\right|^2 \tag{7.18}$$

$$w_1=-\left|\dot{\boldsymbol{v}}-\frac{\boldsymbol{r}}{r^2}(\boldsymbol{r}\cdot\dot{\boldsymbol{v}})\right|^2\frac{\boldsymbol{r}\cdot\boldsymbol{v}}{cr}+4\frac{(\boldsymbol{r}\cdot\boldsymbol{v})}{cr}|\dot{\boldsymbol{v}}|^2-6\frac{(\boldsymbol{r}\cdot\boldsymbol{v})(\boldsymbol{r}\cdot\dot{\boldsymbol{v}})^2}{cr^3} \tag{7.19}$$

$$w_2=6\frac{(\boldsymbol{r}\cdot\boldsymbol{v})^2}{c^2r^2}|\dot{\boldsymbol{v}}|^2+\frac{v^2}{c^2r^2}(\boldsymbol{r}\cdot\dot{\boldsymbol{v}})^2-15\frac{(\boldsymbol{r}\cdot\boldsymbol{v})^2(\boldsymbol{r}\cdot\dot{\boldsymbol{v}})^2}{c^2r^4} \tag{7.20}$$

双極子近似では放射場の振動数は元の運動の振動数 ω と一致する寄与だけが残るが，(7.17) のように近似を上げると，$\boldsymbol{v},\dot{\boldsymbol{v}}$ について 2 次以上の項が現れ，一般には放射場の振動数について $n\omega$ $(n=1,2,3,\ldots)$ の寄与がある．

上の結果でさらに時間平均をとろう．円軌道は例 1 同様に 12-平面の原点を中心であるとすると，第 3 軸まわりの回転対称性により速度と加速度について奇数次の項はすべてゼロ，また，偶数次で 4 次までの項でゼロとならないのは，

$$\langle v_iv_j\rangle=\frac{1}{2}v^2\delta_{ij},\quad \langle\dot{v}_i\dot{v}_j\rangle=\frac{1}{2}\alpha^2\delta_{ij} \tag{7.21}$$

$$\langle v_iv_j\dot{v}_k\dot{v}_\ell\rangle=\frac{v^2\alpha^2}{8}(3\delta_{ij}\delta_{k\ell}-\delta_{ik}\delta_{j\ell}-\delta_{i\ell}\delta_{jk}) \tag{7.22}$$

のみである $(v=\omega d,\alpha=\omega^2 d,v_i=\dot{y}_i)$[*3]．ただし，記号 $\langle O\rangle$ で任意の速度と加速度の積 O の時間平均値を表し，$i,j,k,\ell\in\{1,2\}$ である（添字は平面方向成分）．w_0 は，例 1 の双極子放射の近似に他ならない．w_1 の時間平均はゼロで無視できる．2 次の寄与は $(x_1^2+x_2^2)/r^2=\sin^2\theta$ により次式になる（図 7.7）．

$$\langle w_2\rangle=\frac{v^2\alpha^2}{c^2}\left[\frac{7}{2}\sin^2\theta-\frac{15}{8}\sin^4\theta\right] \tag{7.23}$$

角度積分を行うと $2\pi\int_0^\pi\langle w_2\rangle\sin\theta d\theta=(16\pi/3)\times(v^2\alpha^2/c^2)$ となり，例 1 の結果と合わせて，粒子のエネルギー損失率は $(v/c)^2$ までの近似で

$$\mathcal{W}=\int W|d\boldsymbol{S}|\simeq\frac{q^2\alpha^2}{6\pi\epsilon_0 c^3}(1+2v^2/c^2) \tag{7.24}$$

に等しい．図 7.6 と図 7.7 を比較すると納得できるように，相対論的効果は荷電粒子の回転面上の放射エネルギーを増大させる傾向にあることは，この例で調べた $(v/c)^2$ の結果と調和している．

[*3] (7.22) を導くには，まず回転対称性と添字の対称性から，2 個の定数 a,b により $\langle v_iv_j\dot{v}_k\dot{v}_\ell\rangle=a\delta_{ij}\delta_{k\ell}+b(\delta_{ik}\delta_{j\ell}+\delta_{i\ell}\delta_{jk})$ とおけることに注意しよう．そこで，両辺の $i=j,k=\ell$ の縮約，および，$i=\ell,j=k$ の縮約を計算すると，係数が $a=3v^2\alpha^2/8=-3b$ と決まる．

例 3：一様加速運動からの放射

双極子放射とは異なる状況の例として，加速が一定の方向に続く場合を考えてみよう．相対論的運動量の変化率が一定で，軌道は次式を満たすとする（運動は第 3 軸方向，f が外力，相対論的加速度は $\alpha = f/m$, $\dot{y}_3 = v_3$）．

$$\frac{d}{dt}\Big(\frac{\dot{y}_3}{\sqrt{1 - v_3(t)^2/c^2}}\Big) = \frac{f}{m} \tag{7.25}$$

たとえば，(3.40) と比較すれば一定の電場が第 3 軸方向にあるのに相当する．考えやすくするため，初期条件を $a \equiv y_3(0) = mc^2/f = c^2/\alpha, v_3(0) = \dot{y}_3(0) = 0$ と選ぶと，解は $y_3(t) = \sqrt{a^2 + (ct)^2}$ で

$$y_3^2 - (ct)^2 = a^2 \tag{7.26}$$

を満たす双曲線である (図 7.8)．$t = \pm\infty$ で限りなく光円錐 $y_3^2 = c^2t^2$ に近づき，$t = 0$ で第 3 軸と $y_3(0) = x_3 = a$ で交わる．この形から，第 3 軸方向の任意のローレンツ変換で不変，つまり $(y_3'(t'))^2 - (ct')^2 = y_3(t)^2 - (ct)^2 = a^2$ で，第 3 軸方向に運動する任意の（原点を一致させた）慣性系で軌道の形の時間の関数は同じ形，$y_3'(t') = y_3(t')$ が成り立つ．軌道上の任意の位置 P に t_y を選んだとき，電磁波が伝播する光円錐の第 3 軸での断面は図で 45 度に描かれた斜めの点線である．したがって，$x_3 > -ct$ を満たす任意の位置を選んだとき，この光円錐に乗るように P を選ぶことが可能である．しかし，$x_3 < -ct$ の領域では，対応する t_y が存在できない．よって，そこでは（因果律を満たす）$A_\mu(x)$ はゼロ，電磁場もゼロである．また，P における粒子速度がゼロの局所慣性系を考えると，その同時刻線は原点 O と P を通る直線であり，時間軸はこの点 P で軌道に接する直線（斜めの破線）と平行な AOB である．軌道関数が慣性系によらないため，$A_\mu(x)$ もローレンツ変換で不変で

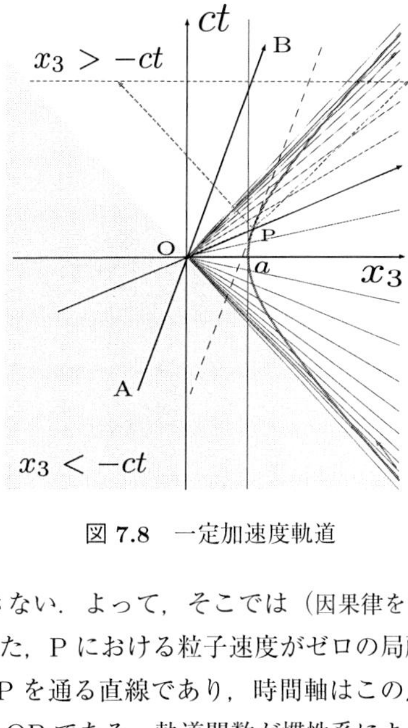

図 7.8 一定加速度軌道

$$A'_\mu(x') = A_\mu(x'), \quad F'_{\mu\nu}(x') = F_{\mu\nu}(x') \tag{7.27}$$

が成り立つ．このため，遠方での放射場は観測する位置が同じであればどの慣性系でも同じ形であり，エネルギー流も同じである．各遅延時刻ごとに粒子速度がゼロ $(v_3(t_y) = 0)$

の慣性系で考えればラーモアの公式をそのまま使えるから，放出エネルギー量はどの慣性系で測定しても，単位時間当たりでは一定で，$q^2|\dot{\boldsymbol{v}}(t_y)|^2/6\pi\epsilon_0 c^3 = q^2\alpha^2/6\pi\epsilon_0 c^3$ に等しい．たとえば，荷電粒子が短時間 T だけ速度と平行な向きの一様な電場に進入すると，一定加速度の力を受け放射により $q^2\alpha^2 T/6\pi\epsilon_0 c^3$ だけエネルギーの損失が起こり（この種の放射を制動放射と呼ぶ），放射により運動は減衰する（放射減衰）．

一方，粒子の近傍では，場は近似的に定常的な場合と同じ形で表され，その変化は 5.6 節でローレンツ変換を用いて調べたように速度だけで決まる．速度は $t_y < 0$ では減速されて減少，$t_y > 0$ では加速され増大する．したがって，この運動を保つために加える仕事は，双極子放射の場合とは異なり，加速と減速に応じて増減する．

任意の加速運動の場合に粒子のエネルギー損失率について考えてみよう．(7.6) は遅延時刻 t'_y において粒子の瞬間的静止系で粒子のエネルギー $E' = cp'_0$ の固有時間 τ に関する放射による変化率を与えているとみなせる．これは 4 元運動量を用いて（添字 rad で放射による寄与であることを明示）

$$\left(\frac{dp'^0}{d\tau}\right)_{\rm rad} = -\frac{\mathcal{W}'}{c} = -\frac{q^2|\dot{\boldsymbol{v}}'(t'_y)|^2}{6\pi\epsilon_0 c^4}, \quad \left(\frac{d\boldsymbol{p}'}{d\tau}\right)_{\rm rad} = 0 \tag{7.28}$$

と表せる．放射による空間運動量の変化率がゼロなのは，$\mathcal{W}'$ が反転 $\boldsymbol{r}' \to -\boldsymbol{r}'$ で不変であるという性質に対応し，放射場の空間運動量の総和は t'_y の各瞬間ごとにゼロだからだ．一般の慣性系では (7.7) を角度積分して求めることもできるが，ここでは計算の簡単のため，(7.28) の両辺を粒子の 4 元速度 $dy^\mu/d\tau$，4 元加速度 $d^2y^\mu/d\tau^2$ により書き直してローレンツ変換で共変的な関係式として求めよう．まず，一般の慣性系で次式が成り立つことに着目する．

$$\frac{d^2\boldsymbol{y}}{d\tau^2} = \gamma\frac{d}{dt}(\gamma\boldsymbol{v}) = \gamma^4\frac{\boldsymbol{v}\cdot\dot{\boldsymbol{v}}}{c^2}\boldsymbol{v} + \gamma^2\dot{\boldsymbol{v}}, \quad \frac{d^2t}{d\tau^2} = \gamma\frac{d\gamma}{dt} = \gamma^4\frac{\boldsymbol{v}\cdot\dot{\boldsymbol{v}}}{c^2}$$

$\boldsymbol{v} = 0$ なら，$\frac{d^2\boldsymbol{y}}{d\tau^2} = \dot{\boldsymbol{v}}, \frac{d^2t}{d\tau^2} = 0$ で (7.28) の右辺の形にちょうど合わせられる．よって，一般の慣性系に拡張して両辺の変換性が正しく再現される

$$\left(\frac{dp^\mu}{d\tau}\right)_{\rm rad} = -\frac{q^2}{6\pi\epsilon_0 c^4}\left(\frac{d^2y^\nu(t_y)}{d\tau^2}\frac{d^2y_\nu(t_y)}{d\tau^2}\right)\frac{dy^\mu(t_y)}{d\tau} \tag{7.29}$$

に書き直せる．これを再び 3 次元表示に戻せば，

$$\frac{d^2y^\nu(t_y)}{d\tau^2}\frac{d^2y_\nu(t_y)}{d\tau^2} = \left|\frac{d^2\boldsymbol{y}}{d\tau^2}\right|^2 - c^2\left(\frac{dt^2}{d\tau^2}\right)^2 = \frac{|\dot{\boldsymbol{v}}|^2 - \frac{1}{c^2}|\boldsymbol{v}\times\dot{\boldsymbol{v}}|^2}{\left(1 - \frac{|\boldsymbol{v}|^2}{c^2}\right)^3}$$

を用い，次式の結果になる（右辺は前と同様，遅延時刻 t_y での量）．

$$\left(\frac{dE}{dt}\right)_{\text{rad}} = -\frac{q^2}{6\pi\epsilon_0 c^3}\frac{|\dot{\boldsymbol{v}}|^2 - \frac{1}{c^2}|\boldsymbol{v}\times\dot{\boldsymbol{v}}|^2}{\left(1-\frac{|\boldsymbol{v}|^2}{c^2}\right)^3}, \tag{7.30}$$

$$\left(\frac{d\boldsymbol{p}}{dt}\right)_{\text{rad}} = -\frac{q^2\boldsymbol{v}}{6\pi\epsilon_0 c^5}\frac{|\dot{\boldsymbol{v}}|^2 - \frac{1}{c^2}|\boldsymbol{v}\times\dot{\boldsymbol{v}}|^2}{\left(1-\frac{|\boldsymbol{v}|^2}{c^2}\right)^3} \tag{7.31}$$

たとえば，円運動だと $|\boldsymbol{v}\times\dot{\boldsymbol{v}}|^2 = \alpha^2 v^2$ であるから，(7.30) は

$$\left(\frac{dE}{dt}\right)_{\text{rad}} = -\frac{q^2}{6\pi\epsilon_0 c^3}\frac{\alpha^2}{(1-v^2/c^2)^2} = -\frac{q^2\alpha^2}{6\pi\epsilon_0 c^3}(1+2v^2/c^2+\cdots) \tag{7.32}$$

となり，例 2 の結果と調和する．また，一様加速運動の場合は，

$$v_3(t_y) = \frac{c^2 t_y}{\sqrt{a^2+(ct_y)^2}}, \quad \dot{v}_3(t_y) = \frac{c^2 a^2}{(\sqrt{a^2+(ct_y)^2})^3} \tag{7.33}$$

を代入して相対論的加速度 α で表せば次式が得られ，

$$\left(\frac{dE}{dt}\right)_{\text{rad}} = -\frac{q^2\alpha^2}{6\pi\epsilon_0 c^3}, \quad \left(\frac{d\boldsymbol{p}}{dt}\right)_{\text{rad}} = -\frac{q^2\alpha^2\boldsymbol{v}}{6\pi\epsilon_0 c^5} \tag{7.34}$$

確かにエネルギー放射率は一定で，例 3 の結果と一致する．

(7.30) により，加速度によって起こる電磁波によるエネルギー流の強さは，加速度と速度それぞれの大きさが同じなら $\boldsymbol{v}$ と $\dot{\boldsymbol{v}}$ の向きが平行なときに最大で，速度が光速度 c に近づくにつれ $1/(1-v^2/c^2)^3$ に比例し増大する．しかし，(7.33) が示すように，直線的に一定の力で加速を続けた場合の加速度 $|\dot{\boldsymbol{v}}|$ は速度が増大するにつれ減少するため，損失エネルギー率は $v\to c$ で一定値に近づく．これに対して円運動のように $\boldsymbol{v}$ と $\dot{\boldsymbol{v}}$ が直交しているときは，$1/(1-v^2/c^2)^2$ に比例する．たとえば，一様な磁場 $\boldsymbol{B}$ に垂直に荷電粒子を打ち出すと，粒子は曲げられて円運動を起こし電磁波を放射する（シンクロトロン放射）．運動方程式 $\frac{d\boldsymbol{p}}{dt} = q(\boldsymbol{v}\times\boldsymbol{B})$ により，$\frac{d\boldsymbol{v}}{dt} = \omega\times\boldsymbol{v}, \omega = -\frac{c^2 q}{E}\boldsymbol{B}, E = mc^2/\sqrt{1-v^2/c^2}$ で，軌道半径が r だと $v = |\omega| r$, $\alpha = \omega v$ で，損失エネルギー率は次式となる．

$$\left(\frac{dE}{dt}\right)_{\text{rad}} = -\frac{q^2}{6\pi\epsilon_0 c^3}\frac{v^4E^4}{r^2(mc^2)^4} = -\frac{q^2}{6\pi\epsilon_0 c}\left(\frac{q|\boldsymbol{B}|}{m}\right)^2\left[\left(\frac{E}{mc^2}\right)^2 - 1\right] \tag{7.35}$$

素粒子実験等に用いる（円型）粒子加速器では v はほぼ光速に等しい．同じエネルギーなら軌道半径が大きく質量が大きいほどエネルギー損失率は低い [*4]．荷電粒子を加速する立場からはシンクロトロン放射はエネルギーの損失であるが，放射電磁波を利用する観点からは，相対論的なシンクロトロン放射は指向性が高く制御しやすいため，生命・物質科学から医学，産業分野まで研究・応用に広く利用されている（たとえば

[*4] 陽子を用いる CERN の LHC の場合，$r \simeq 4.25$ km，$E \simeq 7$ TeV，1 周期当たりのエネルギー損失は $-\frac{2\pi}{\omega}\left(\frac{dE}{dt}\right)_{\text{rad}} \simeq 190$ MeV 程度で，それほど大きいものではない．

SPring 8 大型放射光施設 *5)).

以上のように加速度があると一般に電磁場のエネルギーや運動量が無限遠に流れ去る．5.2 節で議論した自己力の打ち消しには，運動量の流れが無限遠でゼロである事実が本質的な役割を果たすのを思い起こそう．つまり，加速度があると一般に自己力はゼロではなく，エネルギー損失と自己力の存在は密接に関係する．本節では粒子の運動や振動電流が与えられたものとして，発生する電磁波とそのエネルギーの流れを調べてきたが，自己力があるなら，荷電粒子の運動方程式もその効果を取り入れて調べなければならない．自己力は粒子が自分で作る場によって決まるものだから運動と自己力が絡み合い非線形な問題になる（6.1 節参照）．これらの問題については，本書の想定レベルとページ数からいって詳しい分析をする余裕はない．また，この問題はつきつめると，自己エネルギーを通じ荷電粒子のミクロ構造の問題に関係する．それは古典電磁気学の枠内で十分に満足がいく解決がされているわけではなく，本来，量子力学に基づいた相対論的電磁気学（量子電気力学）が必要になる *6)．

7.2 電磁波のローレンツ変換と偏光

電磁波，特に（単色）平面波，の性質に関して簡単に整理しておこう．

(1) 電磁波のローレンツ変換：ドップラー効果と光行差

真空中の平面電磁波のローレンツ変換は，ローレンツゲージ条件を選び $A_\mu = a_\mu e^{ik_\nu x^\nu}$ と表すと，$a'_\mu = L_\mu^{\ \nu} a_\nu$ である ($k'_\nu x'^\nu = k_\nu x^\nu$)．場の方程式，ゲージ条件，電磁場テンソル $F_{\mu\nu}$ は，次式のように明白にローレンツ共変な形に書ける．

$$k_\mu k^\mu = 0, \quad a_\mu k^\mu = 0, \quad F_{\mu\nu} = i(k_\mu a_\nu - k_\nu a_\mu)e^{ik_\sigma x^\sigma} \tag{7.36}$$

このとき，振幅にはまだ任意のスカラー量 b による残留ゲージ変換と呼ばれる不定性 $a_\mu \to a_\mu + bk_\mu$ が残っている（$F_{\mu\nu}$ はこの変換で不変）．これはローレンツ条件ではこの形のゲージ変換を禁止できないためだ．

一つの慣性系 K で $k^\mu = (\boldsymbol{k}, k^0)$ とおくと，波数ベクトル，波長，（角）振動数は

---

*5) **Super Photon ring-8** GeV の略

*6) 困難は，(7.3) が $x^\mu = y^\mu$ で無限大になるのに現れている．一様運動なら自己力は打ち消し，この無限大は最終結果には響かない．加速度があると（例 3 で扱った一定加速度運動という特別な場合を除き）そうではなく，連続的に広がった電荷分布から点電荷の極限により古典電磁気学をミクロスケールに適用しようとすると限界が露呈する．ミクロスケールの理論である量子電気力学では，電荷の強さについての展開に基づく摂動論（繰り込み理論）と呼ばれる近似に基づいて困難が回避でき，実験結果を極めてよく説明する．なお，古典電気力学における自己力の問題については，一般相対性理論における関連問題も含め，別著『相対性理論講義』（米谷民明，SGC ライブラリー，サイエンス社，近刊予定）の第 9–12 章に詳しく論じてあるので，興味がある読者は参照のこと．

関係 $|\boldsymbol{k}| = 2\pi/\lambda, k^0 = \omega/c = 2\pi\nu/c = |\boldsymbol{k}|$ を満たす．電磁波が第 3 軸に対して角度 θ の向きに伝播している ($k_3 = |\boldsymbol{k}|\cos\theta$) なら，第 3 軸方向のローレンツ変換で K と結び付く別の慣性系 K′ では $k'_3 = |\boldsymbol{k}|\gamma(\cos\theta - \beta), k'^0 = k^0\gamma(1 - \beta\cos\theta)$ と表せ ($k'_1 = k_1, k'_2 = k_2$)，K′ 系での振動数は次式である．

$$\nu' = \nu\gamma(1 - \beta\cos\theta) \tag{7.37}$$

これは光のドップラー効果を表す．$\theta = 0$ なら，$\nu' = \nu\sqrt{(1-\beta)/(1+\beta)}$ で，もし $\beta \ll 1$ なら，$\nu' \simeq \nu(1-\beta)$ で近似でき，β の 1 次までの近似ではガリレイ変換に基づくよく知られたドップラー効果の式と一致する．また，$\theta = \pi/2$ の場合は $\nu' = \gamma\nu$ であることに注意しよう（横ドップラー効果）．もちろん，ガリレイ変換ではこの効果は出ない．また，K′ 系での電磁波の伝播方向が 1 軸となす角度 θ' は，$|\boldsymbol{k}'| = k'^0$ により次式になる．

$$\cos\theta' = \frac{k'_3}{|\boldsymbol{k}'|} = \frac{|\boldsymbol{k}|}{|\boldsymbol{k}'|}\gamma(\cos\theta - \beta) = \frac{\cos\theta - \beta}{1 - \beta\cos\theta} \tag{7.38}$$

$\theta' - \theta$ を光行差と呼ぶ．ガリレイ変換ではこれも正しくは得られない．

例 1：物質中の波のドップラー効果

K 系で静止している物質中を有限の速度 V で第 3 軸向きに伝わる波の位相は $k_3(x_3 - Vt)$ と書ける．これを K′ 系で表した

$$k_3(x_3 - Vt) = k_3\gamma(x'_3 + vt) - k_3 V\gamma\Big(t' + \frac{\beta}{c}x'_3\Big)$$

を，K′ 系での波数 k'_3 と速度 V' として $k'_3(x'_3 - V't')$ とおくと

$$k'_3 = k_3\gamma\Big(1 - \beta\frac{V}{c}\Big), \quad V' = \frac{V - v}{1 - \beta\frac{V}{c}}, \quad \nu' = \nu\gamma\Big(1 - \frac{v}{V}\Big) \tag{7.39}$$

が得られる．当然，$c \to \infty$ とするとガリレイ変換から得られる結果と一致する．また，速度の変換は (2.40) と調和している．屈折率が n の物質中では光の位相速度は $V = c/n$ となるが，この場合に上の結果を応用すると，K′ 系での速度は $V' = V(1-(nv/c))/(1-(v/nc))$ で，β^2 を無視する近似では $V' \simeq V - v\Big(1 - \frac{1}{n^2}\Big)$ となる．係数 $f \equiv 1 - 1/n^2$ は，フレネルの引き摺り係数と呼ばれる．エーテルの立場では，f は物質がエーテル中を運動するときに f の割合でエーテルが物質に引き摺られていると解釈ができる．しかし，特殊相対性原理に従えば，f はそのような力学的意味をもつのではなく，単に慣性系の間での時間空間の違いに起因する純粋に運動学的な効果である．

(2) 電磁波の偏光と角運動量

平面波の伝播方向を第 3 軸正方向 ($\theta = 0$) としよう．このとき，$k_3 a_3 - k_0 a_0 = 0$

により，$a_3/a_0 = k_0/k_3 = -1$ よって，ゲージ変換 $a_\mu \to a'_\mu = a_\mu + bk_\mu$ $b = -a_0/k_0$ を施すと，$a'_0 = a'_3 = 0$ となる．つまり，ゲージ変換の自由度を除けば A_μ のゼロでない成分は (a_1, a_2) だけで，3 軸方向のローレンツ変換で A_μ の振幅は不変とみなせる．2 次元ベクトル (a_1, a_2) を偏極ベクトルと呼ぶ．このとき，$F_{\mu\nu}$ のゼロと異なる成分は $F_{31} = ik_3a_1 = B_2, F_{32} = ik_3a_2 = -B_1, F_{10} = -ik_0a_1 = E_1/c, F_{20} = -ik_0a_2 = E_2/c$ である．よって，$F_{\mu\nu}$ の第 3 軸方向のローレンツ変換は磁場については $k_3 = -k_0$, 電場については k_0 と同じ変換になる．言い換えると，どちらも振動数と同じ変換，すなわち，(7.37) で $\theta = 0$ としたものになる．この結果は 5.6 節の $\mathcal{U} = \mathcal{V} = 0$ の場合の結論と一致し，電磁場の変換性を 3 次元ベクトルで表した (3.50), (3.51) と調和する．

偏極ベクトルを $a_i = \alpha_i + i\beta_i$ $(i = 1, 2)$ とおくと，A_i の実数成分は

$$A_i(x_3, t) = \alpha_i \cos(k_3x_3 - \omega t) - \beta_i \sin(k_3x_3 - \omega t) \tag{7.40}$$

である．このとき，$\cos^2 x + \sin^2 x = 1$ により次式が成り立つ．

$$\frac{(\alpha_2^2 + \beta_2^2)(A_1)^2 - 2(\alpha_1\alpha_2 + \beta_1\beta_2)A_1A_2 + (\alpha_1^2 + \beta_1^2)(A_2)^2}{(\alpha_1\beta_2 - \alpha_2\beta_1)^2} = 1$$

これは (A_1, A_2) 平面における楕円を表す．つまり，一般的な電磁波は楕円偏光である．(12)–座標を回転して $\alpha_1\alpha_2 + \beta_1\beta_2 = 0 \to \alpha_1/\beta_1 = -\beta_2/\alpha_2$ となるように選ぶことができる．そこで，$\alpha_1 + i\beta_1 = b_1e^{i\theta}, \alpha_2 + i\beta_2 = i(\beta_2 - i\alpha_2) = ib_2e^{i\theta}$ (b_1, b_2, θ は実数) とおいて

$$(A_1, A_2) = (b_1 \cos\phi(x_3, t), -b_2 \sin\phi(x_3, t)), \quad \frac{A_1^2}{b_1^2} + \frac{A_2^2}{b_2^2} = 1 \tag{7.41}$$

と書ける ($\phi(x_3, t) \equiv k_3x_3 - \omega t + \theta$). $b_1^2 - b_2^2 = 0$ のときは円偏光，$b_1b_2 = 0$ のときは直線偏光である．それぞれに対応する $\boldsymbol{A}$ の基底ベクトルを

$$\boldsymbol{e}_\pm \equiv (\cos\phi(x_3, t), \mp \sin\phi(x_3, t)) \tag{7.42}$$

$$\boldsymbol{e}_1 \equiv \sqrt{2}(\cos\phi(x_3, t), 0), \quad \boldsymbol{e}_2 \equiv \sqrt{2}(0, -\sin\phi(x_3, t)) \tag{7.43}$$

で定義すると，次式が成り立つ（図 7.4）．

$$\boldsymbol{A} = \frac{1}{\sqrt{2}}(b_1\boldsymbol{e}_1 + b_2\boldsymbol{e}_2) = \frac{b_1 + b_2}{2}\boldsymbol{e}_+ + \frac{b_1 - b_2}{2}\boldsymbol{e}_- \tag{7.44}$$

ただし，基底ベクトルは時間平均，$\langle\cos^2\phi(x_3, t)\rangle = \langle\sin^2\phi(x_3, t)\rangle = 1/2$，をとったとき正規直交関係 $\langle\boldsymbol{e}_i \cdot \boldsymbol{e}_j\rangle = \delta_{ij}$ が成り立つように選んだ（添字 i, j は円偏光基底では $(+, -)$，直線偏光基底では $(1, 2)$）．このように，一般の楕円偏光は二つの独立な直線

偏光の線形結合，あるいは円偏光の線形結合により表せる．独立で意味のある（実数）自由度が結局 2 個に帰着するのは，電磁場の力学的自由度が場の相空間で表したとき一般化座標，一般化運動量とも独立な場は 2 個であるのと対応する（5.8 節）．

エネルギー密度，エネルギー流密度に着目すると

$$\hat{w} \equiv \left\langle \frac{1}{2}\Big(\epsilon_0|\boldsymbol{E}|^2 + \frac{1}{\mu_0}|\boldsymbol{B}|^2\Big) \right\rangle = \frac{1}{c}\left\langle \frac{1}{\mu_0}(\boldsymbol{E}\times\boldsymbol{B})_3 \right\rangle$$
$$= \epsilon_0\omega^2\Big(\frac{b_1^2}{2} + \frac{b_2^2}{2}\Big) = \epsilon_0\omega^2\Big(\frac{(b_1+b_2)^2}{4} + \frac{(b_1-b_2)^2}{4}\Big)$$

となり，エネルギー密度とエネルギー流密度は，時間平均すると直線偏光，あるいは，円偏光の重ね合わせの強さの 2 乗の和として表せる．さらに，5.8 節最後に述べたハミルトン形式での角運動量に着目しよう．(5.136) により，角運動量密度（$\boldsymbol{\ell}$ で表す）は次式のように表せる ($\boldsymbol{\Pi} = \epsilon_0 \frac{\partial \boldsymbol{A}}{\partial t}$).

$$\boldsymbol{\ell} \equiv \Pi_\ell \boldsymbol{\delta}^{\mathrm{r}} A_\ell = \boldsymbol{x}\times(-\Pi_\ell \boldsymbol{\nabla} A_\ell) + \boldsymbol{s}, \quad \boldsymbol{s} \equiv \boldsymbol{A}\times\boldsymbol{\Pi} \tag{7.45}$$

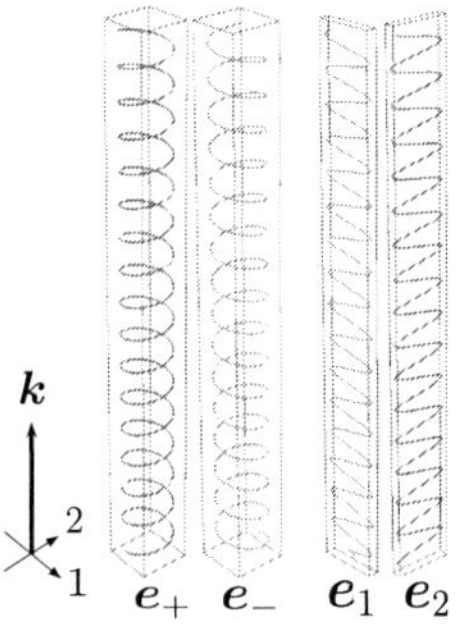

図 7.9 偏光の基底

平面電磁波は $\boldsymbol{k}$ 方向，今の場合は第 3 軸方向に直進的にしている．$\boldsymbol{n}\cdot\boldsymbol{\ell}$ ($\boldsymbol{n} \equiv \boldsymbol{k}/|\boldsymbol{k}|$) を考えると，$\boldsymbol{k}\cdot(\boldsymbol{x}\times\boldsymbol{\nabla})A_\ell = 0$ であるから，$\boldsymbol{s}$ の寄与だけが残り，

$$\boldsymbol{n}\cdot\boldsymbol{s} = \epsilon_0\omega b_1 b_2 = \epsilon_0\omega\Big(\frac{(b_1+b_2)^2}{4} - \frac{(b_1-b_2)^2}{4}\Big) \tag{7.46}$$

となる．つまり，円偏光 $\boldsymbol{e}_+, \boldsymbol{e}_-$ は，エネルギーとその流れについて同じ強さで寄与するが，伝播方向の角運動量には互いに逆符号で寄与する．3.2 節で述べた光子の考えを思い起こそう．量子力学により電磁場を扱うと，電磁波は波としての性質と質量がゼロの粒子 = 光子としての性質をもつ．光子は速度 c で運動し光子 1 個のエネルギーは，対応する電磁波の振動数に比例し $h\nu = \hbar\omega$ である．この立場では光子の平均エネルギー密度を次式で表せる．

$$\hat{w} = (n_+ + n_-)\hbar\omega, \quad n_\pm \equiv \epsilon_0\omega\frac{(b_1 \pm b_2)^2}{4\hbar} \tag{7.47}$$

$n_\pm$ は $\pm$ 円偏光の光子の平均密度に対応するわけだ．$\boldsymbol{n}\cdot\boldsymbol{s} = (n_+ - n_-)\hbar$ だから，$\pm$ 円偏光の光子は互いに逆符号で，$\pm\hbar$ の角運動量をもつ．直線偏光は $n_+ = n_-$ に対応する．通常の軌道角運動量は，$\boldsymbol{x}$ と運動量密度 $-\Pi_\ell \boldsymbol{\nabla} A_\ell$ とのベクトル積の形から納得できるように (7.45) の第 1 項で表されているが，このように電磁波 = 光子にはこれ以外に $\boldsymbol{k}$ を軸とする自転に対応する強さ $\hbar$ スピン角運動量がある．(b_1, b_2) は 3 軸方向のローレンツ変換で不変であるのに対応し，$\boldsymbol{n}\cdot\boldsymbol{s}$ は一般に $\boldsymbol{n}$ 方向のローレン

ツ変換で不変である [*7)].

例 2：時空の相対論的調和振動子としての平面電磁波 = 光子

すでに本章の冒頭で触れたが，5.8 節の例からわかるように平面波は真空中の電磁場を構成する無限個の調和振動子を一つ取り出したことに相当する（ただし，R は十分大きいとし，波数ベクトル $\boldsymbol{k}_n = \boldsymbol{k}$ を連続変数として扱う）．この例で導入した調和振動子関数 ($\boldsymbol{k}\cdot\boldsymbol{b}_k = 0$, (5.130), (5.131))

$$\boldsymbol{A} \to \boldsymbol{q}_k(x) \equiv \frac{1}{\sqrt{2}}\left(\boldsymbol{b}_k e^{ikx} + \overline{\boldsymbol{b}_k} e^{-ikx}\right), \tag{7.48}$$

$$\boldsymbol{\Pi} \to \boldsymbol{p}_k(x) \equiv -i\epsilon_0 \frac{\omega}{\sqrt{2}}\left(\boldsymbol{b}_k e^{ikx} - \overline{\boldsymbol{b}_k} e^{-ikx}\right) \tag{7.49}$$

からのエネルギー密度への寄与は，次式の形になり

$$\hat{T}^{00}(x) = \frac{1}{2\epsilon_0}|\boldsymbol{p}_k(x)|^2 + \frac{|\boldsymbol{k}|^2}{2\mu_0}|\boldsymbol{q}_k(x)|^2 \equiv H_k(x) \tag{7.50}$$

確かに調和振動子のエネルギーである．実際，対応するハミルトンの運動方程式が満たされていることが容易に確かめられる．

$$\frac{d\boldsymbol{q}_k(x)}{dt} = \frac{\boldsymbol{p}_k(x)}{\epsilon_0} = \frac{\partial H_k(x)}{\partial \boldsymbol{p}_k(x)}, \quad \frac{d\boldsymbol{p}_k(x)}{dt} = -\epsilon_0\omega^2\boldsymbol{q}_k(x) = -\frac{\partial H_k(x)}{\partial \boldsymbol{q}_k(x)} \tag{7.51}$$

$\boldsymbol{b}_k(x) \equiv \boldsymbol{b}_k e^{ikx} = \frac{1}{\epsilon_0\sqrt{2}}(\epsilon_0\omega\boldsymbol{q}_k(x) + i\boldsymbol{p}_k(x))$ で表すと，$H_k(x) = \epsilon_0\omega^2\boldsymbol{b}_k(x)\cdot\overline{\boldsymbol{b}_k(x)}$，$\partial_\mu\boldsymbol{b}_k(x) = ik_\mu\boldsymbol{b}_k(x)$ である．通常の調和振動子では $b(t) = (m\omega q(t) + ip(t))/m\sqrt{2}$，$\dot{b}(t) = -i\omega b(t)$ に対応し，ω, t が 4 元ベクトル k_μ, x^μ に置き換わったという意味で，平面電磁波（= 光子）は，時空の相対論的な調和振動子とみなせる．これはポテンシャル場が慣性をもち自律的に運動する自由度であることを反映する典型的な性質である．また，光子の立場では，$n_+ + n_- = \epsilon_0\omega\boldsymbol{b}_k\cdot\overline{\boldsymbol{b}_k}/\hbar$ で，振動の振幅の強さの 2 乗が光子数に比例する．

真空中の電磁場を様々な振動数の調和振動子の合成として（すなわち，フーリエ級数として）表すのは，光子の集まりとして表すことに相当するわけだが，制動放射やシンクロトロン放射は，この立場からすると電磁場の源としての荷電粒子に加速度があるとき光子の分布が一定速度の場から歪み，その結果として歪んだ部分に対応する光子（これを仮想光子と呼ぶ）が投げ出されて放射になるという描像が成り立つ．本書ではこの描像で扱う余裕はないが，この立場からも荷電粒子による放射の発生，伝播，吸収，散乱等を表せる．

---

*7) 簡単のため振動数が確定した平面波で説明したが，一般の電磁波は 5.8 節の例で論じたように，異なる振動数，波数ベクトルの平面波の重ね合わせ（波束と呼ぶ）として表せる．エネルギー，運動量，角運動量も，重ね合わさる平面波ごとの寄与の積分である．(7.45) を用いるには積分するとき表面項を無視できる必要があるが，波束によってこの条件を満たすことができる．

7.3 電磁波と物質

6.5 節ですでに触れたように，一様等方な物質中の定常的な電磁場の経験法則が時間変動があるときでもそのまま成り立つなら，基本方程式は真空の ϵ_0, μ_0 を ϵ, μ で置き換えたものになる ((6.87)∼(6.89))．物質中でも荷電粒子が加速度をもつと放射場が発生・伝播し，それは前節の結果で $\epsilon_0 \to \epsilon, \mu_0 \to \mu$ と置き換えて表される．場の作用の伝達速度と電磁波の速度は $1/\sqrt{\epsilon\mu}$ である．強磁性体以外の通常の物質では μ と μ_0 の差は，高々 1%以下なのでこの速度は誘電率 $\epsilon > \epsilon_0$ の値でほぼ決まり，一般に c より小さい．また，$\boldsymbol{J}_{\rm f}, \rho_{\rm f}$ は，分極電流・電荷を除いたすべての電流を表す．特に通常の金属導体中の電流についてはマクロな伝導電流 $\boldsymbol{J}_{\rm c}$ と，それ以外の寄与 $\boldsymbol{J}_{\rm t}$（真電流）に分けて表すと $\boldsymbol{J}_{\rm f} = \boldsymbol{J}_{\rm c} + \boldsymbol{J}_{\rm t}$, $\boldsymbol{J}_{\rm c} = \sigma_c \boldsymbol{E}$, $\rho_{\rm c} + \rho_{\rm t} = \rho_{\rm f}$ で電荷保存がそれぞれで成り立つ．

$$\boldsymbol{\nabla} \cdot \boldsymbol{J}_{\rm c} = -\frac{\partial \rho_{\rm c}}{\partial t}, \quad \boldsymbol{\nabla} \cdot \boldsymbol{J}_{\rm t} = -\frac{\partial \rho_{\rm t}}{\partial t} \tag{7.52}$$

これらは振動数が十分低い場合（ラジオ放送電波の中波程度，つまり 1 MHz 程度以下）には近似的に正しいが，定常電磁場での電気伝導率，誘電率，透磁率等に関する経験法則は，激しく変動する電磁場では補正が必要である．この補正の性格も含め，古典的模型に基づいて近似的な理解ができる物質中の電磁波に関するいくつかの典型的現象について述べよう．準定常回路や平面電磁波と同様に，場を振動数が ω の複素数として扱う（$\tilde{A}_\mu(\boldsymbol{x};\omega)e^{-i\omega t}$, 等，実際の場は最終的に実部をとったもの，$A_\mu = {\rm Re}(\tilde{A}_\mu(\boldsymbol{x};\omega)e^{-i\omega t}$, 等)．一般の時間依存性はこの場合の結果を重ね合わせて表せる．

(1) 電磁波のもとでの電気伝導率：表皮効果とプラズマ振動

自由電子 ($q = -e$) の平均運動量の運動方程式 (6.41) を思い起こそう．磁場の影響は電場に $1/\sqrt{\epsilon\mu}$ を掛けて決まるから，電子の平均速度の大きさ $v_{\rm f}$ が光速に比べて小さいとすれば無視でき，次式で考えれば十分だ．

$$\frac{\partial \bar{\boldsymbol{p}}}{\partial t} = q\tilde{\boldsymbol{E}}(\boldsymbol{x};\omega)e^{-i\omega t} - \frac{1}{\tau_{\rm f}}\bar{\boldsymbol{p}} \tag{7.53}$$

ただし，電磁波の波長は自由電子の平均自由行路 ($\tau_{\rm f} v_{\rm f}$) に比べて十分大きいとし，$\bar{\boldsymbol{p}} = \bar{\boldsymbol{p}}(\boldsymbol{x}, t)$ をマクロな意味での位置 $\boldsymbol{x}$ の関数としての場とみなし，上式が局所的に成り立つとした．準定常交流の場合と同様に，$\tau_{\rm f}$ より十分長い時間スケールでは，電流も同じ振動数になるから，$\bar{\boldsymbol{p}} = \tilde{\boldsymbol{p}}(\boldsymbol{x};\omega)e^{-i\omega t}$ とおき，$\left(-i\omega + \frac{1}{\tau_{\rm f}}\right)\tilde{\boldsymbol{p}}(\boldsymbol{x};\omega) = q\tilde{\boldsymbol{E}}(\boldsymbol{x};\omega)$ となる．よって，複素電流 $\tilde{\boldsymbol{J}}(\boldsymbol{x};\omega)e^{-i\omega t} = \frac{nq}{m}\tilde{\boldsymbol{p}}(\boldsymbol{x};\omega)e^{-i\omega t}$ と複素電場の間では，電子密度 n が一定との仮定のもとで，

$$\tilde{\boldsymbol{J}}(\boldsymbol{x};\omega) = \frac{nq^2\tau_{\rm f}/m}{1 - i\omega\tau_{\rm f}}\tilde{\boldsymbol{E}}(\boldsymbol{x};\omega) \equiv \sigma_{\rm c}(\omega)\tilde{\boldsymbol{E}}(\boldsymbol{x};\omega) \tag{7.54}$$

と書ける．このように，$\omega \to 0$ の極限では定常的な場合 $\sigma_{\rm c} = nq^2\tau_{\rm f}/m$ と一致するが，ω がゼロでなければ電気伝導率は ω に依存する複素数になる．

$$\sigma_{\rm c}(\omega) = \frac{inq^2/m}{\omega + i/\tau_{\rm f}} = \sigma_{\rm c}\frac{1+i\omega\tau_{\rm f}}{1+\omega^2\tau_{\rm f}^2} \tag{7.55}$$

したがって，電磁波の振動と電流の振動には $\sin\varphi = \omega\tau_{\rm f}/\sqrt{1+\omega^2\tau_{\rm f}^2}$ で決まる位相差がある．また，複素 ω 平面での極が下半面 $(\omega = -i/\tau_{\rm f})$ にあることは因果律に対応している．一般の時間依存性をもつ（複素）電場，伝導電流を

$$\boldsymbol{E}(\boldsymbol{x},t) = \int_{-\infty}^{\infty}\tilde{\boldsymbol{E}}(\boldsymbol{x};\omega)e^{-i\omega t}d\omega, \quad \boldsymbol{J}_{\rm c}(\boldsymbol{x},t) = \int_{-\infty}^{\infty}\tilde{\boldsymbol{J}}_{\rm c}(\boldsymbol{x};\omega)e^{-i\omega t}d\omega$$

とおいて 6.7 節の議論を繰り返すと，次式を導ける．

$$\boldsymbol{J}_{\rm c}(\boldsymbol{x},t) = \int_{-\infty}^{\infty}\Sigma(t-s)\boldsymbol{E}(\boldsymbol{x},s)ds = \int_{-\infty}^{\infty}\sigma_{\rm c}(\omega)\tilde{\boldsymbol{E}}(\boldsymbol{x};\omega)d\omega \tag{7.56}$$

$$\Sigma(t-s) \equiv \frac{1}{2\pi}\int_{-\infty}^{\infty}\sigma_{\rm c}(\omega)e^{-i\omega(t-s)}d\omega = \theta(t-s)\frac{nq^2}{m}e^{-(t-s)/\tau_{\rm f}} \tag{7.57}$$

この結果は，もちろん，元の運動方程式 (7.53) からも直接導ける（つまり，$\Sigma(t-s)$ はグリーン関数）．このように電場の電流への影響は時間の遅れ $t-s\,(\geqq 0)$ の効果を積分して決まる．

この補正が導体中の電磁波の性質にどう反映するか調べよう．簡単のため ϵ, μ は真空中の値で近似できるとする．$\boldsymbol{\nabla}\times\boldsymbol{B} = \mu_0\big(\boldsymbol{J}_{\rm c} + \epsilon_0\frac{\partial \boldsymbol{E}}{\partial t}\big)$ の両辺の回転をとり，$\boldsymbol{\nabla}\times\boldsymbol{E} = -\frac{\partial \boldsymbol{B}}{\partial t}, \boldsymbol{\nabla}\cdot\boldsymbol{B} = 0$ を用いると

$$\triangle\boldsymbol{B} = \mu_0\int_{-\infty}^{\infty}\Sigma(t-s)\frac{\partial\boldsymbol{B}(\boldsymbol{x},s)}{\partial s}ds + \epsilon_0\mu_0\frac{\partial^2\boldsymbol{B}}{\partial t^2} \tag{7.58}$$

が成り立つ．一定振動数の複素数場の形では次式になる．

$$\triangle\tilde{\boldsymbol{B}} = -\eta_{\rm c}(\omega)(\omega^2/c^2)\tilde{\boldsymbol{B}}, \tag{7.59}$$

$$\eta_{\rm c}(\omega) \equiv 1 + \frac{ic^2\mu_0\sigma_{\rm c}(\omega)}{\omega} = 1 + i\frac{\omega_{\rm p}^2\tau_{\rm f}(1+i\omega\tau_{\rm f})}{\omega(1+\omega^2\tau_{\rm f}^2)}, \quad \omega_{\rm p} \equiv \sqrt{\frac{nq^2}{m\epsilon_0}} \tag{7.60}$$

$\omega_{\rm p}$ はプラズマ振動数と呼ばれ，後に見るように，自由電子の集団運動を特徴付ける振動数で，通常の導体では $\omega_{\rm p} \gg 1/\tau_{\rm f}$ を満たす．電磁波が第 1 軸方向に伝播しているとし，$\tilde{\boldsymbol{B}}(\boldsymbol{x};\omega) = \tilde{\boldsymbol{B}}(\omega)e^{ik_1x_1}$ の形を仮定すると，k_1 は

$$k_1 = \frac{\omega}{c}\sqrt{\eta_{\rm c}(\omega)} = \frac{\omega}{c}\left[1 + i\frac{\omega_{\rm p}^2\tau_{\rm f}(1+i\omega\tau_{\rm f})}{\omega(1+\omega^2\tau_{\rm f}^2)}\right]^{1/2} \tag{7.61}$$

である．このとき，電場は $\boldsymbol{\nabla}\times\boldsymbol{E} = -\frac{\partial \boldsymbol{B}}{\partial t}$ を満たす．真空中 $(\tau_{\rm f} = 0)$ とは異な

り，k_1 は一般に複素数である．ω が小さい $(\omega \ll 1/\tau_{\rm f})$ 極限では変位電流の効果が無視でき，$k_1 \simeq \omega_{\rm p}\frac{\sqrt{\omega\tau_{\rm f}}(1+i)}{\sqrt{2}c}$ となる．k_1 の虚数部 $\mathrm{Im}(k_1) = \omega_{\rm p}\frac{\sqrt{\omega\tau_{\rm f}}}{\sqrt{2}c}$ は，場および電流が指数関数的に減衰し，表面から距離 $\ell \sim \sqrt{2}c/\omega_{\rm p}\sqrt{\omega\tau_{\rm f}}$ の程度までしか進入しないことを意味する．定常電流の場合は，ℓ は限りなく大きく導体内部での減衰は無視できるが，ω が増大するにつれ電流に対する抵抗が増し，電磁場の進入は抑えられ電流は表面近くだけに分布する（表皮効果）．逆に ω が大きく $\omega \gg 1/\tau_{\rm f}$ の場合は変位電流の効果が効いて $k_1 \simeq (\omega/c)(1-\omega_{\rm p}^2/\omega^2)^{1/2}$ と近似できる．$\omega < \omega_{\rm p}$ なら $\ell \sim c/\omega\sqrt{(\omega_{\rm p}/\omega)^2-1}$ だ．通常の金属導体では，可視光はこの領域にある．ω がプラズマ振動数を超える $(\omega > \omega_{\rm p})$ と，k_1 は実数で電磁波は減衰せず，導体は透明な物体として振る舞う．

ここでプラズマ振動数 $\omega_{\rm p}$ の意味について簡単に触れよう．導体中では自由電子の電荷密度の時間変動を無視すると，原子核（イオン化した原子）の電荷分布と自由電子の電荷分布が打ち消し合い $\boldsymbol{\nabla}\cdot\boldsymbol{E}=0$ とできる．だが，$1/\tau_{\rm f}$ より十分高い振動数スケールなら，運動方程式の減衰項は無視できるので，自由電子間の内部力学の結果として外場がゼロでも電子密度の振動が起き得る．電子の平均速度を場 $\boldsymbol{v}=\boldsymbol{v}(\boldsymbol{x},t)$ として扱うと，次の運動方程式，ガウスの法則，電荷の保存の式を満たす（$n_{\rm I}$ はイオン化した原子の密度で，定数とおける）．

$$mn\frac{\partial \boldsymbol{v}}{\partial t} = qn\boldsymbol{E}, \quad \boldsymbol{\nabla}\cdot\boldsymbol{E} = \frac{q(n-n_{\rm I})}{\epsilon_0}, \quad \boldsymbol{\nabla}\cdot(n\boldsymbol{v}) + \frac{\partial n}{\partial t} = 0 \tag{7.62}$$

電子流体の圧力や，磁場の影響は無視した．平衡状態では $n=n_{\rm I}$ である．簡単のため，$\delta n \equiv n - n_{\rm I}$，および $\boldsymbol{v}$ を微小量として扱う．運動方程式の両辺の発散を取り残りの二つの式を用いると，δn は微小量の 1 次までの近似で

$$-m\frac{\partial^2 n}{\partial t^2} = qn_{\rm I}\boldsymbol{\nabla}\cdot\boldsymbol{E} \quad \Rightarrow \quad \frac{\partial^2 \delta n}{\partial t^2} = -\omega_{\rm p}^2\delta n \tag{7.63}$$

を満たす．つまり，$\omega_{\rm p}$ は導体中の電子系の固有振動数に相当する．上の結果と合わせると，電磁波の振動数 ω が $\omega_{\rm p}$ 以下では，電磁波による電子の運動のため電磁波は吸収（および反射）されて導体中に進入できないが，$\omega_{\rm p}$ 以上では電磁波の慣性が自由電子の慣性に打ち勝ち導体内を伝播するという定性的な解釈ができる．ただし，プラズマ振動は電子密度の振動であり，縦波である．ここでは最低の近似での扱いを述べたが，横波の電磁波と絡み合ったより正確な取り扱いには，電子流体の運動方程式とマックスウェル方程式を組み合わせた議論が必要である．

(2) 導体表面に沿った電磁波の伝播

電磁波は，通常は導体内部深くには進入できないが，導体表面に沿った方向への電磁波の伝播が可能かどうか調べよう．$x_1 > 0$ に無限に広がった導体の場合で，簡単のため，$x_1 < 0$ は真空であるとする．電磁波の伝播方向を第 3 軸正方向に

選び，$\boldsymbol{E}(x) = \boldsymbol{E}(x_1)e^{i(k_3x_3-\omega t)}, \boldsymbol{B}(x) = \boldsymbol{B}(x_1)e^{i(k_3x_3-\omega t)}$ の形を仮定する．k_3 が実数か，実数でない場合でも $\mathrm{Im}(k_3)$ が $1/\ell$ および $\mathrm{Re}(k_3)$ に比べて十分に小さければ伝播が起こるといえる．磁場の向きを第 2 軸に選ぶと電場はこれと直交し $\boldsymbol{E}(x_1) = \big(E_1(x_1), 0, E_3(x_1)\big)$, $\boldsymbol{B}(x_1) = \big(0, B_2(x_1), 0\big)$ とおける．このとき，$\boldsymbol{\nabla}\cdot\boldsymbol{B} = 0$ は自動的に満たされ [*8)]，電磁誘導の法則は次式である．

$$\left(0, ik_3E_1 - \frac{dE_3}{dx_1}, 0\right) = (0, i\omega B_2, 0) \tag{7.64}$$

さらに電荷密度は導体表面を除きゼロであると仮定し，次式を課す．

$$\boldsymbol{\nabla}\cdot\boldsymbol{E} = \frac{dE_1}{dx_1} + ik_3E_3 = 0 \quad (x_1 \neq 0) \tag{7.65}$$

導体中では (7.59)（もちろん，以上から電場を消去すれば導ける）により

$$\frac{d^2B_2}{dx_1^2} = \alpha(\omega)B_2, \quad \alpha(\omega) \equiv k_3^2 - \frac{\omega^2}{c^2}\eta_{\mathrm{c}}(\omega) \quad (x_1 > 0) \tag{7.66}$$

が成り立つ．$\alpha(\omega)^{1/2}$ の実数部が正であるように平方根を定義すると約束し，$x_1 \to \infty$ で無限大にならない解を次のように選ぶ（B は定数）．

$$B_2(x_1) = Be^{-\alpha(\omega)^{1/2}x_1} \quad (x_1 > 0) \tag{7.67}$$

真空側 $(x_1 < 0)$ では (7.59) で $\sigma_{\mathrm{c}} = 0$ とおいた $d^2B_2/dx_1^2 = (k_3^2 - \omega^2/c^2)B_2$ が成り立ち，$x_1 \to -\infty$ で無限大にならない解は，$\sqrt{k_3^2 - \omega^2/c^2}$ の実部が正の平方根を選び次式である．

$$B_2(x_1) = Be^{\sqrt{k_3^2-\omega^2/c^2}\,x_1} \quad (x_1 < 0) \tag{7.68}$$

ただし，$x_1 = 0$ での連続性を仮定し係数 B を (7.67) と同じに選んだ．さらに，一般に物質の境界では電磁場が基本的な場 A_μ から導かれるのに対応し，$\boldsymbol{E}$ の接線成分と $\boldsymbol{B}$ の法線成分が連続という境界条件が満たされなければならない．今の場合は $E_3(x_1)$ が $x_1 = 0$ で連続という条件である．(7.64) と (7.65) を組み合わせると，E_3 は次式を満たす．

$$-\frac{d^2E_3}{dx_1^2} + k_3^2E_3 = i\omega\frac{dB_2}{dx_1} \tag{7.69}$$

これから，$|x_1| \to \infty$ でゼロになる解を求めると次式が得られる．

$$E_3(x_1) = \begin{cases} -\frac{i\omega\alpha(\omega)^{1/2}}{(\omega^2/c^2)\eta_{\mathrm{c}}(\omega)}Be^{-\alpha(\omega)^{1/2}x_1} & (x_1 > 0), \\ \frac{i\omega\sqrt{k_3^2-\omega^2/c^2}}{\omega^2/c^2}Be^{\sqrt{k_3^2-\omega^2/c^2}\,x_1} & (x_1 < 0) \end{cases} \tag{7.70}$$

---

*8)　$\boldsymbol{A} = (1/i\omega)(E_1, 0, E_3)e^{i(k_3x_3-\omega t)}$ と同等．

よって，境界条件により k_3 が次のように決まる.

$$k_3^2-\frac{\omega^2}{c^2}=\frac{\alpha(\omega)}{\eta_c(\omega)^2}=-\frac{\omega^2}{c^2}\frac{1}{\eta_c}+\frac{k_3^2}{\eta_c^2}\ \Rightarrow\ k_3^2=\frac{\omega^2/c^2}{1+\eta_c^{-1}} \tag{7.71}$$

導体の抵抗が小さく $\sigma_c=nq^2\tau_f/m=\epsilon_0\omega_p^2\tau_f\to\infty$ $(\omega_p\tau_f\gg 1)$ かつ $\omega\tau_f\ll 1$ の場合を考えると，次のように近似できる.

$$\sqrt{k_3^2-\frac{\omega^2}{c^2}}\simeq\frac{\omega}{c}\frac{\omega}{\omega_p}\sqrt{i/(\omega\tau_f)}=\frac{\omega\sqrt{\omega\tau_f}}{c\omega_p\tau_f}\frac{1+i}{\sqrt{2}} \tag{7.72}$$

$$\alpha(\omega)^{1/2}\simeq\frac{\omega}{c}\omega_p\tau_f\sqrt{1/(\omega\tau_f)}(-i)^{1/2}=\frac{\omega_p}{c}\sqrt{\omega\tau_f}\frac{1-i}{\sqrt{2}} \tag{7.73}$$

$k_3\simeq\frac{\omega}{c}(1+\frac{(\omega\tau_f)^2}{(\omega_p\tau_f)^2}+i\frac{\omega\tau_f}{2(\omega_p\tau_f)^2})$ で，$\mathrm{Im}(k_3)\simeq\frac{\omega}{c}\frac{\omega\tau_f}{2(\omega_p\tau_f)^2}\ll 1/\ell, \mathrm{Re}(k_3)$ が成り立つ．したがって，電気伝導率が高い導体の場合，ゼロでない抵抗により次第に減衰しながらも，ほぼ光速に等しい位相速度 $\omega/k_3\simeq c$ で電磁波が 3 軸方向に伝播する．ただし，厳密には $\mathrm{Re}(k_3-\frac{\omega}{c})$ はゼロではなく，位相速度が振動数に関して一定ではないため，一般には波形の歪み（分散）を伴う伝播になる.

また，電場の第 1 軸成分を (7.65) により求めると次式になる.

$$E_1(x_1)=\begin{cases}\frac{k_3}{(\omega/c^2)\eta_c(\omega)}Be^{-\alpha(\omega)^{1/2}x_1} & (x_1>0),\\ \frac{k_3}{\omega/c^2}Be^{\sqrt{k_3^2-\omega^2/c^2}\,x_1} & (x_1<0)\end{cases} \tag{7.74}$$

$x_1=0$ で不連続であるから，導体表面には振動する電荷密度が存在する．これは導体の境界 $x_1=0$ で $J_{c1}\neq 0$ であるためだ．表面の（複素）電荷密度 $\kappa(x_3,t)$（単位面積当たり）は $\kappa(x_3,t)=\left[\lim_{x_1\to 0+}-\lim_{x_1\to 0-}\right]\epsilon_0E_1(x_1)e^{i(k_3x_3-\omega t)}$ から決まる．電荷保存により次式が成り立たなければならない.

$$\frac{\partial\kappa}{\partial t}=-\lim_{x_1\to 0+}J_{c1} \tag{7.75}$$

導体内部 $(x_1>0)$ では電荷密度がゼロと仮定しているから，$\boldsymbol{\nabla}\cdot\boldsymbol{J}_c=\frac{\partial J_{c1}}{\partial x_1}+\frac{\partial J_{c3}}{\partial x_3}=0$ も同時に成り立たねばならない．よって，I_3 を導体の第 3 軸方向に流れる全電流の（x_2 に関して）単位長さ当たりの密度とすると,

$$\lim_{x_1\to 0+}J_{c1}=\frac{ik_3}{\alpha(\omega)^{1/2}}\lim_{x_1\to 0+}J_{c3}=ik_3\int_0^\infty J_{c3}\,dx_1=ik_3I_3=\frac{\partial I_3}{\partial x_3} \tag{7.76}$$

が成り立つ．以上を合わせると次式が得られる.

$$\frac{\partial\kappa}{\partial t}=-\frac{\partial I_3}{\partial x_3} \tag{7.77}$$

当然，κ も I_3 も 3 軸方向では同じ関数形 $e^{i(k_3x_3-\omega t)}$ で伝播する．導体表面の電荷は

第 1 軸方向の電流から供給されるが，その時間変化率は，導体内での電流保存により，電磁波が伝播する導体の 3 軸方向の全電流の x_3 に関する変化率によって決まるわけだ．また，$|\alpha(\omega)^{1/2}|/k_3 \gg 1, |\sqrt{k_3^2 - \omega^2/c^2}|/k_3 \ll 1$ であるから，電場の結果は電気力線は導体内ではほぼ 3 軸方向，導体外ではほぼ 1 軸方向を向くことを示している．これに対応しエネルギー流の向きは導体内外でそれぞれほぼ 1 軸方向，3 軸方向だ．定常電流の場合に比べて幾分複雑にはなるが，6.3 節例 4 で調べたと同様な性質が，導体に沿った電磁波の伝播に一般化されて成り立つ（図 6.7 を参照すれば想像できる，ただし，左右が逆転）．

これらの性質はより現実に近い場合，たとえば我々が日常用いている電気器具の交流電線や様々なケーブルでも定性的に成り立つ．つまり，導体の外側を伝って導体に沿い電磁波が伝播しエネルギーが流れ信号が伝達される．導体の電気伝導率が十分高いとの条件のもとでは，伝播方向での減衰を無視する近似が使え，導体外側の電磁場は導体表面で場のケーブル軸方向成分がゼロという境界条件を仮定できる．たとえば，直線的なケーブルの軸が第 3 軸方向で導体外側の電磁場は 12-平面の成分だけをもつと仮定し，$\boldsymbol{A} = f(x_3, t)(A_1(x_1, x_2), A_2(x_1, x_2), 0), A_0 = 0$ とおこう．$B_3 = 0$ に対応し，$\frac{\partial A_2}{\partial x_1} - \frac{\partial A_1}{\partial x_2} = 0$ が成り立つから，$A_i = \frac{\partial \psi}{\partial x_i}$ なる $\psi = \psi(x_1, x_2)$ $(i = 1, 2)$ を定義できる $(E_i = -(\partial_t f)A_i, B_i = -(\partial_3 f)\epsilon_{ij}A_j)$．このとき，電場のガウスの法則 $\boldsymbol{\nabla} \cdot \boldsymbol{E} = 0$ は，2 次元ラプラス方程式に帰着する．

$$\Big(\frac{\partial^2}{\partial x_1^2} + \frac{\partial^2}{\partial x_2^2}\Big)\psi = 0 \tag{7.78}$$

これにより，波動方程式も，導体外側が誘電率 ϵ，透磁率 μ の絶縁体と仮定して 2 次元の波動方程式に帰着する $(c_{\mathrm{m}} \equiv 1/\sqrt{\epsilon\mu})$．

$$\Box A_i = 0 \quad \to \quad \Big(\frac{\partial^2}{\partial x_3^2} - \frac{1}{c_{\mathrm{m}}^2}\frac{\partial^2}{\partial t^2}\Big)f = 0 \tag{7.79}$$

また，ゲージ条件 $\partial_1 A_1 + \partial_2 A_2 = 0$ が自動的に満たされる．簡単のため，x_3 正方向に伝播する解 $f(x_3, t) = F(x_3 - c_{\mathrm{m}}t)$ を選ぶと，エネルギー流密度は

$$\hat{\boldsymbol{W}}_{\mathrm{m}} \equiv \frac{1}{\mu}\boldsymbol{E} \times \boldsymbol{B} = \Big(0, 0, \Big(\frac{\partial \psi}{\partial x_1}\Big)^2 + \Big(\frac{\partial \psi}{\partial x_2}\Big)^2\Big)\frac{c_{\mathrm{m}}}{\mu}F'(x_3 - c_{\mathrm{m}}t)^2 \tag{7.80}$$

である．このとき，導体表面で電場が導体表面に垂直というさらなる境界条件は，ベクトル (A_1, A_2) が導体表面に垂直であれば満たされる．こうしてケーブルによる電磁波の伝播の問題は，導体外側で近似的に 2 次元の静電場の問題に帰着する．静電場の場合の電気力線が，ベクトルポテンシャルの向きと一致し，12-平面の等電位線が磁力線に対応する．

例 1：同軸ケーブルでの電磁波の伝播

図 7.10 のような円形断面の電線を考え，内側の電線の外径が a, 外側の導体（シールド）の内径が b とする．12-平面上で第 3 軸を原点とする円筒座標 ($(x_1, x_2) = r(\cos\theta, \sin\theta)$) を用いるとラプラス方程式は次式である．

$$\left(\frac{1}{r}\frac{\partial}{\partial r}r\frac{\partial}{\partial r} + \frac{1}{r^2}\frac{\partial^2}{\partial\theta^2}\right)\psi = 0 \qquad (7.81)$$

第 3 軸まわりの回転対称性により $\psi = \psi(r)$ とおけ，解は $\psi = p\log(r/q)$ (p, q は定数)，電磁場は次のように求まる．

$$(E_1, E_2) = -c_{\rm m}(\partial_t f)\frac{p}{r^2}(x_1, x_2), \qquad (7.82)$$

$$(B_1, B_2) = (\partial_{x_3} f)\frac{p}{r^2}(-x_2, x_1) \qquad (7.83)$$

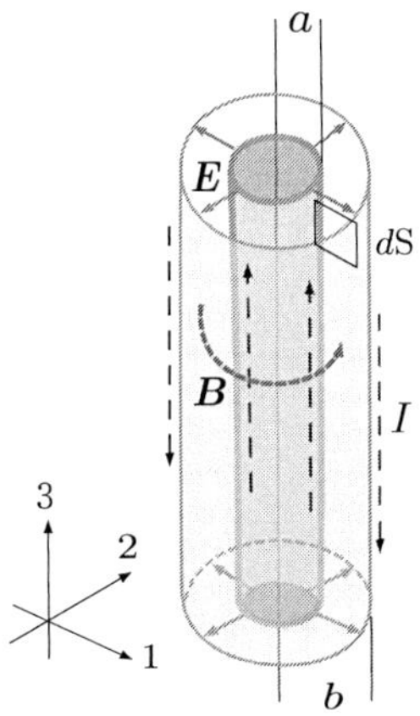

図 **7.10** 同軸ケーブル

第 3 軸方向の表面全電流 $\pm I$ は磁力線に沿って $\mu^{-1}\oint \boldsymbol{B}\cdot d\boldsymbol{x}$ を計算し，$I = 2\pi(\partial_{x_3} f)p/\mu$ となる．また，x_3 の単位長さ当たりの表面電荷は $K = 2\pi r\epsilon E_r = \pm Q$, $Q \equiv -2\pi\epsilon c_{\rm m}\partial_t fp$ である（どちらも符号は $r = a$ で $+$，$r = b$ で $-$）．電線とシールド線の電位差 V を

$$V \equiv \int_a^b E_r dr = -c_{\rm m}(\partial_t f)p\log(b/a) \qquad (7.84)$$

で定義して，$Q = CV$ とおくと，$C = 2\pi\epsilon/\log(b/a)$ は同軸ケーブルの単位長さ当たりの電気容量とみなせる．電荷保存 (7.77) に対応し，次式が成り立つ．

$$\frac{\partial Q}{\partial t} = -\frac{\partial I}{\partial x_3} \quad \rightarrow \quad C\frac{\partial V}{\partial t} = -\frac{\partial I}{\partial x_3} \qquad (7.85)$$

さらに，単位長さ当たりの磁束 Φ を，第 3 軸方向に微小距離 dx_3 だけ広がる長方形 dS 上の面積積分 $\Phi dx_3 \equiv \int_{d{\rm S}} \boldsymbol{B}\cdot d\boldsymbol{S}$ により定義すると，

$$\Phi = p(\partial_{x_3} f)\log(b/a) = LI, \quad L \equiv \frac{\mu}{2\pi}\log(b/a) \qquad (7.86)$$

L は単位長さ当たりの自己インダクタンスとみなせる．$LC = \epsilon\mu = 1/c_{\rm m}^2$ に注意．このとき，同じ dS で電磁誘導の法則 $\boldsymbol{\nabla}\times\boldsymbol{E} = -\frac{\partial \boldsymbol{B}}{\partial t}$ を積分すると，

$$\begin{aligned}\int_{d{\rm S}}(\boldsymbol{\nabla}\times\boldsymbol{E})\cdot d\boldsymbol{S} &= \oint_{\partial(d{\rm S})}\boldsymbol{E}\cdot d\boldsymbol{x} = V(x_3 + dx_3, t) - V(x_3, t) \\ &= \frac{\partial V}{\partial x_3}dx_3 = -L\frac{\partial I}{\partial t}dx_3 \quad \rightarrow \quad \frac{\partial V}{\partial x_3} = -L\frac{\partial I}{\partial t} \qquad (7.87)\end{aligned}$$

(7.85) の結果と合わせると，V は（したがって f も）第 3 軸方向に関して波動方程式 $\frac{\partial^2 V}{\partial x_3^2} = LC\frac{\partial V}{\partial t^2} = \frac{1}{c_{\mathrm{m}}^2}\frac{\partial V}{\partial t^2}$ を満たす．電線の抵抗を無視する近似でこれらの結果が正しい．抵抗を考慮に入れると導体表面近くでは第 3 軸方向の電場がゼロでないため，(7.87) の結果に対し左辺に第 3 軸方向からの寄与 $(R_a + R_b)I$（R_a, R_b は電線の単位長さ当たりの抵抗）が加わり，$\frac{\partial V}{\partial x_3} + (R_a + R_b)I = -L\frac{\partial I}{\partial t}$ となり，波動方程式は次式に置き換わる．

$$\frac{\partial^2 V}{\partial x_3^2} = CR\frac{\partial V}{\partial t} + \frac{1}{c_{\mathrm{m}}^2}\frac{\partial^2 V}{\partial t^2}, \quad R \equiv R_a + R_b \tag{7.88}$$

さらに，現実の電線では，$a < r < b$ の誘電体の絶縁は完全ではないため V に比例する強さで誘電体に電流が漏れて $r = a$ と $r = b$ の間に流れる効果があるので，電荷保存の式を $\frac{\partial Q}{\partial t} = -\frac{\partial I}{\partial x_3} - GV$ に置き換え（G を漏洩伝導率と呼ぶ）

$$\frac{\partial^2 V}{\partial x_3^2} = (CR + LG)\frac{\partial V}{\partial t} + RGV - \frac{1}{c_{\mathrm{m}}^2}\frac{\partial^2 V}{\partial t^2} \tag{7.89}$$

とするほうがよりよい近似になる（電信方程式と呼ぶ）．このとき，条件 $G/C = R/L$ が満たされると波形は分散を起こさずに伝播する．実際，$\alpha \equiv G/C, \beta \equiv R/L$ とおくと，(7.89) は $\left(\frac{\partial^2}{\partial t^2} - c_{\mathrm{m}}^2\frac{\partial^2}{\partial x_3^2} + (\alpha+\beta)\frac{\partial}{\partial t} + \alpha\beta\right)V = 0$ となるが，$V = e^{-(\alpha+\beta)t/2}U$ として U の式に直すと次式が得られる．

$$\left(\frac{\partial^2}{\partial t^2} - c_{\mathrm{m}}^2\frac{\partial^2}{\partial x_3^2} - \frac{(\alpha-\beta)^2}{2}\right)U = 0 \tag{7.90}$$

よって，$\alpha = \beta$ なら，U は $R = 0$ のときと同じ波動方程式を満たし，信号の強さは漏洩電流の効果により $e^{-\alpha t}$ で減衰するが，相対的な波形は保たれる．

(3) 電磁波と誘電率

次に電磁波のもとでの誘電体についての考察に進む．電子が原子核に束縛されているわけだが，簡単な古典模型として，次の運動方程式で考えてみよう．

$$m\frac{d^2\boldsymbol{x}}{dt^2} = -m\omega_0^2\boldsymbol{x} - m\zeta\frac{d\boldsymbol{x}}{dt} + q\boldsymbol{E}_{\mathrm{ex}}(t) \tag{7.91}$$

右辺第 1 項が束縛力，第 2 項は抵抗力（$\zeta > 0$，エネルギーが電磁波放射や他の粒子との相互作用により散逸される効果を表す），第 3 項が外部電場による力だ．磁場の力は導体の場合と同様に無視し，電磁波の波長は原子・分子の大きさより十分大きいとして，電場の $\boldsymbol{x}$ 依存性も無視する．方程式が線形であるから，これまでと同様，電場と座標を複素数として扱える．$\boldsymbol{E}_{\mathrm{ex}}(t) = \tilde{\boldsymbol{E}}(\omega)e^{-i\omega t}$ で，時間が十分経過したときの解 $\boldsymbol{x}(t) = \tilde{\boldsymbol{x}}(\omega)e^{-i\omega t}$ を用いると，双極子能率 $\boldsymbol{d}(t) = q\boldsymbol{x}(t) = \tilde{\boldsymbol{d}}(\omega)e^{-i\omega t}$ が次式で定まる $(\tan\varphi(\omega) = \zeta\omega/(\omega_0^2 - \omega^2))$．

$$\tilde{\boldsymbol{d}}(\omega) = \frac{q^2\tilde{\boldsymbol{E}}(\omega)}{m(-\omega^2+\omega_0^2-i\zeta\omega)} = \frac{q^2}{m}\frac{e^{i\varphi(\omega)}}{\sqrt{(\omega^2-\omega_0^2)^2+(\zeta\omega)^2}}\tilde{\boldsymbol{E}}(\omega) \tag{7.92}$$

これは 1 個の振動子と見立てた分子の双極子能率だが，電磁波の波長 $\lambda = 2\pi c/\omega$ で特徴付けられる体積内のすべての分子が一様に同じ位相で振動するから，粒子密度 n を掛けたものが分極密度になる．さらに，この密度が波長より大きい領域でも一定と近似すると，それがそのままマクロ平均としての分極に等しい．双極子能率は時間変動しているから，それにより同じ振動数と波長の電磁波が発生し，その電場が外部電場とわずかずつずれてはいるが揃った位相で重ね合ったものが，マクロ平均した電場になる．これらの関係は静電場のときと同じで，一様等方な物質中で時間変動する電磁場の方程式が求められる．以上により，結局，振動数 ω での外部電場に関する複素電気感受率が次式で与えられる．

$$\tilde{\chi}_{\mathrm{e}}(\omega) = \frac{nq^2}{m\epsilon_0}\frac{e^{i\varphi(\omega)}}{\sqrt{(\omega^2-\omega_0^2)^2+(\zeta\omega)^2}} \tag{7.93}$$

本節項目 (1) や準定常交流の場合 (6.7 節) の場合と同じく，複素 ω に関する極 $\omega = i\alpha_\pm$ $(\alpha_\pm = \frac{-\zeta\pm\sqrt{\zeta^2-4\omega_0^2}}{2})$ は下半面にある．つまり，誘電率の振動数依存性は外部電場に対する応答の時間の遅れ効果による．

さて，(7.92) によれば，(複素) 誘電率は，$\tilde{\chi}_{\mathrm{e}} \ll 1$ の仮定のもとで $\tilde{\epsilon}(\omega) = \epsilon_0\big(1+\tilde{\chi}_{\mathrm{e}}(\omega)\big)$ と定まる．電気感受率が十分小さいという仮定が成り立たない場合には，6.5 節例 1 で議論したように，分極を作り出す外場 $\boldsymbol{E}_{\mathrm{ex}}$ とマクロ平均としての電場 $\boldsymbol{E}$ が異なることを考慮に入れる [*9] と，$\tilde{\chi}_{\mathrm{e}}$ と誘電率の関係は，両者の関係 (6.70) (そこでの $\boldsymbol{E}^{(1)}$ がマクロ平均電場に相当，$\epsilon_2 = \epsilon_0$ に注意) により非線形な $\frac{\tilde{\epsilon}-\epsilon_0}{\tilde{\epsilon}+2\epsilon_0} = \tilde{\chi}_{\mathrm{e}}/3$ に置き換えられる．また，ここでの議論は単純な古典模型に基づいているが，さらに正確な理解には，当然，量子力学によらねばならない．量子力学によれば，原子分子中での束縛電子のエネルギーが無数の離散的値であるのに対応し，一般には数多くの異なる共鳴振動 (ω_0) からの寄与がある．しかし，古典模型の結果は誘電体での電磁波の伝播の定性的な理解には役立つ．たとえば，静電場の誘電率 $\epsilon = \tilde{\omega}(0) = \epsilon_0 + \frac{nq^2}{m\omega_0^2}$ に比べて，$\tilde{\epsilon}(\omega)$ の実数部は ω が小さいうちは次第に増大し，$\omega = \omega_0$ 付近で最大に達した後減少し $\omega = \omega_0$ で ϵ_0 になるが，その後増大に転じ再び次第に ϵ_0 に近づく．波

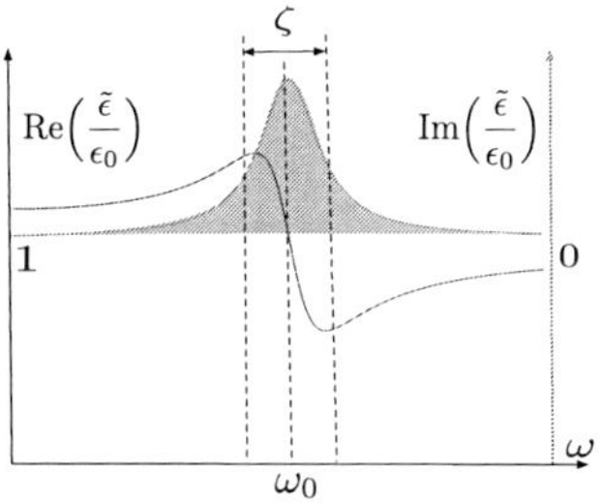

図 7.11 複素誘電率の概念図

---

*9) λ が分子に比べて十分大きいとしているので，誘電体球の双極子能率を分子集団が作る分極とみなせば，同じ議論が適用できる．

動方程式は次式となる（透磁率は真空と同じと仮定，また $\tilde{J}_{f\mu} = (\tilde{\boldsymbol{J}}_d, \tilde{\rho}_f/\sqrt{\tilde{\epsilon}(\omega)\mu_0})$）．

$$\triangle \tilde{A}_\mu + \omega^2 \tilde{\epsilon}(\omega)\mu_0 \tilde{A}_\mu = -\mu_0 \tilde{J}_{f\mu}, \quad \boldsymbol{\nabla}\cdot\tilde{\boldsymbol{A}} - i\omega\tilde{\epsilon}(\omega)\mu_0\tilde{\phi} = 0 \tag{7.94}$$

電磁波の位相速度は振動数に依存し，一般に，分散がある．虚数部は $\omega = \omega_0$ 付近（共鳴領域と呼ぶ）でピークをもつ（図 7.11）．電磁波の波数ベクトルに虚数部を現れることに対応し，電磁波は誘電体に吸収されて減衰する．つまり，分散と吸収が絡み合って大きく起こり共鳴領域の電磁波の振る舞いは複雑である．一般に誘電率が振動数が増えると増大する場合を正常分散，逆に共鳴振動数 $\omega \sim \omega_0$ 付近のように減少する場合を異常分散と呼ぶ．吸収の効果は共鳴領域以外では小さい．異常分散も含め，分散と吸収が振動数の違いにより大きく変動する典型的な例は私たち生命にとって最も大切な物質の代表である水である．第 6 章でも触れたように $\mathrm{Re}(\tilde{\epsilon}(\omega)/\epsilon_0)$ は $\omega/2\pi \lesssim 10^9$ Hz で $80 \sim 90$ 程度だが，可視光 ($\omega/2\pi \simeq 10^{14\sim15}$ Hz) では 1.8 程度である．

例 2：チェレンコフ放射

真空中での電磁波の発生は荷電粒子の加速度による．だが，物質中では $c_\mathrm{m} < c$ であるから，c_m を超える速度が可能だ．その場合は，たとえ一定速度でも放射が発生することが次の考察からわかる．粒子が第 1 軸方向に速度 $v > c_\mathrm{m}$ で運動しているとしよう．たとえば粒子が原点を通過する瞬間 $t_\mathrm{y} = 0$ に粒子から発する作用が届く波面 S は時刻 t では原点を中心とする半径 $c_\mathrm{m}t$ の球面だ．このとき粒子は $x_1 = vt$ に達している．この点を頂点として球面 S を囲み接するような円錐（マッハ円錐）の頂点がなす角（マッハ角）θ_M は $v\sin\theta_\mathrm{M} = c_\mathrm{m}$ を満たす（$\theta_\mathrm{C} \equiv \frac{\pi}{2} - \theta_\mathrm{M}$ をチェレンコフ角と呼ぶ）．図 7.12 から納得できるように（点曲線は c_m が定数のときのポテンシャル場が同じ強さの位置からなる回転双曲面の断面），この円錐は時刻 t までに粒子から発したすべての波面と接する（つまり，マッハ円錐は波面の包絡面）．マッハ円錐の外側では信号が届かないから，A_μ はゼロ，そして円錐上では t までに発した波面が連続的に重なり合い鋭いピークをもって速度 v で第 1 軸方向に移動する．包絡波面は速度 c_m で θ_C 方向に広がりながら伝播する．これをチェレンコフ放射と呼ぶ．放射性物質が青白く発光するのはチェレンコフ放射のためである．音波の場合も物体が音波の速度を超えると音波がパルス的に伝播する衝撃波が発生するが，その波面がマッハ円錐である．

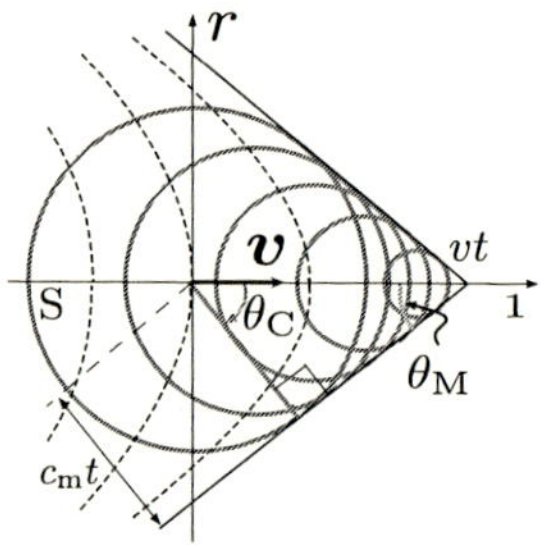

図 7.12　マッハ円錐

(7.94) に基づき調べてみよう．ただし，簡単のため吸収は無視できるとし，$\tilde{\epsilon}(\omega)$ を実数 ($\tilde{\epsilon}(\omega) = \mathrm{Re}(\tilde{\epsilon}(\omega)) = \mathrm{Re}(\tilde{\epsilon}(-\omega))$) として扱う ($c_\mathrm{m} \Rightarrow c_\mathrm{m}(\omega) \equiv 1/\sqrt{\tilde{\epsilon}(\omega)\mu_0}$)．

電流密度ベクトルのゼロでない成分と電荷密度は次式である $(\delta^2(x)=\delta(x_2)\delta(x_3))$.

$$(J_{\mathrm{f}1},\rho_{\mathrm{f}})=q(v,1)\delta(x_1-vt)\delta^2(x)=q\delta^2(x)\Big(1,\frac{1}{v}\Big)\int_{-\infty}^{\infty}\frac{e^{i\omega\left(\frac{x_1}{v}-t\right)}}{2\pi}d\omega$$

右辺の積分は $\frac{1}{\pi}\int_0^\infty\cos\omega\big(\frac{x_1}{v}-t\big)d\omega$ に等しいので，以下の計算では $\omega>0$ として複素数のまま計算した後に，最後の結果で実部をとればよい．振動数 $\omega(>0)$ の寄与だけ取り出すと第 1 軸まわりの回転対称性があるから円筒座標を用いると，$A_1=\tilde{A}_1(r;\omega)e^{-i\omega(t-x_1/v)},\phi=\tilde{\phi}(r;\omega)e^{-i\omega(t-x_1/v)}$ とおける $((x_2,x_3)=r(\cos\varphi,\sin\varphi))$．(7.94) は，$r>0$ で次式となる $(\tilde{A}_2=\tilde{A}_3=0)$.

$$\Big[\frac{1}{r}\frac{d}{dr}r\frac{d}{dr}+\big(\frac{\omega}{v}\big)^2\big(\mu_0v^2\tilde{\epsilon}(\omega)-1\big)\Big]\tilde{A}_\mu=0 \tag{7.95}$$

$r=0$ では右辺はゼロではないことを取り入れるため，(7.94) の左式で両辺を 23-平面で原点を中心とする微小半径 r の円盤上で積分すると，第 1 成分の左辺は $2\pi\lim_{r\to0}r\frac{d}{dr}A_1$ に，右辺は $-\mu_0q\int_{-\infty}^{\infty}\frac{e^{i\omega\left(\frac{x_1}{v}-t\right)}}{2\pi}d\omega$ に等しい．時間成分についても同様に考えると $(\tilde{A}_0=-\tilde{\phi}/c_{\mathrm{m}}(\omega),\tilde{J}_{\mathrm{f}0}=-c_{\mathrm{m}}(\omega)\tilde{\rho}_{\mathrm{f}})$，$\tilde{A}_1,\tilde{\phi}$ は次の境界条件を満たさなければならない．

$$\lim_{r\to0}\Big(r\frac{d\tilde{A}_1}{dr},\tilde{\epsilon}(\omega)\mu_0r\frac{d\tilde{\phi}}{dr}\Big)=-\frac{\mu_0q}{4\pi^2}\Big(1,\frac{1}{v}\Big) \tag{7.96}$$

(7.95) は $z=r\omega\sqrt{\mu_0v^2\tilde{\epsilon}(\omega)-1}/v$ とおくと，$\big[\frac{d^2}{dz^2}+\frac{1}{z}\frac{d}{dz}+1\big]\tilde{A}_\mu=0$ となり，次数ゼロのベッセル方程式の形をしている．一般解はハンケル関数 [*10)] $H_0^{(1)}(z),H_0^{(2)}(z)$ の線形結合の形に書ける．$z\to0$ の振る舞いは，それぞれ $\pm(2i/\pi)\log(z/2)$，また $z\to\infty$ では $\sqrt{\frac{2}{\pi z}}e^{\pm i(z-\pi/4)}$ である．$r\to\infty$ では外側に伝播しなければならないから，$\pm$ のうちプラス符号の前者を選び，(7.96) により係数を決めると解は次式に定まる．

$$(\tilde{A}_1,\tilde{\phi})=\frac{iq}{8\pi}\Big(\mu_0H_0^{(1)}(z),\frac{1}{v\tilde{\epsilon}(\omega)}H_0^{(1)}(z)\Big) \tag{7.97}$$

このとき $v>c_{\mathrm{m}}(\omega)$ でなければ，z は純虚数で解は $r\to\infty$ で指数関数的に減少する．電磁波が伝播するには，確かに粒子速度が物質中での電磁場の作用速度を超えなければならない．ω の全領域の寄与を積分するとポテンシャル場は $r\to\infty$ で次式で近似できる．

$$(A_1,\phi)\simeq-\frac{q\mu_0}{4\pi}\int_0^\infty\sqrt{\frac{2}{\pi z}}\Big(1,\frac{c_{\mathrm{m}}(\omega)^2}{v}\Big)\theta(\omega;v)\sin X\,d\omega \tag{7.98}$$

[*10)] たとえば，『数学公式 III 特殊函数』（森口繁一他著，岩波書店，1987）を参照のこと．

ただし，$\theta(\omega;v)$ は $v>c_{\rm m}$ のとき 1 でそれ以外でゼロ，$X\equiv-\omega\big(t-\frac{x_1}{v}\big)+\big(z-\frac{\pi}{4}\big)$ と定義した．$r\to\infty$ で電磁場のゼロでない成分は

$$E_1\simeq-\int_0^{\infty}\frac{q\mu_0\cos X}{4\pi}\sqrt{\frac{2}{\pi z}}\Big[1-\frac{c_{\rm m}(\omega)^2}{v^2}\Big]\omega\theta(\omega;v)d\omega, \tag{7.99}$$

$$(E_2,E_3)\simeq\Big(\frac{x_2}{r},\frac{x_3}{r}\Big)\int_0^{\infty}\frac{q\mu_0\cos X}{4\pi}\sqrt{\frac{2}{\pi z}}\frac{zc_{\rm m}^2(\omega)}{rv}\theta(\omega;v)d\omega, \tag{7.100}$$

$$(B_2,B_3)\simeq-\Big(\frac{x_3}{r},-\frac{x_2}{r}\Big)\int_0^{\infty}\frac{q\mu_0\cos X}{4\pi}\sqrt{\frac{2}{\pi z}}\frac{z}{r}\theta(\omega;v)d\omega \tag{7.101}$$

となる．$\hat{\boldsymbol{W}}=\boldsymbol{E}\times\boldsymbol{B}/\mu_0$ の第 1 軸に垂直な成分 $(-E_1B_3,E_1B_2)/\mu_0$ の絶対値は $1/r$ に比例し，流出エネルギー率は $r\to\infty$ でゼロにならない．半径 $r=R$ の 1 軸を中心とする円筒表面 C を通した x_1 に関して単位長さ当たりのエネルギー流量は次式に等しく，R が十分大きいとき R によらない [*11] ($L_1\equiv\int_{-\infty}^{\infty}dx_1$).

$$W_{\rm tot}\equiv\int_{-\infty}^{\infty}\Big[\int_{\rm C}\hat{\boldsymbol{W}}\cdot d\boldsymbol{S}\Big]\frac{dt}{L_1}=\frac{q^2\mu_0}{4\pi}\int_0^{\infty}\Big(1-\frac{c_{\rm m}(\omega)^2}{v^2}\Big)\omega\theta(\omega;v)d\omega$$

たとえば，(7.93) で $\zeta=0$ と近似した誘電率 $\tilde{\epsilon}(\omega)=\epsilon_0(1+\tilde{\chi}_{\rm e}(\omega))$ を採用し，ω 積分の上限を $\omega_{\rm c}$ $(<\omega_0)$ として積分を行うと次の結果になる ($c_{\rm m}^2\simeq c^2\frac{\omega_0^2-\omega^2}{\omega_0^2\epsilon'-\omega^2}$).

$$W_{\rm tot}\simeq\frac{q^2\mu_0}{8\pi}\omega_0^2(\epsilon'-1)\log\frac{\epsilon'}{\epsilon'-\omega_{\rm c}/\omega_0},\quad \epsilon'\equiv\tilde{\epsilon}(0)/\epsilon_0\,(>1) \tag{7.102}$$

加速度 α による制動放射の場合，単位長さ当たりのエネルギー放射量の大きさは 7.1 節例 3 からオーダーとしては $q^2\alpha^2T/6\pi\epsilon_0c^3\times1/cT=q^2\mu_0\alpha^2/6\pi c^2$ であるのと比較すると，対数因子を除いて，強さの比は $\frac{(\omega_0c)^2}{\alpha^2}(\epsilon'-1)$ 程度である．もちろん，実際には放射や物質との相互作用による抵抗が働き，一般に減速する．

7.4 電磁波の反射，屈折，散乱，旋回

物質中の電磁波に関してさらにいくつかの典型的現象について調べよう．

(1) 物質境界面での反射と屈折

まず，二つの一様等方的な誘電体（$\mu=\mu_0$ を仮定）の境界の場合を考える．$\phi=0$ が成り立つとし，ゲージ条件 $\boldsymbol{\nabla}\cdot\boldsymbol{A}=0$ を採用する．すでに何度か用いたように境界面では電場の接線成分と磁場の法線成分は連続でなければならない．電場，磁場はどこでも無限大ではないという仮定のもとで，前者は $\boldsymbol{\nabla}\times\boldsymbol{E}=-\frac{\partial\boldsymbol{B}}{\partial t}$ の境界を挟む無限に細い長方形に沿った線積分からの帰結，後者は $\boldsymbol{\nabla}\cdot\boldsymbol{B}=0$ の境界を挟む無限に短い円筒上の面積積分からの帰結だ．どちらも，$\boldsymbol{A}$ の接線成分が境界で連続であれば

---

*11) $\omega,\omega'>0$ のとき $\int_{-\infty}^{\infty}\cos[\omega(t+\alpha(\omega))+\beta]\cos[\omega'(t+\alpha(\omega))+\beta]dt=\pi\delta(\omega-\omega')$ が成り立つことを用いる．

満たされる．さらに境界面で自由電流密度 $\boldsymbol{J}_{\mathrm{f}}$ がゼロかゼロでなくとも有限の大きさなら，$\boldsymbol{\nabla}\times\boldsymbol{H}=\boldsymbol{J}_{\mathrm{f}}+\frac{\partial\boldsymbol{D}}{\partial t}$ により，$\boldsymbol{H}$ の接線成分も連続でなければならない．$\boldsymbol{B}=\boldsymbol{\nabla}\times\boldsymbol{A}=\mu_0\boldsymbol{H}$ であるから，これは $\boldsymbol{A}$ の法線成分の連続性に加えて，接線成分の法線方向微分の連続性を意味する．結局，境界条件は $\boldsymbol{A}$ について，a) すべての成分が連続，b) 接線成分の法線方向微分が連続，の合計 5 個の条件である．境界は $x_1=0$ の 23-平面，誘電率を $x_1<0$ で ϵ_1，$x_1>0$ で ϵ_2 とする．分散はあっても吸収は無視できる ($\zeta\simeq0$) とし，対応する光速を $c_{\mathrm{m}}^{(1)}=1/\sqrt{\epsilon_1\mu_0}, c_{\mathrm{m}}^{(2)}=1/\sqrt{\epsilon_2\mu_0}$ と表す（記号の簡単のため，振動数依存性を省略）．一定振動数の平面波の場合，境界条件を満たすには，最低限，どちらの領域でも同じ振動数でなければならないから，入射波，反射波，屈折波をそれぞれ $\boldsymbol{A}^{(1)}=\boldsymbol{a}^{(1)}e^{i(\boldsymbol{k}^{(1)}\cdot\boldsymbol{x}-\omega t)}, \boldsymbol{A}'^{(1)}=\boldsymbol{a}'^{(1)}e^{i(\boldsymbol{k}'^{(1)}\cdot\boldsymbol{x}-\omega t)}, \boldsymbol{A}^{(2)}=\boldsymbol{a}^{(2)}e^{i(\boldsymbol{k}^{(2)}\cdot\boldsymbol{x}-\omega t)}$ とおける（直線偏光を仮定）．$\boldsymbol{a}^{(1)}\cdot\boldsymbol{k}^{(1)}=\boldsymbol{a}'^{(1)}\cdot\boldsymbol{k}'^{(1)}=\boldsymbol{a}^{(2)}\cdot\boldsymbol{k}^{(2)}=0$，および，$c_{\mathrm{m}}^{(1)}|\boldsymbol{k}^{(1)}|=c_{\mathrm{m}}^{(1)}|\boldsymbol{k}'^{(1)}|=c_{\mathrm{m}}^{(2)}|\boldsymbol{k}^{(2)}|=\omega$ である．定義により，$x_1<0$ の場は入射波 ($k_1^{(1)}>0$) と反射波 ($k_1'^{(1)}<0$) の重ね合わせ $\boldsymbol{A}=\boldsymbol{A}^{(1)}+\boldsymbol{A}'^{(1)}$，$x_1>0$ では $\boldsymbol{A}=\boldsymbol{A}^{(2)}$ である ($k_1^{(2)}>0$)．境界条件は $x_1=0$ の任意の位置で成り立つので，波数ベクトルの 2,3 成分はすべて一致しなければならない．それを k_2, k_3 とすると，座標軸を選んで $k_3=0$ とできる．したがって，12-平面の第 2 軸上 ($x_1=0$) で考察すれば十分だ．以上から，直ちに $k_1'^{(1)}=-k_1^{(1)}$ と次式が成り立つ ($n_1\equiv\frac{c}{c_{\mathrm{m}}^{(1)}}=\sqrt{\frac{\epsilon_1}{\epsilon_0}}, n_2\equiv\frac{c}{c_{\mathrm{m}}^{(2)}}=\sqrt{\frac{\epsilon_2}{\epsilon_0}}$ は屈折率)．

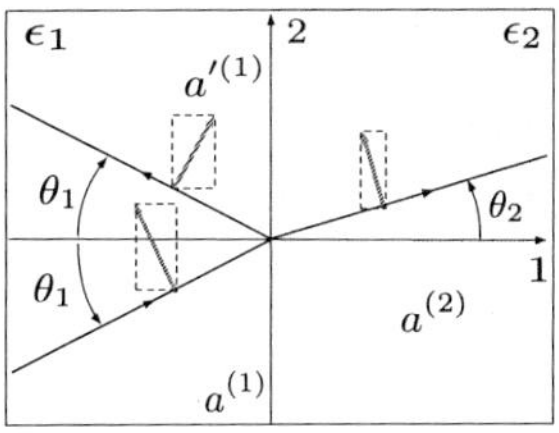

図 **7.13** 屈折と反射

$$\frac{k_2}{|\boldsymbol{k}^{(1)}|}=c_{\mathrm{m}}^{(1)}\frac{k_2}{\omega},\ \frac{k_2}{|\boldsymbol{k}^{(2)}|}=c_{\mathrm{m}}^{(2)}\frac{k_2}{\omega}\quad\Rightarrow\quad\frac{\sin\theta_1}{\sin\theta_2}=\frac{n_2}{n_1}\tag{7.103}$$

入射角（= 反射角）を θ_1，屈折角を θ_2 とおいた（図 7.13）．定義により

$$k_1^{(1)}=\sqrt{\left(\frac{\omega}{c_{\mathrm{m}}^{(1)}}\right)^2-k_2^2}=\frac{k_2}{\tan\theta_1},\quad k_1^{(2)}=\sqrt{\left(\frac{\omega}{c_{\mathrm{m}}^{(2)}}\right)^2-k_2^2}=\frac{k_2}{\tan\theta_2},$$
$$(a_1^{(1)},a_2^{(1)})=a^{(1)}(-\sin\theta_1,\cos\theta_1),\quad(a_1'^{(1)},a_2'^{(1)})=a'^{(1)}(\sin\theta_1,\cos\theta_1),$$
$$(a_1^{(2)},a_2^{(2)})=a^{(2)}(-\sin\theta_2,\cos\theta_2)$$

が成り立つ．もし $n\equiv n_2/n_1>1$ なら，任意の θ_1 に対して実数の θ_2 が $\sin\theta_2=(1/n)\sin\theta_1$ により定まる（$n<1$ の場合はすぐ後に調べる）．

また，振幅に対する境界条件は以下のとおりになる．

$\boldsymbol{A}$ の接線成分の連続性：

$$a_2^{(1)}+a_2'^{(1)}=a_2^{(2)},\quad a_3^{(1)}+a_3'^{(1)}=a_3^{(2)}\tag{7.104}$$

$\boldsymbol{H}=\boldsymbol{B}/\mu_0$ の接線成分の連続性：

$$-k_1^{(1)}a_3^{(1)}+k_1^{(1)}a_3'^{(1)}=-k_1^{(2)}a_3^{(2)}, \tag{7.105}$$

$$k_1^{(1)}a_2^{(1)}-k_2a_1^{(1)}-k_1^{(1)}a_2'^{(1)}-k_2a_1'^{(1)}=k_1^{(2)}a_2^{(2)}-k_2a_1^{(2)} \tag{7.106}$$

もし $\boldsymbol{D}$ の法線成分も考慮すると連続性の条件は $\epsilon_1(a_1^{(1)}+a_1'^{(1)})=\epsilon_2a_1^{(2)}$ だが，(7.106) が成り立てば自動的に満たされることが確かめられるので，独立な条件としては不要である．これは電磁場の場合，$\boldsymbol{\nabla}\times\boldsymbol{H}=\frac{\partial\boldsymbol{D}}{\partial t}$ が成り立てば $\boldsymbol{\nabla}\cdot\boldsymbol{D}=0$ が自動的に満たされるためだ．これらの条件を解けば，入射波の振幅により反射波と屈折波の振幅を表せる．第 3 軸方向成分について

$$a_3'^{(1)}=\frac{\tan\theta_2-\tan\theta_1}{\tan\theta_2+\tan\theta_1}a_3^{(1)},\quad a_3^{(2)}=\frac{2\tan\theta_2}{\tan\theta_1+\tan\theta_2}a_3^{(1)} \tag{7.107}$$

12-平面成分について次式である．

$$a'^{(1)}=\frac{\sin 2\theta_2-\sin 2\theta_1}{\sin 2\theta_2+\sin 2\theta_1}a^{(1)},\quad a^{(2)}=\frac{4\sin\theta_2\cos\theta_1}{\sin 2\theta_2+\sin 2\theta_1}a^{(1)} \tag{7.108}$$

境界面では入射波によってエネルギーが流入し，反射波と屈折波によりエネルギーが流出するから，吸収がないという仮定のもとでは前者と後者が等しくなければならない．角度 θ_2 は実数であるとすると $(\sin\theta_2=\frac{\sin\theta_1}{n}\leq 1)$，$\boldsymbol{a}^{(1)}$ が実数であれば他の振幅はいずれも実数である．よって，エネルギー流密度の強さの時間平均は振幅の絶対値に比例し，入射波 $c_{\mathrm{m}}^{(1)}\epsilon_1\omega^2|\boldsymbol{a}^{(1)}|^2/2=\sqrt{\epsilon_0/\mu_0}n_1\omega^2|\boldsymbol{a}^{(1)}|^2/2$，反射波 $\sqrt{\epsilon_0/\mu_0}n_1\omega^2|\boldsymbol{a}'^{(1)}|^2/2$，屈折波 $\sqrt{\epsilon_0/\mu_0}n_2\omega^2|\boldsymbol{a}^{(2)}|^2/2$，向きはそれぞれの波数ベクトルの方向である．境界面から外側に流出するエネルギー率，および，流入するエネルギー率は単位面積当たり，共通の比例係数 $\sqrt{\epsilon_0/\mu_0}n_1\omega^2/2$ を省き，それぞれ $|\boldsymbol{a}'^{(1)}|^2\cos\theta_1+(n_2/n_1)\omega^2|\boldsymbol{a}^{(2)}|^2\cos\theta_2$, $|\boldsymbol{a}^{(1)}|^2\cos\theta$ に等しい．(7.107), (7.108) によって振幅の絶対値は次式である $(|\boldsymbol{a}^{(1)}|^2=(a^{(1)})^2+(a_3^{(1)})^2)$.

$$|\boldsymbol{a}'^{(1)}|^2=\left(\frac{\sin 2\theta_2-\sin 2\theta_1}{\sin 2\theta_2+\sin 2\theta_1}\right)^2(a^{(1)})^2+\left(\frac{\tan\theta_2-\tan\theta_1}{\tan\theta_2+\tan\theta_1}\right)^2(a_3^{(1)})^2,$$

$$|\boldsymbol{a}^{(2)}|^2=\left(\frac{4\sin\theta_2\cos\theta_1}{\sin 2\theta_2+\sin 2\theta_1}\right)^2(a^{(1)})^2+\left(\frac{2\tan\theta_2}{\tan\theta_1+\tan\theta_2}\right)^2(a_3^{(1)})^2$$

これを用いると

$$|\boldsymbol{a}'^{(1)}|^2\cos\theta_1+(n_2/n_1)\omega^2|\boldsymbol{a}^{(2)}|^2\cos\theta_2=|\boldsymbol{a}^{(1)}|^2\cos\theta_1 \tag{7.109}$$

が満たされていて，確かにエネルギー保存が成り立っている．

$n>1$ のときの特徴をまとめると以下のとおりである（図 7.14 参照）．

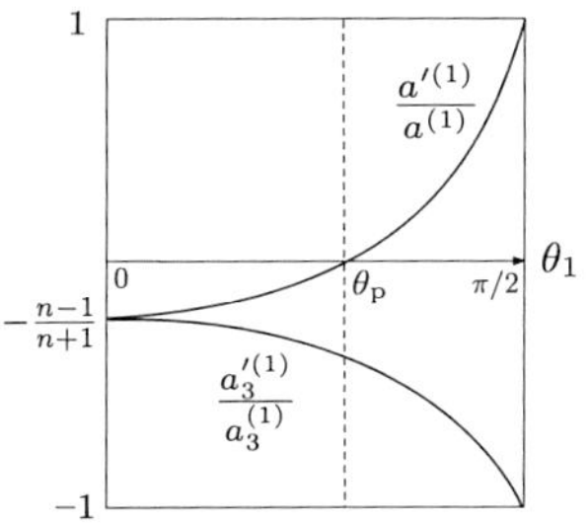

図 **7.14**　反射係数 $(n > 1)$

i) 入射波が 3 軸方向に偏光しているとき，常に $\frac{a_3'^{(1)}}{a_3^{(1)}} < 0$ で，反射波の位相が π だけずれる．2 軸方向に偏光しているときには，角度 $\theta_{\rm p}$（偏光角）以下なら，$\frac{a'^{(1)}}{a^{(1)}} < 0$ で位相がやはり π だけずれるが，$\theta_{\rm p}$ 以上なら $\frac{a'^{(1)}}{a^{(1)}} > 0$ で位相のずれはない．また，屈折波には入射波からの位相のずれはない．可視光で空気からガラス $(n \simeq 1.5)$，水 $(n \simeq 1.33)$ の場合だと，$\theta_{\rm p} \simeq 56^\circ, 53^\circ$ 程度だ．

ii) $\theta_1 = \theta_{\rm p}$ のとき，$\theta_1 + \theta_2 = \pi/2 \to \sin 2\theta_2 = \sin 2\theta_1$，$a'^{(1)} = 0$ が成り立つ．任意の偏光は第 2 軸方向と第 3 軸方向の重ね合わせとして表せるから，この場合，反射波は必ず第 3 軸方向の直線偏光になり，反射波と屈折波の伝播方向は互いに直交する．これをブリュスターの法則と呼ぶ．また，一般的な入射角の場合は，入射波が円偏光でも，反射波，屈折波とも楕円偏光になる．

iii) $\theta_1 \to 0$ の極限では，$\frac{a_3'^{(1)}}{a_3^{(1)}} = \frac{a'^{(1)}}{a^{(1)}} = -\frac{n-1}{n+1}, \frac{a_3^{(2)}}{a_3^{(1)}} = \frac{a_3^{(2)}}{a_3^{(1)}} = \frac{2}{n+1}$ である．

iv) $\theta_1 \to \pi/2$ の極限では，$\sin\theta_2 = 1/n$ で，$a_3'^{(1)} = -a_3^{(1)}$, $a_3^{(2)} = 0$, $a'^{(1)} = a^{(1)}$, $a^{(2)} = 0$ となり，屈折波はゼロ，つまり，ほぼ水平方向からの入射では，反射は完全である（静かな水面に遠くの景色が鮮明に映るのはこのため）．

次に $n < 1$ の場合を考えよう．この場合も上で導いた関係式はすべてそのまま成り立つが，入射角が $(1/n)\sin\theta_1 > 1$ を満たす場合には，θ_2 は複素数になる．もともと複素数の場を扱っているため，これは排除できない．$\sin\theta_1 = n$ で決まる入射角 $\theta_1 = \theta_{\rm c}$ を臨界角と呼ぶ．$\theta_1 > \theta_{\rm c}$ のとき，$\theta_2 = \frac{\pi}{2} - i\alpha$ とおくと $(k_2 > 0)$，$\sin\theta_2 = \frac{ie^{\alpha}+ie^{-\alpha}}{2i} = \cosh\alpha \, (\geq 1), \cos\theta_2 = i\sinh\alpha, \tan\theta_2 = -i\coth\alpha$ により，$k_1^{(2)} = ik_2\tanh\alpha \Rightarrow e^{ik_1^{(2)}x_1} = e^{-k_2 x_1 \tanh\alpha}$ で，屈折波は減衰し伝播しない（全反射）．このとき，振幅の関係は次式となる．

$$a_3'^{(1)} = -\frac{\tan\theta_1 - i\coth\alpha}{\tan\theta_1 + i\coth\alpha} a_3^{(1)}, \quad a'^{(1)} = -\frac{\sin 2\theta_1 - i\sinh 2\alpha}{\sin 2\theta_1 + i\sinh 2\alpha} a^{(1)} \tag{7.110}$$

反射波の位相はそれぞれ $e^{i\beta} \equiv -\frac{\tan\theta_1 - i\coth\alpha}{\tan\theta_1 + i\coth\alpha}, e^{i\beta'} \equiv -\frac{\sin 2\theta_1 - i\sinh 2\alpha}{\sin 2\theta_1 + i\sinh 2\alpha}$ で決まる角度 β, β' だけずれるが，振幅の強さは入射波と同じでエネルギーは入射波と同じだ．位相のずれのため入射波が直線偏光でも反射波は一般には楕円偏光になる．ただし，入射角が $\theta_{\rm c}$，および，$\pi/2$ のときには，$\beta = 0, \beta' = \pi$（および，$\beta = \pi$, $\beta' = 0$）となり，直線偏光は保たれる．また，詳細は省くが，$x_1 > 0$ でのエネルギーの流れの時間平均は第 1 軸方向ではゼロだが，第 2 軸方向の平均エネルギー流はゼロではない．つまり，$x_1 < 0$ におけると同様に境界面に沿ってエネルギーが第 1 軸方向に運ばれる．

これまでは，吸収を無視する近似で議論してきた．吸収がある場合の典型として，真空から導体へ電磁波が入射する場合について簡単に触れておこう．導体中の波動方程式は，振動数が定まった複素ベクトルポテンシャルに対してゲージ条件 $\nabla \cdot \tilde{\boldsymbol{A}} = 0$ $(\tilde{\boldsymbol{B}} = \nabla \times \tilde{\boldsymbol{A}})$ のもとで (7.59) により，

$$\triangle \tilde{\boldsymbol{A}} = -\frac{\omega^2}{c^2}\eta_{\mathrm{c}}(\omega)\tilde{\boldsymbol{A}}, \quad \eta_{\mathrm{c}}(\omega) = 1 + \frac{ic^2\mu_0\sigma_{\mathrm{c}}(\omega)}{\omega} \tag{7.111}$$

であるから，誘電率を複素数 $\epsilon(\omega)/\epsilon_0 = \eta_{\mathrm{c}}(\omega)$ として扱えば，これまでの議論が形式的にはそのまま使える．複素屈折率を $n(\omega) \equiv \sqrt{\epsilon(\omega)/\epsilon_0} = \sqrt{\eta_{\mathrm{c}}(\omega)}$ で定義する．このとき，吸収がないときの全反射の取り扱いと同様に，θ_2 は一般には複素数で $\sin\theta_2(\omega) = (\sin\theta_1)/n(\omega)$ を満たす．反射波と屈折波の性質は，これを上の結果 (7.107), (7.108) に用いて求められる．当然，屈折波は導体中で吸収により減衰する $(\mathrm{Im}\, k_1^{(2)} > 0)$.

$$k_1^{(2)} = \sqrt{\frac{\omega^2}{c^2}\eta_{\mathrm{c}}(\omega) - k_2^2} = \sqrt{\left(k_1^{(1)}\right)^2 + i\omega\mu_0\sigma_{\mathrm{c}}(\omega)}$$

たとえば，σ_{c} が実数の定数で十分大きいとし，$\eta_{\mathrm{c}} \simeq ic^2\mu_0\sigma_{\mathrm{c}}/\omega = i\sigma_{\mathrm{c}}/\epsilon_0\omega$ と近似すると，$k_1^{(2)} \simeq \sqrt{\mu_0\sigma_{\mathrm{c}}\omega/2}(1+i), \sin\theta_2 \simeq \theta_2 \simeq \delta(1-i)\sin\theta_1$ $(\delta \equiv \sqrt{\epsilon_0\omega/2\sigma_{\mathrm{c}}} \ll 1)$ で，導体内 $(x_1 > 0)$ の場の x_1 依存性は $e^{-\sqrt{\mu_0\sigma_{\mathrm{c}}\omega/2}x_1 + i\sqrt{\mu_0\sigma_{\mathrm{c}}\omega/2}x_1}$ と近似できる．前節で見たように，場は $x_1 \sim \sqrt{2/\mu_0\sigma_{\mathrm{c}}\omega}$ 程度までしか進入できない．反射波 $(x_1 < 0)$ を含めて振幅は

$$\frac{a^{(2)}}{a^{(1)}} \simeq \frac{2\delta(1-i)\cos\theta_1}{\cos\theta_1 + \delta(1-i)}, \quad \frac{a_3^{(2)}}{a_3^{(1)}} \simeq \frac{2\delta(1-i)}{1+\delta(1-i)\cos\theta_1}, \tag{7.112}$$

$$\frac{a_3'^{(1)}}{a_3^{(1)}} \simeq -\frac{1-\delta(1-i)\cos\theta_1}{1+\delta(1-i)\cos\theta_1}, \quad \frac{a'^{(1)}}{a^{(1)}} \simeq -\frac{\cos\theta_1 - \delta(1-i)}{\cos\theta_1 + \delta(1-i)} \tag{7.113}$$

と決まる．反射はほぼ π の位相のずれで起こるため，導体表面では電場の強さはほとんどゼロで，磁場は入射波のほぼ 2 倍の強さである．また，反射波のエネルギーは，たとえば，入射が垂直の場合 $(\theta_1 = 0)$,

$$1 - \frac{|\boldsymbol{a}'^{(1)}|^2}{|\boldsymbol{a}^{(1)}|^2} \simeq 1 - \frac{|1-\delta(1-i)|^2}{|1+\delta(1-i)|^2} \simeq 4\delta \tag{7.114}$$

により，吸収の効果のため入射波に比べて 4δ の割合だけ減少している．反射波の振幅の位相は $a'^{(1)}$ と $a_3'^{(1)}$ で異なるから，吸収がないときの全反射と同様に，入射波が直線偏光でも反射波は一般に楕円偏光になる．

(2) 電磁波の散乱

前節の項目 (3) で強調したように，物質中での時間変動する電磁場を振動数 ω に依存するが空間的には一定の電気伝導率や誘電率によって扱えるのは，荷電粒子密度

n が物質中の位置によらず一定との仮定による．もちろん，実際の物質では厳密には n が一定ということはありえず，一般に位置に依存して平衡値のまわりでずれて揺らぐ．この揺らぎを Δn で表そう．具体的にするため誘電体の場合で考え，誘電体を電磁波の波長よりは十分小さいが十分多数の分子を含むような，$N\ (\gg 1)$ 個の細胞（体積 $v \ll \lambda^3$）に分けて扱う．個々の細胞内で電場は一様と近似できるから，双極子能率 $(n+\Delta n)v\tilde{\boldsymbol{d}}(\omega)$ の振動子とみなせる（$a=1,\ldots,N$ は細胞の番号）．このうち，$nv\tilde{\boldsymbol{d}}(\omega)$ の寄与は一様な誘電率 $\tilde{\epsilon}(\omega)$ への寄与としてすでに物質中のマックスウェル方程式に取り入れられているが，細胞の位置に依存する揺らぎ

$$\Delta d_a \tilde{\boldsymbol{E}} \equiv v\Delta n_a g(\omega)\tilde{\boldsymbol{E}}\cos\bigl(\boldsymbol{k}\cdot\boldsymbol{x}_a - \omega t + \varphi(\omega)\bigr)$$

はそうではないから，(7.94) では，右辺の自由電流への寄与として扱わなければならない．ただし，$g(\omega) \equiv \frac{q^2}{m\sqrt{(\omega^2-\omega_0^2)^2+(\zeta\omega)^2}}$ と定義した．また，入射電磁波 $\boldsymbol{E}_{\rm ex}(\boldsymbol{x},t)$（実数）を $\tilde{\boldsymbol{E}}\cos\bigl(\boldsymbol{k}\cdot\boldsymbol{x}-\omega t\bigr)$ とした．双極子放射の効果により，電磁波のエネルギーが物質から流出する．放出エネルギーは双極子放射の式 (7.9) で $q\omega^2 d\sin\omega(t-r/c)$ を上の双極子能率の揺らぎの総和 $\omega^2|\tilde{\boldsymbol{E}}|\sum_a \Delta d_a$ で置き換えたもので与えられ，次式に比例する．

$$\Bigl[\sum_a \Delta n_a \cos\bigl(\boldsymbol{k}\cdot\boldsymbol{x}_a - \omega t + \varphi(\omega)\bigr)\Bigr]^2$$

細胞は膨大な個数あり，同じ $\boldsymbol{k}\cdot\boldsymbol{x}_a = \boldsymbol{k}\cdot\boldsymbol{x}_b$ でも多数の異なる細胞 $(a \neq b)$ がある．異なる細胞では揺らぎ $\Delta n_a, \Delta n_b$ は独立で乱雑に変化する（Δn_a の平均はゼロ）から，積 $\Delta n_a \Delta n_b$ の符号も乱雑に変化し，異なる細胞の積の寄与は打ち消し合う．よって，同じ細胞の積の寄与だけが残り，放射エネルギーは $\sum_a (\Delta n_a)^2\cos^2\bigl(\boldsymbol{k}\cdot\boldsymbol{x}_a - \omega t + \varphi(\omega)\bigr)$ に比例する．時間平均をとって $(\cos^2\bigl(\boldsymbol{k}\cdot\boldsymbol{x}_a - \omega t + \varphi(\omega)\bigr) \to 1/2)$，結局，放射エネルギーは，単位時間当たり，細胞 1 個当たりでは (7.10) により次式となる．

$$\mathcal{W} = \frac{\omega^4\bigl(g(\omega)v\Delta n\bigr)^2}{12\pi\epsilon_0 c^3}|\tilde{\boldsymbol{E}}|^2$$

ただし，簡単のため，公式 (7.10) に対する物質の分極の効果は小さいとして真空中と同じ結果を仮定し，揺らぎの 2 乗 (Δn_a) を細胞全体での平均値 $(\Delta n)^2$ に置き換えた．一方，細胞に対する単位時間当たりの電磁波の入射エネルギー率の時間平均は，同じ近似で $W = \epsilon_0 c|\tilde{\boldsymbol{E}}|^2/2$ で，これとの比を $vn\sigma_{\rm s}$ で表すと

$$\sigma_{\rm s} = \frac{(\omega/c)^4(v\Delta n)^2}{6\pi\epsilon_0^2 nv}\bigl(g(\omega)\bigr)^2 \equiv \frac{8\pi}{3}r_{\rm q}^2\frac{\omega^4}{(\omega^2-\omega_0^2)^2+(\zeta\omega)^2}\frac{(v\Delta n)^2}{vn} \qquad (7.115)$$

となる $(r_{\rm q} \equiv \frac{q^2}{4\pi\epsilon_0 mc^2})$．$\sigma_s$ は，振動子 1 個当たりの電磁波の散乱の強さを表し，面

積の次元をもつことから，散乱の断面積と呼ぶ．大雑把にいうと，電磁波が振動子に当たるときに有効な「的」の大きさを表す．双極子放射によって起こる散乱であるから，放射波は主に入射電磁波の振動方向に偏光している．また，入射波が直線偏光なら，電磁波の振動方向に平行方向に対しては放射は小さい．入射波が偏光していない場合でも，方向に応じて偏光のある散乱が観測される．一般に $(v\Delta n)^2$ を計算するには統計力学が必要だが，理想気体の場合は $(v\Delta n)^2 = vn$[*12] で，個々の分子で独立に散乱が起きるのと同じ結果になる．

振動数が小さい極限では σ_{s} は ω^4 に比例する．これをレイリー散乱と呼ぶ．可視光領域はこれに当たり，振動数が大きいほど散乱が強くなる．地上から見た晴天の空や，宇宙から見た地球が青いのはこれによる（ティンダル現象）．これと対応して，朝焼けや夕焼けは，振動数が高い光が散乱された後に私たちに届く光が直射に比べて，波長が長い領域が主になるためだ．振動数が $\omega \simeq \omega_0$ では σ_{s} がピークをもつ（共鳴散乱）．ただし，ここで論じた単純な古典的模型の，たとえば，ζ を定数とする扱いは不十分である．また，抵抗力は物質中における他粒子との衝突による効果に加えて放射そのものによるエネルギー損失も，より正確な取り扱いでは考慮しなければならない．

振動数が大きい極限では σ_{s} は振動数によらない一定値に近づく．このときはトムソン散乱と呼ぶ．同じ考え方を光波長より大きい雨つぶのような微粒子 ($|q| \gg e$) に適用すると，波長が小さいトムソン散乱の領域に相当し，広い振動数で散乱が同程度に起きる．それから雲が白っぽい色であるのが説明される．一方，分子の大きさに比べて波長が十分大きいという仮定に基づく古典模型は，波長が原子・分子の大きさと同程度かより短い電磁波（X 線，および，より短波長，ガンマ線）では有効性を失う．その場合は近似的に自由運動している荷電粒子（主に電子 $q = -e$ の理想気体）による散乱とみなせる．よって，$\omega_0 = 0, \zeta = 0$ とおいて $\sigma_{\mathrm{s}} = \frac{8\pi r_q^2}{3}$ で，定性的にはトムソン散乱と同じ結果になる．

(3) ファラデー効果：偏光面の旋回

最後のテーマとして，物質に外部磁場 $\boldsymbol{B}$ が掛かったときの電磁波への影響を調べよう．簡単のため，電子スピンを無視できる（磁性的には反磁性体）場合で考えることにすると，磁場の影響は荷電粒子の運動方程式だけで考慮すればよい（抵抗力と電磁波の磁場は無視）．

$$m\Big(\frac{d^2\boldsymbol{x}}{dt^2} + \omega_0^2\frac{d\boldsymbol{x}}{dt}\Big) = q\Big(\boldsymbol{E} + \frac{d\boldsymbol{x}}{dt} \times \boldsymbol{B}\Big) \tag{7.116}$$

---

*12) 物質の体積を V とすると $vn/N = v/V\,(\ll 1)$．このとき，$i\ (\ll N)$ 個の分子が体積 v の領域にある確率は，$N \gg 1$ として $P_i = \frac{N!}{i!(N-i)!}\Big(\frac{vn}{N}\Big)^i\Big(1 - \frac{vn}{N}\Big)^{N-i} \simeq \frac{vn}{i!}e^{-vn}$．$\sum_{i=1}^{\infty} P_i = 1, \sum_{i=0}^{\infty} iP_i = vn$ で，i の平均値は $vn = N(v/V)$．揺らぎの 2 乗平均は $(v\Delta n)^2 \equiv \sum_{i=1}^{\infty}(i - vn)^2 P_i = \sum_{i=1}^{\infty}(i^2 - (vn)^2)P_i = vn$（ポアソン分布）．

外部磁場は一定で座標軸を $\boldsymbol{B} = (0,0,B)$ と選び，さらに電磁波の進行方向も同じく第 3 軸向きに選ぶ．また，これまでと同様に分子の大きさに比べて電磁波の波長は十分大きいと仮定する．このとき，粒子座標のうち第 3 軸成分 x_3 は外部電磁場と無関係に調和振動を続けているから，12-平面の粒子座標 (x_1, x_2) に注目すればよい．12-平面の複素分極密度 $P_\pm \equiv nq(x_1 \pm ix_2)$ を定義すると，次の運動方程式を満たす．

$$\Big(\frac{d^2}{dt^2} \pm i\frac{qB}{m}\frac{d}{dt} + \omega_0^2\Big)P_\pm = \frac{nq^2}{m}E_\pm, \tag{7.117}$$

$$E_\pm \equiv E_1 \pm iE_2 = \tilde{E}_\pm e^{-i\omega t} \tag{7.118}$$

よって，電場と同振動数の解を求めると次の結果になる．

$$P_\pm = \frac{nq^2E_\pm/m}{-\omega^2 \pm \frac{qB\omega}{m} + \omega_0^2} \tag{7.119}$$

つまり，分極密度が $+,-$ で異なり，異なる誘電率を与える．

$$\frac{\epsilon_\pm(\omega)}{\epsilon_0} = 1 + \frac{nq^2/m}{-\omega^2 \pm \frac{qB\omega}{m} + \omega_0^2} \tag{7.120}$$

ここではもちろん，誘電率の ϵ_0 からのずれは小さいという近似を仮定している．したがって，自由電荷・電流がゼロのときの物質中の波動方程式はそれぞれの場合に次式となる．

$$(\triangle + \epsilon_0\mu_0\epsilon_\pm(\omega)\omega^2)A_\mu^{(\pm)} = 0 \tag{7.121}$$

これから $A_\mu^{(\pm)} = a_\mu^{(\pm)}e^{i(k_\pm x_3 - \omega t)}$ とおくと，電磁波の波数が（B の 1 次までの近似で）次のように求まる．

$$k_\pm = \frac{\omega}{c}\sqrt{1 + \frac{nq^2/m}{-\omega^2 \pm \frac{qB\omega}{m} + \omega_0^2}} \simeq k\Big(1 \mp \frac{nq^2}{m^2}\frac{1}{2k^2}\frac{qB\omega}{(\omega_0^2 - \omega^2)^2}\Big),$$

$$k \equiv \frac{\omega}{c}\sqrt{1 + \frac{nq^2/m}{\omega_0^2 - \omega^2}}$$

簡単のため，$\tilde{E}_\pm$ は実数でかつ等しい値 $\tilde{E}_\pm = \tilde{E}$ を仮定すると，$x_3 = 0$ では，（複素）電磁波は $(E_1, E_2) = \tilde{E}(1,0)e^{-i\omega t}$ で第 1 軸方向に直線偏光している．しかし，一般の $x_3 = \ell$ では次式になり，

$$\begin{aligned}(E_1, E_2) &= \tilde{E}\Big(\frac{e^{ik_+\ell} + e^{ik_-\ell}}{2}, \frac{e^{ik_+\ell} - e^{ik_-\ell}}{2i}\Big)e^{-i\omega t}\\ &= (\cos\delta_{\rm V}B\ell, \sin\delta_{\rm V}B\ell)\tilde{E}e^{i(k\ell - \omega t)},\end{aligned}$$

$$\delta_{\rm V} \equiv -\frac{nq^3\omega}{2km^2(\omega_0^2 - \omega^2)^2} \tag{7.122}$$

第 1 軸から角度 $\delta_{\mathrm{V}} B\ell$ だけ傾いた方向に直線偏光している (δ_{V} をヴェルデ係数と呼ぶ). つまり, 偏光面は距離と磁場の強さに比例して磁場の方向に右ねじを進めるときの回転方向 ($q = -e$ に注意) に捩じれながら変化する (ファラデー効果 *13), 図 7.15). ただし, 磁場の方向と電磁波の伝播方向が異なる場合には, 偏光面の変化はより複雑になる.

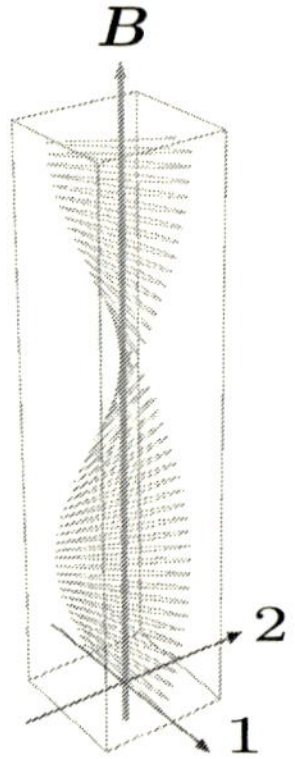

図 7.15 磁気旋回

この議論からわかるように, 磁場がゼロでも誘電率が +, − 成分で異なる場合は, 偏光面の回転が起こる. たとえば螺旋的な結晶構造の物質では類似の現象が起こる. その場合を自然旋回, 磁場による場合を磁気旋回と呼ぶ.

ところで, 外部電場がゼロ ($\boldsymbol{E} = 0$) の場合でも, 荷電粒子の運動に対する外部磁場の効果は考慮する必要がある. このとき, $x_{\pm} \equiv x_1 \pm i x_2$ の運動方程式は

$$\left(\frac{d^2}{dt^2} \pm i\frac{qB}{m}\frac{d}{dt} + \omega_0^2\right)x_{\pm} = 0 \tag{7.123}$$

で, +, − 成分の (固有) 振動数 $\omega_{\pm}$ は $-\omega_{\pm}^2 \pm \frac{qB}{m}\omega_{\pm} + \omega_0^2 = 0$ から定まる異なる値になる. ファラデー効果はこの振動子の固有振動数, 言い換えると, 共鳴振動数が +, − 成分で異なることに起因しているわけだ. B が小さいとして B の 1 次までの近似では $\omega_{\pm} = \omega_0 \pm \frac{qB}{2m}$ となり, 振動数はラーモア振動数 $|\omega_{\mathrm{L}}|$ (6.5 節 (6.85) 参照) だけずれる. これを正常ゼーマン効果と呼ぶ. したがって, 原子・分子に磁場がかかると, 原子分子中の電子の振動数はラーモア振動数の大きさだけ分裂し, 放射場の振動数 (スペクトル線) も楕円偏光 (7.1 節参照) の向きの違いにより分裂する. 実際の原子, 分子では磁場による振動数の分裂は, 異常ゼーマン効果と呼ばれるより複雑な構造を示す. これは電子スピンの効果であり, 正しい理解は量子力学によらなければならない.

*13) ファラデーはこの効果を 1845 年に発見した. 彼はこれにより「磁力線を照らし出す ("illuminate")」ことに成功したと述べ, 自然界のすべての作用は一つの起源に帰着できるとする哲学的信念を磁気と光の関係性を通じて正当化する重要な性質として強調した. マックスウェルも『電気磁気論』でこの効果につき 1 章を割き詳しい分析を与えている.

索　　引

欧数字

あ　行

か　行

さ 行

た 行

な 行

は　行

ま 行

や 行

ら 行

著者略歴

米谷民明（よねやたみあき）

1947年　北海道に生まれる
1974年　北海道大学大学院理学研究科
　　　　博士課程修了
現　在　東京大学名誉教授
　　　　放送大学客員教授
　　　　理学博士

シリーズ〈これからの基礎物理学〉3
初歩の相対論から入る電磁気学　　定価はカバーに表示

2018年12月15日　初版第1刷
2020年11月25日　　　第2刷

著　者　米　谷　民　明
発行者　朝　倉　誠　造
発行所　株式会社　朝　倉　書　店
東京都新宿区新小川町6-29
郵便番号　162-8707
電　話　03(3260)0141
FAX　03(3260)0180
http://www.asakura.co.jp

〈検印省略〉

中央印刷・渡辺製本

ISBN 978-4-254-13719-4　C 3342　　Printed in Japan